이 책은 비전공자나 입문자들이 기계제도에 대한
가장 기본적인 지식과 기술을 학습하여 도면을
정확하게 제도하고 단기간 내에 도면을 이해할 수
있는 능력을 기를 수 있도록 구성하였으며,
제도 이론과 실습을 동시에 병행하여
설계와 관련된 실무에 활용할 수
있도록 하였습니다.

KB163348

실무 능력
향상을 위한
NCS 기반

기계설계제도와
도면해독 BASIC

노수황 · 이원모 · 신충식 · 강성민 공저

대 광 서 림

실무 능력 향상을 위한 NCS기반

기계설계제도와 도면해독 BASIC

발행일 · 2019년 7월 01일 초판 인쇄
· 2019년 7월 15일 초판 발행

저 자 · 노수황, 이원모, 신충식, 강성민

표지 디자인 · 디자인메카
편집 디자인 · 이예진, 유동욱

발행인 · 김구연
발행처 · 대광서림 주식회사
주 소 · 서울특별시 광진구 아차산로 375 크레신타워 513호
전 화 · 02) 455-7818
팩 스 · 02-452-8690
등 록 · 1972.11.30 제1972-000002호

ISBN · 978-89-384-5184-2 93550

정 가 · 30,000원

국립중앙도서관 출판예정도서목록(CIP)

이 도서의 국립중앙도서관 출판예정도서목록(CIP)은 서지정보유통지원시스템 홈페이지(http://seoji.nl.go.kr)와 국가자료공동목록시스템(http://www.nl.go.kr/kolisnet)에서 이용하실 수 있습니다.
(CIP제어번호: CIP2019021662)

실무 능력 향상을 위한 NCS 기반

기계설계제도와 도면해독 BASIC

대광서림

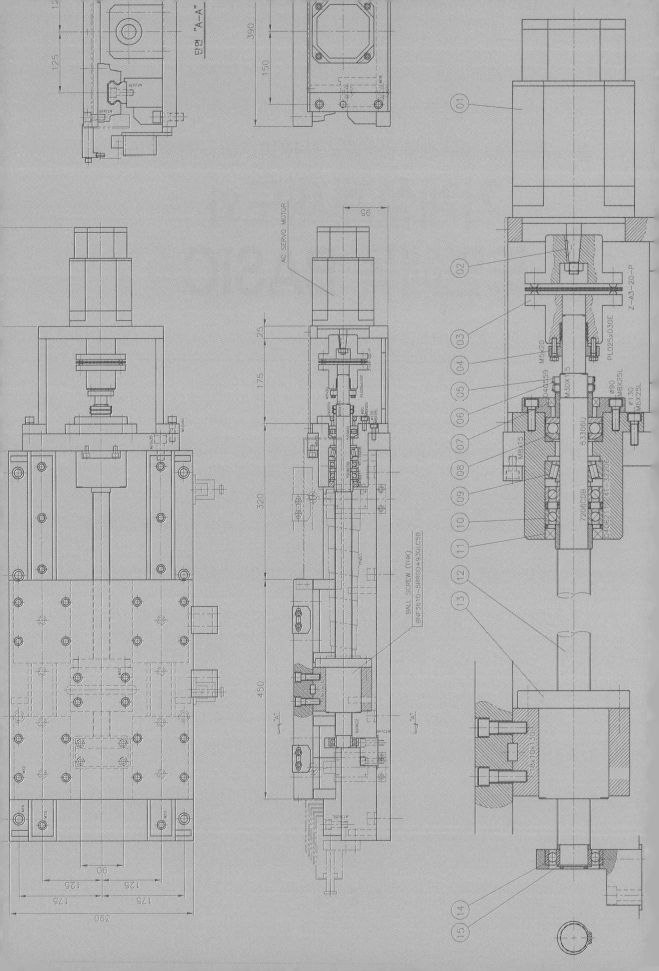

머리말

 산업 기술의 발전과 더불어 제조업에서 정보 전달의 수단으로 예전부터 사용되어 온 것이 바로 도면으로, 18세기 후반부터 발전한 기계 공업 역사와 깊은 연관이 있으며 이 후 도면의 표현에 대한 내용도 점진적으로 발전해왔다고 생각합니다. 그리고, 도면은 설계자와 가공자 또는 그 도면을 이용하는 사람이 대화를 통하지 않고도 상호 의사소통을 할 수 있는 산업 현장의 약속된 커뮤니케이션 수단이라고 할 수 있습니다.

 이 책은 비전공자나 입문자들이 기계제도에 대한 가장 기본적인 지식과 기술을 학습하여 약속된 제도 통칙과 규칙, 기호에 따라 도면을 정확하게 제도하고 단기간 내에 도면을 이해할 수 있는 능력을 기를 수 있도록 구성하였으며, 제도 이론과 실습을 동시에 병행하여 설계와 관련된 실무에 활용할 수 있도록 하였습니다.

 도면해독이란 조립도 및 부품도를 면밀하게 분석하고, 요소 부품의 기능에 알맞는 최적의 형상, 치수 및 주요 공차 등을 파악하는 능력을 말하며, 기계제도는 KS 및 ISO 등 국내외 규격을 활용하여 산업현장에서 통용되고 있는 제도에 관련된 표준 규격을 준수하여 도면을 작성하는 일입니다.

 또한 기계제도와 도면해독 능력은 반드시 설계자에게만 국한된 기술이 아니며, 현장의 작업자, 구매, 공정, 검사 담당자 그리고 서비스 엔지니어들도 도면을 제대로 이해하고 해석해야 정확한 가공과 조립을 할 수 있으며 측정도 가능한 일입니다. 본서에서는 기계제도의 기초를 KS규격에 의거한 내용을 바탕으로 초보자들도 쉽게 이해할 수 있도록 군더더기없이 구성하려고 노력하였습니다.

 치열해지는 취업난과 기업간의 경쟁력에서 살아남기 위해서는 겉으로 드러나는 화려한 스펙 보다는 실무에서 인정받을 수 있는 기술자가 되어야 합니다. 따라서 인정받는 설계 기술자가 되기 위해서는 부품에 요구되는 치수공차를 적용하고, 기능 및 성능을 충족시킬 수 있는 치수공차를 부여할 수 있으며, 도면에 적용된 치수공차가 요구되는 기능 및 성능에 적합한지 검토할 수 있는 능력을 길러야 합니다.

 그 외에 도면에 표현된 요소부품의 열처리, 표면처리 및 가공에 관한 지식, 기계요소부품의 특성 및 재료 선정에 관한 지식, 부품의 요구기능과 특성을 고려하여 재질을 검토하고 결정하는 능력 등 많은 경험과 실무 지식이 필요합니다.

 현재 산업현장에서는 제도나 도면해독 이외에도 2D, 3D CAD 프로그램 운용 능력을 필수적으로 요구하고 있습니다. 2D도면 작성이란 2차원 CAD 프로그램을 활용하여 KS제도 규칙에 의한 2D 도면을 설계하고, 확인하여 가공 및 제작에 필요한 도면을 작성하는 능력을 말하며, 3D 설계는 3차원 CAD 프로그램을 이용하여 부품의 형상을 3차원으로 모델링하고 제품이나 기계를 설계하는 업무로서 이미 국내외의 많은 기업들이 2D에서 3D설계로 전환되고 있는 추세이므로 설계자에게는 반드시 필요한 직무 능력 중 하나라고 생각해야 합니다.

 이 책을 학습하면서 기본기를 다지고 나아가 산업 현장에서 유능한 기술자로서의 능력과 자질을 향상시켜, 이 분야에 대한 전문 지식과 기술을 습득하는데 밑거름이 되기를 소망합니다.

2019년 6월

저자 일동

CONTENTS

Chapter 1 기계제도의 기본

Chapter 2 단면도 및 특수 투상도

Chapter 3 > 치수공차 및 끼워맞춤 공차 적용법

CONTENTS

Chapter 7 주석문의 예와 도면 검도 요령

Chapter 8 기계재료 규격 및 기호표

CONTENTS

Chapter 12 ▷ 3D 모델링에 의한 도면 해독과 2D 도면 작도 심화

01
기계제도의 기본

| 제도의 규격

KS A 0005의 제도 - 통칙에서 정의하는 도면이란, 대상물을 평면상에 도시함에 있어 설계자 · 제작자 사이,
발주자 · 수주자 사이 등에서 필요한 정보를 전달하기 위한 것을 말한다고 규정하고 있으며, 여기에서 도면이란,
원도로부터 복제한 도면 및 원도를 부분적으로 복제하여 복합 작성한 도면으로, 원도와 동일한 기능을 가진 것도
포함한다고 되어 있다. 제도는 기계설계의 기본으로 기계설계자 자신이 만들어내는 제품에 혼신의 힘을 다하는 작업을
해야한다. 품질이나 코스트(cost)를 만족시키고, 설계자가 고려한 설계의도를 실현하기 위해서는 치수의 기준을 결정하고
치수공차, 기하공차, 표면거칠기를 고려하여 편차를 제어할 수 있도록 해야 하는 것이다. 그리고 재질의 선정이나
표면처리를 지시하게 된다.
제도는 설계자의 의사를 말로 표현하는 것이 아니라 문자나 그림으로 표현하고 정확하게 제3자에게 전달하는
것으로, 제도의 목적은 결국 '의사의 전달' 이라는 도구라고 이해하면 될 것이다. 도면은 「토목, 건축, 기계 등의
구조 · 설계」 등에서 명확하게 작성하는 것으로 여기서는 주로 기계도면에 대해서 기술한다.

1. 도면 작성시 주의사항

❶ 정확성(Rightness)

언제(일시), 어디서(업체명), 누가(담당자) 그 도면을 작도했는지를 명확하게 나타낸다. 그리고 무엇을(투상대
상물) 어떻게(기준이나 가공방법, 다듬질 등) 작업했는지를 도형이나 치수선, 치수공차, 표면거칠기 기호, 주
석(주기) 등으로 표시한다.

❷ 간결성(Conciseness)

제도의 기본을 무시한 나만의 치수기입이나 KS제도 규격에 없는 표기법은 피하고 KS규격에 의거한 도면 기
입법을 준수하여 설계도면에 반영하는 것이 중요하다.

❸ 대중성(Popularity)

각종 투상법이나 단면도, 부분확대도 등을 이용하여 너무 복잡하지 않게 작도하며, 제3자가 해독할 수 있도
록 최소한의 필요한 투상을 표현한 도형에 가공성이나 기능성을 고려한 치수를 균형있게 배치하여 도면만으
로 보는 이들이 혼란을 겪지 않고 쉽게 해독할 수 있도록 설계자는 배려해야 한다.

국 가 및 기 구	표준 규격 기호
국제표준화 기구 (International Organization For Standardization)	ISO
한국 산업 규격 (Korean Industrial Standards)	KS
영국 규격 (British Standards)	BS
독일 규격 (Deutsches Institute fur Normung)	DIN
미국 규격 (American National Standard Industrial)	ANSI
스위스 규격 (Schweitzerish Normen – Vereinigung)	SNV
프랑스 규격 (Norme Francaise)	NF
일본 공업 규격 (Japanese Industrial Standards)	JIS

3. KS의 분류

기 호	부 문		기 호	부 문		기 호	부 문
KS A	기본(통칙)		KS F	토 건		KS M	화 학
B	기 계		G	일용품		P	의 료
C	전 기		H	식료품		R	수송기계
D	금 속		K	섬 유		V	조 선
E	광 산		L	요 업		W	항 공

기계제도에서 주로 사용하는 제도 용어(KS A 3007)에는 기계제도에 관한 일반사항, 도면의 크기 및 양식, 척도, 선의 종류에 관하여 규정하고 있다. 또, 기계제도 규격 이외에도 아래와 같은 관련 규격이 제정되어 있다.

4. 기계제도 및 기계요소의 관련규격

규격 번호	표 시 규 격	규격 번호	표 시 규 격
KS B 0001	기계 제도	KS B 0200	나사의 표시방법
KS B 0002	기어 제도	KS B 0201	미터 보통 나사
KS B 0003-1	나사 및 나사부품 제도	KS B 0204	미터 가는 나사
KS B 0004-1	구름베어링 제도	KS B 0243	기하 공차를 위한 데이텀 및 데이텀시스템
KS B 0005	스프링 제도		
KS B ISO 6412-1	제도-배관의 간략 도시방법-제1부	KS B 0246	나사부품 각부의 치수호칭 및 기호
KS B ISO 6412-2	제도-배관의 간략 도시방법-제2부	KS B 0248	태핑 나사의 나사부 모양, 치수
KS B ISO 6412-3	제도-배관의 간략 도시방법-제3부	KS B ISO 286-1	치수 공차 및 끼워맞춤 방식-제1부
KS B 0052	용접 기호	KS B ISO 286-2	치수 공차 및 끼워맞춤 방식-제2부
KS B 0053	기어기호	KS B 0425	기하 편차의 정의 및 표시
KS B 0054	유압, 공기압 도면기호	KS B 0608	기하 공차의 도시방법
KS B 0107	가공방법기호	KS B 0610	표면 파상도의 정의와 표시
KS B 0161	표면 거칠기의 정의 및 표시	KS B 0617	제도-표면의 결 도시방법

기계제도에 사용하는 도면은 기계제도(KS B 0001) 규격과 도면의 크기 및 양식(KS A 0106)에서 규정한 크기를 사용해야 하고, 일정한 양식을 갖추어야 한다.

[참고] 제도에 사용하는 문자에 관한 일반사항 KS A 0107

① 읽기 쉬울 것

문자는 한 글자 한 글자를 정확히 읽을 수 있도록 명확하게 쓴다. 연필로 쓰는 문자는 도형을 표시한 선의 농도에 맞추어 쓴다.

② 균일할 것

같은 크기의 문자는 그 선의 굵기를 되도록 맞춘다.

③ 도면의 마이크로 필름 촬영에 적합할 것

도면을 마이크로 필름에 촬영하여 그것을 이용하는 경우에 분명히 읽을 수 있도록 문자와 문자 사이의 간격은 문자 굵기의 3배 이상으로 한다. 다만, 인접한 문자의 굵기가 서로 다른 경우에는 굵은 쪽의 문자 굵기의 3배 이상으로 한다.

[참고] 문자

한글의 서체는 KS B ISO 3098 시리즈의 B 서체(Type B)에 따르는 것이 바람직하다.

또한, 한글·숫자·영자의 문자 크기의 호칭 종류는 2.5, 3.5, 5, 7, 10, 14, 20 (단위 : mm)에 따른다.

도면의 크기와 양식

1. 도면의 크기 KS B 0001

❶ 도면의 크기는 아래 표에 의한 A열 사이즈를 사용하는 것을 원칙으로 한다. 다만, 연장하는 경우에는 연장사이즈를 사용한다.

■ 도면의 크기와 종류 및 윤곽의 치수   [단위 : mm]

A열 사이즈					연장 사이즈				
호 칭 방 법	치 수 a × b	c (최소)	d (최소)		호 칭 방 법	치 수 a × b	c (최소)	d (최소)	
			철하지 않을 때	철할 때				철하지 않을 때	철할 때
–	–	–	–	–	A0 × 2	1189 × 1682			
A0	841 × 1189	20	20		A1 × 3	841 × 1783	20	20	
A1	594 × 841				A2 × 3	594 × 1261			
					A2 × 4	594 × 1682			
A2	420 × 594			25	A3 × 3	420 × 891			25
					A3 × 4	420 × 1189			
A3	297 × 420	10	10		A4 × 3	297 × 630	10	10	
					A4 × 4	297 × 841			
					A4 × 5	297 × 1051			
A4	210 × 297				–	–	–	–	

❷ 도면은 긴 쪽을 좌우 방향으로 놓고서 사용한다. 다만 A4는 짧은 쪽을 좌우 방향으로 놓고서 사용하여도 좋다.

A0 ~ A4의 경우

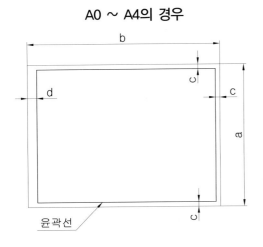

A4의 경우

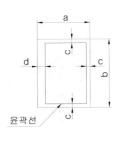

[비고] d의 부분은 도면을 접었을 때, 표제란의 좌측이 되는 쪽에 설치한다.

2. 도면의 양식

❶ 도면에 반드시 마련해야 할 사항

(가) 도면에는 [도면의 크기와 종류 및 윤곽의 치수]의 치수에 따라 굵기 0.5mm이상의 윤곽선을 그린다.

(나) 도면에는 그 오른쪽 아래 구석에 표제란을 그리고, 원칙적으로 도면 번호, 도명, 기업(단체)명, 책임자 서명(도장), 도면 작성 년·월·일, 척도 및 투상법을 기입한다.

(다) 도면에는 KS A 0106(도면의 크기 및 양식)에 따라 중심마크를 작도한다.

❷ 도면에 마련하는 것이 바람직한 사항

(가) 비교눈금 : 도면의 축소, 확대 복사 작업 및 이들의 복사 도면을 취급할 때의 편의를 위하여 도면에 긋는 눈금선으로 눈금의 간격은 10mm이상, 두께는 0.5mm의 실선으로 하며 길이는 5mm이하로 한다.

(나) 도면의 구역을 표시하는 구분선, 구분기호 : 도면 중의 특정부분의 위치를 지시하는 편의를 위하여 도면의 구역을 표시하며 25mm에서 75mm 간격의 길이를 0.5mm의 실선으로 도면의 윤곽선에서 접하여 도면의 가장자리 쪽으로 약 5mm길이로 긋는다. 구분기호는 도면의 정위치 상태에서 가로변을 따라 1, 2, 3… 의 아라비아 숫자, 세로 변을 따라 A, B, C… 알파벳 대문자 기호를 붙인다.

(다) 재단마크 : 복사한 도면을 재단하는 경우의 편의를 위하여 원도에 재단마크를 마련한다.

Lesson 3 ┃ 도면의 분류

1. 사용 목적에 따른 분류

분 류	영 문	설 명
계획도	scheme drawing	설계자가 만들고자 하는 제품의 계획을 나타낸 도면
제작도	manufacture drawing	설계자의 의도를 작업자에게 정확히 전달시켜 요구하는 제품을 만들게 하기 위하여 사용되는 도면
주문도	drawing for order	주문하는 사람이 주문하는 제품의 모양, 정밀도, 기능도 등의 개요를 주문 받은 사람에게 제시하는 도면
승인도	approved drawing	주문 받은 사람이 주문하는 사람의 검토와 승인을 얻기 위하여 최종사용자나 기업에게 제출하는 용도의 도면
견적도	estimation drawing	주문할 사람에게 제품이나 기계의 부품구성 내용 및 금액 등을 설명하기 위한 도면
설명도	explanation drawing	사용자에게 제품의 구조, 치수, 주요기능, 작동원리, 취급방법 등을 설명하기 위한 도면, 주로 제품이나 기계의 카달로그(catalogue)나 매뉴얼(manual)에 사용된다.

2. 내용에 따른 분류

분 류	영 문	설 명
조립도	assembly drawing	제품이나 기계의 전체적인 조립 상태를 나타내는 도면으로서 조립도를 보면 그 제품의 구조를 잘 알 수 있다.
부분조립도	partial assembly drawing	복잡한 제품의 조립 상태를 몇 개의 부분으로 나누어 각 부분마다의 자세한 조립 상태를 나타내는 도면
부품도	part drawing	제품을 구성하는 각 부품을 개별적으로 상세하게 그린 도면
공정도	process drawing	제조 과정에서 거쳐야 할 공정마다의 처리 방법, 사용 용구 등을 상세히 나타내는 도면으로, 공작 공정도, 제조 공정도, 설비 공정도 등이 있다.
상세도	detail drawing	필요한 부분을 더욱 상세하게 표시한 도면으로, 선박, 건축, 기계 등의 도면에서 볼 수 있다.
접속도	electrical schematic diagram	전기 기기의 내부, 상호간 접속 상태 및 기능을 나타내는 도면
배선도	wiring diagram	전기 기기의 크기와 설치할 위치, 전선의 종별, 굵기, 수 및 배선의 위치 등을 도시 기호와 문자 등으로 나타내는 도면
배관도	piping diagram	펌프, 밸브 등의 위치, 관의 굵기와 길이, 배관의 위치와 설치 방법 등을 자세히 나타내는 도면
계통도	system diagram	물, 기름, 가스, 전력 등의 접속과 작동을 나타내는 도면
기초도	foundation drawing	콘크리트 기초의 높이, 치수 등과 설치되는 기계나 구조물과의 관계를 나타내는 도면
설치도	settling drawing	기계나 징치류 등을 실치힐 경우에 관계되는 사항을 나타내는 도면
배치도	layout drawing	공장내에 기계 등을 많이 설치할 경우에 이들의 설치위치를 나타내는 도면, 배치도는 공정 관리, 운반 관리 및 생산 계획 등에도 사용된다.
장치도	plant layout drawing	장치 공업에서 각 장치의 배치와 제조 공정 등의 관계를 나타내는 도면
전개도	development drawing	구조물, 물품 등의 표면을 평면으로 나타내는 도면
외형도	outside drawing	구조물과 기계 전체의 겉모양과 설치 및 기초 공사 등에 필요한 사항을 나타내는 도면
구조선도	skeleton drawing	기계나 건축 구조물의 구조를 선도로 나타내는 도면
스케치도	sketch drawing	부품을 그리거나 도안할 때 필요한 사항을 제도 기구 없이 프리핸드(free hand)로 나타내는 도면
곡면선도	lines drawing	자동차의 차체, 항공기의 동체, 배의 선체 등의 곡면부분을 단면 곡선으로 나타내는 도면

Lesson 4 | 척도 및 표시방법

기계제도 도면에서 사용하는 척도는 아래에 따른다. 척도는 도면에서 그려진 길이와 대상물의 실제 길이와의 비율로 나타내며, 한 도면에서 공통적으로 사용되는 척도를 표제란에 기입해야 한다. 그러나 같은 도면에서 다른 척도를 사용할 때에는 필요에 따라 그림 부근에 기입해야 한다. 또, 척도의 표시를 잘못 볼 염려가 없을 때에는 기입하지 않아도 좋다.

1. 사용 목적에 따른 분류

종 류	영 문	설 명
현 척	Full scale, Full size	도형을 실물과 같은 크기(1:1)로 그리는 경우로 가장 보편적으로 사용된다.
축 척	Contraction scale Reduction scale	도형을 실물보다 작게 그리는 경우로 치수 기입은 실물의 실제 치수를 기입한다.
배 척	Enlarged scale Enlargement	도형을 실물보다 크게 그리는 경우(확대도, 상세도 등)로 실물의 실제 치수를 기입한다.
NS	Not to scale	비례척이 아닌 임의의 척도를 말한다.

2. 척도의 표시 방법

척도는 **A:B**로 표시한다.

여기에서　　 A : 그린 도형에서의 대응하는 길이

　　　　　　B : 대상물의 실제 길이

또한, 현척의 경우에는 A, B를 다같이 1, 축척의 경우에는 A를 1, 배척의 경우에는 B를 1로 하여 나타낸다.

[보기]　　① 축척의 경우 1 : 2

　　　　　　② 현척의 경우 1 : 1

　　　　　　③ 배척의 경우 **5** : 1

$$A \quad : \quad B$$

도면에서의 길이　　　　　　대상물의 실제 길이

[참고] 축척 · 현척 및 배척의 값

척도의 종류	난	값
축 척	1	1:2　1:5　1:10　1:20　1:50　1:100　1:200
	2	$1:\sqrt{2}$　1:2.5　$1:2\sqrt{2}$　1:3　1:4　$1:5\sqrt{2}$　1:25　1:250
현 척	-	1:1
배 척	1	2:1　5:1　10:1　20:1　50:1
	2	$\sqrt{2}:1$　$2.5\sqrt{2}:1$　100:1

[비고] 1란의 척도를 우선으로 사용하고, 2란의 척도는 가급적 사용하지 않는다.

척도는 도면의 우측 하단에 있는 표제란에 기입한다. 같은 도면에서 상세도(확대도)와 같이 다른 척도를 사용하는 경우에는 해당 그림 부근에 도시하고 기입한다.

또한, 도형이 실치수와 비례하지 않는 경우에는 그 취지를 적당한 위치에 표시한다.

선의 종류와 용도

선의 송류	선의 명칭	선의 형상	선의 굵기(mm)	선의 용도
굵은 실선	외형선	————————	0.5~0.7	물체의 보이는 모서리 부분을 나타내는 선
은선, 파선	숨은선	------------	0.3~0.4	물체의 보이지 않는 모서리 부분을 나타내는 선
가는 1점 쇄선	중심선	—·—·—·—		도형의 중심을 나타내는 선
	절단선	⌐‾⌐		단면도를 그리는 경우에 절단 위치를 나타내는 선
가는 2점 쇄선	가상선	—··—··—	0.1~0.25	운동하는 물체의 한계 운동범위나 특정한 위치를 나타내는 선 물체의 가공 전 또는 가공 후의 모양을 나타내는 선 반복되는 것을 나타내는 선
가는 실선	해칭선	———		단면도를 그리는 경우에 절단면을 나타내는 선
	파단선	∿∿∿		물체의 일부를 파단한 경계를 나타내는 선

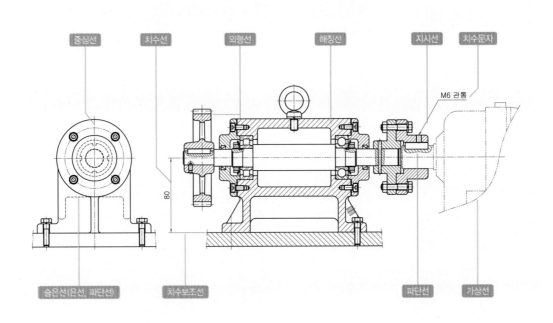

● 선의 용도에 따른 명칭

기계 제도에 사용하는 선

- 선의 종류와 적용 [KS A ISO 128-4 : 2002 (2012 확인)]

선의 종류		적용	해당 KS 또는 ISO 번호
번호	설명 및 표시		
01.1	가는 실선 ————	1. 서로 교차하는 가상의 상관 관계를 나타내는 선(상관선)	–
		2. 가는 자유 실선 ~~~	ISO 129-1
		3. 지그재그 가는 실선 —∿—∿—	ISO 129-1
		4. 굵은 실선 ————	KS A ISO 128-22
		5. 가는 파선 ---------	KS A ISO 128-50
		6. 굵은 파선 ━ ━ ━ ━	KS A ISO 128-40
		7. 가는 일점 쇄선 —·—·—	–
		8. 굵은 일점 쇄선 ━·━·━	KS A ISO 6410-1
		9. 가는 이점 쇄선 —··—··—	ISO 129-1
		10. 원형 부분의 평평한 면을 나타내는 대각선	–
		11. 소재의 굽은 부분이나 가공 공정의 표시선	–
		12. 상세도를 그리기 위한 틀의 선	–
		13. 반복되는 자세한 모양의 생략을 나타내는 선	–
		14. 테이퍼가 진 모양을 설명하기 위한 선	ISO 3040
		15. 판의 겹침이나 위치를 나타내는 선	–
		16. 투상을 설명하는 선	–
		17. 격자를 나타내는 선	–
	가는 자유 실선	18. 만약 대칭선이나 중심선이 제한되지 않은 경우에 부분 투상도의 절단, 단면의 한계를 손으로 그을 때 (하나의 도면에 한 종류의 선만 사용할 때 추천한다.)	–
	지그재그 가는 실선 —∿—∿—	19. 만약 대칭선이나 중심선이 제한되지 않은 경우에 부분 투상도의 절단, 단면의 한계를 기계적으로 그을 때	
01.2	굵은 실선 ————	1. 보이는 물체의 모서리 윤곽을 나타내는 선	KS A ISO 128-30
		2. 가는 파선 ---------	KS A ISO 128-30
		3. 나사 봉우리의 윤곽을 나타내는 선	KS B ISO 6410-1
		4. 나사의 길이에 대한 한계를 나타내는 선	KS B ISO 6410-1
		5. 도표, 지도, 흐름도에서 주요한 부분을 나타내는 선	–
		6. 금속 구조 공학 등의 구조를 나타내는 선	KS A ISO 5261
		7. 성형에서 분리되는 위치를 나타내는 선	KS A ISO 10135
		8. 절단 및 단면을 나타내는 화살표의 선	KS A ISO 128-40
02.1	가는 파선 ---------	1. 보이지 않는 물체의 모서리 윤곽을 나타내는 선	KS A ISO 128-30
		2. 굵은 파선 ━ ━ ━ ━	KS A ISO 128-30
02.2	굵은 파선 ━ ━ ━ ━	1. 열처리와 같은 표면 처리의 허용 범위나 면적을 지시하는 선	–
04.1	가는 일점 쇄선 —·—·—	1. 중심을 나타내는 선	–
		2. 굵은 일점 쇄선 ━·━·━	–
		3. 가는 이점 쇄선 —··—··—	KS B ISO 2203
		4. 구멍의 피치원을 나타내는 선	–
04.2	굵은 일점 쇄선 ━·━·━	1. 제한된 면적을 지시하는 선(열처리, 표면처리 등)	–
		2. 절단면의 위치를 나타내는 선	KS A ISO 128-40
05.1	가는 이점 쇄선 —··—··—	1. 인접 부품의 윤곽을 나타내는 선	–
		2. 움직이는 부품의 최대 위치를 나타내는 선	–
		3. 그림의 중심을 나타내는 선	–
		4. 가공(성형) 전의 윤곽을 나타내는 선	–
		5. 물체의 절단면 앞모양을 나타내는 선	–
		6. 움직이는 물체의 외형 궤적을 나타내는 선	–
		7. 소재의 마무리된 부품 모양의 윤곽선	KS A ISO 10135
		8. 특별히 범위나 영역을 나타내기 위한 틀의 선	–
		9. 공차 적용 범위를 나타내는 선	KS A ISO 10578

• 선의 굵기 및 선군

기계 제도에서 2개의 선 굵기가 보통 사용된다. 선 굵기 비는 1:2이어야 한다.

선 군	선 번호에 대한 선 굵기	
	01.2-02.2-04.2	01.1-02.1-04.1-0.5-1
0.25	0.25	0.13
0.35	0.35	0.18
0.5(¹)	0.5	0.25
0.7(¹)	0.7	0.35
1	1	0.5
1.4	1.4	0.7
2	2	1
주(¹) 권장할 만한 선 굵기의 종류		

선의 굵기 및 선군은 도면의 종류, 크기 및 척도에 따라 선택되어야 하고, 정밀 복사나 다른 재생 방법의 요구 사항에 따라 선택되어야 한다.

선의 굵기의 기준은 0.18mm, 0.25mm, 0.35mm, 0.5mm, 0.7mm 및 1mm로 한다.

Lesson 7 | 선의 우선 순위

도면에서 2종류 이상의 선이 겹치게 되면 아래의 우선 순위에 따라 선을 그린다.

① 외형선 (visible outline)
② 숨은선 (hidden outline)
③ 절단선 (line of cutting plane)
④ 중심선 (中心線, center line)
⑤ 무게중심선 (重心線, Centroidal line)
⑥ 치수보조선 (Profection line)

[참고]

– 파선과 파선이 만나는 경우에는 선분에서 만나도록 한다.
– 동일 직선상 또는 동일 원호상에서 파선이 실선과 만나는 경우에는 틈새가 없도록 한다.
– 파선이 직선에 접하는 원호(파선)는 접점에서 시작한다.
– 파선과 실선 또는 파선과 파선이 만나는 경우에는 선분에서 만나도록 한다.
– 파선을 평행하게 그리는 경우에는 선분이 서로 어긋나게 그리고 구멍과 같이 중심선이 있는 경우에는 나란하게 그린다.

도면의 척도표시 및 선의 용도

• 선의 용도에 따른 구분

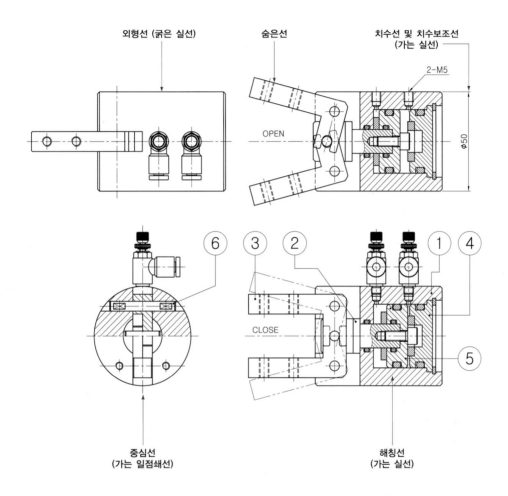

Tip

• Auto CAD의 환경 설정 중 플롯 스타일 테이블 편집기의 형식보기 플롯 스타일(P)에서 가는 굵기의 선의 색깔(Color)을 빨간색[색상 1]으로 지정한 경우 중심선 (가는 일점쇄선), 가상선(가는 이점쇄선), 해칭선, 파단선, 치수선, 치수보조선 등 동일한 굵기의 선들의 색깔은 모두 빨간색으로 통일한다.

• Auto CAD에서 중간 굵기의 선의 색깔(Color)을 노란색[색상 2]으로 지정한 경우 숨은선, 치수문자, 표제란 및 주서의 문자 등은 노란색으로 통일한다.

• Auto CAD에서 굵은 굵기의 선의 색깔(Color)을 **초록색[색상 3]**으로 지정한 경우 외형선과 개별주서문자 등 그 밖의 외형선과 같은 굵기의 선들은 **초록색**으로 통일한다.

• 자격시험에서 도면답안 작성시 통일성을 기하기 위해 규정을 만들어 놓은 것이지 실제 산업현장에서는 다양한 색깔을 사용하여 도면을 설계하는 경우가 많다. 자 격시험에서 지정된 색깔 외에 여러 가지 색깔로 도면을 작성하여 출력을 했을 때 출력결과가 좋지 않아 불이익을 당할 수도 있으니 반드시 주의해야 한다.

1. 정투상(orthographic projection)

대상물의 좌표면이 투상면에 평행인 직각투상을 정투상이라고 한다. 즉, 대상물의 주요면을 투상면에 평행한 상태로 놓고 투상하므로 투상선은 서로 나란하게, 또 투상면에 수직의 상태로 닿는다.

2. 투상도의 명칭

❶ 정면도(front view)

물체 앞에서 바라본 모양을 도면에 나타낸 것으로 그 물체의 가장 주된 면, 즉 모양이나 특징이 가장 잘 나타나는 기본이 되는 면을 정면도라 한다.

❷ 평면도(top view)

물체의 위에서 바라본 모양을 도면에 나타낸 그림을 말하며 상면도라고도 한다. 정면도와 함께 많이 사용된다.

❸ 우측면도(right side view)

물체의 우측에서 바라본 모양을 도면에 나타낸 그림을 말하며 정면도, 평면도와 함께 많이 사용된다.

❹ 좌측면도(left side view)

물체의 좌측에서 바라본 모양을 도면에 표현한 그림을 말한다.

❺ 저면도(bottom view)

물체의 아래쪽에서 바라본 모양을 도면에 나타낸 그림을 말하며 저면도라고도 한다.

❻ 배면도(rear view)

물체의 뒤쪽에서 바라본 모양을 도면에 나타낸 그림을 말하며 사용하는 경우가 극히 드물다.

3. 3각법의 개념 이해

물체의 좌측에서 보이는 형상 그대로 좌측에 배치하고 우측에서 보이는 형상 그대로 우측에 배열하는 투상법이다.

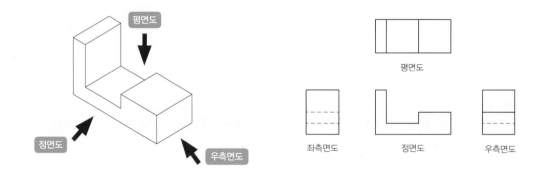

물체의 좌측에서 보이는 형상을 우측에, 우측에서 보이는 형상을 좌측에 배열하면 1각법이 된다.

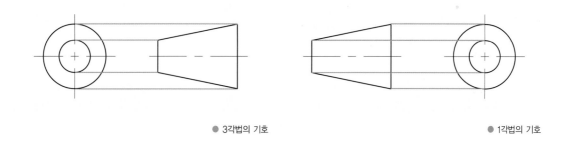

● 3각법의 기호   ● 1각법의 기호

4. 3각법의 좋은 예와 나쁜 예

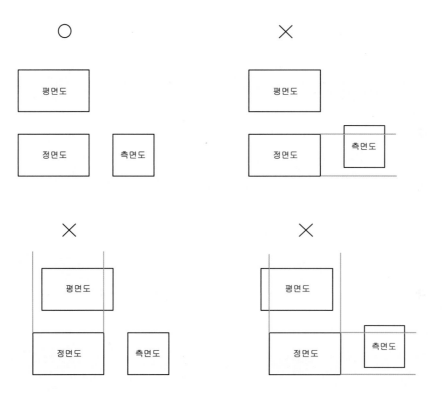

정면이나 평면, 측면에서 보이는 선중에 동일한 선은 동일 선상에 위치해야 한다.

[주] 어떤 모델의 형상을 이해할 때에는 경사면과 곡면을 주의하여야 한다.

아래 그림을 보면 두 모델의 평면도는 동일하지만 정면도의 형상이 다른 것을 알 수 있다.

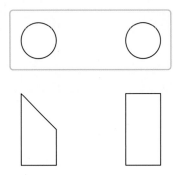

아래 그림에서도 두 모델의 평면도는 동일하지만 정면도의 형상이 다른 것을 알 수 있다.

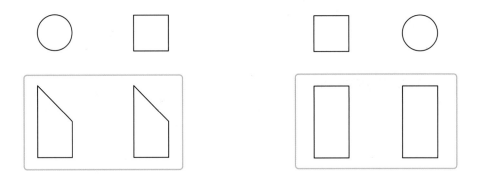

제 3각법 투상 예

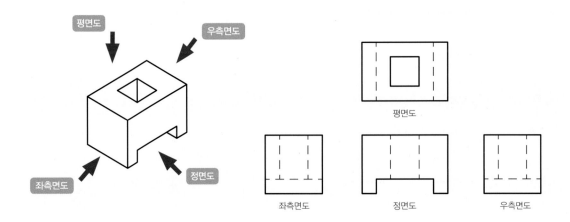

다음은 동일한 평면도를 가지는 다양한 정면도의 형상을 보여준다.

모델의 정확한 이해를 하기 위해서 섣불리 판단을 해서는 안 된다.

❶ 두 모델의 정면도와 평면도가 동일하지만 측면도가 다른 경우

❷ 두 모델의 정면도와 우측면도가 동일하지만 평면도가 다른 경우

5. 등각투상법

대상물의 정면, 측면, 평면을 하나의 투상도로 그려 모양을 쉽게 알 수 있도록 하기 위하여 아래 그림과 같이 대상물을 왼쪽으로 돌린 후 앞으로 기울여 두 개의 옆면 모서리가 수평선과 30° 가 되게 잡아서 보고 그리면 물체의 세 모서리가 120° 의 등각을 이루게 된다. 다시 말해 입방체가 서로 직교하는 모서리를 주축으로 하여 X축, Y축, Z축의 사이각이 120° 가 되어 투상된 3주축의 길이가 동일하고 또한 서로 이루는 각이 똑같이 120° 가 된다. 이와 같은 투상도를 등각투상도 또는 등각도라고 한다.

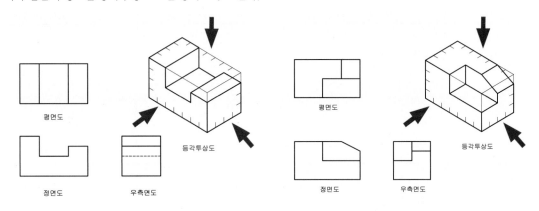

투상도 예

①

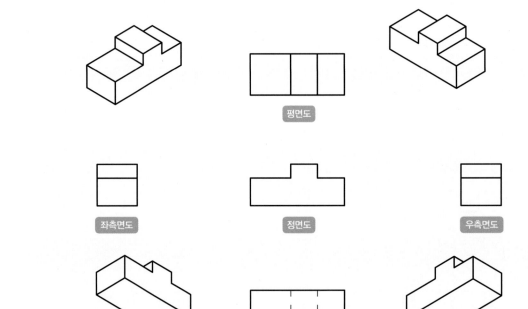

❷

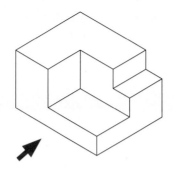

평면도

정면도

우측면도

❸

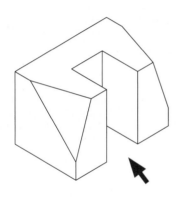

평면도

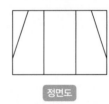

정면도

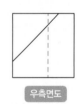

우측면도

❹

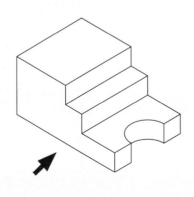

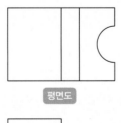

평면도

정면도

우측면도

6. 올바른 투상도의 선택 및 배치

❶ 투상도는 대상물의 형상이나 기능을 가장 뚜렷하게 나타내는 부분을 정면도로 선택하여 특별한 사유가 없는 한 대상물을 가로 길이로 놓은 상태로 도시한다.

❷ 도면을 보고 가공하는 사람의 입장에서 가공공정을 고려한 방향으로 도시한다.

❸ 숨은선을 가급적 적게 도시하고 주투상도를 보충하는 다른 투상도는 될 수 있는 한 적게 도시한다.

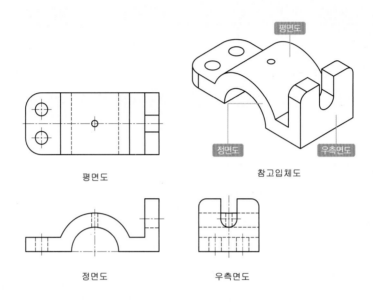

평면도

참고입체도

정면도

우측면도

● 올바른 투상도의 배치

7. 주투상도를 작도하는 요령

❶ 주투상도는 정면도를 중심으로 측면도나 평면도가 같은 선상에 배치되어야 한다.

❷ 길이에 관한 치수기입은 정면도나 평면도에 도시한다.

❸ 높이치수에 관한 치수기입은 정면도나 측면도에 도시한다.

❹ 폭(너비)에 관한 치수기입은 측면도나 평면도에 도시한다.

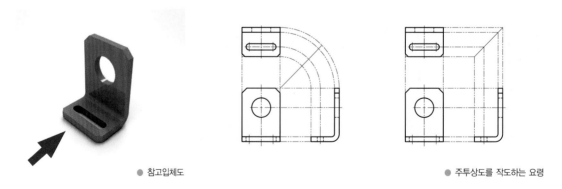

● 참고입체도

● 주투상도를 작도하는 요령

주투상도 적용 예

● 참고입체도

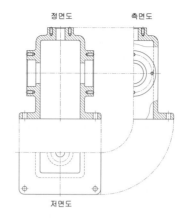

● 주투상도 적용도

8. 투상도의 우선 순위

❶ 정면도 하나만으로 표현해도 좋은 경우 (축, 판재, 개스킷 등)

부품의 형상이 원형(원통형상)인 경우에는 정면도 하나의 투상도만으로도 표현이 가능하다.

이러한 투상도 기법을 **1면도법**이라 하며, 별도로 측면도나 평면도를 도시하지 않아도 좋은 경우이다.

● 참고입체도

축과 같은 원통형상의 경우 치수 앞에 Ø(지름)의 기호를 붙이며, 정면도 하나만으로 물체의 형상을 이해할 수 있는 경우 측면도나 평면도는 불필요하다.

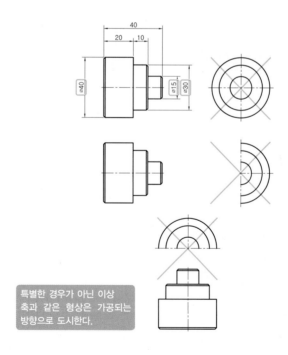

특별한 경우가 아닌 이상 축과 같은 형상은 가공되는 방향으로 도시한다.

● 정면도만으로 도시한 예-1 (1면도법)

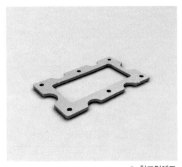

● 참고입체도

치수 앞에 t가 붙는 경우는 두께를 나타내는
것으로 정면도 하나만으로 도시해도 무방하다.

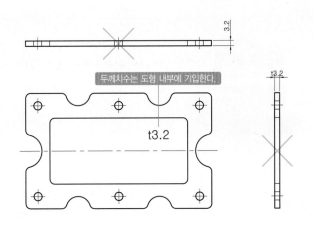

두께치수는 도형 내부에 기입한다.

t3.2

3.2

t3.2

● 정면도만으로 도시한 예-2 (1면도법)

❷ 정면도와 측면도만으로 표현해도 좋은 경우

축과 같은 부품은 대부분 원형의 형상으로, 특징을 가장 잘 나타내고 있는 투상도는 정면도와 측면도이며 측
면도에는 정면만으로 불확실한 형상을 표현해 줄 수 있으며 이 두 곳에 치수를 기입해주는 것만으로도 충분히
므로 별도로 평면도를 그려주지 않아도 된다. 이처럼 두 개의 투상도로 표현하는 기법을 **2면도법**이라 한다.

● 참고입체도

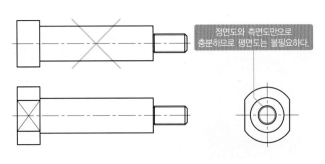

정면도와 측면도만으로
충분하므로 평면도는 불필요하다.

● 정면도와 측면도만으로 도시한 예-1 (2면도법)

● 참고입체도

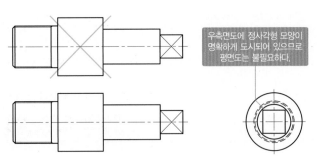

우측면도에 정사각형 모양이
명확하게 도시되어 있으므로
평면도는 불필요하다.

● 정면도와 측면도만으로 도시한 예-2 (2면도법)

❸ 정면도와 평면도만으로 표현해도 좋은 경우

부품의 형상을 가장 잘 나타내고 있는 투상도는 정면도와 평면도이며 이 두 곳에 치수를 기입해주는 것만으로도 우측면도가 결정이 나므로 별도로 우측면도를 그려주는 것은 바람직하지 않다. 이처럼 두 개의 투상도로 표현하는 기법을 **2면도법**이라 한다.

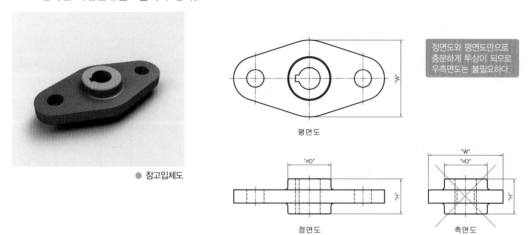

참고입체도

● 정면도와 평면도만으로 도시한 예 (2면도법)

❹ 올바른 투상도의 방향과 배치를 정하는 방법

아래 그림과 같이 축 도면을 여러 사람이 작도한다면 여러 형태의 투상도가 나올 것이다. 이중에서 올바르게 투상도를 배치한 도면은 여러분도 쉽게 알 수 있듯이 [a]투상도이다. 조립도를 보고 투상도를 작도하여 도면에 배치할 때는 부품이 실제로 가공되는 방향 등을 고려하여 작도하는 것이 바람직하다.

참고입체도

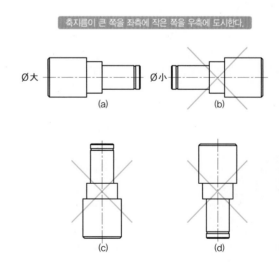

축과 같은 원통형의 부품은 일반적으로 선반(lathe)이라는 기계에서 축의 양쪽끝단에 센터구멍을 가공하고 주축대와 심압대에 맞물려 고정시킨 후 바이트(bite)로 가공을 하거나 주축대의 척(chuck)에 기준면을 물리고 순차적으로 가공하는 것이 일반적이다. 선반가공에서는 외경 및 내경의 절삭, 단면, 홈, 테이퍼, 드릴링, 보링, 수나사 및 암나사, 널링, 총형가공 등이 가능하며 여기서는 외경절삭과 내경절삭, 그리고 수나사를 가공하는 경우 공구(tool)의 절삭가공방향과 부품(공작물)의 설치방향을 고려하여 도시한 예이다.

[외경 절삭가공]

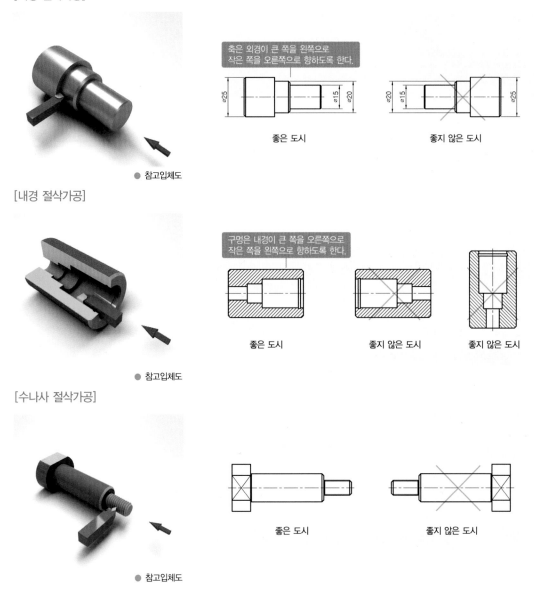

축은 외경이 큰 쪽을 왼쪽으로
작은 쪽을 오른쪽으로 향하도록 한다.

● 참고입체도

좋은 도시　　　좋지 않은 도시

[내경 절삭가공]

구멍은 내경이 큰 쪽을 오른쪽으로
작은 쪽을 왼쪽으로 향하도록 한다.

● 참고입체도

좋은 도시　　　좋지 않은 도시　　　좋지 않은 도시

[수나사 절삭가공]

● 참고입체도

좋은 도시　　　좋지 않은 도시

치수 기입의 정의

도면을 작도하고나서 설계자의 의도를 가공자나 조립자 등 도면을 보는 사람들에게 명확하게 전달하는 수단이 치수기입이다. 도면에 표기된 치수에 의해 부품이 제작되고 제조원가에도 영향을 미치므로 올바른 치수 기입은 매우 중요한 사항이자 설계자가 기본적으로 갖추어야 할 능력이다. 치수기입은 단순히 부품의 치수를 나타내는 것 뿐만 아니라 가공방법, 측정방법, 검사방법 등을 고려하여 기입하지 않으면 안된다. 이 장에서는 한국산업규격(KS)에서 규정하고 있는 KS A 0005(제도 통칙)를 기본으로 구성하였다.

1. 제도의 정의 및 목적

제도(Drawing)라 함은 기계나 구조물의 모양 또는 크기를 일정한 규격에 따라 점, 선, 문자, 숫자, 기호 등을 사용하여 도면을 작성하는 과정을 말한다.

제도의 목적은 **설계자의 의도**를 도면 사용자에게 확실하고 쉽게 전달하는데 있다. 그러므로 도면에 물체(조립상태, 부품상태 등)의 **모양**이나 **치수, 재료, 표면거칠기** 등을 정확하게 표시하여 설계자의 의사가 가공, 조립, 측정 등을 담당하는 사용자들에게 확실하게 전달되어야 한다.

2. KS 치수 기입의 원칙 [KS B 0001]

❶ 대상물의 기능, 제작, 조립 등을 고려하여 도면에 나타낼 필요가 있다고 판단되는 치수를 명확하고 가공자나 조립자가 혼동이 되지 않도록 도면에 기입한다.

❷ 치수는 대상물의 크기, 자세 및 위치를 가장 명확하게 표시하는데 필요하고 충분한 것을 기입한다.

❸ 대상물의 기능상 필요한 치수(기능치수)는 반드시 기입한다.

❹ 치수는 치수선, 치수보조선, 치수보조기호 등을 이용하여 치수수치에 따라 표시한다.

❺ 치수는 되도록 주투상도(정면도)에 집중 기입한다.

❻ 도면에 나타내는 치수는 특별히 명시하지 않는 한 마무리치수(완성치수)를 기입한다.

❼ 치수는 가급적이면 가공자나 조립자가 계산해서 구할 필요가 없도록 기입한다.

❽ 치수는 필요에 따라 기준으로 하는 점, 선 또는 면을 기준으로 기입한다.

❾ 연관되는 치수는 되도록 한 곳에 모아 기입한다.

❿ 치수는 되도록 가공 공정마다 배열을 분리해서 기입한다.

⓫ 치수는 중복기입을 피해서 기입하고 도면을 보는 사람들의 혼란을 야기하지 않는다.

⓬ 치수에는 기능상(호환성을 포함) 필요한 경우 KS A 0108에 따라 치수의 허용한계를 지시한다. 다만, 이론적으로 정확한 치수는 제외한다.

⓭ 치수 중 참고 치수에 대해서는 치수 수치에 괄호를 붙여 나타낸다.

치수 수치의 표시 방법

도면에 기입하는 크기치수, 위치치수의 단위는 mm를 사용하는 것을 원칙으로 하며, 수치 옆에 그 단위 기호(mm)를 붙이지 않는다. 만약 mm 단위 이외의 것을 사용하는 경우는 그 단위 기호를 붙여준다.

1. 치수 기입의 원칙

❶ 길이의 치수 수치는 원칙적으로 밀리미터(mm)의 단위로 기입하고 치수 옆에 단위 기호는 별도로 붙이지 않는다. 만약, **밀리미터(mm)**이외의 단위를 사용하는 경우는 해당 단위기호를 붙이는 것을 원칙으로 한다.

> [예] 도면에 20이라고 치수가 기입되어 있다면 20mm를 의미하는 것이다(cm나 m가 아니다).
> 밀리미터(mm)이외 단위 적용시 : 인치(inch), 피트(ft), 센티미터(cm), 미터(m)

❷ 각도의 치수 수치는 일반적으로 도(°)의 단위로 기입하고, 필요한 경우에는 분(′) 및 초(″) 단위를 함께 사용할 수 있다. 도, 분, 초의 표시는 숫자의 오른쪽에 아래 예와 같이 표기한다.

> [예] 90°, 45°, 10° 22′ 5″(또는 10° 22′ 05″), 15° 0′ 12″(또는 15° 00′ 12″), 3° 21′
> 또, 각도의 치수 수치를 라디안의 단위로 기입하는 경우에는 그 단위 기호 rad를 기입한다.
> [예] 0.52 rad

❸ 치수 수치의 소수점은 숫자의 아래쪽에 찍고 자리수가 많을 경우에는 3자리마다 숫자 사이를 적당히 띄우고 점(콤마)은 찍지 않는다.

> [예] 123.25 12.00 22 320

치수 기입 방법

동일한 부품 도면에 치수를 기입할 때 설계자마다 치수 기입한 도면을 보면 천차만별일 수가 있다. 이는 해당 부품의 기능, 제작, 조립 등을 이해하고 가공의 기준이 되는 면을 선택할 수 있고, 기능에 따라 요구되는 치수공차나 기하공차의 적용 및 가공법에 따른 표면거칠기 등을 제대로 적용할 수 있는가에 따라 동일한 부품 도면을 놓고 여러 사람의 치수 기입법이 차이가 나게 되는 것이다. 아래에 KS규격에 의거한 여러 가지 치수 기입 방법들을 이해하고 도면에 적용해 보도록 하자.

1. 치수 기입 방법의 일반 형식

❶ 치수는 **치수선, 치수 보조선, 치수 보조기호** 등을 사용하여 **치수 수치**에 따라 나타낸다.

❷ 치수선, 치수보조선은 지시하는 길이 또는 각도를 측정하는 방향에 평행하게 0.25mm 이하의 가는실선으로 긋고, 치수보조선의 양끝에는 끝부분 기호를 붙인다.

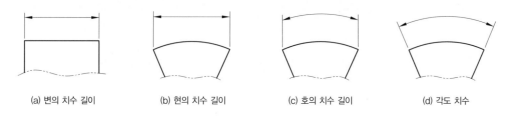

(a) 변의 치수 길이   (b) 현의 치수 길이   (c) 호의 치수 길이   (d) 각도 치수

● 변, 현, 호의 길이 치수 및 각도치수

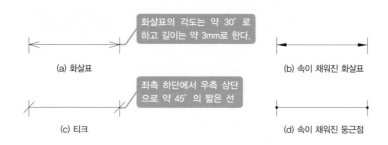

화살표의 각도는 약 30° 로 하고 길이는 약 3mm로 한다.

(a) 화살표   (b) 속이 채워진 화살표

좌측 하단에서 우측 상단 으로 약 45° 의 짧은 선

(c) 티크   (d) 속이 채워진 둥근점

● 치수선 끝에 붙이는 기호

❸ 치수선은 외형선으로부터 최초 치수를 기입 시에 10~20mm 띄우고 두 번째 치수를 기입 시부터는 8~10mm의 동일한 간격을 유지하며 균형있게 긋는다.

● 입체도

치수기입의 예

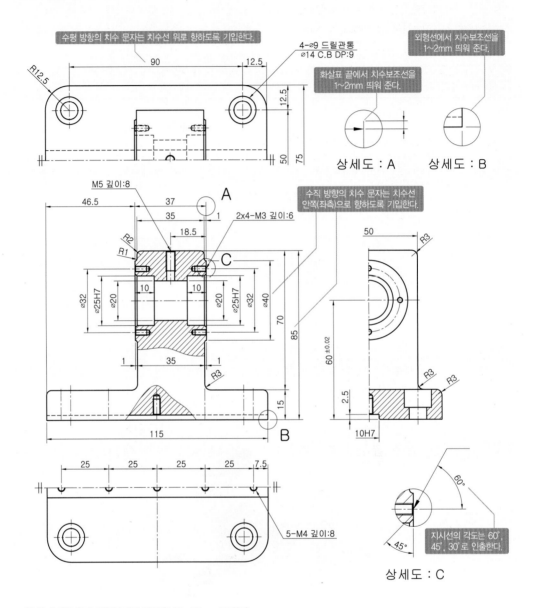

수평 방향의 치수 문자는 치수선 위로 향하도록 기입한다.

4-∅9 드릴관통
∅14 C.B DP:9

외형선에서 치수보조선을
1~2mm 띄워 준다.

화살표 끝에서 치수보조선을
1~2mm 띄워 준다.

R12.5

90

12.5

12.5

50

75

상세도 : A

상세도 : B

M5 깊이:8

46.5

37

35

1

A

2x4-M3 깊이:6

수직 방향의 치수 문자는 치수선
안쪽(좌측)으로 향하도록 기입한다.

18.5

R2

R1

C

∅32

∅25H7

∅20

10

10

∅20

∅25H7

∅32

∅40

70

85

50

R3

1

35

1

R3

60±0.02

2.5

R3

R3

15

115

B

10H7

25

25

25

25

7.5

5-M4 깊이:8

60°

45°

지시선의 각도는 60°,
45°, 30°로 인출한다.

상세도 : C

• 첫 번째 치수선과 외형선과의 간격은 10~20mm로 한다.
• 두 번째 치수선부터는 8~10mm의 동일한 간격을 유지한다.

● 치수선, 치수보조선, 치수문자, 지시선, 해칭선 기입방법

2. 치수 누락없이 기입하는 순서와 노하우

조립도에서 요구하는 도면을 측정하여 CAD로 작도한 후에 치수기입을 해주어야 하는데 CAD에서는 아쉽게도 치수를 자동으로 기입해주는 기능은 아직 없다. 이 말은 설계된 도면을 CAD에서 특성을 파악하고 요구하는 기능을 이해하여 가공의 기준면을 정하고 알아서 치수공차나 표면거칠기 및 기하공차를 자동으로 생성해 주는 일은 어렵다는 의미이다. 치수기입을 하는 사람에 따라 기입방법이나 치수의 배치가 똑같을 수는 없을 것이며 도면을 이해하기 쉽도록 균형있고 관련된 치수를 한 곳에 모아 보기 좋게 해주는 것이 중요하다.

Key point

치수 기입 노하우 ①

축이나 회전체의 경우 보통 기본중심선을 기준으로 상하대칭인 경우가 많다. 도면을 투상하여 작도를 잘하였더라도 치수기입이 엉성하면 도면을 보는 이로 하여금 혼란을 줄 수도 있으며 무언가 10% 부족한 부분이 보여 좋은 점수를 받기가 어려울 수도 있다. 아래 그림의 V-벨트풀리에 치수를 기입해보자. 먼저 위에서 배운 것처럼 최초 치수를 기입하는 경우 외형선으로부터 10~20mm 정도 띄워 기입 후 중심점을 기준으로 피라미드(삼각형) 형태로 하여 두 번째 치수기입 부터는 일정하게 8~10mm의 간격으로 기입해나가면 도면의 균형과 절도있는 배치로 보기 좋은 도면이 작도가 될 것이다. 특히 조립도를 해독하여 부품이 기준이 되는 면을 찾아 치수를 전개해 나간다면 도면을 보고 가공하는 사람에게도 도움이 될 것이다.

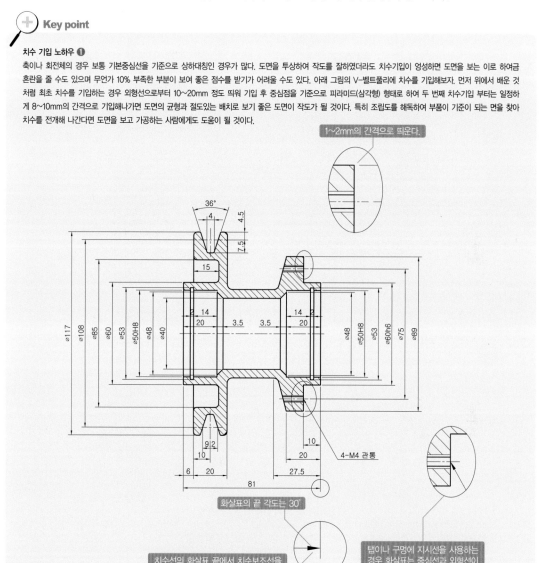

1~2mm의 간격으로 띄운다.

4-M4 관통

화살표의 끝 각도는 30°

치수선의 화살표 끝에서 치수보조선을 1~2mm 간격으로 띄운다

탭이나 구멍에 지시선을 사용하는 경우 화살표는 중심선과 외형선이 교차하는 점으로부터 인출한다.

치수 기입 노하우 ❷

본체나 하우징처럼 부품의 크기가 큰 경우에는 치수기입을 해야 할 부분도 많아지고 도면의 배치에 있어서도 공간을 많이 차지하게 된다. 또한 투상도도 정면도, 측면도, 평면도 혹은 저면도까지 동원해야 올바른 투상 및 빠짐없는 치수기입이 가능한 경우도 있을 것이다. 이런 경우에도 기준면을 설정한 후에 기준면을 중심으로 하여 치수를 빠짐없이 기입해주는데 될 수 있는 한 주투상도인 정면도에 집중하여 기입해주는 것이 바람직하며 별도의 가공부 등 관련된 치수는 한곳에 모아서 기입해주면 도면이 복잡해지더라도 치수기입이 간결하여 도면이 한층 세련되어 보인다. 그리고, 항상 전체길이, 전체높이, 전체폭의 치수는 기입되어야 함을 잊지말기 바란다. 그래야 가공하고자 하는 부품의 소재를 준비하는 데 용이할 것이다.

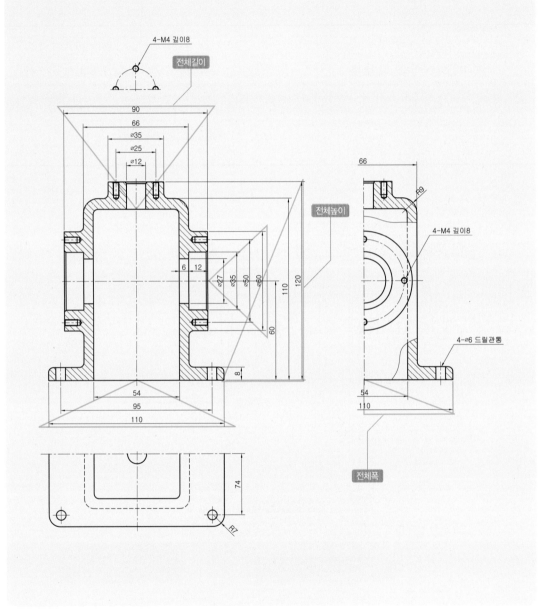

치수 기입 노하우 ❸

이번에는 설계자가 직접 가공을 한다고 생각해보면서 조립도에서 부품도를 투상하여 치수를 기입해보도록 하자. 아래 그림의 간단한 조립도에서 축을 뽑아내어 가공을 하는 입장과 설계를 하는 입장에서 치수를 기입해 나가보자.

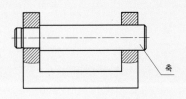

축

가공을 한다는 마음으로 본다.	설계자로서 도면에 치수를 기입한다.
1. 먼저 환봉소재를 준비한다.	1. 먼저 어떤 치수의 소재를 준비하면 좋은지 나타낸다.

2. 선반에서 좌측을 주축대에 물리고 우측 단부분을 가공한다.

2. 단부분의 치수를 기입한다.

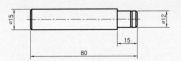

3. 단부분의 멈춤링(스냅링) 홈을 가공한다.

3. 단부분의 멈춤링 홈의 치수기입을 한다.

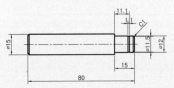

4. 축을 반대로 돌려 고정시킨 후 반대측 모떼기 가공을 한다.

4. 왼쪽의 모떼기를 기입한다.

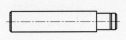

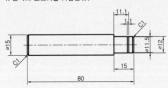

3. 치수선 표시

❶ 치수를 기입할 때 원칙적으로 치수보조선을 사용하여 기입한다. 치수보조선은 지시하는 치수의 끝에 닿는 도형상의 점 또는 선의 중심을 통과하고 치수선에 직각이 되도록 그어서 치수선을 약간 지날 때까지 연장한다 (**화살표 끝**에서 1~2mm 정도 띄운다). 다만, 치수 보조선과 도형 사이를 약간 떼어놓아도 좋다(**외형선**에서 1~2mm 정도 띄운다).

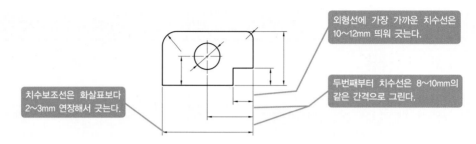

외형선에 가장 가까운 치수선은 10~12mm 띄워 긋는다.

두번째부터 치수선은 8~10mm의 같은 간격으로 그린다.

치수보조선은 화살표보다 2~3mm 연장해서 긋는다.

● 치수보조선 사용 기입

단, 치수 보조선을 부품도면의 외부로 **빼내면** 그림을 혼동할 우려가 있는 경우에는 부품도면의 내부에 표시할 수도 있다.

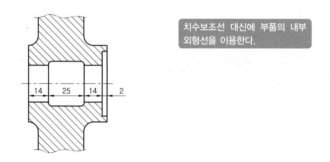

치수보조선 대신에 부품의 내부 외형선을 이용한다.

● 도형 내부에 치수 기입

❷ 치수를 지시하는 점 또는 선을 명확히 하기 위하여 필요한 경우에는 치수선에 대하여 적당한 각도를(60°)를 가진 서로 평행한 치수 보조선을 그을 수 있다.

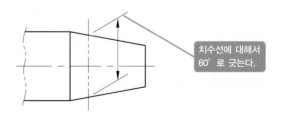

치수선에 대해서 60°로 긋는다.

❸ 각도를 기입하는 치수선은, 각도를 구성하는 2변 또는 그 연장선(치수보조선)의 교점을 중심으로 하여 양변 또는 그 연장선 사이에 그린 원호로 표시한다.

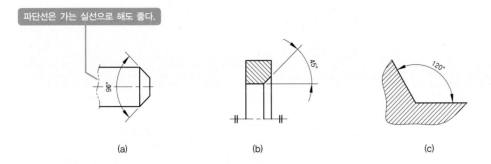

(a)　　　　　　　　　(b)　　　　　　　　　(c)

4. 치수 수치를 기입하는 위치와 방향

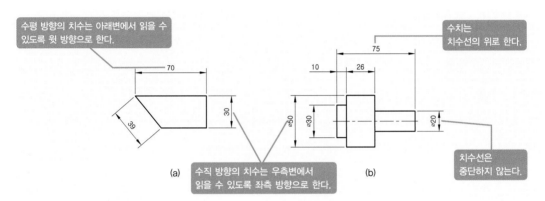

(a)　　　　　　　　　(b)

● 좌측과 윗쪽을 향한 치수기입

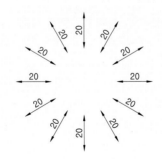

● 길이 치수의 기입

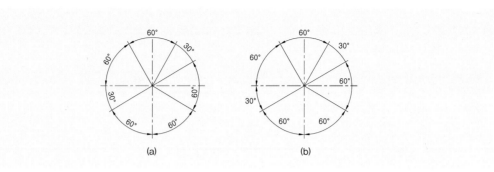

● 각도 치수의 기입

❶ 수직선에 대하여 좌측 상단에서 우측 하단을 향하여 약 $30°$ 이하의 각도를 이루는 방향에는 치수선의 기입을 피한다[그림 (a)]. 다만, 도형의 관계로 기입하지 않으면 안될 경우에는, 그 장소에 따라 혼동되지 않도록 기입한다[그림 (b), (c)].

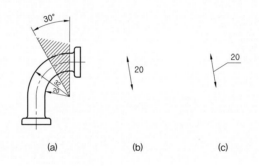

● 좌측과 윗쪽을 향한 치수기입

❷ 치수 수치는 도면의 아래 변에서 읽을 수 있도록 한다. 수평방향 이외의 방향의 치수선은 치수 수치를 삽입하기 위하여 중단하고, 그 위치는 치수선의 중앙에 위치시키는 것이 좋다.

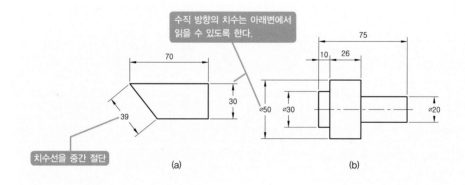

● 길이 치수의 경우

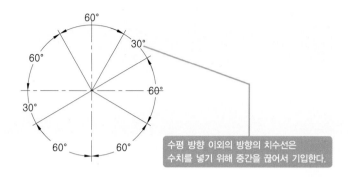

● 각도 치수의 경우

5. 좁은 공간에서의 치수기입

도면을 작성하다보면 치수문자 크기보다 좁은 공간이 있는데 치수기입을 하기 곤란한 좁은 곳에서의 치수 기입은 **부분 확대도**(상세도)를 그려서 기입하든지 또는 다음 중 어느 방법을 사용해도 무방하다.

지시선을 치수선에서 경사 방향으로 끌어내고 원칙으로 그 끝을 수평으로 구부리고 그 위쪽에 치수 수치를 기입한다. 이 경우, 지시선을 끌어내는 쪽 끝에는 아무것도 붙이지 않는다.

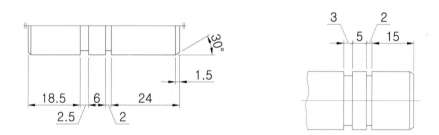

● 지시선을 이용한 치수기입

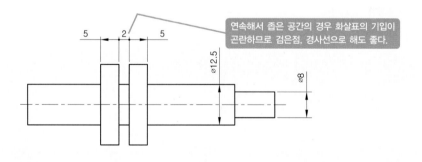

● (a) 방법 1의 경우

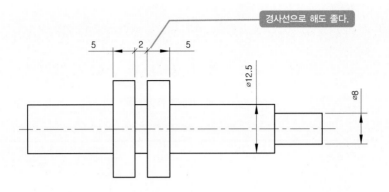

경사선으로 해도 좋다.

● (b) 방법 2의 경우

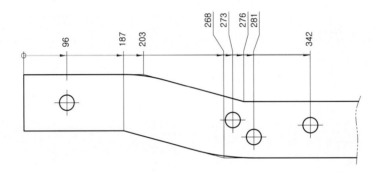

● 누진치수 기입법의 예

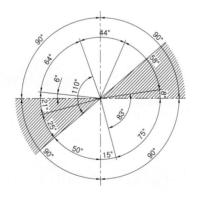

● 각도치수 기입을 피하는 예(구 DIN 406/2)

6. 기능치수의 기입

치수에는 기능상(호환성을 포함) 필요한 경우 KS A 0108에 따라 치수의 허용한계를 지시한다. 다만, 이론적으로 정확한 치수는 제외한다.

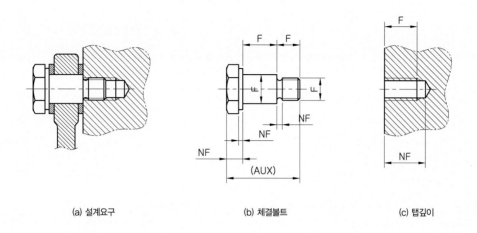

(a) 설계요구   (b) 체결볼트   (c) 탭깊이

【비고】 F는 기능치수, NF는 비기능치수, AUX는 참고치수를 표시한다.

7. 치수 수치 기입의 여러 가지 예

(a) 외형선에 겹치지 않은 예   (b) 인출선에 의한 예

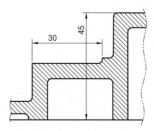

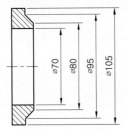

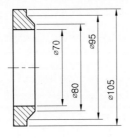

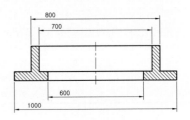

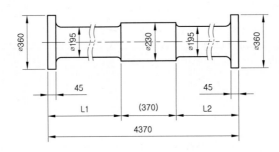

기호 품번	1	2	3
L1	1915	2500	3115
L2	2085	1500	885

치수 수치 대신에
별도의 표를 이용하여
치수를 나타낼 수 있다.

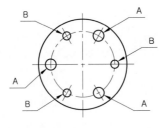

치수 수치 대신에
글자 기호를 이용하여
수치를 나타낼 수 있다.

A=∅12
B=∅10

| **치수 기입의 원칙**

2D나 3D로 도면을 설계하고 나서 설계자가 고민하는 사항중의 하나가 치수의 배치 문제일 것이다. CAD 프로그램에서 설계자가 의도하는 방식대로 자동으로 치수를 기입해 주고 투상도를 배치해 주는 고마운 일은 아직 없기 때문이다. 도면에 치수를 기입하는 경우 치수는 가급적 공정마다 배열을 나누어서 기입하고, 중복치수는 피하도록 하며 참고치수는 치수에 괄호를 붙여 혼동을 피한다. 아래 여러가지 치수 기입법을 이해하고 도면에 적용해 보자.

1. 직렬 치수 기입법

직렬로 나란히 연결된 개개의 치수에 주어진 치수 공차가 누적되어도 좋은 경우에 사용한다.

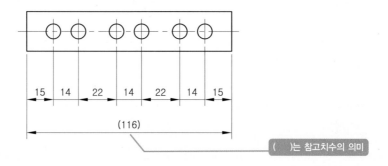

2. 병렬 치수 기입법

이 방법에 따르면 병렬로 기입하는 개개의 치수 공차는 다른 치수의 공차에는 영향을 주지 않는다. 이 경우, 공통쪽의 치수 보조선의 위치는 기능, 가공 등의 조건을 고려하여 적절히 선택한다.

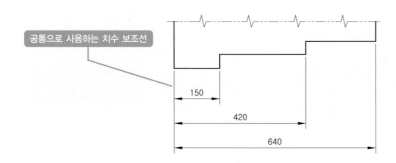

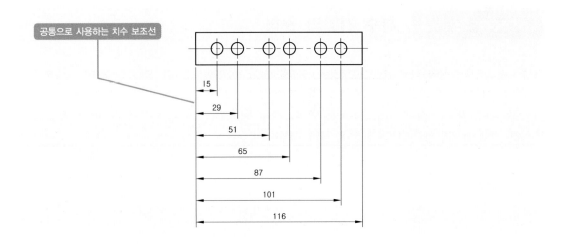

3. 누진 치수 기입법

이 방법에 따르면 치수 공차에 관하여 병렬 치수 기입법과 완전히 동등한 의미를 가지면서, 한 개의 연속된 치수선으로 간편하게 표시된다. 이 경우, 치수의 기점의 위치는 기점 기호(○)로 나타내고, 치수선의 다른 끝은 화살표로 나타낸다. 치수 수치는 치수보조선에 나란히 기입하든지, 화살표 가까운 곳에 치수선의 위쪽에 이에 연하여 쓴다. 또한, 2개의 형체 사이의 치수선에도 준용할 수 있다.

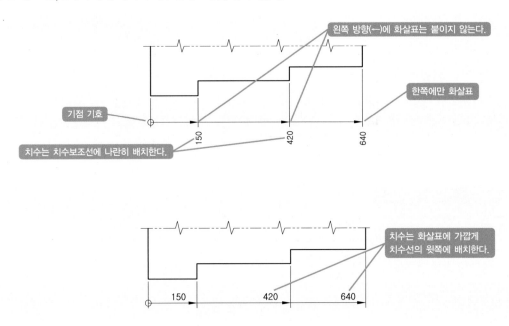

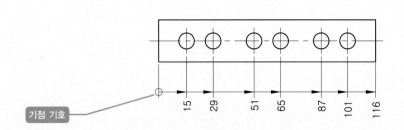

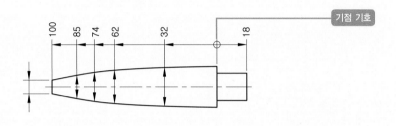

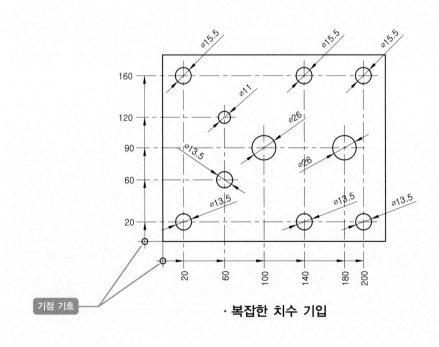

· 복잡한 치수 기입

4. 좌표 치수 기입법

구멍의 위치나 크기 등의 치수는 좌표를 사용하여 표로 나타내어도 좋다. 이 경우, 표에 나타낸 X, Y 또는 β의 수치는 기점에서의 수치이다. 기점은 보기를 들면 기준 구멍, 대상물의 한 구석 등 기능 또는 가공의 조건을 고려하여 적절하게 선택한다.

❶ 좌표를 사용하여 길이치수를 표로 나타내는 기입법

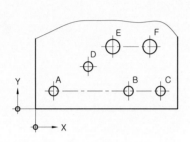

기호＼좌표	X	Y	∅
A	20	20	13.5
B	140	20	13.5
C	200	20	13.5
D	60	60	13.5
E	100	90	26
F	180	90	26
G			
H			

❷ 좌표를 사용하여 각도치수를 표로 나타내는 기입법

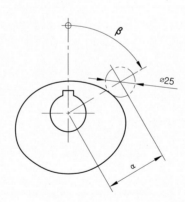

β	0°	20°	40°	60°	80°	100°	120°~210°	230°	260°	280°	300°	320°	340°
α	50	52.5	57	63.5	70	74.5	76	75	70	65	59.5	55	52

치수 보조 기호

치수 기입시 치수 수치 앞뒤에 여러 가지 보조기호를 붙이는데 치수 보조기호는 치수수치에 부가하여 해당 치수의 의미를 명확하게 전달하기 위하여 사용된다. KS규격에서 규정하고 있는 치수 보조기호 외의 보조기호를 만들어 사용하면 도면을 보는 이들에게 혼란을 줄 것이므로 반드시 규정된 보조기호를 사용하도록 해야 한다.

1. 치수 보조 기호의 종류

구분	기 호	호 칭	사용법	예
지름	Ø	파이		Ø20
반지름	R	알		R10
구의 지름	SØ	에스 파이		SØ5
구의 반지름	SR	에스 알	치수보조기호는 치수문자 앞에 붙이고, 치수문자와 동일한 크기로 기입한다.	SR5
정사각형의 변	□	사각		□10
판의 두께	t	티		t6
45°의 모떼기	C	씨		C5
원호의 길이	⌒	원호	치수문자 위에 원호를 붙인다.	⌒30
이론적으로 정확한 치수	▭	테두리	직사각형 안에 치수문자를 넣는다.	30
참고치수	( )	괄호	치수문자를 괄호기호로 둘러싼다.	(15)
비례 척도가 아닌 치수	—		치수 밑에 직선을 붙이며, 치수 값이 일치하지 않는 경우 사용한다.	30

2. 지름 치수 (Diameter)의 기입

❶ 치수를 기입하고자 하는 부분이 원형의 축이나 구멍인 경우 지름기호(Ø)를 치수문자 앞에 붙이고 투상도를 정면도 하나만 작도하고 측면도는 생략할 수 있다.

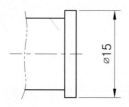

단면이나 측면도라서 원으로 보이지 않지만 실제로 원인 형상의 지름을 나타내고자 할 때 치수 수치 앞에 기호 Ø를 붙인다.

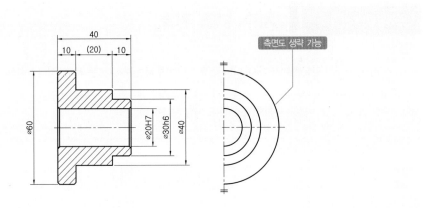

원형의 그림에 지름의 치수를 기입할 때는 치수 수치의 앞에 지름의 기호 Ø는 기입하지 않는다. 다만 원형의 일부를 그리지 않은 도형에서 치수선의 끝부분, 기호가 한쪽인 경우는 반지름의 치수와 혼동되지 않도록 지름의 치수 수치 앞에 Ø를 기입한다.

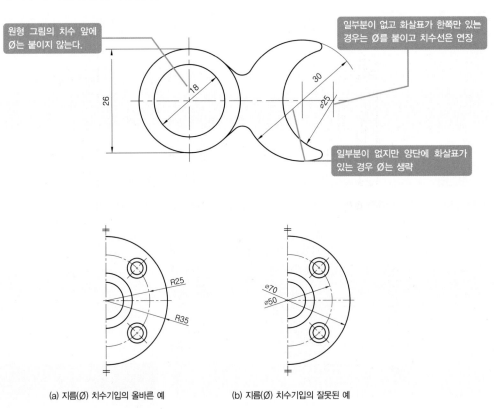

(a) 지름(Ø) 치수기입의 올바른 예   (b) 지름(Ø) 치수기입의 잘못된 예

❷ 지름이 다른 원통으로 연속되어 있고, 그 치수 수치를 기입할 여지가 없을 때는 그림과 같이 한쪽에 기입해야
할 치수선의 연장선과 화살표를 그리고, 지름의 기호 Ø와 치수 수치를 기입한다.

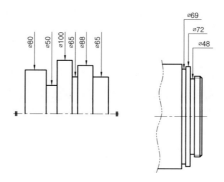

❸ 정면도(주투상도)의 형상이 원형이고, 드릴구멍이나 카운터보링, 탭구멍 등이 90° 등간격, 120° 등간격 등인
경우 그림 (a)와 같이 1면도만으로 도시할 수 있으며, 정확한 투상도의 이해를 위해 그림 (b)와 같이 측면도를
병기하여 도시할 수 있다.

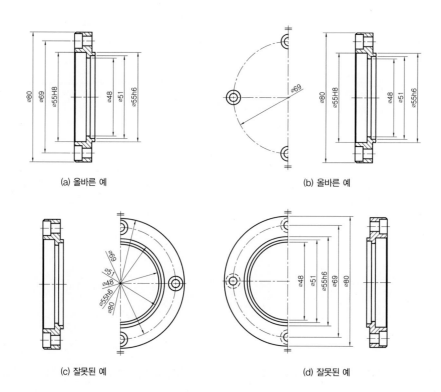

(a) 올바른 예   (b) 올바른 예

(c) 잘못된 예   (d) 잘못된 예

3. 반지름 (Radius) 치수의 기입

❶ 반지름 중심에서의 치수기입

반지름(R : Radius)치수를 기입하는 경우 그림과 같이 치수수치 앞에 R기호를 붙이는 것이 원칙이다. 하지만 치수선을 반지름의 중심까지 도시하는 경우에는 반지름이라는 깃이 명확하므로 R기호를 생략할 수도 있다.

● 지름 중심에서의 치수 기입

● R기호를 생략한 예

❷ 작은 반지름 표시

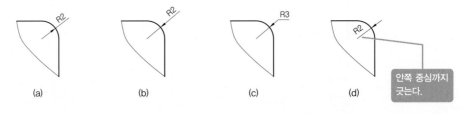

● 작은 반지름 표시

❸ 큰 반지름 및 곡선의 표시

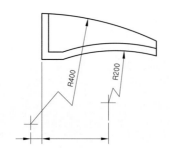

● 큰 반지름 및 곡선의 표시

❹ 누진 치수 반지름 표시

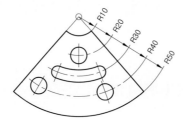

● 누진 치수 반지름 표시

❺ 실제 반경을 표시하는 경우

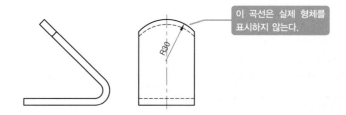

이 곡선은 실제 형체를
표시하지 않는다.

● 실제 반경을 표시하는 경우

❻ 문자기호를 전개한 상태를 표시하는 경우

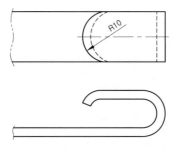

● 문자기호를 전개한 상태를 표시하는 경우

4. 구의 지름과 반지름 표시법

구의 지름 또는 반지름을 나타내는 치수는 그 치수 문자 앞에 치수 숫자와 동일한 크기로 구의 기호 SØ 또는
SR을 기입하여 표시한다.

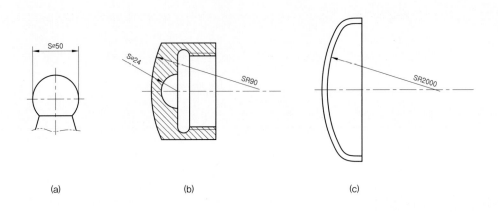

● 구의 지름(SØ)과 구의 반지름(SR) 치수 기입

5. 정사각형의 표시법

대상 물체의 형상이 정사각형임을 표시하는 경우 그 변의 길이를 표시하는 치수 수치 앞에 치수 숫자와 동일한 크기로 정사각형 기호 □ 을 기입한다.

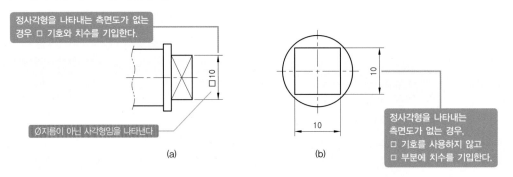

6. 두께의 표시법

철판이나 판재류 등에 두께를 나타내는 치수기입시 정면도에 치수 앞에 't'기호를 쓰고 그에 해당하는 두께 치수값을 기입하며, 이때 우측면도는 생략한다.

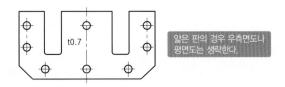

7. 현의 길이 표시법

현의 길이는 원칙으로 현에 직각으로 치수보조선을 긋고, 현에 평행한 치수선을 사용하여 표시한다.

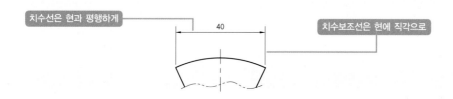

8. 원호의 길이 표시법

현의 경우와 마찬가지로 치수보조선을 긋고, 그 원호와 동심의 원호를 치수선으로 하고, 치수 수치의 위에 원호 길이의 기호를 붙인다.

원호를 구성하는 각도가 클 때나, 연속적으로 원호의 치수를 기입할 때는 원호의 중심으로부터 방사형으로 그린 치수 보조선에 치수선을 맞추어도 좋다.

❶ 원호의 치수 수치에 대하여 지시선을 긋고 끌어낸 원호쪽에 화살표를 그린다.

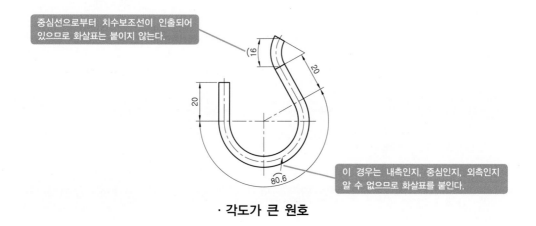

· 각도가 큰 원호

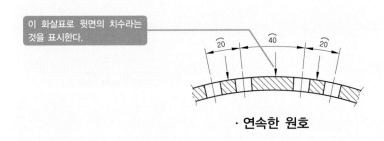

이 화살표로 윗면의 치수라는 것을 표시한다.

· 연속한 원호

❷ 원호 길이의 치수 수치 뒤에 원호의 반지름을 괄호에 넣어서 나타낸다. 이 경우에는 원호 길이의 기호를 붙이지 않는다.

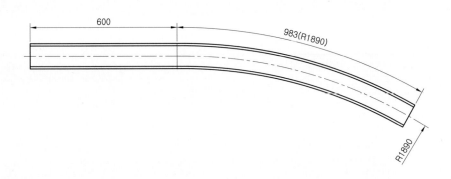

9. 곡선의 표시법

❶ 원호로 구성되는 곡선의 치수는 일반적으로는 이들 원호의 반지름과 그 중심 또는 원호의 접선의 위치로 표시한다.

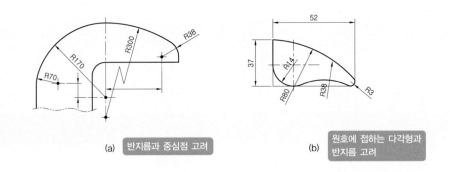

(a) 반지름과 중심점 고려

(b) 원호에 접하는 다각형과 반지름 고려

❷ 원호로 구성되지 않은 곡선의 치수는 곡선상 임의의 점의 좌표 치수로 표시한다[그림 (a)]. 이 방법은 원호로 구성되는 곡선의 경우에도 필요하면 사용하여도 좋다[그림 (b)].

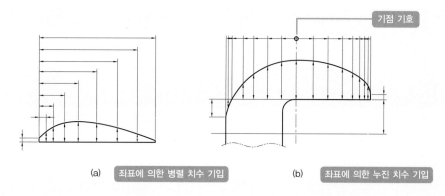

(a) 좌표에 의한 병렬 치수 기입   (b) 좌표에 의한 누진 치수 기입

10. 모떼기의 표시법

일반적인 모떼기는 보통 치수 기입법에 따라 표시한다. 45° 모떼기의 경우에는 모떼기의 치수 수치 × 45° 또는 기호 C를 치수 수치 앞에 치수 숫자와 동일한 크기로 기입하여 표시한다.

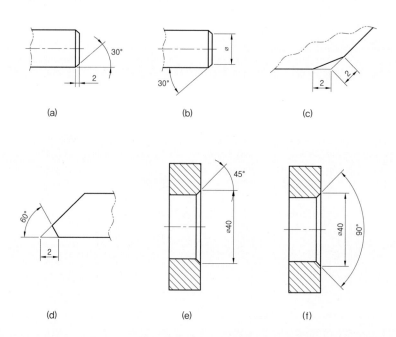

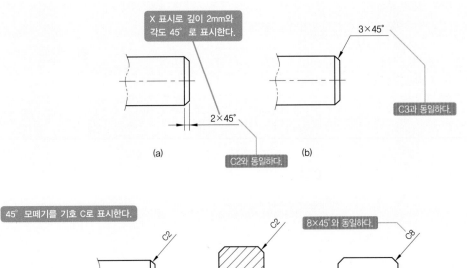

(a)

(b)

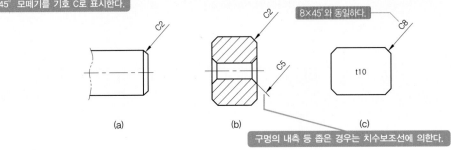

(a)

(b)

(c)

11. 구멍의 표시법

❶ 드릴 구멍, 펀칭 구멍, 코어 구멍 등 구멍 가공방법에 의한 구별을 나타낼 필요가 있을 경우에는 원칙으로 공구의 호칭 치수 또는 기준 치수를 나타내고, 그 뒤에 가공 방법의 구별을 가공 방법 용어를 규정하고 있는 KS규격에 따라 지시한다. 다만, [표 : 가공방법의 간략지시]에 표시한 것에 대해서는 이 표의 간략 지시에 따를 수 있다.

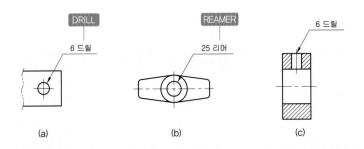

(a)

(b)

(c)

• 드릴이나 리머 등의 구멍 가공용 표시에서는 치수수치 앞에 Ø를 붙이지 않아도 된다.

[비고] 이 경우, 지시한 가공 치수에 대한 치수의 보통 허용차를 적용한다.

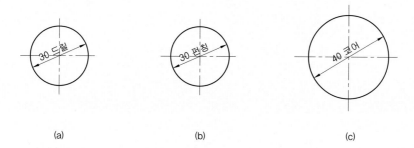

(a)	(b)	(c)

[표 : 가공방법의 간략지시]

가공 방법	간략 지시
주조한대로	코 어
프레스 펀칭	펀 칭
드릴로 구멍뚫기	드 릴
리머 다듬질	리 머

❷ 여러 개의 동일 치수 볼트 구멍, 작은 나사 구멍, 핀구멍, 리벳 구멍 등의 치수 표시는 구멍으로부터 지시선을 끌어내어 그 전체 구멍 수를 나타내는 숫자 다음에 짧은 선을 끼워서 구멍의 치수를 기입한다.

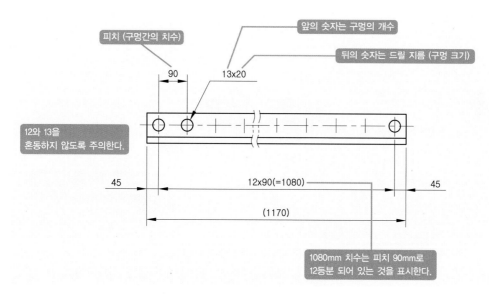

❸ 구멍의 깊이를 지시할 때는 구멍의 지름을 나타내는 치수 다음에 '깊이'라 쓰고 그 수치를 기입한다[그림 (a)]. 다만, 관통 구멍인 경우는 구멍 깊이를 별도로 기입하지 않는다[그림 (b)]. 또한, 구멍의 깊이란 드릴의 앞끝(선단)의 원추부, 리머의 앞끝의 모떼기부 등을 포함하지 않는 원통부의 깊이[그림 (c)]를 의미한다.

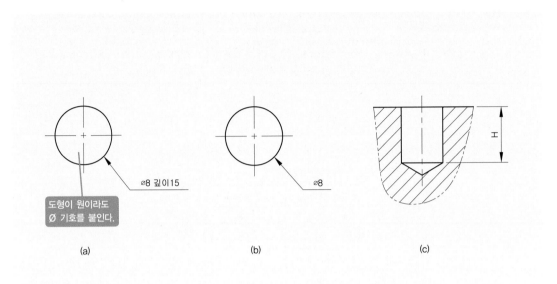

ø8 깊이15

도형이 원이라도 Ø 기호를 붙인다.

(a)

ø8

(b)

(c)

❹ 자리파기의 표시법은 자리파기의 지름을 나타내는 치수 다음에 '자리파기'라고 쓴다. 자리파기를 표시하는 도형은 그리지 않는다.

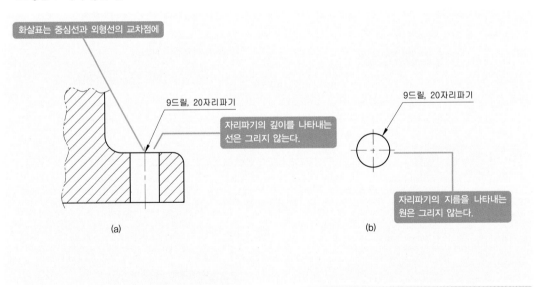

화살표는 중심선과 외형선의 교차점에

9드릴, 20자리파기

자리파기의 깊이를 나타내는 선은 그리지 않는다.

(a)

9드릴, 20자리파기

자리파기의 지름을 나타내는 원은 그리지 않는다.

(b)

【주】 자리파기란 볼트나 너트 등을 조립시 체결상태를 좋게 하기 위한 것이며, 일반적으로 흑피를 깎은 정도로 한다. 따라서 자리파기의 깊이는 별도로 지시하지 않는다.

❺ 볼트의 머리가 보이지 않을 정도로 가공하는 경우에 사용하는 깊은 자리파기의 표시방법은 깊은 자리파기의 지름을 나타내는 치수 다음에 '깊은 자리파기'라고 기입하고, 다음에 '깊이'라고 쓴 후에 그 수치를 기입한다 [그림 (a), (b)]. 다만, 깊은 자리파기의 깊이 치수가 필요한 경우에는 치수선을 사용하여 표시한다[그림 (c)].

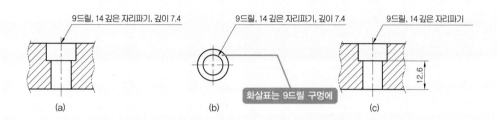

❻ 긴 원의 구멍이나 홈의 치수는 구멍의 기능 또는 가공방법에 따라 아래 그림의 어느 한가지 방법에 의해 치수를 기입한다. [그림(a), (b)]와 같이 반지름의 치수가 다른 치수에 의해서 자연히 결정되는 경우에는 반지름을 나타내는 치수선과 ( )를 붙인 반지름 기호 R로써 원호인 것을 표시하고, 치수 허용차를 고려하여 치수 수치는 별도로 기입하지 않는다[그림(c)].

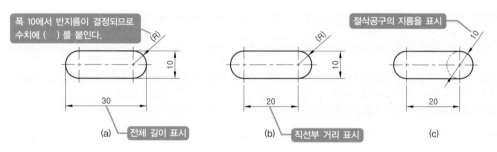

❼ 경사진 구멍의 깊이는 구멍 중심선상의 깊이로 표시하든가 [그림(a)], 아니면 [그림(b)]와 같이 치수선을 사용하여 표시한다.

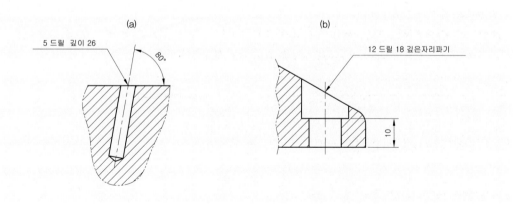

| **키홈의 표시 방법**

1. 축의 키홈의 표시 방법

❶ 축의 키홈의 치수는 키홈의 나비(폭), 깊이, 길이, 위치 및 끝부분을 표시하는 치수에 따른다[그림 (a), (b)].

❷ 키홈의 끝부분을 밀링커터 등에 의하여 절삭하는 경우에는 기준 위치에서부터 공구의 중심까지의 거리와 공구의 지름을 표시한다[그림 (c)].

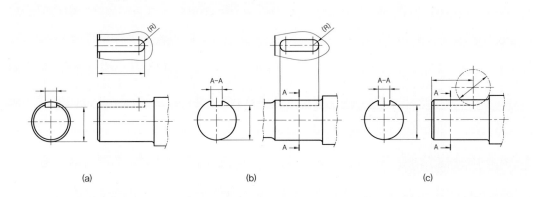

(a)   (b)   (c)

❸ 키홈의 깊이는 키홈과 반대쪽의 축지름면으로부터 키홈의 바닥까지의 치수 (절삭깊이)로 표시하여도 무방하다.

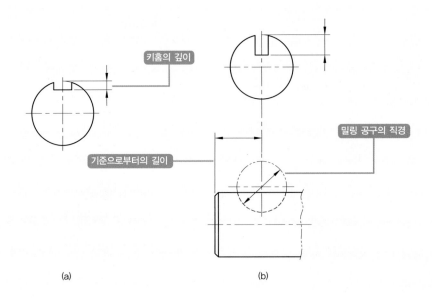

키홈의 깊이

기준으로부터의 길이

밀링 공구의 직경

(a)   (b)

2. 구멍의 키홈의 표시 방법

❶ 구멍의 키홈의 치수는 키홈의 나비 및 깊이를 표시하는 치수에 따른다.

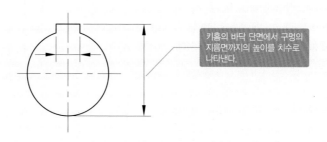

키홈의 바닥 단면에서 구멍의 지름면까지의 높이를 치수로 나타낸다.

● 구멍의 키홈 폭 및 깊이

❷ 키홈의 깊이는 키홈과 반대쪽의 구멍 지름면으로부터 키홈의 바닥까지의 치수로 표시한다. 다만, 특별히 필요한 경우에는 키홈의 중심면상에서의 구멍지름면으로부터 키홈의 바닥까지의 치수로 표시하여도 좋다.

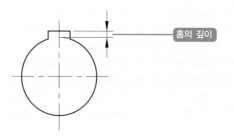

홈의 깊이

● 구멍지름면에서 키홈의 깊이(특별히 필요시)

❸ 경사키용 보스의 키홈 깊이는 키홈의 깊은 쪽에서 표시한다.

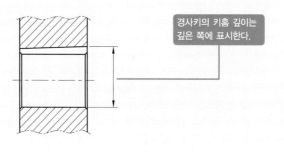

경사키의 키홈 깊이는 깊은 쪽에 표시한다.

● 경사키용 보스의 키홈 깊이

테이퍼와 기울기(구배)의 표시 방법

테이퍼는 원칙적으로 중심선을 따라서 기입하고, 기울기는 원칙적으로 변을 따라서 기입한다[그림 (a), (b)]. 다만, 테이퍼 또는 기울기의 정도와 방향을 특별히 명확하게 나타낼 필요가 있는 경우에는 별도로 도시한다[그림 (c)]. 또한, 특별한 경우에는 경사면에서 지시선을 끌어내어 기입할 수 있다.

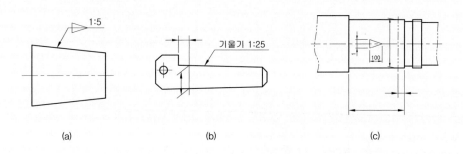

(a)   (b)   (c)

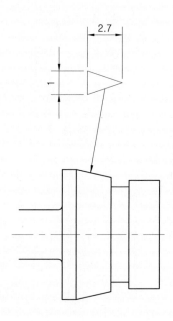

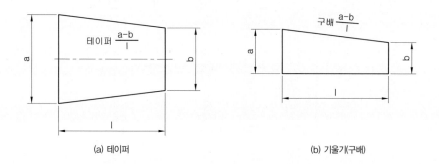

(a) 테이퍼

(b) 기울기(구배)

● 테이퍼와 기울기

얇은 두께 부분의 표시 방법

얇은 두께 부분의 단면을 아주 굵은 선으로 그린 도형에 치수를 기입할 때는 아래 그림과 같이 단면을 표시하는 아주 굵은 선을 따라 짧고 가는 실선을 긋고, 그 가는 실선에서 치수선이나 치수보조선을 긋는다. 이 경우 가는 실선을 그려준 쪽까지의 치수를 나타낸다.

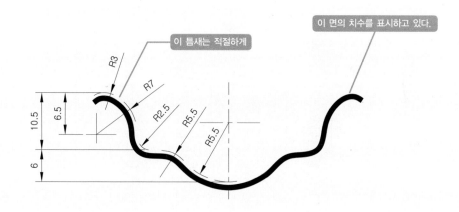

● 얇은 두께 부분의 치수 기입

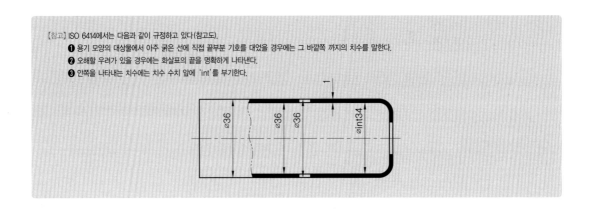

[참고] ISO 6414에서는 다음과 같이 규정하고 있다(참고도).
❶ 용기 모양의 대상물에서 아주 굵은 선에 직접 끝부분 기호를 대었을 경우에는 그 바깥쪽 까지의 치수를 말한다.
❷ 오해할 우려가 있을 경우에는 화살표의 끝을 명확하게 나타낸다.
❸ 안쪽을 나타내는 치수에는 치수 수치 앞에 'int'를 부기한다.

Lesson 18 ┃ 강 및 구조물 등의 치수 표시 방법

강 및 구조물 등의 구조 선도에서 절점 사이의 치수를 표시하는 경우는 아래 그림과 같이 그 치수는 부재를 표시하는 선을 따라서 직접 기입한다.

【주】 절점이란 구조 선도에서 부재의 무게 중심의 교점을 의미한다.

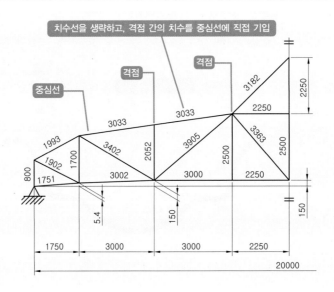

● 강 및 구조물의 치수 기입

형강 등의 표시 방법

형강, 강관, 평강, 각강 등의 치수는 아래 표의 표시방법에 의하여 각각의 도형에 따라 기입할 수 있다. 이때, 길이의 치수는 필요가 없으면 생략해도 무방하다. 또, 부등변 ㄱ형강 등을 지시하는 경우에는 그 변이 어떻게 놓이는가를 명확히 하기 위하여 그림에 표시된 변의 치수를 기입한다.

종 류	단면모양	표시방법	종 류	단면모양	표시방법
등변 ㄱ 형강		L A X B X t - L	경 Z 형강		H X A X B X t - L
부등변 ㄱ 형강		L A X B X t - L	립 형강		H X A X C X t - L
부등변 부등 두께 ㄱ 형강		L A X B X t₁ X t₂ - L	립 Z 형강		H X A X C X t - L
I 형강		I H X B X t - L	모자 형강		H X A X B X t - L
ㄷ 형강		ㄷ H X B X t₁ X t₂ - L	환 강		보통 Ø A - L
구평형강		J A X t - L	강 관		Ø A X t - L
T 형강		T B X H X t₁ X t₂ - L	각 강관		□ A X B X t - L
H 형강		H H X A X t₁ X t₂ - L	각 강		□ A - L
경ㄷ형강		ㄷ H X B X t - L	평 강		B X A

[비고] L은 길이를 나타낸다.

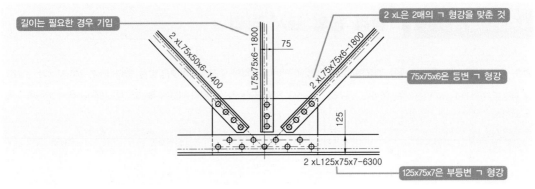

길이는 필요한 경우 기입

2 xL75x50x6-1400

L75x75x6-1800

75

2 xL은 2매의 ㄱ 형강을 맞춘 것

2 xL75x75x6-1800

75x75x6은 등변 ㄱ 형강

125

2 xL125x75x7-6300

125x75x7은 부등변 ㄱ 형강

● 형강의 도시 방법

Lesson 20 │ 열처리의 표시 방법

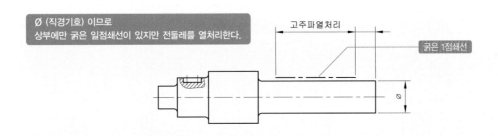

Ø (직경기호) 이므로
상부에만 굵은 일점쇄선이 있지만 전둘레를 열처리한다.

고주파열처리

굵은 1점쇄선

Ø

● 전체 길이의 경우

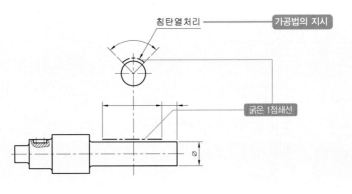

침탄열처리

가공법의 지시

굵은 1점쇄선

Ø

● 부분 열처리의 경우

치수 수치를 기입시 다음 사항들을 고려하여 기입한다.

❶ 치수 수치를 나타내는 일련의 치수 숫자는 도면에 그린 선에서 분할되지 않는 위치에 쓰는 것이 좋다[그림 (a)].

❷ 치수 숫자는 선에 겹쳐서 기입하면 안된다[그림 (b), (c)]. 다만, 할 수 없는 경우에는 치수 숫자와 겹치는 선을 일부분을 중단하여 치수 수치를 기입한다[그림 (d)].

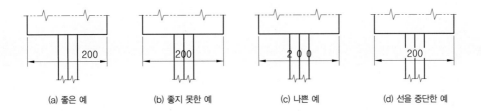

(a) 좋은 예   (b) 좋지 못한 예   (c) 나쁜 예   (d) 선을 중단한 예

❸ 치수 수치는 치수선과 교차되는 장소에 기입하면 안된다.

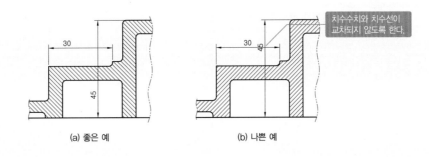

(a) 좋은 예   (b) 나쁜 예

❹ 치수선이 인접하여 연속되는 경우에는 치수선은 동일 직선상에 나란히 기입하는 것이 좋다[그림 (a)]. 또한, 관련되는 부분의 치수는 동일 직선상에 기입하는 것이 좋다[그림 (b), (c)].

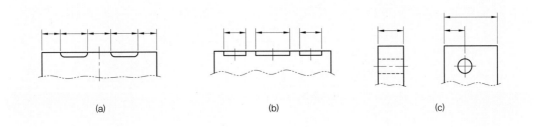

(a)   (b)   (c)

❺ 치수 보조선을 긋고 기입하는 지름의 치수가 대칭 중심선의 방향에 몇 개 늘어선 경우에는 각 치수선은 되도록 동일한 간격으로 긋고 작은 치수를 안쪽에, 큰 치수를 바깥쪽에 나란히 기입한다[그림 (a)]. 다만, 도면의 공간 제약상의 경우로 치수선의 간격이 좁은 경우에는 치수 수치를 대칭 중심선의 양쪽에 교대로 써도 좋다[그림 (b)].

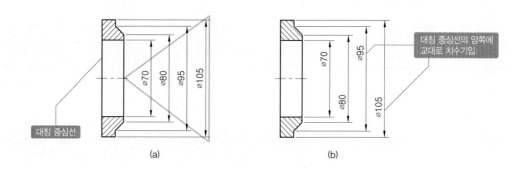

(a) (b)

❻ 치수선이 너무 길어서, 그 중앙에 치수 수치를 기입시 알기 어렵게 되는 경우에는 어느 것이나 한쪽의 끝부분 기호 가까이 치우쳐서 기입할 수 있다.

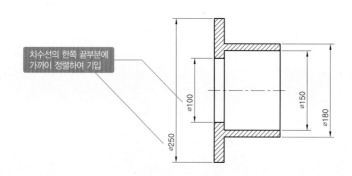

❼ 대칭인 도형에서 대칭 중심선의 한쪽만을 표시하는 경우에는 치수선을 원칙적으로 그 중심선을 넘어서 적당히 연장한다. 이 경우, 연장한 치수선 끝에는 끝부분 기호(화살표 등)를 붙이지 않는다. 다만, 오독할 염려가 없는 경우에는 치수선이 중심선을 넘지 않아도 좋다.

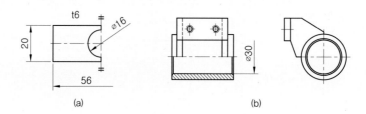

(a) (b)

❽ 대칭의 도형으로 다수의 지름 치수를 기입하는 경우에는 치수선의 길이를 더 짧게하여 여러 단으로 분리하여 기입할 수 있다.

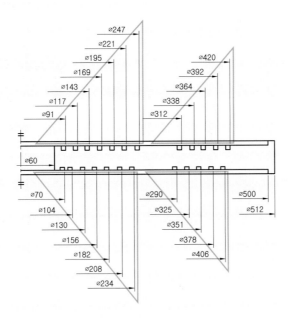

❾ 치수 수치 대신에 문자 기호를 사용하여 해당 수치를 표를 이용하여 별도로 표시할 수도 있다. 유사한 도면에서 문자 기호로 표시되는 부분의 치수만 다른 경우 등에 널리 사용된다.

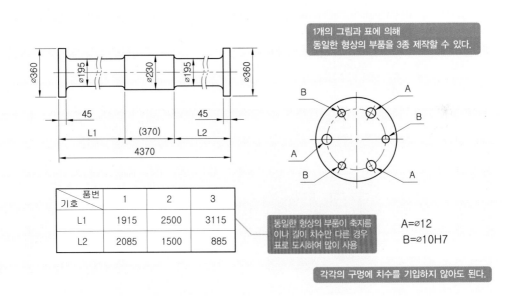

1개의 그림과 표에 의해
동일한 형상의 부품을 3종 제작할 수 있다.

동일한 형상의 부품이 축지름
이나 길이 치수만 다른 경우
표로 도시하여 많이 사용

각각의 구멍에 치수를 기입하지 않아도 된다.

A=⌀12
B=⌀10H7

품번 기호	1	2	3
L1	1915	2500	3115
L2	2085	1500	885

⑩ 서로 경사진 두 개의 면 사이에 둥글기 또는 모떼기가 되어 있는 경우, 두 면이 교차되는 위치를 나타낼 때에는 둥글기 또는 모떼기를 하기 이전의 모양을 가는 실선으로 표시하고, 그 교점에서 치수 보조선을 끌어낸다 [그림 (a)]. 또, 이런 경우 교점을 명확하게 표시할 필요가 있을 때에는 각각의 선을 서로 교차시키든가 또는 교점에 검은 둥근점을 붙여 표시한다[그림 (a), (b)].

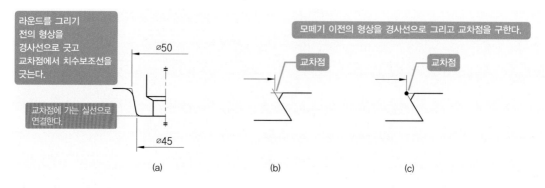

(a) (b) (c)

⑪ 원호 부분의 치수는 180° 까지는 원칙적으로 반지름으로 표시하고, 그것을 넘는 경우에는 원칙적으로 지름으로 표시한다.

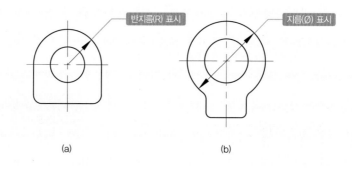

(a) (b)

다만, 원호가 180° 이내라도 기능상 또는 가공상 특히 지름의 치수가 필요한 경우에는 지름의 치수를 기입한다.

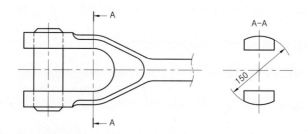

⑫ 반지름의 치수가 다른 곳에 지시한 치수에 따라 자연히 결정되는 경우에는 반지름의 치수선과 반지름의 기호로 원호인 것을 나타내고, 치수 수치는 기입하지 않는다.

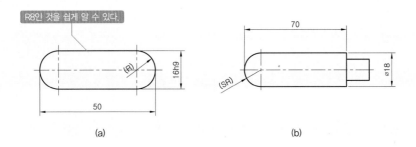

(a)   (b)

⑬ 키홈이 단면에 나타나 있는 보스(boss)의 안지름 치수를 기입하는 경우에는 아래 그림의 예를 따른다.

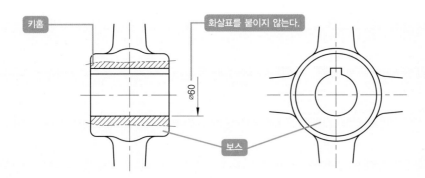

⑭ 가공 또는 조립할 때 기준으로 해야 할 곳이 있는 경우에는 치수는 그곳을 기준으로 하여 기입한다[그림 (a), (b)]. 특히 그곳을 나타낼 필요가 있는 경우에는 그 목적을 기입한다[그림 (c)].

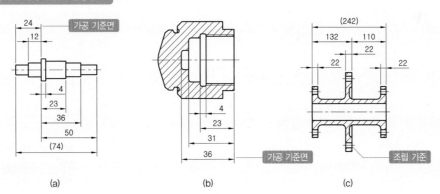

(a)   (b)   (c)

❺ 공정을 달리하는 부분의 치수는 그 배열을 나누어서 기입해주는 것이 좋다.

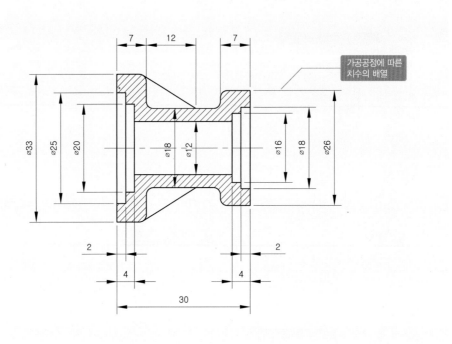

가공공정에 따른
치수의 배열

❻ 서로 상호 관련되는 치수는 한곳에 모아 기입한다. 예를 들면 플랜지(flange)의 경우 볼트 구멍의 피치원지름
과 구멍의 치수와 구멍의 배치는 피치원이 그려져 있는 측면도에 모아서 기입하는 것이 혼동되지 않고 좋다.

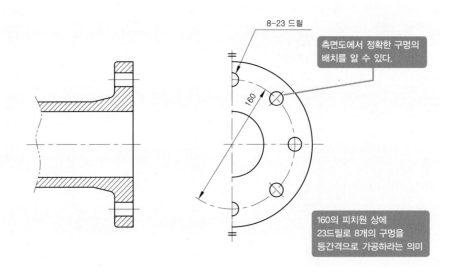

8-23 드릴

측면도에서 정확한 구멍의
배치를 알 수 있다.

160의 피치원 상에
23드릴로 8개의 구멍을
등간격으로 가공하라는 의미

⓱ T형 관이음, 밸브 바디, 콕 등의 플랜지와 같이 한 개의 부품에 똑같은 치수 부분이 두 개 이상 있는 경우 치수는
그 중 한 개에만 기입하는 것이 좋다. 이 경우 명확한 경우를 제외하고 치수를 기입하지 않는 부분에 동일 치수인
것을 주기로 나타낸다.

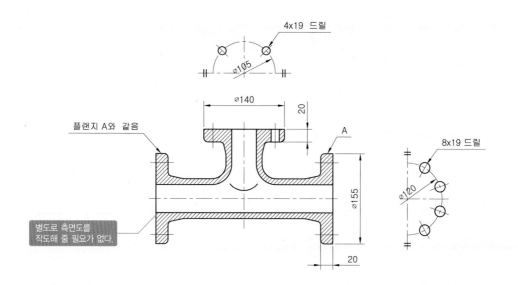

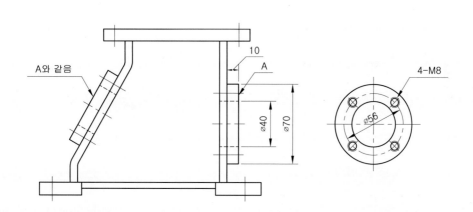

⓲ 일부 도형이 그 치수 수치에 비례하지 않을 때는 치수 숫자의 아래쪽에 굵은 실선을 긋는다. 다만, 일부를 절단 생략하는 경우, 특히 치수와 도형이 비례하지 않는 것을 표시할 필요가 없는 경우에는 이 선을 생략한다.

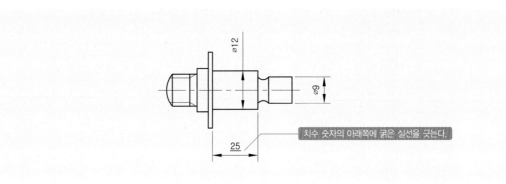

Lesson 22 | 부품 번호 표시법

❶ 부품 번호는 원칙적으로 아라비아 숫자를 사용한다. 또, 조립도 속의 부품에 대하여 별도로 제작도가 있는 경우에는 부품 번호 대신 그 도면 번호를 기입하여도 좋다.

❷ 부품 번호는 다음 중 어느 한가지를 따른다.

(가) 조립 순서에 따른다.

(나) 구성 부품의 중요도에 따른다.

[보기] 부분 조립품, 주요 부품, 작은 부품, 기타 부품의 순서

❸ 부품 번호를 도면에 기입하는 방법

(가) 부품 번호는 명확히 구별되는 글자로 쓰거나, 원안에 쓴다.

(나) 부품 번호는 대상으로 하는 도형에 지시선으로 연결하여 기입하면 좋다.

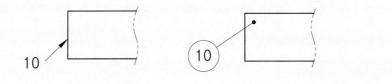

(다) 도면을 보기 쉽게 하기 위하여 부품 번호를 세로 또는 가로로 나란히 기입해 주는 것이 좋다.

┃ 도면의 변경

도면을 출도한 후에 도면의 내용을 변경한 경우 변경한 곳에 적당한 기호를 부기하고, 변경 전의 도형, 치수 등은 적당히 보존한다. 이 경우 변경년, 월, 일, 사유 등을 명기한다.

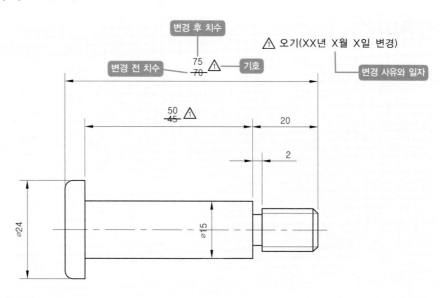

[참고] 치수 기입의 원칙

① 치수는 크기 치수, 자세 치수, 위치 치수로 기입하는데 크기 치수는 길이, 높이, 두께의 치수를 의미하며, 자세 치수나 위치 치수는 각도나 가로 및 세로 위치의 치수값으로 기입한다.
② 길이, 높이 치수의 표시는 주로 정면도에 집중적으로 기입하며 형상의 특징에 따라 평면도나 측면도 등에 기입할 수 있다.
③ 두께 치수는 주로 측면도나 평면도에 기입한다.
④ 위치 치수는 구멍, 홈, 원기둥, 각기둥 등의 위치를 기준면으로부터 기입한다.
⑤ 면의 기울기, 구멍, 홈, 원기둥, 각기둥 등의 자세 치수는 가로 및 세로 치수로 기입하거나 각도로 기입한다.

[참고] 치수의 종류

도면상에 기입되는 치수는 재료 치수, 소재 치수, 마무리 치수의 3종류로 구분하는데 특별히 명시하지 않는 한 마무리 치수(최종 치수)를 기입하는 것이 일반적이다.
(1) 재료 치수
각종 구조물이나 프레임 등을 제작하는데 필요한 형강, 강판, 각강, 원형강, 관(Pipe) 등의 재료를 구매하는데 필요한 치수로서 절삭 및 절단 여유나 다듬질 여유를 감안한 치수이다.
(2) 소재 치수
주물품이나 단조품 등과 같이 제작된 그대로의 치수를 의미하며, 반제품 치수라고도 한다. 최종 완성 가공 전의 미완성품의 치수이기 때문에 가공 여유를 포함하고 있는 치수이다.
(3) 마무리 치수 (완성 치수)
가공이나 열처리를 하여 마무리하는 완성된 제품의 최종 치수를 의미한다.

02
단면도 및
특수 투상도

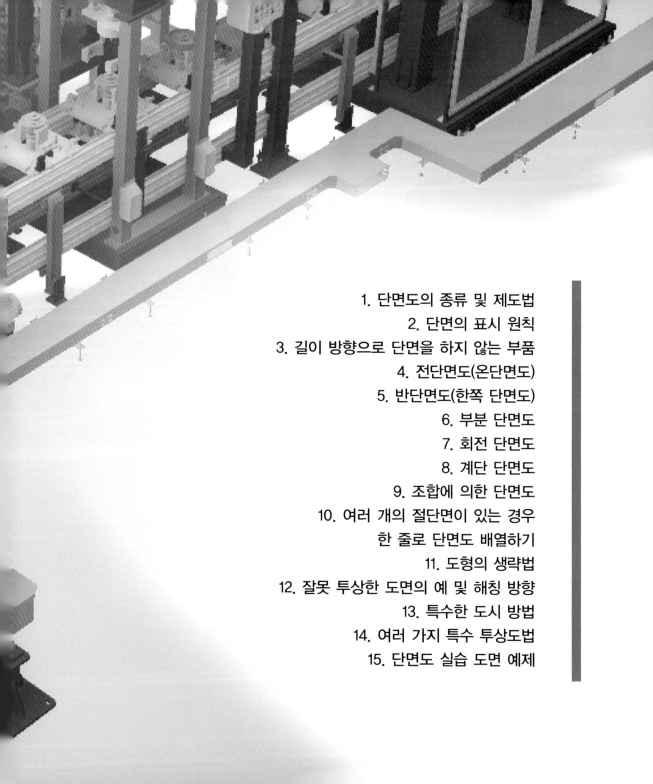

단면도의 종류 및 제도법

도면을 작도할 때 형상이 외부에서 보이지 않는 부분은 숨은선(은선, 파선)을 사용하여 도시한다. 하지만 형상이 복잡한 경우는 숨은선이 많이 나타나기 때문에 선과 선이 중복 및 교차되는 등 도면을 쉽게 해독하기 힘든 경우가 있다. 이러한 경우에 보이지 않는 부분을 절단하여 외형선으로 도시하면 숨은선 부분이 보이는 형상으로 나타나 도면을 보는 사람들이 보다 쉽게 이해할 수 있도록 해주는 것이 단면도이다. 단면도에는 전단면도(온단면도), 한쪽단면도(반단면도), 부분단면도, 회전단면도, 곡면단면도, 조합단면도 등이 있으며 차례대로 예제와 더불어 알아보기로 한다.

● 참고입체도

● 참고입체도

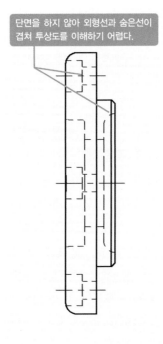

● 단면을 하지 않은 투상도

단면을 하지 않아 외형선과 숨은선이 겹쳐 투상도를 이해하기 어렵다.

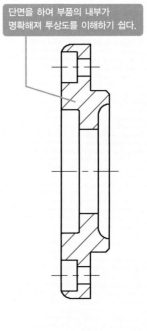

● 단면을 한 투상도

단면을 하여 부품의 내부가 명확해져 투상도를 이해하기 쉽다.

단면의 표시 원칙

❶ 단면은 원칙적으로 기본 중심선에서 절단한 면으로 표시하며 중심선에 별도의 절단선은 기입하지 않는다.

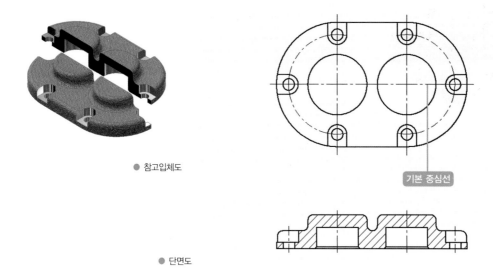

● 참고입체도

기본 중심선

● 단면도

❷ 단면은 쉽게 이해할 수 있도록 절단면을 해칭(hatching)이나 스머징(smudging)을 하여 나타내고 간단한 도면이나 쉽게 알아볼 수 있는 형상은 이를 생략할 수 있다.

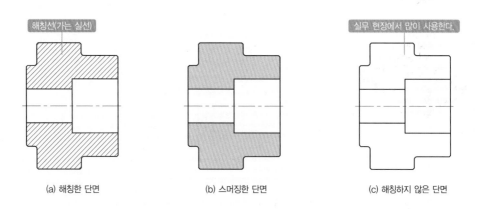

해칭선(가는 실선)

실무 현장에서 많이 사용한다.

(a) 해칭한 단면   (b) 스머징한 단면   (c) 해칭하지 않은 단면

● 해칭과 스머징

【비고】 스머징(Smudging) : 도면 작성시 단면의 윤곽을 따라서 주변을 연한 색으로 색칠하는 단면 표시법의 일종

❸ 단면으로 잘린 면의 뒤쪽에 보이지 않는 숨은선은 도면을 이해하는데 지장이 없는 한 도시하지 않는다.

❹ 단면은 필요시에 기본 중심선이 아닌 위치에서 절단한 면으로 도시해도 좋다. 단, 이런 경우에는 절단선 표시
를 하여 절단 위치를 나타내준다.

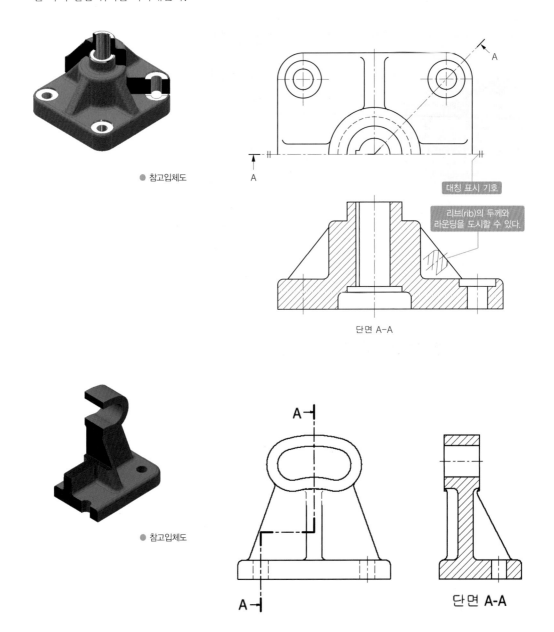

● 참고입체도

대칭 표시 기호

리브(rib)의 두께와
라운딩을 도시할 수 있다.

단면 A-A

● 참고입체도

단면 A-A

❺ 여러 개의 부품이 결합된 조립도에 단면을 표시하는 경우 각 부품별로 해칭선의 방향과 각도를 다르게 지정
하여 상호 조립 부품간의 구분이 명확히 되도록 한다.

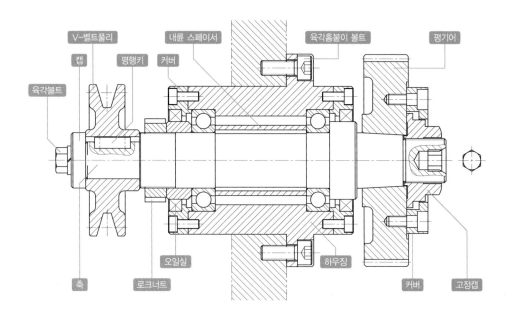

● 여러 개의 부품으로 결합된 조립도의 단면

길이 방향으로 단면을 하지 않는 부품

아래 그림과 같이 축, 핀, 키, 평행핀, 볼트, 너트, 와셔, 세트스크류, 리벳, 테이퍼 핀, 볼베어링의 볼, 롤러베어링의 롤러, 리브, 암, 기어의 이 등의 부품은 단면하여 표시하면 오히려 도면을 해독하는데 있어 혼동을 일으킬 우려가 있으므로 단면으로 잘렸어도 기본적으로 단면으로 나타내지 않는다.

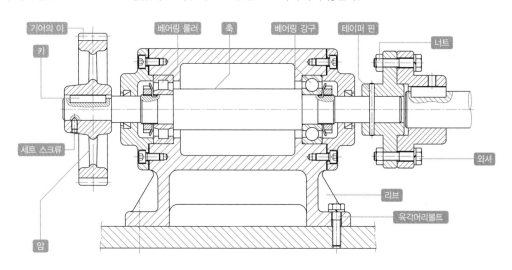

● 길이 방향으로 단면을 하지 않는 부품

❶ 키(key)류

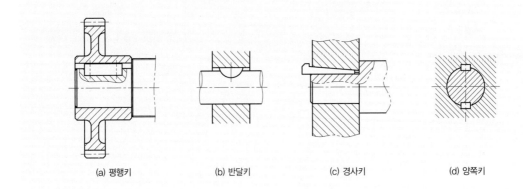

(a) 평행키   (b) 반달키   (c) 경사키   (d) 양쪽키

❷ 베어링(bearing)류

베어링의 볼이나 롤러

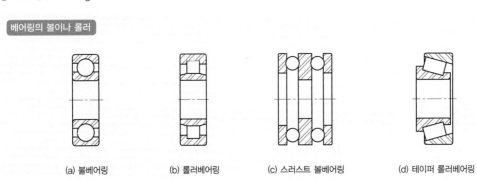

(a) 볼베어링   (b) 롤러베어링   (c) 스러스트 볼베어링   (d) 테이퍼 롤러베어링

❸ 핀(pin)류

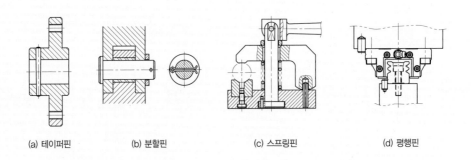

(a) 테이퍼핀   (b) 분할핀   (c) 스프링핀   (d) 평행핀

❹ 기어(gear)류

기어나 스프로킷의 이

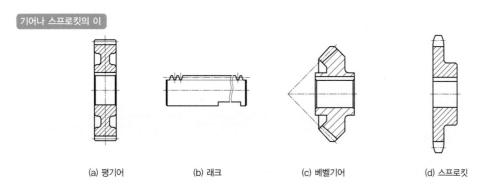

(a) 평기어   (b) 래크   (c) 베벨기어   (d) 스프로킷

❺ 볼트(bolt) 및 리벳(rivet)류

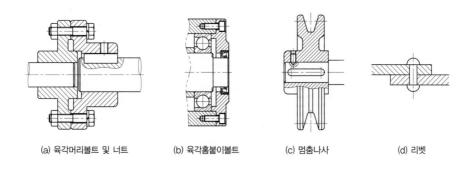

(a) 육각머리볼트 및 너트   (b) 육각홈붙이볼트   (c) 멈춤나사   (d) 리벳

❻ 리브(rib) 및 암(arm)류

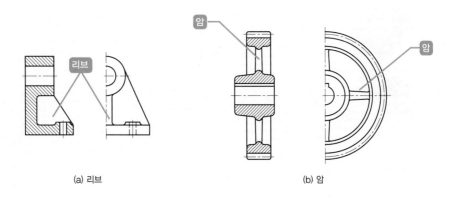

(a) 리브   (b) 암

● 단면으로 절단하였어도 단면표시를 하지 않는 부품

| 전단면도(온단면도)

전단면도는 주로 대칭 형상을 가진 물체의 기본 중심선을 기준으로 하나의 평면으로 절단하여 그 절단면에 수직한 방향에서 본 형상을 투상한 기법으로 가장 기본적인 단면기법이다. 전단면도를 도시하는 경우 해당 물체의 형상은 반드시 대칭이 되어야 한다.

● 참고입체도

물체의 외형선과 내부의 숨은선이 겹쳐 도면을 쉽게 이해하기 어렵다.

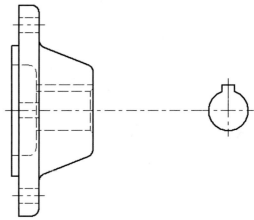

● 단면을 하지 않은 경우의 투상도

● 참고입체도

물체를 반으로 절단한 상태를 도시하여 내부의 숨은선이 외형선으로 도시되어 도면을 쉽게 이해할 수 있다.

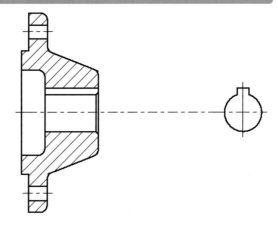

● 전단면을 하여 도시한 경우의 투상도

전단면 적용 예

● 참고입체도

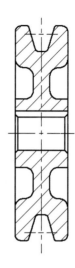

● V-벨트 풀리의 전단면 적용 예

Lesson 5 | 반단면도(한쪽 단면도)

반단면도는 물체의 형상이 좌, 우 또는 상, 하로 대칭인 경우 물체의 기본 중심선을 기준으로 하여 1/4만 절단하여 물체의 내부 모양과 외부 모양을 동시에 도시할 수 있는 기법이다. 대칭인 형상을 반단면하여 도시할 때 상하 대칭인 경우에는 중심선의 위쪽을, 좌우대칭인 경우는 중심선의 우측을 단면으로 도시하여 나타내는 것이 좋다. 또한 단면으로 표시하지 않은 한쪽 면의 보이지 않는 숨은 선은 생략하며 절단선을 기입하지 않는다.

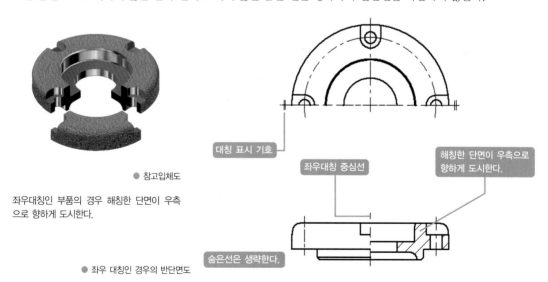

● 참고입체도

좌우대칭인 부품의 경우 해칭한 단면이 우측으로 향하게 도시한다.

대칭 표시 기호

좌우대칭 중심선

해칭한 단면이 우측으로 향하게 도시한다.

숨은선은 생략한다.

● 좌우 대칭인 경우의 반단면도

● 참고입체도

상하대칭인 부품의 경우 해칭한 단면이 위로
향하게 도시한다.

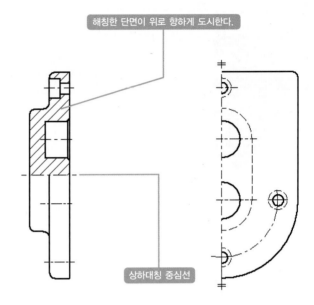

해칭한 단면이 위로 향하게 도시한다.

상하대칭 중심선

● 상하 대칭인 경우의 반단면도

반단면 적용 예

반단면을 적용하여 부품의 외형과 내부 형상을 쉽게 이해할 수 있다.

상하대칭 중심선

● 참고입체도

아래쪽은 단면하지 않고 도시한다.

● V-벨트 풀리의 반단면 적용 예

부분 단면도

부분단면도는 물체의 형상에서 일부분을 잘라내어 필요한 부분만을 투상하는 기법으로 단면한 부위를 파단선으로 표시하여 경계를 나타내준다. 부분단면도는 물체가 대칭이든 비대칭이든 상관없이 필요한 부분만 절단하여 도시할 수 있으며 자유롭고 폭넓게 이용된다. 특히 축의 경우 키홈 등의 도시에 있어 자주 사용하는 단면기법이다.

● 참고입체도

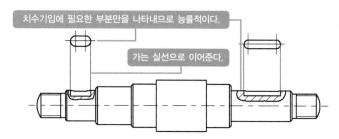

치수기입에 필요한 부분만을 나타내므로 능률적이다.

가는 실선으로 이어준다.

● 축의 부분단면도

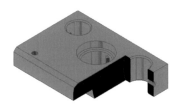

● 참고입체도

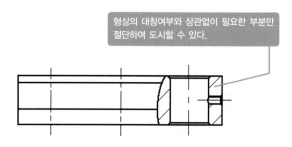

형상의 대칭여부와 상관없이 필요한 부분만 절단하여 도시할 수 있다.

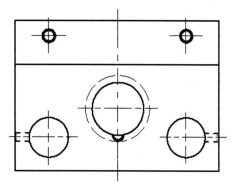

● 하우징의 부분단면도

부분단면도 적용 예

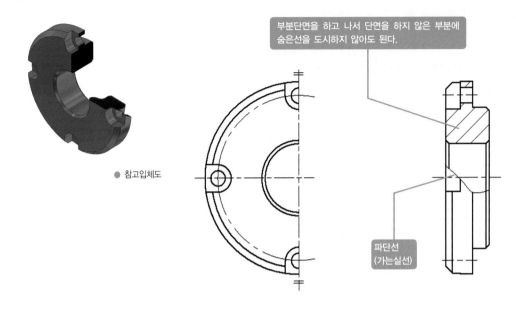

● 참고입체도

부분단면을 하고 나서 단면을 하지 않은 부분에
숨은선을 도시하지 않아도 된다.

파단선
(가는실선)

● 부분단면 적용 예

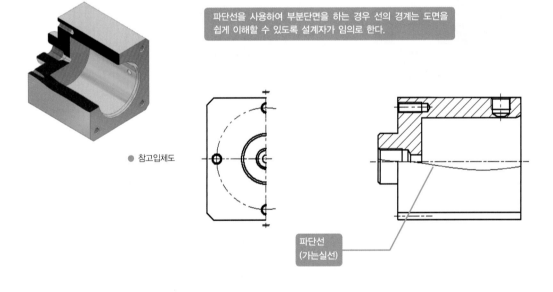

● 참고입체도

파단선을 사용하여 부분단면을 하는 경우 선의 경계는 도면을
쉽게 이해할 수 있도록 설계자가 임의로 한다.

파단선
(가는실선)

● 부분단면 적용 예

┃ **회전 단면도**

회전단면도는 핸들이나 바퀴 및 회전체의 암, 림, 리브, 길이가 긴 축이나 형강 및 구조물등의 경우 중간을 절단한 부위에서 90°로 회전시켜 단면의 형상을 투상도 내에 나타내거나 절단선을 표시하고 그 연장선이나 인접 부분으로 이동하여 단면 형상을 도시해 주는 기법이다.

❶ 절단한 후에 도시하는 방법

● 참고입체도

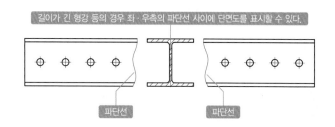

● 길이가 긴 형강의 회전단면 적용 예

● 참고입체도

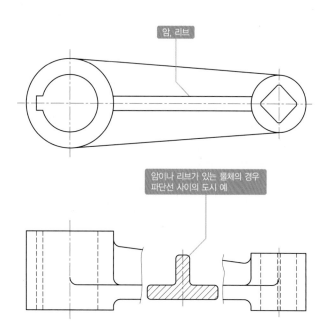

● 암의 회전단면 적용 예

❷ 절단하지 않고 도형내에 도시하는 방법

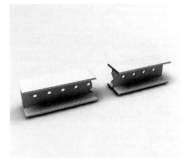

● 참고입체도

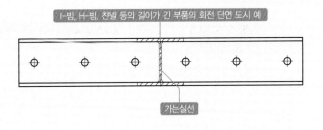

● 길이가 긴 형강의 회전단면 적용 예

● 참고입체도

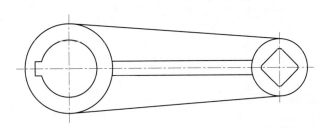

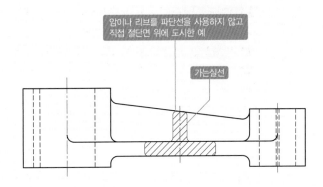

● 암의 회전단면 적용 예

● 참고입체도

주물이나 주강품에서 두께가 얇은 부분을 보
강하기 위해 덧붙이는 뼈대인 리브(rib)는 우측
도면과 같이 리브의 폭과 라운딩을 회전단면
으로 동시에 도시할 수 있다.

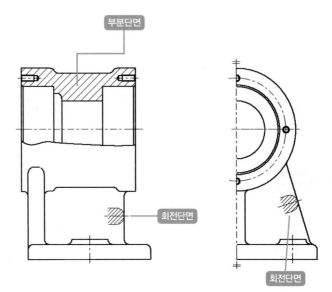

부분단면

회전단면

회전단면

● 리브의 회전단면 적용 예 (1)

● 참고입체도

또한 우측 도면과 같이 리브(rib)의 경사와 직
각으로 하여 중심선을 연장시켜 외형선 바깥
으로 빼서 가는실선으로 회전단면을 도시할
수 있다.

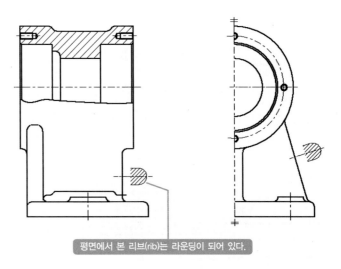

평면에서 본 리브(rib)는 라운딩이 되어 있다.

● 리브의 회전단면 적용 예 (2)

Lesson 8 ■ 계단 단면도

계단단면도는 전단면도와 유사한 기법이나 기본 중심선을 대칭으로 단면을 하는 것이 아니라 절단면이 투상면에 평행 또는 수직하게 계단 형태로 절단하여 도시하는 기법을 말한다. 절단한 위치는 굵은 실선으로 절단의 시작과 끝 및 방향이 변하는 부분에 굵은선으로 표시해주고 시작과 끝부분에는 기호를 붙여 단면도상에 표기해 준다.

❶ 절단한 후에 도시하는 방법

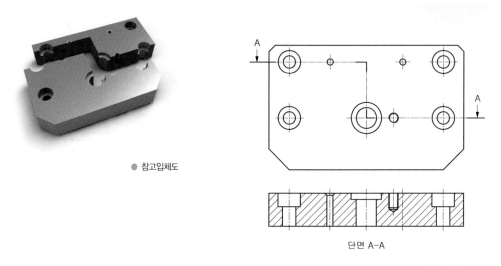

● 참고입체도

단면 A-A

● 계단 단면도 적용 예

Lesson 9 ■ 조합에 의한 단면도

조합에 의한 단면도는 앞서 설명한 하나의 절단면에 의해 단면도를 표시하지 않고 2개 이상의 절단면을 조합하여 단면을 도시하는 기법이다.

❶ 대칭형 또는 대칭에 가까운 물체의 경우

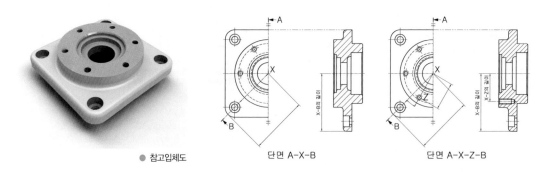

● 참고입체도

단면 A-X-B   단면 A-X-Z-B

● 대칭형 또는 대칭에 가까운 물체의 경우

❷ 복잡한 형상의 물체를 나타내는 경우

● 참고입체도

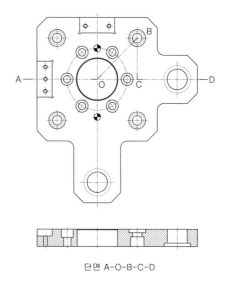

단면 A-O-B-C-D

● 복잡한 형상의 물체를 나타내는 경우

Lesson 10 ┃ 여러 개의 절단면이 있는 경우 한 줄로 단면도 배열하기

축과 같이 하나의 축심을 기준으로 키홈이나 베어링용 로크와셔 홈 등이 여러 개 있는 경우가 있을 것이다. 이런 경우 공간 제약으로 치수기입이 불편하거나 직접 치수를 기입하는 경우 도면이 복잡해질 우려가 있다. 이렇게 정해진 도면 영역 내에 회전단면을 표시할 공간이 없는 경우에는 절단선과 연장선이나 임의의 위치에 단면모양을 도시해 줄 수도 있다.

❶ 절단선 아래에 나타내는 경우

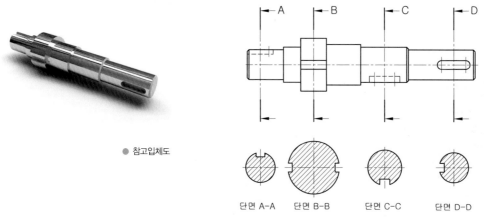

● 참고입체도

단면 A-A   단면 B-B   단면 C-C   단면 D-D

● 한 줄로 단면도 배열하기

❷ 축의 중심 연장선 위에 나타내는 경우

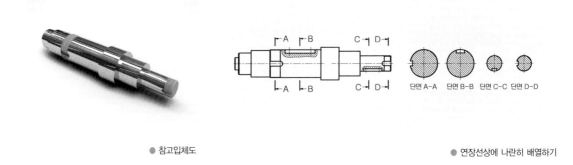

● 참고입체도   ● 연장선상에 나란히 배열하기

| **도형의 생략법**

도면을 작도하다 보면 대칭인 경우나 긴 축이나 형강 등과 같이 중심선을 기준으로 한쪽만 작도해주거나 부분을
파단선으로 절단하여 생략하고 전체실이 지수를 기입헤주어도 무방한 때가 있다.

❶ 대칭도형의 생략법

이 기법은 자주 사용하는 것으로 물체가 좌,우 대칭 혹은 상,하 대칭인 경우 기본 중심선을 기준으로 한쪽만
작도하고 대칭 중심선의 위와 아래에 **2개의 짧은 가는실선**으로 그어준다. 그리고 긴 축이나 형강등의 구조
물도 실척으로 도면에 나타낼 경우 정해진 사이즈 범위를 벗어나므로 중간을 잘라 파단선으로 표시하고 실
제 길이 치수를 기입한다.

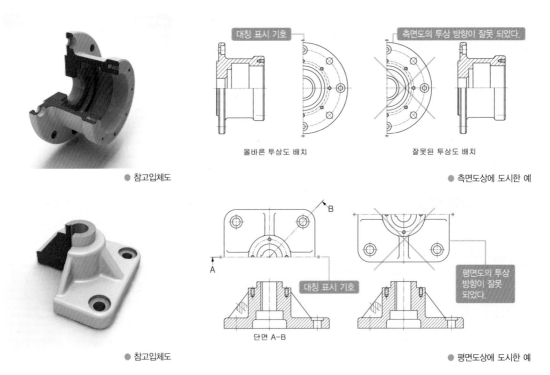

● 참고입체도   ● 측면도상에 도시한 예

● 참고입체도   ● 평면도상에 도시한 예

100

● 참고입체도

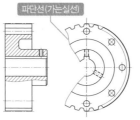

올바른 투상도 배치

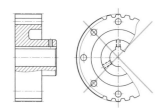

잘못된 투상도 배치

● 대칭 형상의 투상도가 중심선을 넘는 경우 도시한 예

❷ 반복되는 도형의 생략

● 참고입체도

● 연장선 상에 나란히 배열하기

❸ 중간 부분의 생략

● 참고입체도

부품의 길이가 너무 길어서 정해진 도면 영역 내에 배치가 곤란한 경우에는 동일한 치수의 연속적인 구간을 파단선으로 잘라내어 도시할 수 있다(파단선, 지그재그선 등).

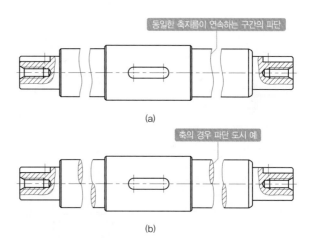

(a)

(b)

● 중간 부분을 생략하는 방법

잘못 투상한 도면의 예 및 해칭 방향

❶ 축의 예

● 참고입체도

축과 같이 길이방향으로 단면을 해서는 안되는 부품은 키홈 등과 같이 필요한 부분만 단면하여 도시해 주는 것이 형상을 이해하기 쉽다.

● 축의 올바른 도시

잘못 해칭한 도면

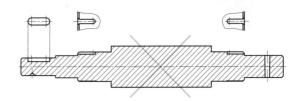

올바르게 해칭한 도면

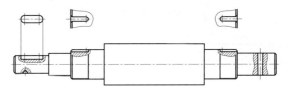

❷ 주물품의 예

● 참고입체도

● 참고입체도

리브가 있는 것을 모르는 경우의 단면 형상

(a) 단면도

리브가 있는 것을 모르는 경우의 형상

● 참고입체도

● 참고입체도

리브는 원칙적으로 길이방향으로 단면을 하지 않는다.

(b) 단면도

❸ 올바른 해칭 방향

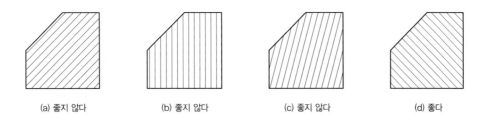

(a) 좋지 않다   (b) 좋지 않다   (c) 좋지 않다   (d) 좋다

● 해칭선의 방향

Lesson 13 | 특수한 도시 방법

도면을 작도하다 보면 대칭인 경우나 긴 축이나 형강등과 같이 중심선을 기준으로 한쪽만 작도해주거나 부분을 파단선으로 절단하여 생략하고 전체길이 치수를 기입해주어도 무방한 때가 있다.

❶ 2개의 면이 교차하는 부분의 도시방법

철판을 절곡하거나 벤딩을 하는 경우 2개의 면이 서로 수직인 상태가 안되고 라운드가 만들어진다. 이런 경우 2개의 교차선이 만나는 위치에 가는실선으로 긋고 교차한 선에 대응하는 위치에는 상관선을 굵은실선(외형선)으로 표시한다.

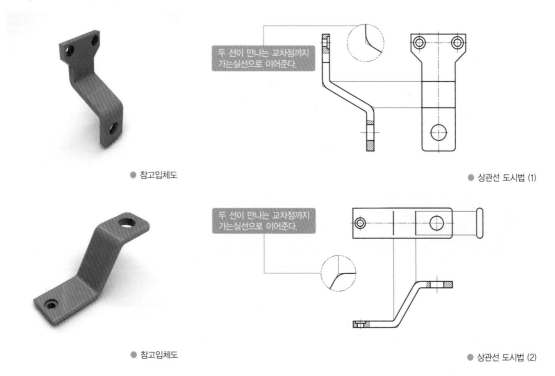

● 참고입체도   ● 상관선 도시법 (1)

두 선이 만나는 교차점까지 가는실선으로 이어준다.

● 참고입체도   ● 상관선 도시법 (2)

두 선이 만나는 교차점까지 가는실선으로 이어준다.

❷ 가상선의 도시방법

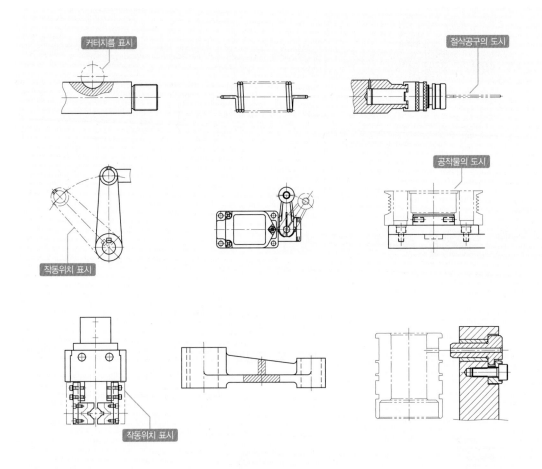

● 여러가지 가상선도의 도시법

❸ 평면인 경우의 도시방법

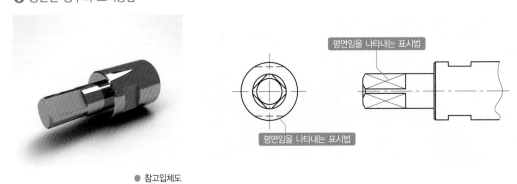

● 참고입체도

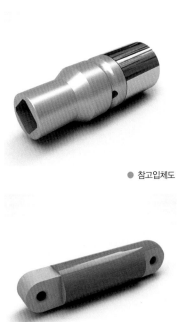

● 참고입체도

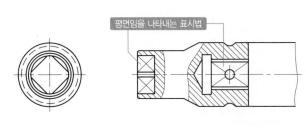

평면임을 나타내는 표시법

● 참고입체도

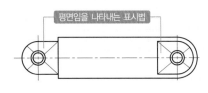

평면임을 나타내는 표시법

● 참고입체도

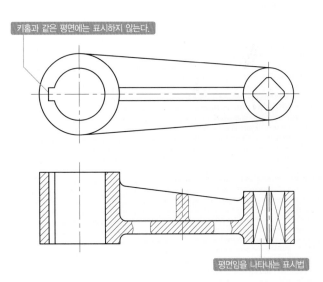

키홈과 같은 평면에는 표시하지 않는다.

평면임을 나타내는 표시법

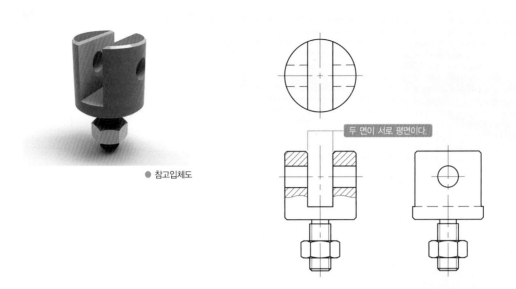

● 참고입체도

두 면이 서로 평면이다.

❹ 리브의 끝부분 도시방법

주물품이나 주강품의 경우와 같은 구조물 등에서는 부분적인 응력집중이나 변형을 완화시킬 복적으로 리브 (rib)를 배치하는데 우산의 살이나 사람의 갈빗대 등은 리브 구조의 좋은 예이다. 리브가 끝나는 부분에 라운드를 표시할 때 아래와 같이 라운드의 크기에 따라 표시법을 안쪽으로 하거나 바깥쪽으로 하거나 선택할 수가 있다.

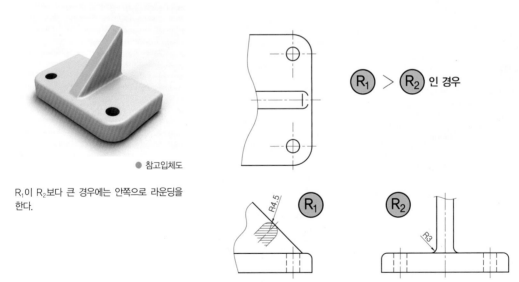

● 참고입체도

R_1이 R_2보다 큰 경우에는 안쪽으로 라운딩을 한다.

R_1 > R_2 인 경우

R4.5 R_1

R_2 R3

● 참고입체도

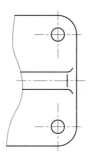

 인 경우

R_2가 R_1에 비해서 큰 경우에는 끝단을 바깥쪽
으로 라운딩을 한다.

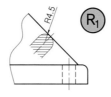

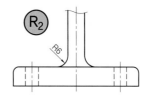

● 참고입체도

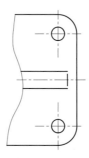

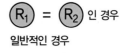 인 경우

일반적인 경우

R_1과 R_2가 같은 경우에는 우측 평면도의 표시
처럼 평판의 접촉부분의 끝단을 굵은 실선으
로 짧게 표시한다.

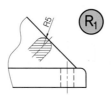

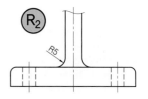

❺ 특수한 가공이나 열처리를 지시하는 부분의 도시방법

서로 맞물려 돌아가는 기어의 이나 스프로킷의 이, 왕복운동을 하며 마찰이 일어나는 실린더와 피스톤, 캠, 편심축, 오일실 립 접촉부 등은 일반적으로 열처리를 지시한다. 전체 열처리가 필요한 경우는 주석이나 품번 아래에 별도의 지시를 하지만, 부분적으로 열처리가 필요한 곳에는 아래와 같이 열처리나 특수한 가공이 필요한 범위를 외형선에서 약간 띄워 **굵은1점쇄선**으로 표시할 수 있다. 이 방법은 ISO R218에 따른 표시방법으로 어느 특정 부분만의 치수허용차를 다르게 지시하거나 일부분만 열처리하는 경우에도 사용된다.

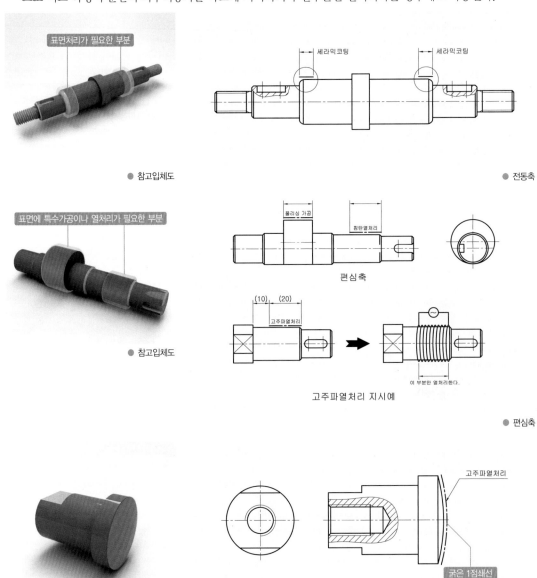

● 참고입체도

● 전동축

● 참고입체도

편심축

고주파열처리 지시예

● 편심축

● 참고입체도

● 로드조인트

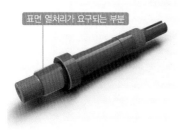

● 참고입체도

표면 열처리가 요구되는 부분

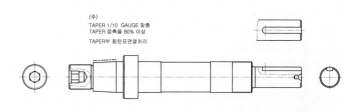

(주)
TAPER 1/10 GAUGE 맞춤
TAPER 접촉율 80% 이상

TAPER부 침탄표면열처리

● 스핀들 샤프트

표면 열처리가 요구되는 부분

● 참고입체도

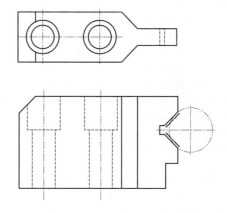

● V-블록 클램프

표면 열처리가 요구되는 부분

● 참고입체도

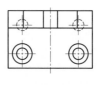

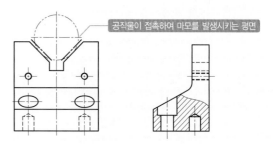

공작물이 접촉하여 마모를 발생시키는 평면

● V-블록

❻ 널링등의 표시방법

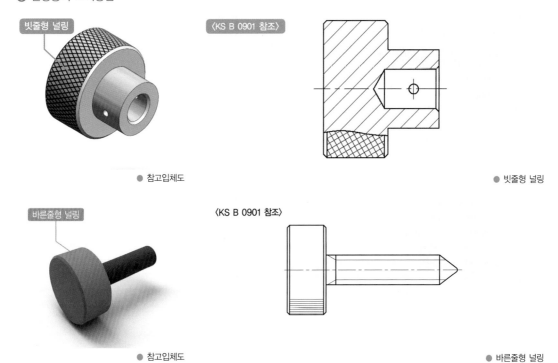

● 참고입체도

〈KS B 0901 참조〉

● 빗줄형 널링

〈KS B 0901 참조〉

● 참고입체도

● 바른줄형 널링

Lesson 14 **여러 가지 특수 투상도법**

❶ 보조투상도

경사진 물체를 투상하면 경사면의 형상이 변형 및 축소
되어 실제의 길이나 형상이 나타나지 않는다. 이런 경우
경사면에 평행한 위치에 도시하는 투상도를 **보조투상도**
라고 한다. 이곳에 투상을 하게 되면 실제 크기 및 형상
이 도시되어 쉽게 이해할 수가 있다.

● 참고입체도

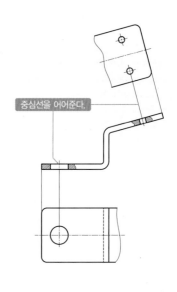

중심선을 이어준다.

● 보조투상도

110

❷ 부분투상도

물체의 일부분을 도시하는 것만으로 충분한 경우나 물체의 전체를 도시하는 것보다 오히려 도면을 이해하기
쉬운 경우, 주투상도에서 잘 나타나지 않은 부분 등에 사용하는 투상을 **부분투상도**라고 한다. 부분투상도에
서는 투상을 생략한 부분과의 경계는 **파단선**으로 표시해 준다.

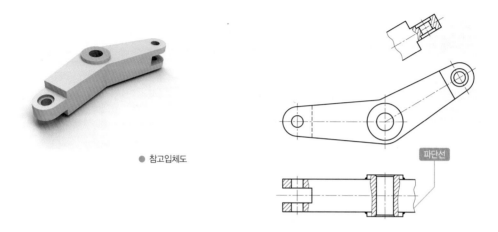

● 참고입체도

● 부분투상도

❸ 회전투상도

투상면이 경사져 있을 때 실제 형상의 도시가 어려운 경우가 있다. 이 때 경사진 부분만을 회전시켜 도시하
는 투상도를 **회전투상도**라고 한다. 투상면에 대하여 대상물의 일부분이 경사 방향으로 있어 잘못 해독할 우
려가 있는 경우는 **가는실선**으로 작도선을 남겨준다.

● 참고입체도

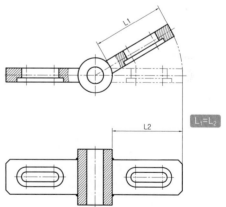

● 회전투상도

❹ 국부투상도

대상물의 구멍이나 홈 등을 도시하여 알기 쉽게 그리는 투상도를 **국부투상도**라고 한다. 이때는 투상관계를 나타내야하므로 중심선, 기준선, 치수보조선 등으로 연결하여 도시한다.

(가) 하우징의 경우

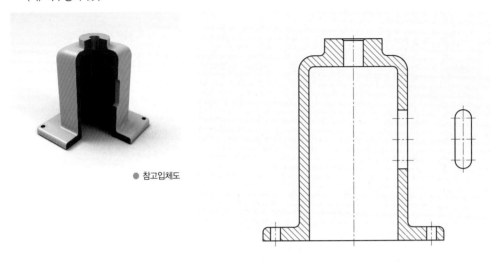

● 참고입체도

● 하우징의 국부투상도 적용 예

(나) 회전체의 경우

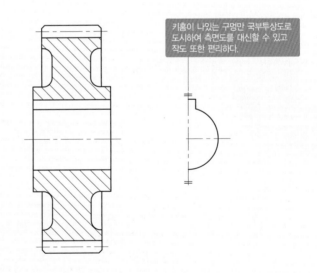

키홈이 나있는 구멍만 국부투상도로 도시하여 측면도를 대신할 수 있고 작도 또한 편리하다.

● 기어의 국부투상도 적용 예

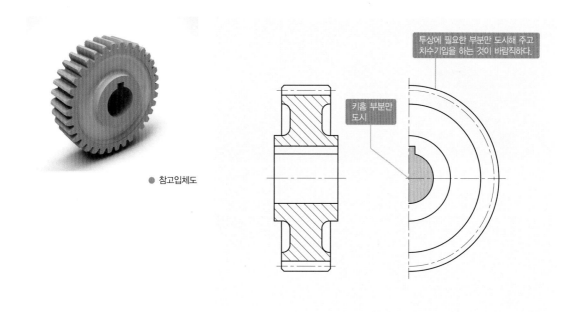

투상에 필요한 부분만 도시해 주고
치수기입을 하는 것이 바람직하다.

키홈 부분만
도시

● 참고입체도

● 국부투상도를 적용하지 않은 경우

(다) 축의 경우

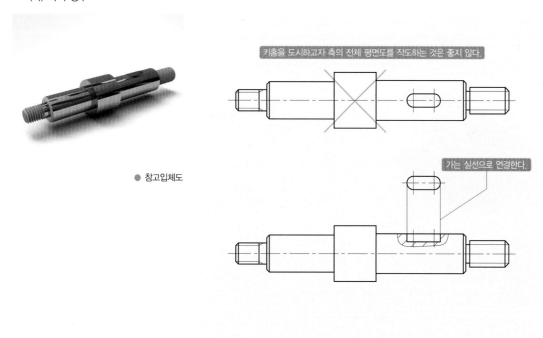

키홈을 도시하고자 축의 전체 평면도를 작도하는 것은 좋지 않다.

가는 실선으로 연결한다.

● 참고입체도

● 축의 국부투상도 적용 예

● 참고입체도

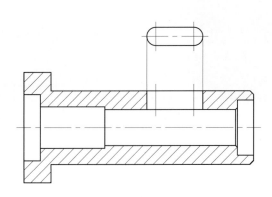

● 원통형체의 국부투상도 적용 예

❺ 확대도(상세도)

축이나 구멍에 작은 크기의 스냅링이나 오링 등이 끼워지는 부분이나 릴리프 홈 등 특정 부분이 너무 작아 실척(1:1)으로 작도 후 치수기입을 하려면 곤란한 경우가 있다. 이럴 때는 해당 부분을 **가는실선**으로 표시하고 확대 비율을 결정하고 반드시 실척의 치수를 기입해준다. 확대도 부분을 배척으로 확대하면 실척보다 커지므로 치수 기입을 할 때 꼭 주의해야 한다.

● 참고입체도

확대도(상세도)는 필요에 따라 임의의 크기로 확대하여 작도하고 척도를 NS로 표시하는 경우도 있다.

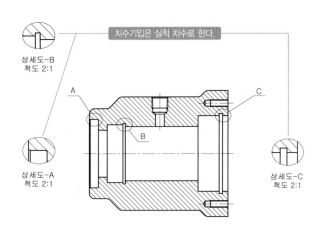

● 확대도법(상세도법)에 의한 도시 예

114

각종 상세도 적용 예

① 오일실 장착부

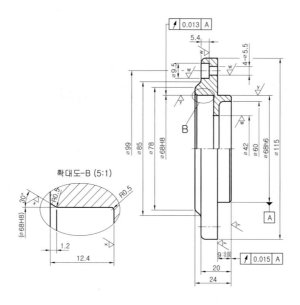

● 오일실 장착부 상세도

② V-벨트풀리 홈부

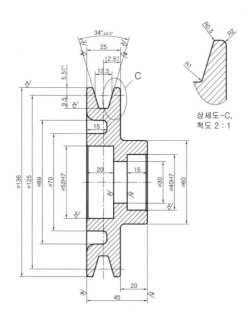

● V-벨트풀리 홈부 상세도

③ 펠트링

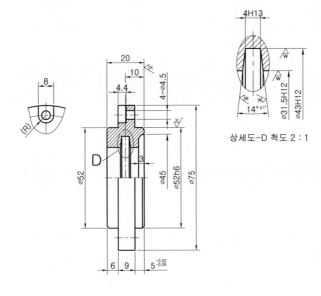

상세도-D 척도 2 : 1

● 펠트링부 상세도

④ 스프로킷 치형부

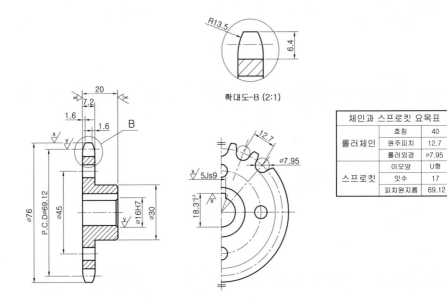

확대도-B (2:1)

체인과 스프로킷 요목표		
롤러체인	호칭	40
	원주피치	12.7
	롤러외경	⌀7.95
스프로킷	이모양	U형
	잇수	17
	피치원지름	69.12

● 스프로킷 치형부 상세도

⑤ 스냅링 홈부

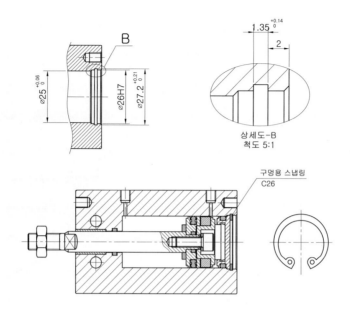

상세도-B
척도 5:1

구멍용 스냅링
C26

● 스냅링 홈부 상세도

⑥ 오링 홈부

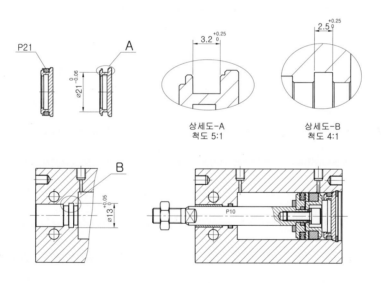

상세도-A
척도 5:1

상세도-B
척도 4:1

● 오링 홈부 상세도

온단면도 (전단면도)

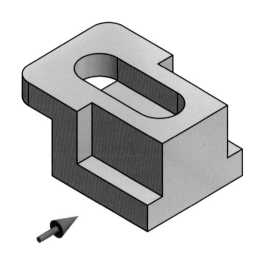

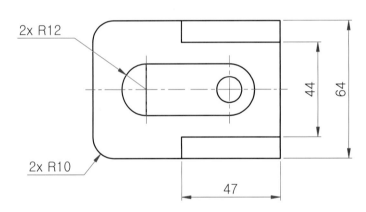

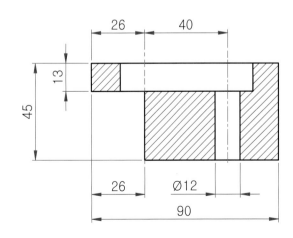

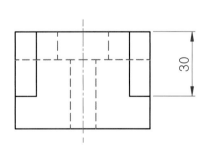

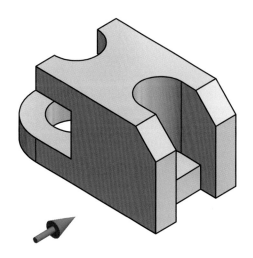

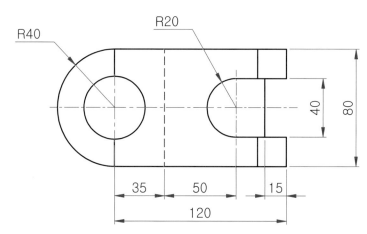

R40

R20

40

80

35

50

15

120

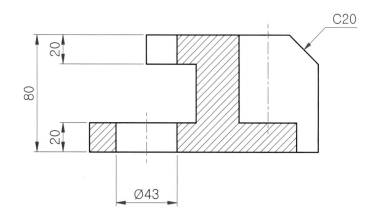

C20

20

80

20

Ø43

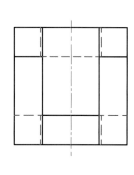

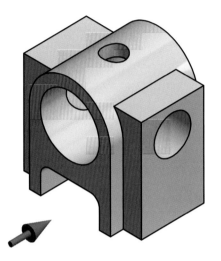

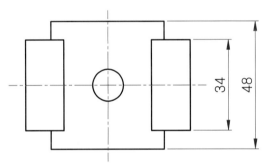

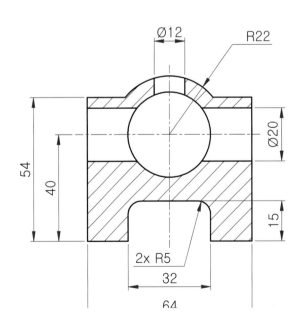

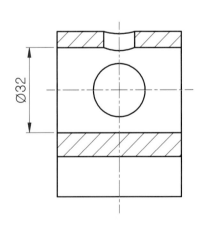

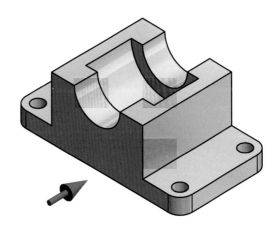

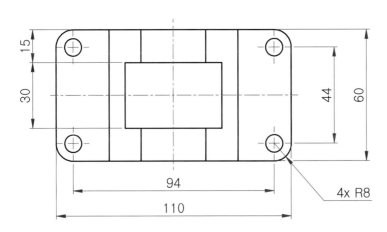

4x R8

94

110

15

30

44

60

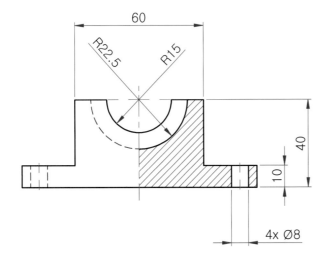

60

R22.5   R15

40

10

4x Ø8

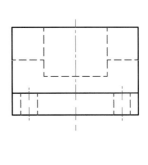

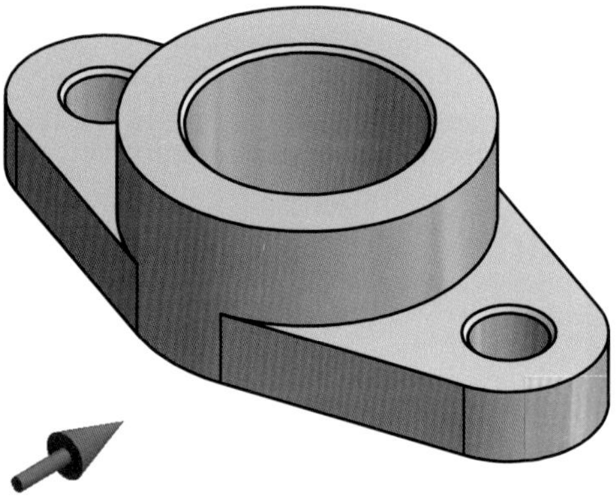

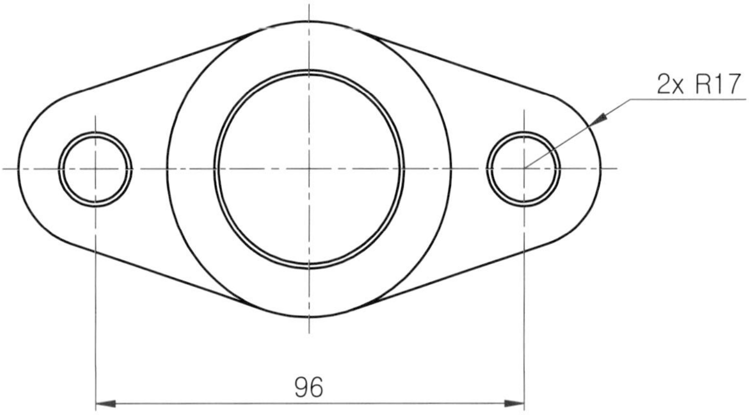

2x R17

96

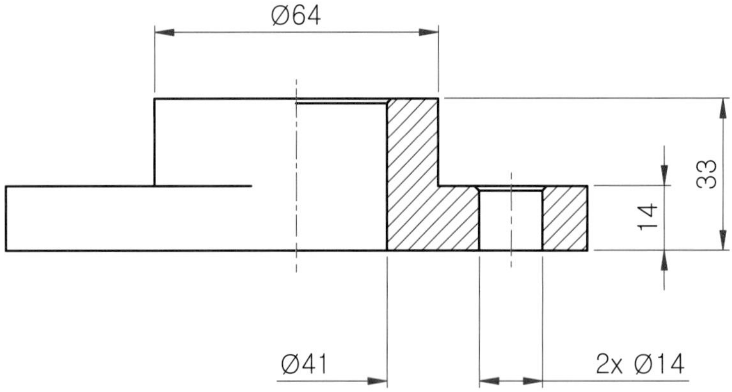

Ø64

33

14

Ø41

2x Ø14

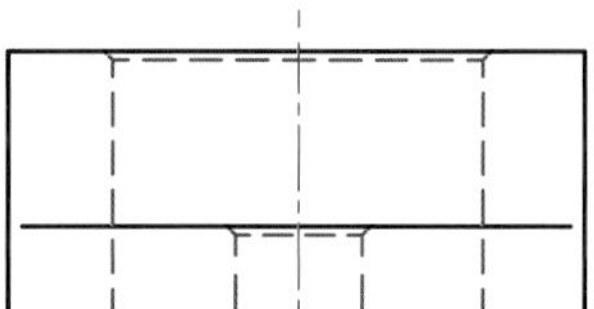

주 서 ▶ 지시없는 모따기는 C1

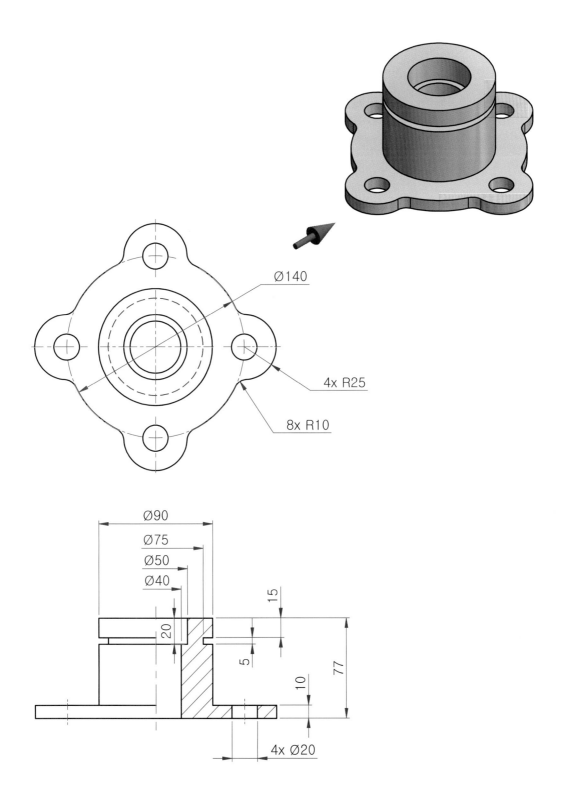

Ø140

4x R25

8x R10

Ø90

Ø75

Ø50

Ø40

15

20

5

77

10

4x Ø20

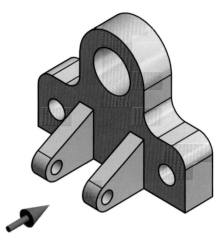

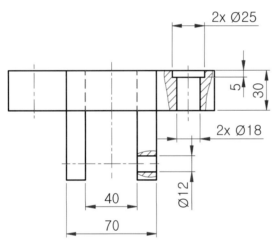

2x Ø25

5

30

2x Ø18

Ø12

40

70

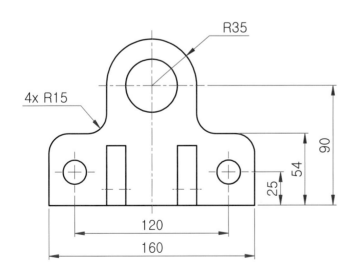

R35

4x R15

90

54

25

120

160

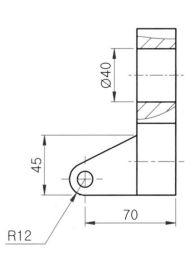

Ø40

45

R12

70

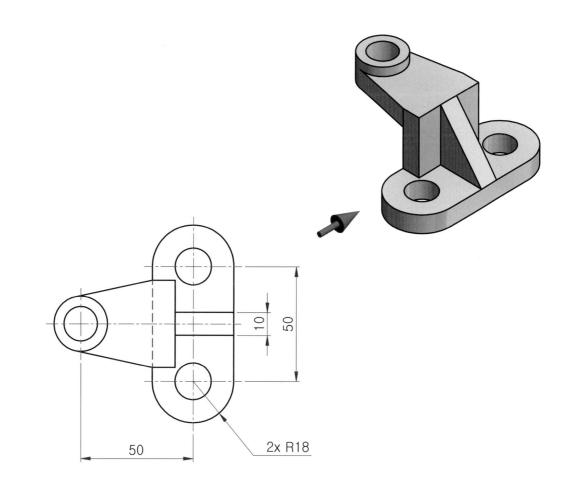

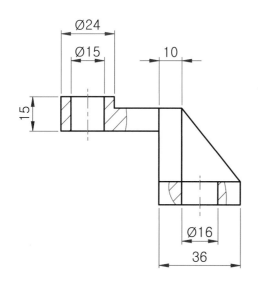

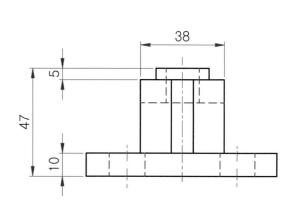

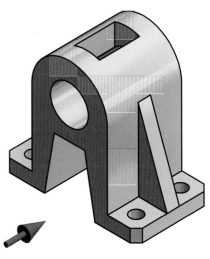

4x C5

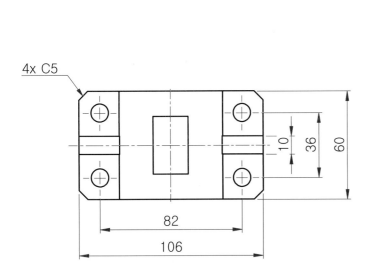

10
36
60
82
106

20
R30
45
20°
70
10
24
40
4x Ø10

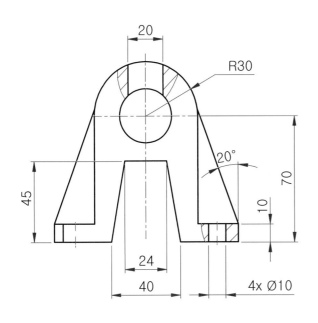

32
Ø30

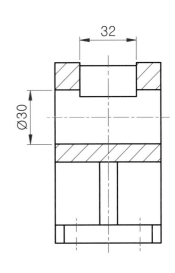

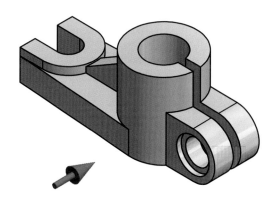

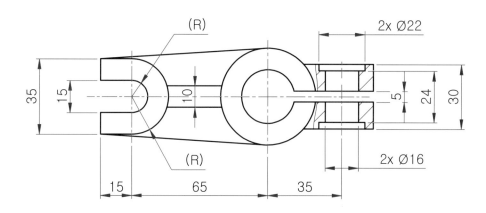

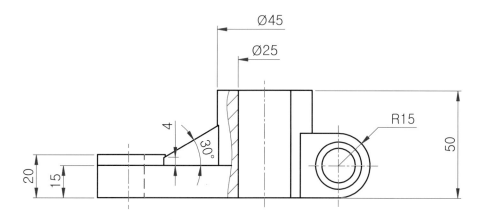

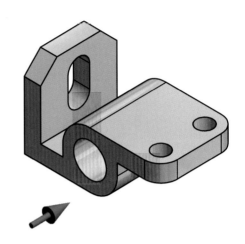

2x R15

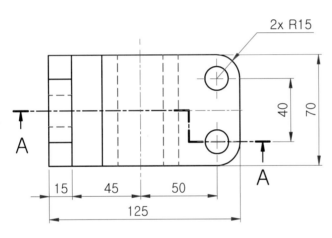

A

40

70

15　45　50

A

125

단면 A-A

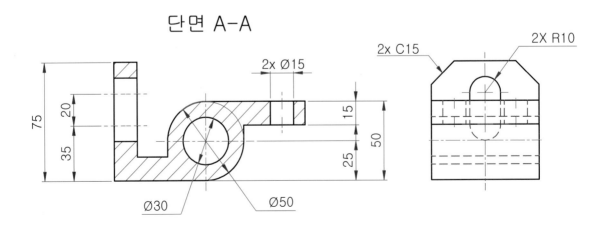

2x Ø15

2x C15

2X R10

75

20

35

15

50

25

Ø30

Ø50

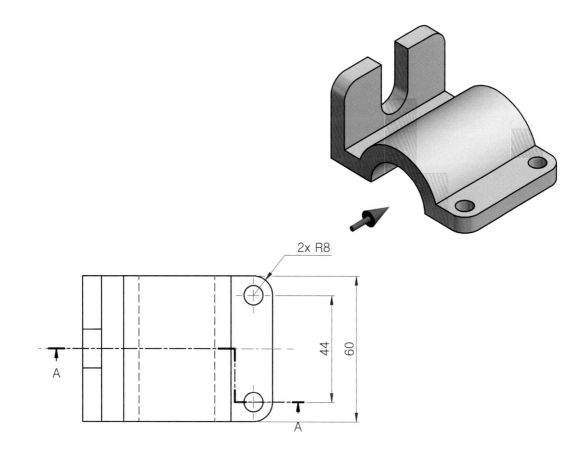

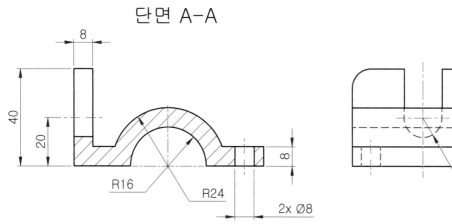

단면 A-A

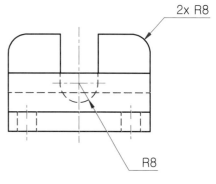

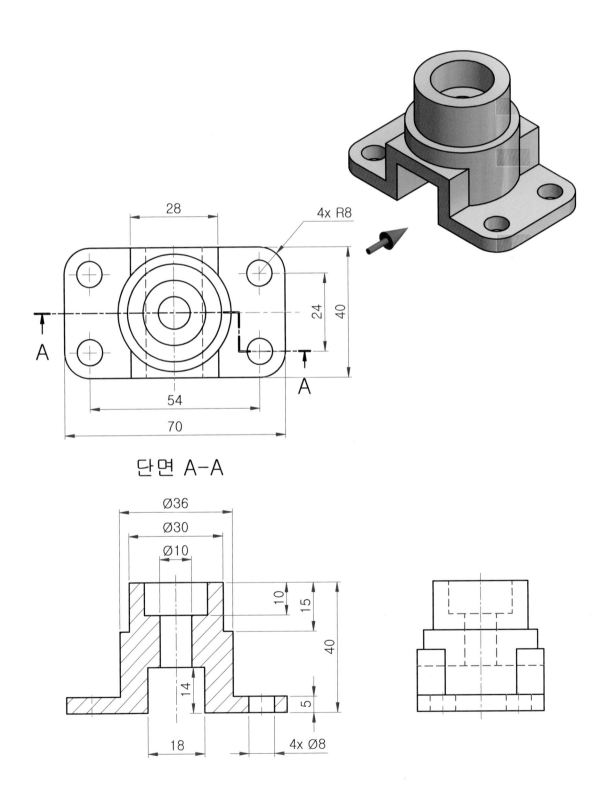

단면 A-A

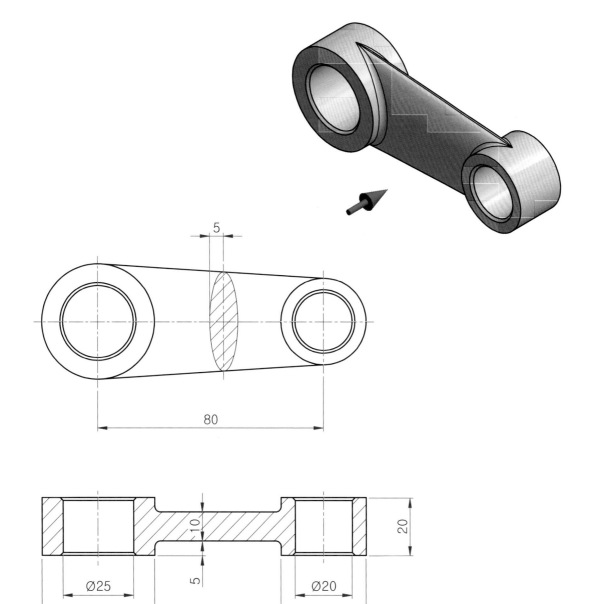

5

80

⌀25
⌀40

10

5

⌀20
⌀30

20

주 서 ▶ 지시없는 모따기는 C1, 모깎기는 R2

03
치수공차 및 끼워맞춤 공차 적용법

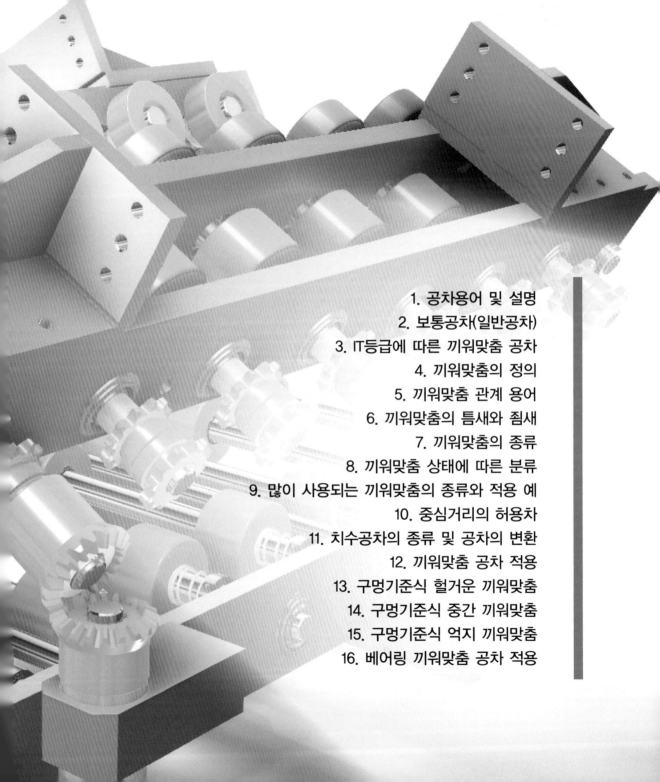

공차용어 및 설명

노면을 보다보면 기준치수 우측에 Ø40H7이나 Ø40h6 등의 공차등급이 붙어 있는 경우나 기준치수 우측에 40±0.02와 같은 공차가 부여된 경우를 쉽게 볼 수가 있을 것이다. 이처럼 치수는 치수에 대한 범위를 나타내는 치수공차와 형상에 대한 규제 범위를 나타내는 기하공차로 나뉘어진다. 설계자가 부품을 작도하고 치수를 기입한 후에 각 치수에 대한 올바른 공차를 부여하는 일은 아주 중요한 일이다. 반드시 기능상이나 기준상으로 필요한 부분, 끼워맞춤시 필요한 부분, 가공 기계의 정밀도, 가공부품의 호환성 등을 고려해서 공차를 제대로 적용할 수 있어야 한다. 모든 치수에 정밀한 공차를 부여하게 되면 당연히 제작비의 상승 요인이 되므로 적절한 공차를 적용하고 공차관리를 할 수 있는 능력은 설계자에게 꼭 필요한 기술지식이다.

1. 치수공차 용어의 이해

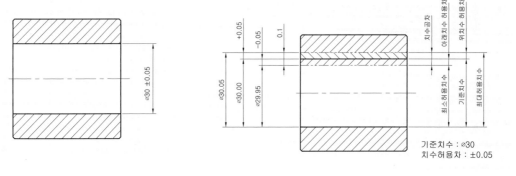

● [a] 부품   ● [b] 치수공차 용어

도면에 기입된 치수는 보통 제품의 최종 완성상태의 치수를 나타낸다. [그림 (a)]의 부품에 안지름의 치수가 Ø30으로 기입되어 있더라도 실제로 기계가공을 하고 나서 결과 치수를 측정해 보면 30.05mm로 되었거나 29.95mm로 되었거나 하여, 도면상에 공차없이 지시되어 있는 30mm로 오차없이 정확하게 가공하기는 어려우며 약간의 치수 오차는 반드시 발생한다. 정밀한 가공은 시간과 비용이 늘어나며, 설계자는 공차를 지정할 때 부품의 기능상 지장이 없는 범위 내에서는 가능한 큰 오차를 허용하는 것을 고려하여야 한다.

❶ 기준 치수(basic size)
위 치수허용차 및 아래 치수허용차를 적용하는데 따라 치수 허용 한계의 기준이 되는 치수로 [그림 (a)]의 도면 치수 Ø30±0.05에서 Ø30이 **기준치수**가 된다.

❷ 실 치수(actual size)
가공이 완료된 후 실제로 측정했을 때의 치수를 말하며, 실제로 도면에 지시된 치수로 부품을 가공하는 경우 가공 기계의 고유 정밀도, 작업자의 기술 숙련도, 재료의 불량, 온도나 습도의 영향 등 여러 가지 이유에 의해 기준 치수보다 조금 크거나 작게 가공된다.

❸ 허용 한계 치수(limits of size)

측정에 의해 얻어진 실제 치수에 허용한계를 정한 두 개의 치수의 차, 즉 **최대 허용 치수와 최소 허용 치수와의 차(치수공차)**를 말한다.

[그림 (a)] 도면에서처럼 Ø30±0.05이라는 치수가 있다고 하자.

해석 : **최대허용치수와 최소허용치수를 합한 값** 0.1이 허용한계치수가 된다.

❹ 최대허용치수(maximum limit of size)

허용한계치수의 큰 쪽의 치수로 허용할 수 있는 가장 큰 실 치수이다.

[그림 (a)] 도면에서 Ø30.05(30+0.05)가 허용할 수 있는 최대 실 치수이다.

❺ 최소허용치수(least limit of size)

허용한계치수의 작은 쪽의 치수로 허용할 수 있는 가장 작은 실 치수이다.

[그림 (a)] 도면에서 Ø29.95(30-0.05)가 허용할 수 있는 최소 실 치수이다

❻ 위 치수허용차(upper limit deviation)

최대 허용 치수와 기준 치수(호칭치수)를 뺀 값으로서 **구멍**의 경우 ES로 표기하며, **축**의 경우 es로 표기한다.

위치수 허용차 = 최대 허용치수 − 기준치수(호칭치수)

[그림 (b)] 도면에서 Ø30±0.05에서 +0.05가 위 치수허용차에 해당한다. (30.05-30.00=0.05)

❼ 아래 치수허용차(lower limit deviation)

최소 허용 치수와 기준 치수(호칭치수)를 뺀 값으로서 구멍의 경우 EI로 표기하며, 축의 경우 ei로 표기한다.

아래치수 허용차 = 최소 허용치수 − 기준치수(호칭치수)

[그림 (b)] 도면에서 Ø30±0.05에서 −0.05가 아래 치수허용차에 해당한다. (29.95-30.00=−0.05)

❽ 치수차(deviation)

어떤 치수(실치수, 허용한계치수 등)와 그에 대응하는 기준 치수의 차이다.

❾ 치수 공차(size tolerance)

최대 허용 치수와 최소 허용 치수의 차이를 말하며, 위 치수 허용차와 아래 치수 허용차와의 차를 의미하며 간단하게 공차(tolerance)라고도 한다.

(30.05-29.95=0.1 또는 +0.05-(−0.05)=0.1)

용 어 \ 치 수	30 ± 0.02	$30 \, ^{+0.025}_{0}$	$30 \, ^{-0.02}_{-0.04}$
기준치수	30	30	30
허용한계치수	0.04	0.025	0.02
최대허용치수	30.02	30.025	29.98
최소허용치수	29.98	30.0	29.96
위 치수허용차	0.02	0.025	0.02
아래 치수허용차	0.02	0	0.04

보통공차(일반공차)

인간이 제작하는 가공품은 편차가 없는 완벽한 치수로 부품을 가공할 수는 없다. 따라서 도면에 기입되는 모든 치수에 공차가 허용되어야 한다. 부품 상호간의 기능 및 관계가 있는 부품에는 반드시 공차가 적용되어야 한다. 형체를 표현하기 위한 공차의 분류는 치수(size) 특성에 따라 길이치수 및 그 공차, 각도치수 및 그 공차로 나뉘어지고, 기하특성(geometry)에 따라 모양공차, 자세공차, 위치공차로 나뉘어진다. 그러나 도면을 보면 대부분의 치수는 특별한 정밀도를 필요로 하지 않아 치수 공차가 따로 규제되어 있지 않는 경우를 쉽게 볼 수가 있을 것이다. **보통공차**는 산업현장에서는 **일반공차**라고도 한다.

보통공차(general tolerance)는 특별한 정밀도를 요구하지 않는 부분에 일일이 공차를 기입하지 않고 치수 범위내에서 일괄하여 기입할 목적으로 규정되었다.

보통공차를 적용함으로써 설계자는 특별한 정밀도를 필요로 하지 않는 치수의 공차까지 고민하고 결정해야 하는 수고를 덜 수 있다. 또, 제도자는 모든 치수에 일일이 공차를 기입하지 않아도 되며 도면이 훨씬 간단하고 명료해진다. 뿐만 아니라 비슷한 기능을 가진 부분들의 공차 등급이 설계자에 관계없이 동일하므로 제작자가 효율적으로 부품을 생산할 수 있다.

1. 보통공차 관련 KS 규격

· **KS B 0412 :** 보통공차 – 제1부 : 개별적인 공차의 지시가 없는 길이 치수 및 각도 치수에 대한 공차 (폐지)
　　　　　　　　(ISO 2768–1 : 1989)

· **KS B 0146 :** 보통공차 – 제2부 : 개별적인 공차의 지시가 없는 형체에 대한 기하공차 (폐지)
　　　　　　　　(ISO 2768–2 : 1989)

· **KS B 0413 :** 판재의 프레스 가공품 일반 치수 공차

· **KS B 0416 :** 금속판 셰어링 보통 허용차

· **KS B 0417 :** 금속 소결품 보통 허용차

· **KS B 0420 :** 중심거리의 허용차

· **KS B 0426 :** 강의 열간 형 단조품 허용차 (해머 및 프레스 가공)

· **KS B 0428 :** 가스 절단 가공 강판 보통 허용차

· **KS B 0430 :** 원뿔 공차 방식

· **KS B 0418 :** 주강품 보통 허용차

· **KS B 0250 :** 주조품 치수공차 및 절삭여유 방식

· **KS B 0250 부속서 1 :** 주철품의 보통 치수 공차

· **KS B 0250 부속서 2 :** 주강품의 보통 치수 공차

· **KS B 0250 부속서 3 :** 알루미늄합금 주물의 보통 치수 공차

· **KS B 0250 부속서 4 :** 다이캐스팅의 보통 치수 공차

· **KS B ISO 2768–1 :** 일반공차 – 제1부

· **KS B ISO 2768–2 :** 일반공차 – 제2부

· **KS B ISO 8062 :** 주물 – 치수공차 및 가공여유의 체계

2. 파손된 가장자리를 제외한 선형 치수에 대한 허용 편차 KS B ISO 2768-1

[단위 : mm]

공차등급		보통치수에 대한 허용편차							
호칭	설명	0.5에서 3 이하	3 초과 6 이하	6 초과 30 이하	30 초과 120 이하	120 초과 400 이하	4000 초과 1000 이하	1000 초과 2000 이하	2000 초과 4000 이하
f	정밀	±0.05	±0.05	±0.1	±0.15	±0.2	±0.3	±0.5	–
m	중간	±0.1	±0.1	±0.2	±0.3	±0.5	±0.8	±1.2	±0.2
c	거침	±0.2	±0.3	±0.5	±0.8	±1.2	±2.0	±3.0	±4.0
v	매우거침	–	±0.5	±1.0	±1.5	±2.5	±4.0	±6.0	±8.0

위 표를 참고로 공차등급을 m(중간)급으로 선정했을 경우의 보통허용차가 적용된 상태의 치수표기를 예로 들어보겠다. 일반공차는 공차가 별도로 붙어 있지 않은 치수수치에 대해서 어느 지정된 범위안에서 +측으로 만들어지든 –측으로 만들어지든 관계없는 공차범위를 의미한다.

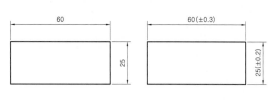

(a) 공차가 없는 치수표기   (b) 일반공차(중급)을 표기한 치수표기

● 일반공차가 적용된 예

Lesson 3 | IT등급에 따른 끼워맞춤 공차

끼워맞춤 기호로 이용되는 알파벳은 기준치수에 대해서 공차영역이 어느 범위안에 존재하는지를 의미하고 구멍의 끼워맞춤 기호의 표시는 구멍의 기준치수 우측에 알파벳 대문자로 구멍기호와 등급을 표시하는 치수수치와 동일한 크기로 기입해주며, 축의 끼워맞춤 기호의 표시는 축의 기준치수 우측에 알파벳 소문자로 구멍기호와 등급을 표시하는 치수수치와 동일한 크기로 기입해주는 것이 원칙이다. IT등급에 관련한 사항은 아래에서 좀 더 자세히 알아보기로 한다.

끼워맞춤(fit, はめあい)이란 두 개의 기계부품이 서로 끼워맞추어지기 전의 치수차에 의하여 일정한 틈새 및 죔새를 갖고 서로 조립되는 상관 관계를 말한다. 기계부품에는 구멍(Hole)과 축(Shaft)이 서로 결합되는 경우가 많으며, 사용 목적과 요구 기능에 따라 헐거운 끼워맞춤, 중간 끼워맞춤, 억지 끼워맞춤의 3가지 방법으로 구멍과 축이 결합되는 상태를 말하며 끼워맞춤에 대한 규격이 KS B ISO 286-1에 정해져 있다.

1. 끼워맞춤의 두가지 요소

❶ 구멍 또는 축의 표준 공차 등급

도면에 끼워맞춤을 지시할 때는 기준 치수 다음에 이 두 가지 요소를 함께 표기해야 한다.

(가) Ø30H7 : Ø30은 기준치수이고, H는 **구멍의 표준 공차 등급**, 7은 **IT 등급**을 나타낸다. Ø30 $^{+0.021}_{+0}$ | 치수공차의 합이 0.021로 IT7급 21μ과 일치한다.

(나) Ø30g6 : Ø30는 기준치수이고, g는 **축의 표준 공차 등급**, 6은 **IT 등급**을 나타낸다. Ø30 $^{-0.007}_{-0.020}$ | 치수공차의 합이 0.013으로 IT6급 13μ과 일치한다.

❷ IT(International Tolerance) 등급

ISO 공차방식에 따른 기본공차로서 치수공차와 끼워맞춤에 있어서 정해진 모든 치수공차를 의미하는 것으로 IT기본공치 또는 IT라고 호칭하고, 국제 표준화 기구(ISO) 공차 방식에 따라 분류하고 있으며, KS규격 KS B ISO 286-1에 의하면 0[mm] 초과 500[mm] 이하인 범위의 치수는 IT01, IT0, IT1 부터 IT18까지 20등급으로 분류하고, 500[mm] 초과 3150[mm] 이하인 범위의 치수는 IT1 부터 IT18까지 18등급으로 분류한다. 일반적으로 IT1~IT18의 등급이 사용된다. 구멍 또는 축의 표준 공차 등급과 IT 등급을 합해서 공차 등급(tolerance grade)이라고 부르기도 한다.

■ IT(International Tolerance) 기본 공차의 값 이해하기
[단위 : μ = 0.001mm]

기준치수의 구분 (mm)		IT 공차 등급																		
		IT 01급	IT 0급	IT 1급	IT 2급	IT 3급	IT 4급	IT 5급	IT 6급	IT 7급	IT 8급	IT 9급	IT 10급	IT 11급	IT 12급	IT 13급	IT 14급	IT 15급	IT 16급	IT 17급	IT 18급
초과	이하										기본 공차의 수치(μ m)									
–	3	0.3	0.5	0.8	1.2	2	3	4	6	10	14	25	40	60	100	140	250	400	600	1000	1400
3	6	0.4	0.6	1	1.5	2.5	4	5	8	12	18	30	48	75	120	180	300	480	750	1200	1800
6	10	0.4	0.6	1	1.5	2.5	4	6	9	15	22	36	58	90	150	220	360	580	900	1500	2200
10	18	0.5	0.8	1.2	2	3	5	8	11	18	27	43	70	110	180	270	430	700	1100	1800	2700
18	30	0.6	1.0	1.5	2.5	4	6	9	13	21	33	52	84	130	210	330	520	840	1300	2100	3300
30	50	0.6	1.0	1.5	2.5	4	7	11	16	25	39	62	100	160	250	390	620	1000	1600	2500	3900
50	80	0.8	1.2	2	3	5	8	13	19	30	46	74	120	190	300	460	740	1200	1900	3000	4600
80	120	1.0	1.5	2.5	4	6	10	15	22	35	54	87	140	220	350	540	870	1400	2200	3500	5400
120	180	1.2	2.0	3.5	5	8	12	18	25	40	63	100	160	250	400	630	1000	1600	2500	4000	6300
180	250	2.0	3.0	4.5	7	10	14	20	29	46	72	115	185	290	460	720	1150	1850	2900	4600	7200
250	315	2.5	4.0	6	8	12	16	23	32	52	81	130	210	320	520	810	1300	2100	3200	5200	8100
315	400	3.0	5.0	7	9	13	18	25	36	57	89	140	230	360	570	890	1400	2300	3600	5700	8900

[주] 1. 공차등급 IT14~18은 기준치수 1mm이하에는 적용하지 않는다.
2. 500mm를 초과하는 기준치수에 대한 공차등급 IT1~IT5의 공차값은 시험적으로 사용하기 위한 잠정적인 값이다.

■ IT(International Tolerance) 공차등급의 적용

용 도 \ 공차등급	축(shaft)	구멍(hole)
게이지 제작공차	IT 1 ~ IT 4	IT 1 ~ IT 5
일반 끼워맞춤 공차	IT 5 ~ IT 9	IT 6 ~ IT 10
끼워맞춤 이외의 공차	IT 10 ~ IT 18	IT 11 ~ IT 18

2. 끼워맞춤 공차의 적용 요령

기계에 조립되는 각 부품의 기능과 작동상태를 고려하여, 가공법과 표준 부품의 적용 여부에 따라서 구멍 기준 끼워맞춤 방식이나 축 기준 끼워맞춤 방식으로 선택하여 적용한다.

❶ 구멍 기준 끼워맞춤이나 축 기준 끼워맞춤 방식을 같이 적용시키는 것이 편리할 때는 아래 ②와 ③의 방식을 혼합 사용 가능하다.

❷ **구멍이 축보다 가공이나 측정이 어려우므로 구멍 기준 끼워맞춤**을 선택하여 적용하는 것이 편리하며, 일반적으로 기계설계 도면 작성시 적용하고 있다.

❸ 주로 표준부품을 많이 적용하는 경우와 그 기능상 필요한 설계 도면에서는 축 기준 끼워맞춤 방식을 적용한다.

3. 많이 사용되는 구멍기준 끼워맞춤 [KS B 0401]

기준구멍	축의 공차역 클래스 (축의 종류와 등급)																
	헐거운 끼워맞춤							중간 끼워맞춤			억지 끼워맞춤						
H5						g4	h4	js4	k4	m4							
H6						g5	h5	js5	k5	m5							
H6					f6	g6	h6	js6	k6	m6	n6[1]	p6[1]					
H7					f6	g6	h6	js6	k6	m6	n6	p6[1]	r6[1]	s6	t6	u6	x6
H7				e7	f7		h7	js7									
H7					f7		h7										
H8				e8	f8		h8										
H8			d9	e9													
H9			d8	e8			h8										
H9		c9	d9	e9			h9										
H10	b9	c9	d9														

[주] 1. 1)로 표시한 끼워맞춤은 치수의 구분에 따라 예외가 생긴다.
2. 중간 끼워맞춤 및 억지 끼워맞춤에서는 기능을 확보하기 위해 선택조합을 하는 경우가 많다.

4. 많이 사용되는 축기준 끼워맞춤 [KS B 0401]

기준축	구멍의 공차역 클래스 (구멍의 종류와 등급)																
	헐거운 끼워맞춤						중간 끼워맞춤				억지 끼워맞춤						
h4						H5	JS5	K5	M5								
h5						H6	JS6	K6	M6	N6[1)]	P6						
h6				F6	G6	H6	JS6	K6	M6	N6	P6[1)]						
				F7	G7	H7	JS7	K7	M7	N7	P7[1)]	R7	S7	T7	U7	X7
h7			E7	F7		H7											
				F8		H8											
h8			D8	E8	F8		H8										
			D9	E9			H9										
h9			D8	E8			H8										
		C9	D9	E9			H9										
	B10	C10	D10														

[주] 중간 끼워맞춤 및 억지 끼워맞춤에서는 기능을 확보하기 위해 선택조합을 하는 경우가 많다.

5. 구멍 기준 끼워맞춤으로 하는 이유

❶ 구멍의 안지름보다 **축의 바깥지름이 가공하기 쉽고, 검사(측정)** 또한 **용이**하므로, 구멍의 지름을 '0'기준으로 하여 축 지름을 조정하는 편이 좋다.

❷ 대량 생산 제품의 치수검사에 있어 구멍 기준으로 하면 고가인 구멍용 한계게이지가 1개 필요하지만, 축 기준으로 하게 되면, 구멍의 지름 공차마다 한계게이지가 필요하게 된다.

❸ 구멍 다듬질용 리머가 구멍의 지름마다 필요하게 된다.

❹ 열처리 연마봉은 h 공차역 등급으로 제작되어 있으므로, 외경가공을 할 필요없이 구멍기준의 끼워맞춤에 사용할 수가 있다.

끼워맞춤 관계 용어

끼워맞춤이란 축과 구멍이 결합되는 상태를 말하며, 끼워맞춤에 관한 여러가지 용어와 내용을 이해하고 설계도면 작성시에 각 부품들의 기능과 요구되는 정밀도에 따라 알맞은 끼워맞춤 방식을 선택할 수 있도록 한다. 보통 시험에서 요구하는 끼워맞춤은 축과 구멍의 끼워맞춤인데 베어링의 외륜을 하우징 구멍에 끼워맞춤하는 경우와 내륜에 축을 끼워맞춤하는 경우가 있으며, 베어링 이외에 오링이나 오일실, 키 등이 있으며 이러한 기계요소들의 추천 끼워맞춤은 KS규격에 규정되어 있다. 또한 실무에서는 KS규격 뿐만 아니라 이러한 기계요소들을 제조판매하고 있는 메이커(maker)의 카탈로그에서 추천하고 권장하는 끼워맞춤이나 설계 및 사용상의 주의사항들이 자세하게 설명되어 있으므로 설계자는 끼워맞춤을 어떤 것을 적용할 지에 대해 너무 많은 고민과 시간을 할애할 필요가 없으며 상황에 따라 적절한 끼워맞춤을 적용시킬 수 있는 능력을 기르는 것 또한 중요한 사항이라고 할 수 있다.

■ 치수에 따른 끼워맞춤 용어의 구분

용 어 ＼ 치 수	30 ± 0.02	$30 \begin{array}{l} + 0.05 \\ + 0.02 \end{array}$	$30 \begin{array}{l} - 0.02 \\ - 0.04 \end{array}$
기준 치수	30	30	30
허용한계치수	0.04	0.03	0.02
최대허용치수	30.02	30.05	29.98
최소허용치수	29.98	30.02	29.96
위 치수허용차	0.02	0.05	0.02
아래 치수허용차	0.02	0.02	0.04

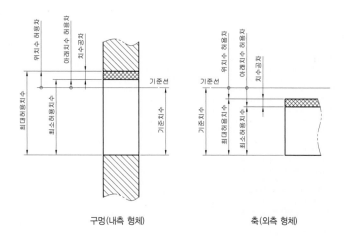

구멍(내측 형체)   축(외측 형체)

● 끼워맞춤 관계 용어

끼워맞춤의 틈새와 죔새

끼워맞춤하려는 두 개의 부품간의 치수차에 의해 발생되는 끼워맞춤의 관계는 공차역과 등급에 의하여 결정된다. 설계자는 끼워맞춤을 이해하고 부품의 기능에 따라 적절한 끼워맞춤을 선택하고 해당 공차를 선정할 수 있어야 한다.

1. 끼워맞춤(fit)

2개의 기계 부품이 서로 끼워맞추기 전의 치수차에 의해 틈새 및 죔새를 갖고 서로 끼워지는 상태를 의미하고, 구멍과 축이 조립되는 관계를 끼워맞춤이라 하며, 헐거운 끼워맞춤, 중간 끼워맞춤, 억지 끼워맞춤이 있다.

2. 틈새(clearance)

최대 틈새 : 구멍의 최대 허용 치수에서 축의 최소 허용 치수를 뺀 값
최소 틈새 : 구멍의 최소 허용 치수에서 축의 최대 허용 치수를 뺀 값

3. 죔새(interference)

최대 죔새 : 축의 최대 허용 치수에서 구멍의 최소 허용 치수를 뺀 값
최소 죔새 : 축의 최소 허용 치수에서 구멍의 최대 허용 치수를 뺀 값

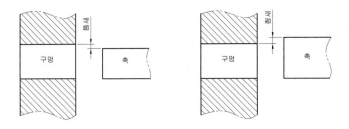

● 틈새와 죔새

[참고]

일반적인 기계 도면에서는 끼워맞춤하려는 부품의 경우 대부분 구멍 기준으로 표시하고 있다. 이것은 반드시 축을 기준으로 해서는 안된다는 의미는 아니다.

h축의 위치수 허용차는 '0'으로 되어 있는데 이것을 기준으로 적당한 구멍을 선정하면 구멍 기준의 경우와는 반대의 관계로 끼워맞춤을 얻을 수 있는 것이다. 구멍 기준의 장점 중의 하나로 작업성 측면에서 고려해 보면 절삭 및 다듬질 가공, 치수 측정 등 구멍보다 축이 쉽게할 수 있다. 따라서 구멍은 그대로 두고 축의 외경 치수를 조정하는 편이 쉽고 가공비도 적게 든다.

끼워맞춤의 종류

끼워맞춤에는 구멍 기준식 끼워맞춤과 축 기준식 끼워맞춤이 있다. 일반적으로 구멍쪽이 축쪽보다 가공하기도 어렵고 정밀도를 향상시키기도 어렵기 때문에 가공하기 어려운 구멍을 기준으로 하여 가공하기 쉬운 축을 조합하여 여러 가지 끼워맞춤을 얻는 구멍 기준식 끼워맞춤이 주로 사용되고 있다. 또한 구멍기준 끼워맞춤 중에서도 H6와 H7에 끼워맞춤 되는 축의 공차역 범위가 넓어서 헐거운 끼워맞춤부터 억지 끼워맞춤까지 널리 사용되며, 이중에서도 H7에 끼워맞춤되는 축의 공차역 범위가 가장 넓으므로 H7이 가장 많이 이용되고 있는 것이다.

1. 구멍과 축에 대한 표준 공차 등급

❶ 구멍 기준식 끼워맞춤

구멍의 아래 치수 허용차가 '0'인 H기호 구멍을 기준 구멍으로 하고, 구멍의 공차역을 H5~H10으로 정하여 부품의 기능이나 요구되는 정밀도 등을 결정하여 필요한 죔새 또는 틈새에 따라 구멍에 끼워맞춤할 여러 가지 축의 공차역을 정한다.

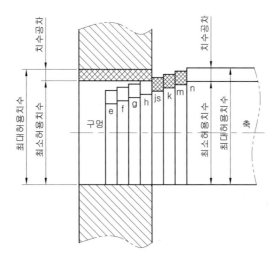

● 구멍 기준식 끼워맞춤

❷ 축 기준식 끼워맞춤

축의 위 치수 허용차가 '0'인 h기호 축을 기준으로 하고, 축의 공차역을 h5~h9로 정하여 부품의 기능이나 요구되는 정밀도 등을 결정하여 필요한 죔새 또는 틈새에 따라 축에 끼워맞춤할 여러 가지 구멍의 공차역을 정한다.

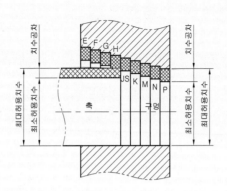

● 축 기준식 끼워맞춤

2. 구멍기준 끼워맞춤과 축 기준 끼워맞춤 공차역과 기호

치수공차역이란 최대허용치수와 최소허용치수를 나타내는 2개 직선사이의 영역이다. 치수공차역은 기준선으로부터 상대적인 공차의 위치를 나타내기 위한 것으로 영문자로 표기한다. 구멍과 같이 안치수를 나타내는 경우는 알파·벳 대문자를, 축과 같이 바깥치수를 나타내는 영우에는 소문자를 사용한다.

앞의 그림들은 구멍과 축에 대한 표준 공차 등급과 치수 허용차의 상대적인 크기를 나타낸 것이다.

3. 구멍기준 끼워맞춤 공차역과 기호

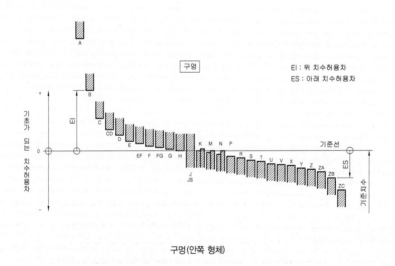

구멍(안쪽 형체)

● 구멍기준 끼워맞춤 공차역과 그 기호

144

[구멍의 공차역 표기법]

❶ 구멍의 끼워맞춤 기호는 A, B, C, CD, D, E, EF, F, FG, G, H, J, JS, K, M, N, P, R, S, T, U, V, X, Y, Z, ZA, ZB, ZC 로 알파벳 대문자를 사용하여 28가지로 구분한다.

❷ 구멍의 경우 A에 가까워질수록 실제치수가 호칭치수보다 커지고, Z에 가까워질수록 실제치수가 호칭치수보다 작아진다. 즉 A 구멍이 가장 크고 Z 쪽으로 갈수록 구멍의 크기가 작아진다.

❸ 구멍공차역(hole tolerance zone) H의 최소 치수는 기준치수와 동일하다.

❹ 구멍공차역 JS 공차역에서는 위 그림에서 볼 수 있듯이 위치수 허용차와 아래치수 허용차의 크기가 같다.

4. 축 기준 끼워맞춤 공차역

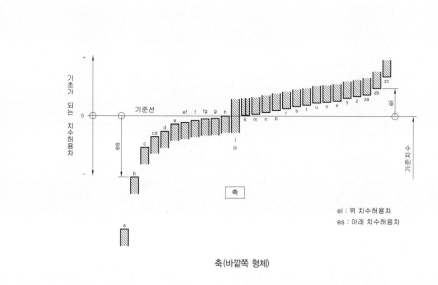

축(바깥쪽 형체)

● 축기준 끼워맞춤 공차역과 그 기호

[축의 공차역 표기법]

❶ 축의 끼워맞춤 기호는 a, b, c, cd, d, e, ef, f, fg, g, h, j, js, k, m, n, p, r, s, t, u, v, x, y, z, za, zb, zc 로 알파벳 소문자를 사용하여 28가지로 구분한다.

❷ 축의 경우 a에 가까워질수록 실제치수가 호칭치수보다 작아지고, z에 가까워질수록 실제치수가 호칭치수보다 커진다. 즉 a 축이 가장 크고 z 쪽으로 갈수록 축의 크기가 커진다.

❸ 축공차역(shaft tolerance zone) h의 최소 치수는 기준치수와 동일하다.

❹ 축공차역 js 공차역에서는 위 그림에서 볼 수 있듯이 위치수 허용차와 아래치수 허용차의 크기가 같다.

끼워맞춤의 상태에 따른 분류

끼워맞춤의 상태는 헐거운 끼워맞춤에서는 항상 틈새가 있는 끼워맞춤으로 구멍의 최소 치수가 축의 최대 치수보다 큰 상태이고, 억지 끼워맞춤에서는 항상 죔새가 있는 끼워맞춤으로 축의 최소 치수가 구멍의 최대 치수보다 큰 상태이며, 중간 끼워맞춤은 틈새가 생기는 것도 있고 죔새가 생기는 것도 있는 끼워맞춤이다.

1. 헐거운 끼워맞춤(clearance fit)

구멍과 축을 조립하였을 때 항상 틈새가 생기는 끼워맞춤으로 구멍의 최소 허용 치수가 축의 최대 허용 치수보다 큰 끼워맞춤으로 미끄럼 운동이나 회전운동이 필요한 기계 부품 조립에 적용한다.

❶ 상용하는 구멍기준식 끼워맞춤

기준 구멍	축의 공차역 클래스 (축의 종류와 등급)													
	헐거운 끼워맞춤				중간 끼워맞춤				억지 끼워맞춤					
H6			g5	h5	js5	k5	m5							
		f6	g6	h6	js6	k6	m6	n6[1]	p6[1]					
H7		f6	g6	h6	js6	k6	m6	n6	p6[1]	r6[1]	s6	t6	u6	x6
	e7	f7		h7	js7									

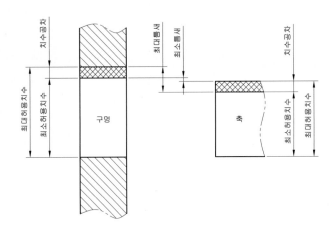

● 헐거운 끼워맞춤

[참고]

상용하는 구멍기준식 끼워맞춤에서 H7 구멍을 기준으로 하는 경우, 헐거운 끼워맞춤이 되는 축은 f6, g6, h6, e7, f7, h7 등의 공차가 적용될 수 있다.

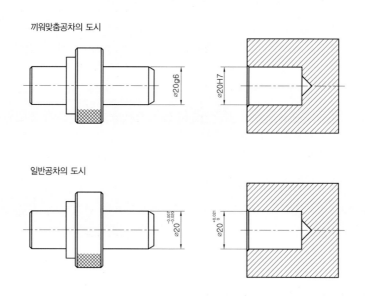

끼워맞춤공차의 도시

$\varnothing 20g6$

$\varnothing 20H7$

일반공차의 도시

$\varnothing 20{}^{-0.007}_{-0.020}$

$\varnothing 20{}^{+0.021}_{0}$

● 구멍기준식 헐거운 끼워맞춤

❷ 구멍 Ø20 H7 / 축 Ø20 g6의 끼워맞춤 해석

구분	구멍	축
기준 치수	20	Ø20
기호와 공차등급	H7	g6
허용한계치수	$\varnothing 20 \begin{smallmatrix} +0.021 \\ 0 \end{smallmatrix}$	$\varnothing 20 \begin{smallmatrix} -0.007 \\ -0.020 \end{smallmatrix}$
최대허용치수	Ø20.021 (기준치수 + 윗 치수허용차)	Ø19.993
최소허용치수	Ø20.0 (기준치수 + 아래 치수허용차)	Ø19.980
치수공차	0.021 (윗 치수허용차 – 아래 치수허용차)	0.013
최소 틈새	0.007 (구멍의 최소치수 20 – 축의 최대치수 19.993)	
최대 틈새	0.041 (구멍의 최대치수 20.021 – 축의 최소치수 19.980)	
끼워맞춤	헐거운 끼워맞춤	

❸ 헐거운 끼워맞춤의 적용

서로 조립된 부품을 상대적으로 움직일 수 있는 정도의 끼워맞춤으로 적용 공차기호와 공차등급에 따라 끼워맞춤의 상태가 결정된다.

기준구멍	H6	H7	H8	H9	적용 부분
헐거운 끼워맞춤				c9	특히 큰 틈새가 있어도 좋거나 틈새가 필요한 부분 조립을 쉽게 하기 위해 틈새를 크게 해도 좋은 부분 고온시에도 적당한 틈새를 필요로 하는 부분
			d9	d9	큰 틈새가 있어도 좋거나 틈새가 필요한 부분
		e7	e8	e9	약간 큰 틈새가 있어도 좋거나 틈새가 필요한 부분 약간 큰 틈새로 윤활이 좋은 베어링부 고온, 고속, 고부하의 베어링부(고도의 강제 윤활)
	f6	f7	f7 f8		적당한 틈새가 있어 운동이 가능한 끼워맞춤 그리스, 윤활유의 일반 상온 베어링부
	g5	g6			경하중 정밀기기의 연속 회전하는 부분 틈새가 작은 운동이 가능한 끼워맞춤 정밀 주행하는 부분

2. 중간 끼워맞춤(transition fit)

두 개의 제품을 조립하였을 때 구멍과 축의 실제 치수에 따라 틈새가 생기는 것도 있고 죔새가 생기는 것도 있는 끼워맞춤이다.

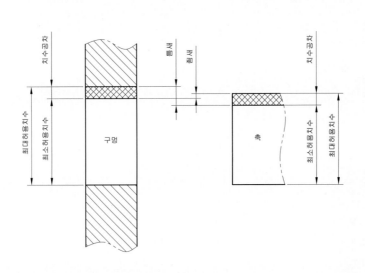

● 중간 끼워맞춤

[참고]

중간 끼워맞춤은 구멍의 최소 허용치수보다 축의 최대 허용치수가 크거나, 구멍의 최대 허용치수보다 축의 최소 허용치수가 작은 경우의 끼워맞춤이다.

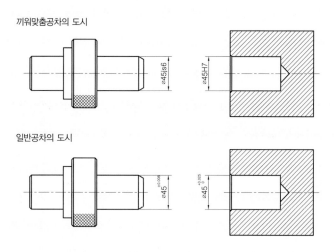

끼워맞춤공차의 도시

일반공차의 도시

● 구멍기준식 중간 끼워맞춤

기준 구멍	축의 공차역 클래스 (축의 종류와 등급)													
	헐거운 끼워맞춤				중간 끼워맞춤				억지 끼워맞춤				
H6			g5	h5	js5	k5	m5						
		f6	g6	h6	js6	k6	m6	n6[1]	p6[1]				
H7		f6	g6	h6	js6	k6	m6	n6	p6[1]	r6[1]	s6	t6	u6	x6
	e7	f7		h7	js7								

❶ 구멍 Ø45 H7 / 축 Ø45 js6의 끼워맞춤 해석

구분	구멍	축
기준 치수	45	Ø45
기호와 공차등급	H7	js6
허용한계치수	Ø45 $^{+0.025}_{0}$	Ø45 ± 0.008
최대허용치수	Ø45.025	Ø45.008
최소허용치수	Ø45.0	Ø44.992
치수공차	0.025	0.016
틈새	0.033 (구멍의 최대치수 45.025 – 축의 최소치수 44.992)	
죔새	0.016 (축의 최대치수 45.008 – 구멍의 최소치수 44.992)	
끼워맞춤	중간 끼워맞춤	

[참고]

상용하는 구멍 기준식 끼워맞춤에서 H7 구멍을 기준으로 하는 경우, 중간 끼워맞춤이 되는 축은 js6, k6, m6, js7 등의
공차가 적용될 수 있다.

3. 억지 끼워맞춤(interference fit)

구멍과 축을 조립하였을 때 항상 죔새가 생기는 끼워맞춤으로 구멍의 최대 허용 치수가 축의 최소 허용 치수보다 작은 끼워맞춤으로 프레스에 의한 압입, 열간 압입 등 강제 끼워맞춤에 의한 영구결합으로 부품의 손상없이는 분해가 불가능한 끼워맞춤이다.

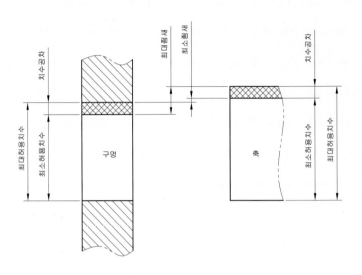

● 억지 끼워맞춤

끼워맞춤공차의 도시

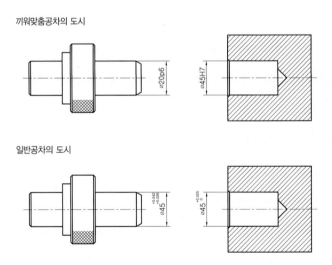

일반공차의 도시

● 구멍기준식 억지 끼워맞춤

[참고]

상용하는 구멍 기준식 끼워맞춤에서 H7 구멍을 기준으로 하는 경우, 억지 끼워맞춤이 되는 축은 n6, p6, r6, s6, t6, u6, x6 등의 공차가 적용될 수 있다.

기준 구멍	축의 공차역 클래스 (축의 종류와 등급)													
	헐거운 끼워맞춤				중간 끼워맞춤				억지 끼워맞춤					
H6			g5	h5	js5	k5	m5							
		f6	g6	h6	js6	k6	m6	n6[1]	p6					
H7		f6	g6	h6	js6	k6	m6	n6	p6	r6	s6	t6	u6	x6
	e7	f7		h7	js7									

❶ 구멍 Ø45 H7 / 축 Ø45 p6의 끼워맞춤 해석

구분	구멍	축
기준 치수	Ø45	Ø45
기호와 공차등급	H7	p6
허용한계치수	$Ø45\,^{+0.025}_{0}$	$Ø45\,^{+0.042}_{+0.026}$
최대허용치수	Ø45.025	Ø45.042
최소허용치수	Ø45.0	Ø45.026
치수공차	0.025	0.016
최소 죔새	0.001 (축의 최소치수 45.026 – 구멍의 최대치수 45.025)	
최대 죔새	0.042 (축의 최대치수 45.042 – 구멍의 최소치수 45.0)	
끼워맞춤	억지 끼워맞춤	

❷ 구멍 Ø20 H7 / 축 Ø20 r6의 끼워맞춤 해석

구분	구멍	축
기준 치수	Ø20	Ø20
기호와 공차등급	H7	r6
허용한계치수	$Ø20\,^{+0.021}_{0}$	$Ø20\,^{+0.041}_{+0.028}$
최대허용치수	Ø20.021	Ø20.041
최소허용치수	Ø20.0	Ø20.028
치수공차	0.021	0.013
최소 죔새	0.007 (축의 최소치수 20.028 – 구멍의 최대치수 20.021)	
최대 죔새	0.041 (축의 최대치수 20.041 – 구멍의 최소치수 20.0)	
끼워맞춤	억지 끼워맞춤	

많이 사용되는 끼워맞춤의 종류와 적용 예

설계자는 상호 조립되는 부품의 기능에 따라 필요한 끼워맞춤을 선정하여 도면에 지시해주어야 한다. 아래 표에 헐거운 끼워맞춤, 중간 끼워맞춤, 억지 끼워맞춤의 상태 및 적용 예를 나타내었다.

1. 헐거운 끼워맞춤의 종류와 적용 예

끼워맞춤 상태	끼워맞춤 구멍 기준	끼워맞춤 상태 및 적용 예
헐거운 끼워맞춤	H9/c9	아주 헐거운 끼워맞춤 고온시에도 적당한 틈새가 필요한 부분 헐거운 고정핀의 끼워맞춤 피스톤 링과 링 홈
	H8/d9 H9/d9	큰 틈새가 있어도 좋고 틈새가 필요한 부분 기능상 큰 틈새가 필요한 부분, 가볍게 돌려 맞춤 크랭크웨이브와 핀의 베어링(측면) 섬유기계 스핀들
	H7/e7 H8/e8 H9/e9	조금 큰 틈새가 있어도 좋거나 틈새가 필요한 부분 일반 회전 또는 미끄럼운동 하는 부분 배기밸브 박스의 피팅 크랭크축용 주 베어링
	H6/f6 H7/f7 H8/f7 H8/f8	적당한 틈새가 있어 운동이 가능한 헐거운 끼워맞춤 윤활유를 사용하여 손으로 조립 자유롭게 구동하는 부분이 아닌, 자유롭게 이동하고 회전하며 정확한 위치결정을 요하는 부분을 위한 끼워맞춤 일반적인 축과 부시, 링크 장치 레버와 부시
	H6/g5 H7/g6	가벼운 하중을 받는 정밀기기의 연속적인 회전 운동 부분 정밀하게 미끄럼 운동을 하는 부분 아주 좁은 틈새가 있는 끼워맞춤이나 위치결정 부분 고정밀도의 축과 부시의 끼워맞춤 링크 장치의 핀과 레버

2. 중간 끼워맞춤의 종류와 적용 예

끼워맞춤 상태	끼워맞춤 구멍 기준	끼워맞춤 상태 및 적용 예
중간 끼워맞춤	H6/h5 H7/h6 H8/h7 H8/h8 H9/h9	윤활제를 사용하여 손으로 움직일 수 있을 정도의 끼워맞춤 정밀하게 미끄럼 운동하는 부분 림과 보스의 끼워맞춤 부품을 손상시키지 않고 분해 및 조립 가능 끼워맞춤의 결합력으로 전달 불가
	H6/js5 H7/k6	조립 및 분해시 헤머나 핸드 프레스등을 사용 부품을 손상시키지 않고 분해 및 조립 가능 기어펌프의 축과 케이싱의 고정
	H6/k5 H6/k6 H7/m6	작은 틈새도 허용하지 않는 고정밀도 위치결정 조립 및 분해시 헤머나 핸드 프레스등을 사용 부품을 손상시키지 않고 분해 및 조립 가능 끼워맞춤의 결합력으로 전달 불가 리머 볼트 유압기기의 피스톤과 축의 고정
	H6/m5 H6/m6 H7/n6	조립 및 분해시 상당한 힘이 필요한 끼워맞춤 부품을 손상시키지 않고 분해 및 조립 가능 끼워맞춤의 결합력으로 작은 힘 전달 가능

3. 억지 끼워맞춤의 종류와 적용 예

끼워맞춤 상태	끼워맞춤 구멍 기준	끼워맞춤 상태 및 적용 예
억지 끼워맞춤	H6/n6 H7/p6 H6/p6 H7/r6	조립 및 분해에 큰 힘이 필요한 끼워맞춤 철과 철, 청동과 동의 표준 압입 고정부 부품을 손상시키지 않고 분해 곤란 대형 부품에서는 가열 끼워맞춤, 냉각 끼워맞춤, 강압입 끼워맞춤의 결합력으로 작은 힘 전달 가능 조인트와 샤프트
	H7/s6 H7/t6 H7/u6 H7/x6	가열 끼워맞춤, 냉각 끼워맞춤, 강압입 분해하는 일이 없는 영구적인 조립 경합금의 압입 부품을 손상시키지 않고 분해 곤란 끼워맞춤의 결합력으로 상당한 힘 전달 가능 베어링 부시의 끼워맞춤

4. 끼워맞춤된 제품도면의 공차기입법

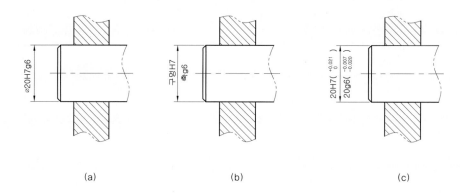

(a)   (b)   (c)

● 구멍기준식 억지 끼워맞춤

[그림 (a),(b)]는 구멍과 축의 공차 기호에 의한 끼워맞춤 부품의 허용한계치수 기입을 나타낸 예이고, (c)는 기준치수와 공차기호 이외에 치수허용차의 수치를 병행하여 기입한 예를 나타낸 것이다.

5. 구멍기준과 축기준

구멍의 최소허용치수를 '0'으로 하고, 이것을 기준으로 해서 축의 공차를 결정하는 방법

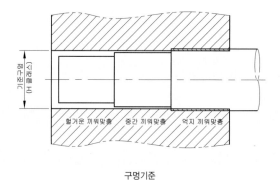

구멍기준

154

축의 최대허용치수를 '0'으로 하고, 이것을 기준으로 해서 구멍의 공차를 결정하는 방법

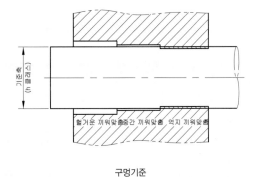

구멍기준

중심거리의 허용차

도면에서 중심거리에 공차를 지정하는 경우를 많이 볼 수 있는데, 예를 들어 본체 바닥기준면에서 베어링 축심까지의 위치공차나 드릴지그에서 기준면에서 부시 구멍 중심까지 거리공차 등은 정밀한 공차를 주어 공차관리를 한다.

하지만 특별한 정밀도를 요구하지 않는 부분에 일일이 공차를 기입하지 않고 중심거리 범위내에서 일괄하여 적용할 목적으로 보통치수 허용차가 규정되었다. 산업현장에서도 일반적으로 도면 용지에 가공자가 쉽게 알아볼 수 있도록 보통치수 허용차가 기입되어 있는 것을 볼 수 있다.

1. 적용범위

이 규격은 아래에 표시하는 **중심거리의 허용차**(이하 **허용차**라 한다)에 대하여 규정한다.

❶ 기계 부분에 뚫린 두 구멍의 중심거리

❷ 기계 부분에 있어서 두 축의 중심거리

❸ 기계 부분에 가공된 두 홈의 중심거리

❹ 기계 부분에 있어서 구멍과 축, 구멍과 홈 또는 축과 홈의 중심거리

【비고】 여기서 구멍, 축 및 홈은 그 중심선에 서로 평행하고, 구멍과 축은 원형 단면이며, 테이퍼(Taper)가 없고, 홈은 양 측면이 서로 평행한 조건이다.

2. 중심거리

구멍, 축 또는 홈의 중심선에 직각인 단면 내에서 중심부터 중심까지의 거리

3. 등급

허용차의 등급은 1급~4급까지 4등급으로 한다. 또 0등급을 참고로 표에 표시한다.

4. 허용차

허용차의 수치는 아래 표를 따른다.

■ 중심거리의 허용차 [KS B 0420]   [단위 : μm]

중심 거리 구분(mm)		0급 (참고)	1급	2급	3급	4급 (mm)
초과	이하					
–	3	± 2	± 3	± 7	± 20	± 0.05
3	6	± 3	± 4	± 9	± 24	± 0.06
6	10	± 3	± 5	± 11	± 29	± 0.08
10	18	± 4	± 6	± 14	± 35	± 0.09
18	30	± 5	± 7	± 17	± 42	± 0.11
30	50	± 6	± 8	± 20	± 50	± 0.13
50	80	± 7	± 10	± 23	± 60	± 0.15
80	120	± 8	± 11	± 27	± 70	± 0.18
120	180	± 9	± 13	± 32	± 80	± 0.20
180	250	± 10	± 15	± 36	± 93	± 0.23
250	315	± 12	± 16	± 41	± 105	± 0.26
315	400	± 13	± 18	± 45	± 115	± 0.29
400	500	± 14	± 20	± 49	± 125	± 0.32
500	630	–	± 22	± 55	± 140	± 0.35
630	800	–	± 25	± 63	± 160	± 0.40
800	1000	–	± 28	± 70	± 180	± 0.45
1000	1250	–	± 33	± 83	± 210	± 0.53
1250	1600	–	± 39	± 98	± 250	± 0.63
1600	2000	–	± 46	± 120	± 300	± 0.75
2000	2500	–	± 55	± 140	± 350	± 0.88
2500	3150	–	± 68	± 170	± 430	± 1.05

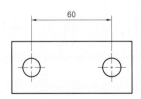

(a) 중심거리 허용차가 없는 치수표기

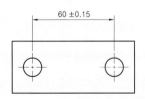

(b) 중심거리 허용차(4급)을 적용한 예

● 중심거리의 허용차(4급 적용 예)

도면에 기입되는 치수공차는 기준치수에 대하여 양측공차(bilateral tolerance)나 편측공차(unilateral tolerance)로 표시되는 것이 일반적이며 치수공차의 종류는 아래와 같이 분류할 수 있다.

1. 치수공차의 종류

❶ 양측공차
　(가) 등가 양측공차(equal bilateral tolerance)
　(나) 부등가 양측 공차(unequal bilateral tolerance)

❷ 편측공차(unilateral tolerance)

❸ 한계치수(limit size)

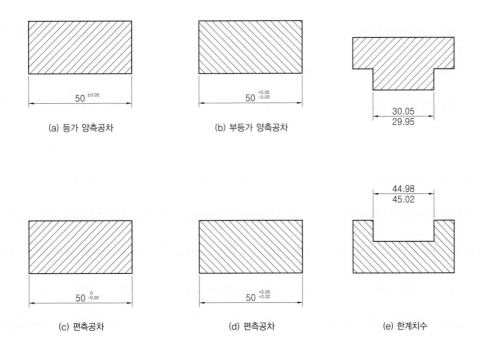

(a) 등가 양측공차　　　(b) 부등가 양측공차

(c) 편측공차　　　(d) 편측공차　　　(e) 한계치수

● 양측공차와 편측공차 및 한계치수

2. 등가 양측공차 변환

부등가 양측공차로 되어 있는 치수를 보다 효율적인 공차계산을 위하여 등가 양측 공차로 변환하여 계산하는 것이 좋다.

■ 산술적인 방법에 의한 등가 양측 공차 변환 예

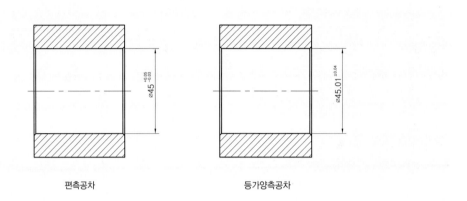

편측공차   등가양측공차

❶ 전체 공차의 양(합)을 구한다.

0.05 + 0.03 = 0.08

❷ 구한 공차량을 2로 나눈다.

0.08 ÷ 2 = 0.04

❸ 상한값에서 2로 나눈 공차를 뺀다.

45.05 − 0.04 = 45.01

하한값에서 2로 나눈 공차를 더한다.

44.97 + 0.04 = 45.01

❹ 3번에서 구한 값을 기준 값으로 정하고 2번의 값을 등가 양측공차로 적용시킨다.

등가 양측공차 45.01 ± 0.04

상용하는 구멍기준 끼워맞춤은 여러 개의 공차역 클래스의 축과 1개의 공차역 클래스의 구멍을 조립하는 데 있어 부품의 기능상 필요한 틈새 또는 죔새를 주는 끼워맞춤 방식으로 이 규격에서는 구멍의 최소허용치수가 기준치수와 동일하다. 즉 구멍의 아래 치수 허용차가 '0'인 끼워맞춤 방식으로 끼워맞춤의 종류에는 헐거운 끼워맞춤, 중간 끼워맞춤, 억지 끼워맞춤의 3종류가 있다. 끼워맞춤의 선정시 어느 종류로 할 것인가에 대해서는 먼저 구멍의 종류를 결정하고 조립이 되는 상대 축을 적절하게 선택하면 되는 것인데, 초보자들이 어려워하는 것은 구멍과 축 모두 종류가 많기 때문에 그때마다 어떤 조합의 끼워맞춤을 선택할 것인가 결정하는 문제일 것이다. 아래 표의 기준구멍인 H 구멍은 아래 치수 허용차가 0 즉, **최소허용치수와 기준치수가 일치**한다는 것을 알 수 있다. 따라서 H구멍을 기준으로 해서 축의 치수를 조정하여 '헐거운 끼워맞춤, 중간 끼워맞춤, 억지 끼워맞춤' 등의 기능상 필요한 끼워맞춤을 얻을 수 있도록 하면 상당히 간편해지므로 실용적으로 '구멍기준식 끼워맞춤'을 널리 사용하는 것이다.

기준 구멍	축의 공차역 클래스 (축의 종류와 등급)															
	헐거운 끼워맞춤					중간 끼워맞춤			억지 끼워맞춤						
H6				g5	h5	js5	k5	m5							
			f6	g6	h6	js6	k6	m6	n6¹⁾	p6¹⁾					
H7			f6	g6	h6	js6	k6	m6	n6	p6¹⁾	r6¹⁾	s6	t6	u6	x6
		e7	f7		h7	js7									

■ 헐거운 끼워맞춤의 적용 예

헐거운 끼워맞춤은 항상 구멍이 축보다 크게 제작되는 경우 틈새가 생기는 끼워맞춤으로 상호 조립된 부품이 회전운동, 왕복운동, 마찰운동 등이 발생하는 곳에 적용한다. 기어와 같은 회전체를 평행키로 고정하는 축과 구멍간의 끼워맞춤 상관 관계를 살펴보자. 시험과제 도면상에 나오는 **평행키**를 적용하는 일반적인 축과 구멍의 끼워맞춤은 축의 **외경**은 h6, 기어의 **구멍**은 H7의 공차를 부여하고 있다. 실제 시판되는 기어의 경우 구멍이 H7으로 가공되는 것이 많으며 축은 f6, g6, h6, n6, p6 등이 있으나 f6나 g6처럼 헐거운 끼워맞춤은 가급적 피하는 것이 좋다. 헐거운 끼워맞춤으로 하면 축이 기어 간에 발생하는 미끄럼이 왕복회전에 의해 반복되면서 마모를 일으켜 끼워맞춤면이 흑갈색으로 변질되고 응력이 저하되어 축 파손의 원인이 된다. 또한 **높은 정밀도**가 요구되는 경우에는 n6, p6가 좋다.

다음 예제도면을 보면 스퍼기어의 구멍에는 Ø20H7(Ø20.0~Ø20.021), 축에는 Ø20h6(Ø19.987~Ø20.0)으로 지시되어 있는데 구멍은 기준치수 Ø20을 기준으로 (+)측으로 공차가 허용되고 축은 기준치수Ø20을 기준으로 (−)측으로 공차가 허용된다. 이런 경우 구멍과 축에 틈새가 발생하여 서로 조립시에 헐겁게 끼워맞춤할 수가 있게 되며, 부품을 손상시키지 않고 분해 및 조립을 할 수 있으나 끼워맞춤 결합력만으로는 힘을 전달할 수가 없는 것이다. 따라서 기어와 같은 회전체의 보스(boss)측 구멍에 축이 헐겁게 끼워맞춤되더라도 회전체가 미끄러지지 않고 동력을 전달할 수 있도록 축과 구멍에 키홈 가공을 하여 평행키라는 체결 요소로 고정시켜 주는 것이다.

키와 축과의 맞춤에서는 키쪽을 수정해서 맞춤하는 것이 유리하기 때문에 일반적으로 키를 축의 홈에 맞춰보고 나서 가공여유가 있는 것을 확인한 후, 맞춤 작업에 들어가는 것이다.

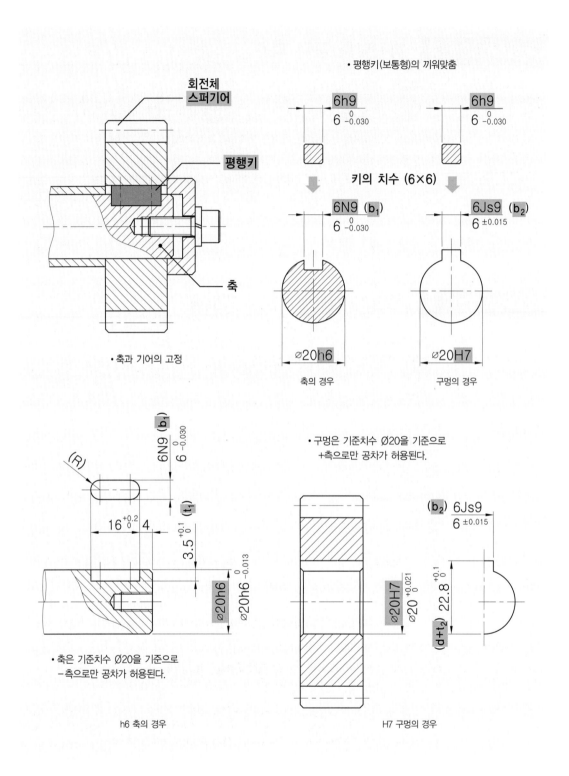

• 평행키(보통형)의 끼워맞춤

회전체
스퍼기어

평행키

축

• 축과 기어의 고정

6h9
$6 \, {}^{\;\;0}_{-0.030}$

6h9
$6 \, {}^{\;\;0}_{-0.030}$

키의 치수 (6×6)

6N9 (b₁)
$6 \, {}^{\;\;0}_{-0.030}$

6Js9 (b₂)
6 ± 0.015

∅20h6

∅20H7

축의 경우

구멍의 경우

6N9 (b₁)
$6 \, {}^{\;\;0}_{-0.030}$

(t₁)
$16 \, {}^{+0.2}_{\;\;0}$ 4

$3.5 \, {}^{+0.1}_{\;\;0}$

(R)

∅20h6
$∅20h6 \, {}^{\;\;0}_{-0.013}$

• 축은 기준치수 Ø20을 기준으로
−측으로만 공차가 허용된다.

h6 축의 경우

• 구멍은 기준치수 Ø20을 기준으로
+측으로만 공차가 허용된다.

(b₂) 6Js9
6 ± 0.015

∅20H7
$∅20 \, {}^{+0.021}_{\;\;0}$

(d+t₂)
$22.8 \, {}^{+0.1}_{\;\;0}$

H7 구멍의 경우

구멍의 표준 공차 등급인 H는 상용하는 IT등급인 6~10급(H6~H10)까지의 치수허용공차에서 아래치수 허용차 가 항상 0이며 IT등급이 커질수록 위치수 허용차가 (+)쪽으로 커진다. 즉, 기준치수가 커질수록 또 IT등급이 커 질수록 위치수 허용공차 또한 커짐을 알 수 있다.

■ 구멍의 공차 영역 등급 [H]

[단위 : μm=0.001mm]

치수구분 (mm)		H					
초과	이하	H5	H6	H7	H8	H9	H10
−	3	+4 0	+6 0	+10 0	+14 0	+25 0	+40 0
3	6	+5 0	+8 0	+12 0	+18 0	+30 0	+48 0
6	10	+6 0	+9 0	+15 0	+22 0	+36 0	+58 0
10	14	+8 0	+11 0	+18 0	+27 0	+43 0	+70 0
14	18						
18	24	+9 0	+13 0	+21 0	+33 0	+52 0	+84 0
24	30						

[주] 일반적으로 H7/h6의 끼워맞춤은 H6/h5, H8/h7, H8/h8, H9/h9와 같이 중간끼워맞춤으로 분류하고 있으며 여기서는 정밀한 헐거운 끼워맞춤의 바로 아래 단계로 윤활제를 사용하면 손에 쉽게 움직일 수 있는 정도의 틈새를 주는 끼워맞춤으로 보고 헐거운 끼워맞춤으로 정의한 것이니 혼동하지 않기 바란다. JIS에서는 활합(滑合)이라고도 하며 헐거운 끼워맞춤의 경우에도 여러 클래스가 있는데 H7/g6 보다 한단계 아래의 끼워맞춤으로 해석한 것이다.

축의 표준 공차 등급인 h는 상용하는 IT등급인 5~9급(h5~h9)까지의 치수허용공차에서 위치수 허용차가 항상 0이며 IT등급이 커질수록 아래치수 허용차가 (−)쪽으로 커진다. 즉, 기준치수가 커질수록 또 IT등급이 커질수록 아래치수 허용공차 또한 커짐을 알 수 있다.

■ 축의 공차 영역 등급 [h]

[단위 : μm=0.001mm]

치수구분 (mm)		h				
초과	이하	h5	h6	h7	h8	h9
−	3	0 −4	0 −6	0 −10	0 −14	0 −25
3	6	0 −5	0 −8	0 −12	0 −18	0 −30
6	10	0 −6	0 −9	0 −15	0 −22	0 −36
10	14	0 −8	0 −11	0 −18	0 −27	0 −43
14	18					
18	24	0 −9	0 −13	0 −21	0 −33	0 −52
24	30					

[주] 헐거운 끼워맞춤은 조립된 부품을 상대적으로 움직일 수 있는 틈새 끼워맞춤으로 정밀한 돌려맞춤시는 H10/g5, H7/g6 보통 돌려맞춤시는 H6/f6, H7/f7, H8/f7,f8 가벼운 돌려맞춤시는 H7/e7, H8/d9, H8/e8, H9/d9, H9/e9 아주 느슨한 맞춤시는 H9/c9를 적용한다.

이번에는 정밀한 운동이 필요한 부분과 연속적으로 회전하는 부분, 정밀한 슬라이드 부분, 링크의 힌지핀 등에 널리 사용되는 대표적인 **헐거운 끼워맞춤**인 구멍 H7, 축 g6의 관계를 알아보도록 하자.

아래 예제 편심구동장치에서 편심축의 회전에 따라 상하로 정밀하게 움직이는 슬라이더와 가이드부시의 끼워맞춤 관계를 보면, 본체에 고정되는 가이드 부시의 내경은 Ø12H7(Ø12.0~Ø12.018)으로 기준치수 Ø12를 기준으로 (+)측으로만 0.018mm의 공차를 허용하고 있다. 가이드 부시의 내경에 조립되는 슬라이더의 경우 Ø12g6(Ø11.983~Ø11.994)로 기준치수 Ø12를 기준으로 위, 아래 치수허용차가 전부 (−)쪽으로 되어 있다.

결국 구멍이 최소허용치수인 Ø12로 제작이 되고 축이 최대허용치수인 Ø11.994로 제작이 되었다고 하더라도 0.006mm의 틈새를 허용하고 있으므로 H7/g6와 같은 끼워맞춤은 구멍과 축 사이에 항상 틈새를 허용하는 헐거운 끼워맞춤이 되는 것이다.

H7 / g6 : 헐거운 끼위맞춤

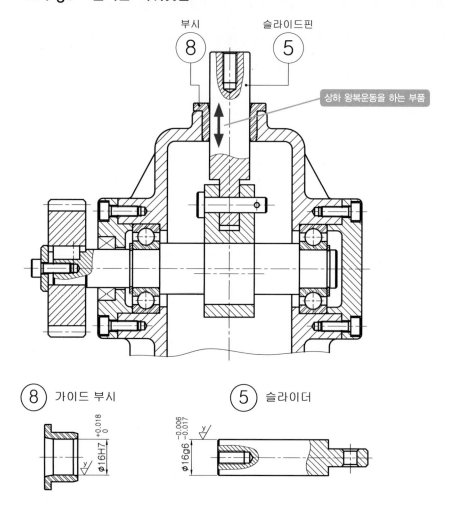

8 부시 5 슬라이드핀

상하 왕복운동을 하는 부품

8 가이드 부시   5 슬라이더

$\phi16H7 {}^{+0.018}_{0}$

$\phi16g6 {}^{-0.006}_{-0.017}$

■ 축의 공차 영역 등급 [g]　[단위 : μm=0.001mm]

치수구분 (mm)		g		
초과	이하	g4	g5	g6
–	3	-2 -5	-2 -6	-2 -8
3	6	-4 -8	-4 -9	-4 -12
6	10	-5 -9	-5 -11	-5 -14
10	14	-6	-6	-6
14	18	-11	-14	-17
18	24	-7	-7	-7
24	30	-13	-16	-20

[주] H7/g6와 같은 헐거운 끼워맞춤은 주로 정밀기계, 조용한 운전이 요구되는 부분, 볼베어링의 외륜회전축 등과 같이 구멍과 축 사이에 상당히 작은 틈새를 허용하며 윤활제를 사용하고 중저속으로 운동하는 부분에 적용한다. JIS에서는 정유합(精遊合)이라고 표현한다.

구멍기준식 중간 끼워맞춤

기준 구멍	축의 공차역 클래스 (축의 종류와 등급)														
	헐거운 끼워맞춤						중간 끼워맞춤			억지 끼워맞춤					
H6				g5	h5		js5	k5	m5						
			f6	g6	h6		js6	k6	m6	n6[1]	p6[1]				
H7			f6	g6	h6		js6	k6	m6	n6	p6[1]	r6[1]	s6	t6	u6	x6
		e7	f7		h7		js7								

■ 중간 끼워맞춤의 적용 예

중간 끼워맞춤은 구멍의 최소 허용치수가 축의 최대 허용치수보다 작고, 구멍의 최대 허용치수가 축의 최소 허용치수보다 큰 경우의 끼워맞춤으로 구멍과 축의 실제 치수 크기에 따라서 헐거운 끼워맞춤이 될 수도 억지 끼워맞춤이 될 수도 있다.

중간 끼워맞춤은 고정밀도의 위치결정, 베어링 내경에 끼워지는 축, 맞춤핀, 리머볼트 등의 끼워맞춤에 적용한다.

H7 / m6 : 중간 끼워맞춤

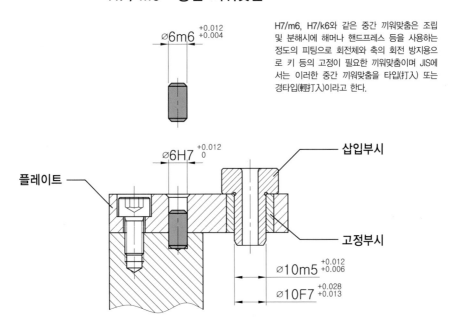

H7/m6, H7/k6와 같은 중간 끼워맞춤은 조립 및 분해시에 해머나 핸드프레스 등을 사용하는 정도의 피팅으로 회전체와 축의 회전 방지용으로 키 등의 고정이 필요한 끼워맞춤이며 JIS에서는 이러한 중간 끼워맞춤을 타입(打入) 또는 경타입(輕打入)이라고 한다.

H7/m6의 중간 끼워맞춤은 구멍과 축에 주어진 공차에 따라 틈새가 생길 수도 있고 죔새가 생길 수도 있도록 구멍과 축에 공차를 부여한 것을 말하며 조립상태는 손이나 망치, 해머 등으로 때려 박거나 분해시 비교적 큰 힘을 필요로 한다.

앞의 예제 드릴지그에서 부시가 설치되어 있는 플레이트는 부시(bush)의 정확한 중심을 위하여 Ø6H7의 리머구멍을 조립되는 상대 부품에도 가공하여 Ø6m6의 평행핀을 끼워맞춤하여 두 부품의 위치를 결정시켜 주고 있다.

여기서 H7/m6의 공차를 한번 분석해 보자. 먼저 구멍을 기준으로 핀을 선택조합하므로 구멍의 H7 공차역을 보면 Ø6~Ø6.012, 핀의 공차역은 Ø6.004~Ø6.012이다.

만약 구멍이 최소 허용치수인 Ø6으로 제작되고, 축은 최대 허용치수인 Ø6.012로 제작되었다면 0.012mm만큼 축이 크므로 억지로 끼워맞춤될 것이다. 또, 구멍이 최대 허용치수인 Ø6.012로 제작되고 축은 최소 허용치수인 Ø6.004로 제작되었다면 구멍이 축보다 0.008mm 크므로 헐거운 끼워맞춤으로 조립될 것이다.

Lesson 15 | 구멍기준식 억지 끼워맞춤

기준 구멍	축의 공차역 클래스 (축의 종류와 등급)													
	헐거운 끼워맞춤			중간 끼워맞춤					억지 끼워맞춤					
H6				g5	h5	js5	k5	m5						
		f6	g6	h6	js6	k6	m6	n6[1]	p6[1]					
H7			f6	g6	h6	js6	k6	m6	n6	p6[1]	r6[1]	s6	t6	u6	x6
	e7	f7			h7	js7								

[주] 이러한 끼워맞춤은 치수 구분에 따라서 예외가 있을 수 있다.

■ 억지 끼워맞춤의 적용 예

구멍과 축 사이에 항상 죔새가 있는 끼워맞춤으로 구멍의 최대 허용치수가 축의 최소 허용치수와 같거나 또는 크게 되는 끼워맞춤이다. 억지 끼워맞춤은 서로 단단하게 고정되어 분해하는 일이 없는 한 영구적인 조립이 되며, 부품을 손상시키지 않고 분해하는 것이 곤란하다.

옆의 드릴지그에서 절삭공구인 드릴을 안내하는 고정 부시와 지그판의 끼워맞춤을 살펴보도록 하자. 고정 부시는 억지로 끼워맞추기 위해 외경이 연삭이 되어 있으며 지그판에 직접 압입하여 고정

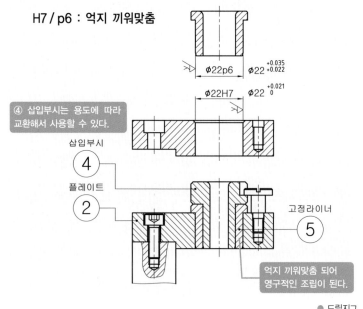

H7 / p6 : 억지 끼워맞춤

Ø22p6 Ø22 +0.035 +0.022

Ø22H7 Ø22 +0.021 0

④ 삽입부시는 용도에 따라 교환해서 사용할 수 있다.

삽입부시 ④

플레이트 ②

고정라이너 ⑤

억지 끼워맞춤 되어 영구적인 조립이 된다.

● 드릴지그

164

하며 지그의 수명이 다 될 때까지 사용하는 것이 보통이다.

억지 끼워맞춤에서도 마찬가지로 구멍을 H7으로 정하였고 압입하고자 하는 고정 부시는 p6를 선정하였다. 기준치수가 Ø22인 구멍의 경우 H7의 공차역은 Ø22~Ø22.021, 축의 경우 Ø22.022~Ø22.035이다.

구멍의 최대 허용치수가 Ø22.021로 축의 최소 허용치수인 22.022와 $1\mu m$(0.001mm) 밖에 차이가 나지 않는다. 하지만 실제 가공을 하여 제작을 하면 구멍과 축의 치수를 정확히 Ø22.022와 22.021로 만드는 것은 불가능한 일이며 축과 구멍은 정해진 공차 범위 내에서 제작이 되어 항상 죔새가 있는 끼워맞춤을 하게 될 것이다.

H7구멍을 기준으로 축이 p6 < r6 < s6 < t6 < u6 < x6가 선택 적용될 수 있는데 알파벳 순서가 뒤로 갈수록 압입에 더욱 큰 힘을 필요로 하는 끼워맞춤이 된다.

억지끼워맞춤은 구멍이 최소치수, 축이 최대치수로 제작된 경우에도 죔새가 생기고 구멍이 최대치수, 축이 최소치수인 경우에도 죔새가 생기는 끼워맞춤으로 프레스(press)등에 의해 강제로 압입한다.

Lesson 16 ┃ 베어링 끼워맞춤 공차 적용

1. 베어링의 끼워맞춤 관계와 공차의 적용

베어링을 축이나 하우징에 설치하여 축방향으로 위치결정하는 경우 베어링 측면이 접촉하는 축의 턱이나 하우징 구멍의 내경 턱은 축의 중심에 대해서 직각으로 가공되어야 한다. 또한 테이퍼 롤러 베어링 정면측의 하우징 구멍 내경은 케이지와의 접촉을 방지하기 위하여 베어링 외경면과 평행하게 가공한다.

축이나 하우징의 모서리 반지름은 베어링의 내륜, 외륜의 모떼기 부분과 간섭이 발생하지 않도록 주의를 해야 한다. 따라서 베어링이 설치되는 축이나 하우징 구석의 모서리 반경은 베어링의 모떼기 치수의 **최소값을 초과하지 않는 값**으로 한다.

레이디얼 베어링에 대한 축의 어깨 및 하우징 어깨의 높이는 궤도륜의 측면에 충분히 접촉시키고, 또한 수명이 다한 베어링의 교체시 분해공구 등이 접촉될 수 있는 높이로 하며 그에 따른 최소값을 아래 표에 나타내었다. 베어링의 설치에 관계된 치수는 이 턱의 높이를 고려한 직경으로 베어링 치수표에 기재되어 있는 것이 보통이다. 특히 액시얼 하중을 부하하는 테이퍼 롤러 베어링이나 원통 롤러 베어링에서는 턱 부위를 충분히 지지할 수 있는 턱의 치수와 강도가 요구된다.

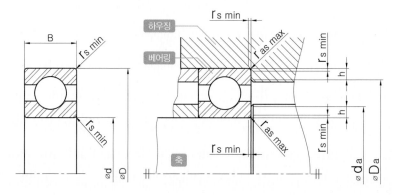

■ 레이디얼 베어링 끼워맞춤부 축과 하우징 R 및 어깨 높이 KS B 2051 : 1995(2005 확인) [단위 : mm]

호칭 치수	축과 하우징의 부착 관계의 치수		
베어링 내륜 또는 외륜의 모떼기 치수	적용할 구멍, 축의 최대 모떼기(모서리 반지름)치수	어깨 높이 h(최소)	
γ_{smin}	γ_{asmax}	일반적인 경우[1]	특별한 경우[2]
0.1	0.1	0.4	
0.15	0.15	0.6	
0.2	0.2	0.8	
0.3	0.3	1.25	1
0.6	0.6	2.25	2
1	1	2.75	2.5
1.1	1	3.5	3.25
1.5	1.5	4.25	4
2	2	5	4.5
2.1	2	6	5.5
2.5	2	6	5.5
3	2.5	7	6.5
4	3	9	8
5	4	11	10
6	5	14	12
7.5	6	18	16
9.5	8	22	20

【주】 1. 큰 축 하중(액시얼 하중)이 걸릴 때에는 이 값보다 큰 어깨높이가 필요하다.
　　 2. 축 하중(액시얼 하중)이 작을 경우에 사용한다. 이러한 값은 테이퍼 롤러 베어링, 앵귤러 볼베어링 및 자동 조심 롤러 베어링에는 적당하지 않다.

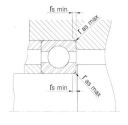

● 베어링의 모떼기 치수 및 축과 하우징의 모떼기 치수

2. 단열 깊은 홈 볼 베어링 6004 장착 관계 치수 적용 예

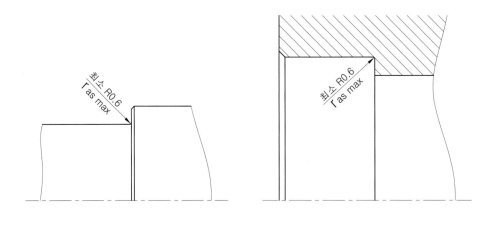

축의 최대 모떼기 치수　　　　　　　　　구멍의 최대 모떼기 치수

단열 깊은 홈 볼 베어링 6005 적용 예				
d (축)	D (구멍)	B (폭)	γ_{smin} (베어링 내륜 및 외륜 모떼기 치수)	γ_{asmax} (적용할 축 및 구멍의 최대 모떼기 치수)
25	47	12	0.6	최소 0.6

■ 베어링 계열 60 베어링의 호칭 번호 및 치수 [KS B 2023]　　　[단위 : mm]

호칭 번호	치　수			
개방형	내 경	외 경	폭	내륜 및 외륜의 모떼기 치수
	d	D	B	$r_s min$
609	9	24	7	0.3
6000	10	26	8	0.3
6001	12	28	8	0.3
6002	15	32	9	0.3
6003	17	35	10	0.3
6004	20	42	12	0.6
6005	25	47	12	0.6
6006	30	55	13	1
6007	35	62	14	1

● #6004

3. 베어링 끼워맞춤 공차의 선정 요령

❶ 조립도에 적용된 베어링의 규격이 있는 경우 호칭번호를 보고 KS규격을 찾아 조립에 관련된 치수를 파악하고, 규격이 지정되지 않은 경우에는 자나 스케일로 안지름, 바깥지름, 폭의 치수를 직접 실측하여 적용된 베어링의 호칭번호를 선정한다.

❷ 축이나 하우징 구멍의 끼워맞춤 선정은 **축이 회전하는 경우** 내륜 회전 하중, **축은 고정이고 회전체(기어, 풀리, 스프로킷 등)가 회전하는 경우** 외륜 회전 하중을 선택하여 권장하는 끼워맞춤 공차등급을 적용한다.

❸ 베어링의 끼워맞춤 선정에 있어 고려해야 할 사항으로는 베어링의 정밀도 등급, 작용하는 하중의 방향 및 하중의 조건, 베어링의 내륜 및 외륜의 회전, 정지상태 등이다.

❹ 베어링의 등급은 [KS B 2016]에서 규정하는 바와 같이 그 정밀도에 따라 **0급 < 6X급 < 6급 < 5급 < 4급 < 2급**으로 하는데 실기과제 도면에 적용된 베어링의 등급은 특별한 지정이 없는 한 **0급과 6X급**으로 한다. 이들은 ISO 492 및 ISO 199에 규정된 **보통급**에 해당하며 **일반급**이라고도 부르는데, 보통 기계에 가장 일반적인 목적으로 사용되는 베어링이다. 또한 2급쪽으로 갈수록 고정밀도의 엄격한 공차관리가 적용되는 정밀한 부위에 적용된다.

4. 내륜 회전 하중, 외륜 정지 하중인 경우의 끼워맞춤 선정 예

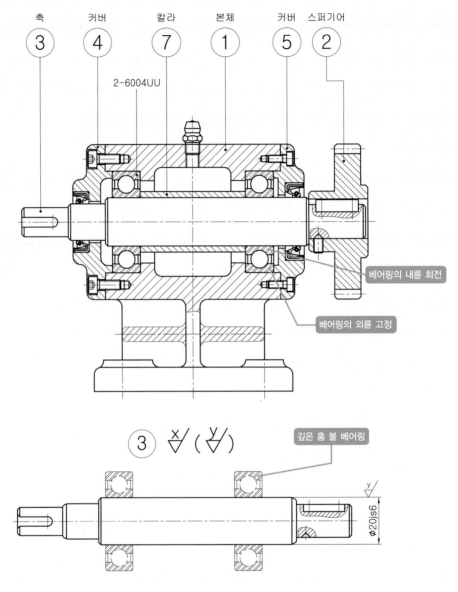

• 축의 끼워맞춤 공차 적용 예

● 전동장치

조립도를 분석해 보면 축에 조립된 기어가 회전하면서 축도 회전을 하게 되어 있는 구조이다. 베어링의 내륜이 회전하고 외륜은 정지하중을 받는 일반적인 사용 예이다. 이런 경우 베어링이 조립되는 축과 구멍의 끼워맞춤 관계를 알아보도록 하자. 먼저 운전상태 및 끼워맞춤 조건을 살펴보면 축은 **내륜 회전 하중**이며, 적용 베어링은 볼베어링으로 축 지름은 Ø20이다. 다음 장의 KS규격에서 권장하는 끼워맞춤의 볼베어링 란에서 축의 지름이 해당되는 18초과 100이하를 찾아보면 축의 공차등급을 js6로 권장하므로 **Ø20js6(Ø20± 0.065)**로 선정한다.

■ 레이디얼 베어링(0급, 6X급, 6급)에 대하여 일반적으로 사용하는 **축의 공차 범위 등급** [KS B 2051]

운전상태 및 끼워맞춤 조건		볼베어링		원통롤러베어링 원뿔롤러베어링		자동조심 롤러베어링		축의 공차등급	비 고
		축 지름(mm)							
		초과	이하	초과	이하	초과	이하		
원통구멍 베어링(0급, 6X급, 6급)									
내륜 회전하중 또는 방향부정 하중	경하중 또는 변동하중	– 18 100 –	18 100 200 –	– – 40 140	– 40 140 200	– – – –	– – – –	h5 js6 k6 m6	정밀도를 필요로 하는 경우 js6, k6, m6 대신에 js5, k5, m5를 사용한다.
	보통하중	– 18 100 140 200 – –	18 100 140 200 280 – –	– – 40 100 140 200 –	– 40 100 140 200 400 –	– – 40 65 100 140 280	– 40 65 100 140 280 500	js5 k5 m5 m6 n6 p6 r6	단열 앵귤러 볼 베어링 및 원뿔롤러베어링인 경우 끼워맞춤으로 인한 내부 틈새의 변화를 고려할 필요가 없으므로 k5, m5 대신에 k6, m6을 사용할 수 있다.
	중하중 또는 충격하중	– – –	– – –	50 140 200	140 200 –	50 100 140	100 140 200	n6 p6 r6	보통 틈새의 베어링보다 큰 내부 틈새의 베어링이 필요하다.

이번에는 하우징의 구멍에 끼워맞춤 공차를 선정해 보도록 하자.

하중의 조건은 외륜 정지 하중에 모든 종류의 하중을 선택하면 큰 무리가 없을 것이다. 따라서 다음 장의 표에서 권장하는 끼워맞춤 공차는 H7이 된다. 적용 볼 베어링의 호칭번호가 6004로 외경은 Ø42이며 하우징 구멍의 공차는 Ø42H7으로 선택해 준다. 보통 **외륜 정지 하중**인 경우에는 하우징 구멍은 H7을 적용하면 큰 무리가 없을 것이다(단, 적용 볼베어링을 일반급으로 하는 경우에 한한다).

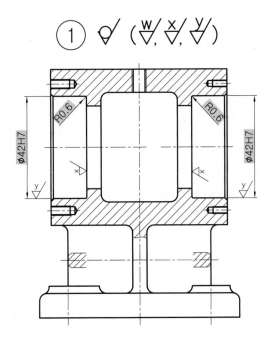

● 하우징 구멍의 끼워맞춤 공차의 적용 예

■ 레이디얼 베어링(0급, 6X급, 6급)에 대하여 일반적으로 사용하는 **구멍의 공차 범위 등급** [KS B 2051]

조 건			하우징 구멍의 공차범위 등급	비 고
하우징 (Housing)	하중의 종류	외륜의 축 방향의 이동		
일체 하우징 또는 2분할 하우징	외륜정지 하중	모든 종류의 하중	H7	대형베어링 또는 외륜과 하우징의 온도차가 큰 경우 G7을 사용해도 된다.
		경하중 또는 보통하중 (쉽게 이동할 수 있다.)	H8	–
		축과 내륜이 고온으로 된다.	G7	대형베어링 또는 외륜과 하우징의 온도차가 큰 경우 F7을 사용해도 된다.
		경하중 또는 보통하중에서 정밀 회전을 요한다. (원칙적으로 이동할 수 없다.)	K6	주로 롤러베어링에 적용된다.
		(이동할 수 있다.)	JS6	주로 볼베어링에 적용된다.
		조용한 운전을 요한다. (쉽게 이동할 수 있다.)	H6	–

5. 내륜 정지 하중, 외륜 회전 하중인 경우의 끼워맞춤 선정 예

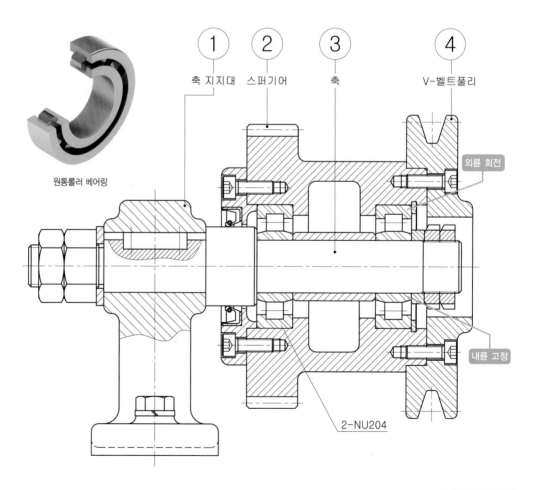

원통롤러 베어링

① 축 지지대 ② 스퍼기어 ③ 축 ④ V-벨트풀리

외륜 회전

내륜 고정

2-NU204

● 스프로킷 구동장치

조립도를 분석해 보면 축은 ① 축 지지대에 키로 고정되어 정지 상태이며 ② 스퍼기어와 ④ V-벨트풀리가 회전하며 동력을 전달하는 구조이다. 이런 경우 베어링이 조립되는 축과 구멍의 끼워맞춤 관계를 알아보도록 하자.

먼저 운전상태 및 끼워맞춤 조건을 살펴보면 축은 내륜 정지 하중이며, 내륜이 축위를 쉽게 움직일 필요가 없으며 적용 베어링은 원통롤러 베어링으로 축 지름은 Ø20이다. 아래 KS규격에서 권장하는 끼워맞춤에서 보면 축 지름에 관계없이 축의 공차등급을 g6로 권장하므로 Ø20g6가 된다.

■ 레이디얼 베어링(0급, 6X급, 6급)에 대하여 일반적으로 사용하는 축의 공차 범위 등급 [KS B 2051]

운전상태 및 끼워맞춤 조건		볼베어링		원통롤러베어링 원뿔롤러베어링		자동조심 롤러베어링		축의 공차등급	비 고
		축 지름(mm)							
		초과	이하	초과	이하	초과	이하		
원통구멍 베어링(0급, 6X급, 6급)									
내륜 정지하중	내륜이 축위를 쉽게 움직일 필요가 있다.	전체 축 지름						g6	정밀도를 필요로 하는 경우 g5를 사용한다. 큰 베어링에서는 쉽게 움직일 수 있도록 f6을 사용해도 된다.
	내륜이 축위를 쉽게 움직일 필요가 없다.	전체 축 지름						h6	정밀도를 필요로 하는 경우 h5를 사용한다.

이번에는 스퍼기어의 구멍에 끼워맞춤 공차를 선정해 보도록 하자.

하중의 조건은 외륜 회전 하중에 중하중이며 베어링의 내륜과 외륜이 이동되지 않도록 모두 고정되어 있다. 따라서 다음 장의 표에서 권장하는 끼워맞춤 공차는 P7이 된다. 적용 롤러 베어링의 호칭번호가 NU204로 외경은 Ø47이며 스퍼기어 구멍의 공차는 Ø47P7으로 선택해 준다.

스퍼기어 구멍

축

● 축과 스퍼기어 구멍의 끼워맞춤 공차의 적용 예

■ 레이디얼 베어링(0급, 6X급, 6급)에 대하여 일반적으로 사용하는 구멍의 공차 범위 등급 [KS B 2051]

조 건			하우징 구멍의 공차범위 등급	비 고
하우징 (Housing)	하중의 종류	외륜의 축 방향의 이동		
일체 하우징 또는 2분할 하우징	외륜정지 하중	모든 종류의 하중		H7	대형베어링 또는 외륜과 하우징의 온도차가 큰 경우 G7을 사용해도 된다.
		경하중 또는 보통하중	쉽게 이동할 수 있다.	H8	–
		축과 내륜이 고온으로 된다.		G7	대형베어링 또는 외륜과 하우징의 온도차가 큰 경우 F7을 사용해도 된다.
		경하중 또는 보통하중에서 정밀 회전을 요한다.	원칙적으로 이동할 수 없다.	K6	주로 롤러베어링에 적용된다.
			이동할 수 있다.	JS6	주로 볼베어링에 적용된다.
일체 하우징		조용한 운전을 요한다.	쉽게 이동할 수 있다.	H6	–
	방향부정 하중	경하중 또는 보통하중	통상 이동할 수 있다.	JS7	정밀을 요하는 경우 JS7, K7 대신에 JS6, K6을 사용한다.
		보통하중 또는 중하중	이동할 수 없다.	K7	
		큰 충격하중	이동할 수 없다.	M7	–
	외륜회전 하중	경하중 또는 변동하중	이동할 수 없다.	M7	–
		보통하중 또는 중하중	이동할 수 없다.	N7	주로 볼베어링에 적용된다.
		얇은 하우징에서 중하중 또는 큰 충격하중	이동할 수 없다.	P7	주로 롤러베어링에 적용된다.

베어링이 가진 성능을 충분히 발휘하도록 하기 위해서는 내륜 및 외륜을 축 및 하우징에 설치시 적절한 끼워맞춤을 선정하는 것이 중요한 사항으로 이것이 베어링을 끼워맞춤하는 주요 목적이라고 할 수 있다.

끼워맞춤의 목적은 내륜 및 외륜을 축 또는 하우징에 완전히 고정해서 상호 유해한 미끄럼(slip)이 발생하지 않도록 하는데 있고, 만약 끼워맞춤면에서 미끄럼이 발생하면 기계 운전시 이상 발열, 끼워맞춤 면의 마모, 마모시 발생하는 이물질의 베어링 내부 침입, 진동 발생 등의 피해가 나타나 베어링은 충분한 기능을 발휘할 수 없게 된다.

용도에 맞는 끼워맞춤을 선정하려면 베어링 하중의 성질, 크기, 온도조건, 베어링의 설치 및 해체 등의 요건이 모든 조건을 만족해야만 한다.

베어링을 설치하는 하우징이 얇은 경우, 또는 중공축에 베어링을 설치하는 경우에는 보통의 경우보다 간섭량을 크게 할 필요가 있다. 분리형 하우징은 간혹 베어링의 외륜을 변형시키는 경우가 있으므로 외륜을 억지끼워맞춤 할 필요가 있을 경우에는 분리형 하우징의 적용을 피하는 것이 좋다. 또한 사용시 진동이 크게 발생하는 조건에서는 내륜 및 외륜을 억지끼워맞춤 할 필요가 있다.

위의 [KS B 2051]표의 축 및 구멍의 공차등급은 가장 일반적인 추천 끼워맞춤으로 실무에서 특별한 환경이나 사용조건인 경우에는 베어링 제조사에 상담하여 선정하는 것이 좋다.

베어링은 궤도륜(내륜, 외륜)과 전동체(볼, 롤러)의 재료로 일반적으로 KS에 규정되어 있는 고탄소 크롬 베어링강을 사용한다.
이중 널리 사용되는 것은 STB2이고 STB3는 Mn의 함유량을 크게 한 강종으로 열처리성이 양호하므로 두꺼운 베어링에 적용한다.

[참고] 동력전달장치

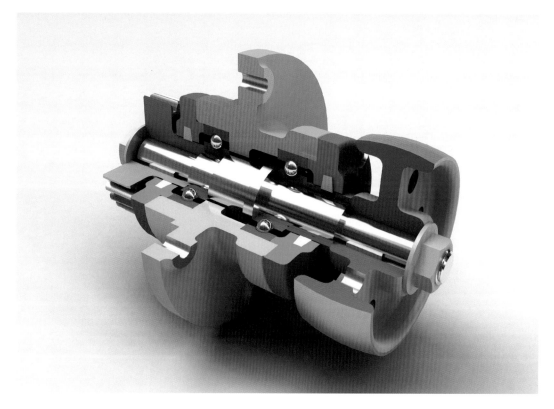

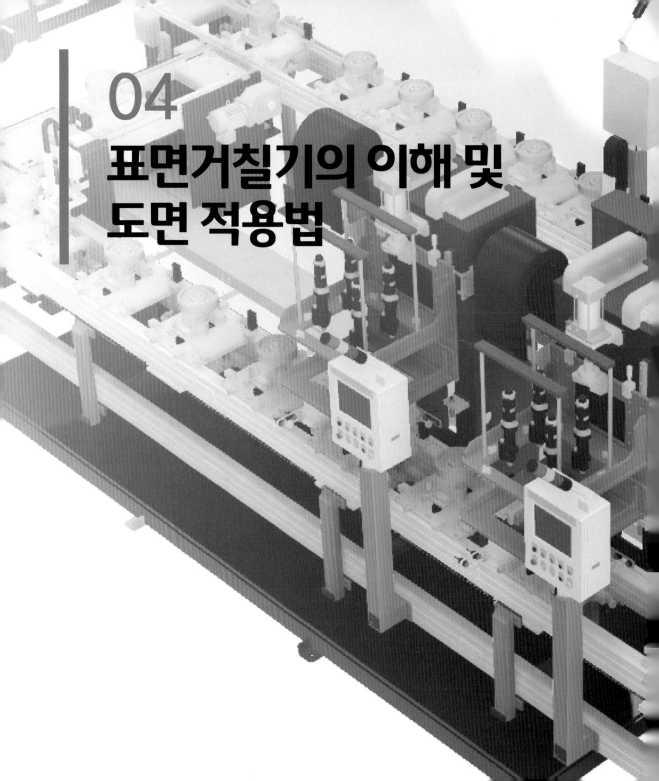

04
표면거칠기의 이해 및 도면 적용법

표면거칠기의 정의

1. 표면거칠기의 정의 및 기호

용 어	정 의
표면 거칠기	대상물의 표면(이하 대상면이라 한다.)으로부터 임의로 채취한 각 부분에서의 표면거칠기를 나타내는 파라미터인 산술 평균 거칠기(R_a), 최대 높이(R_y), 10점 평균 거칠기(R_z), 요철의 평균 간격(S_m), 국부 산봉우리의 평균 간격(S) 및 부하 길이율(t_p)의 각각의 산술 평균값. [비고] ❶ 일반적으로 대상면에서는 각 위치에서의 표면거칠기는 같지 않고 상당히 많이 흩어져 있는 것이 보통이다. 따라서 대상면의 표면거칠기를 구하려면 그 모평균을 효과적으로 추정할 수 있도록 측정 위치 및 그 개수를 정하여야 한다. ❷ 측정 목적에 따라서는 대상면의 1곳에서 구한 값으로 표면 전체의 표면 거칠기를 대표할 수 있다.
단면 곡선	대상면에 직각인 평면으로 대상면을 절단하였을 때 그 단면에 나타나는 윤곽. [비고] 이 절단은 일반적으로 방향성이 있는 대상면에서는 그 방향에 직각으로 자른다.
거칠기 곡선	단면 곡선에서 소정의 파장보다 긴 표면 굴곡 성분을 위상 보상형 고역 필터로 제거한 곡선.
거칠기 곡선의 컷오프값 (λ_c)	위상 보상형 고역 필터의 이득이 50%가 되는 주파수에 대응하는 파장(이하 컷오프값이라 한다.)
거칠기 곡선의 기준길이 (l)	거칠기 곡선으로부터 컷오프 값의 길이를 뺀 부분의 길이(이하 기준 길이라 한다.)
거칠기 곡선의 평가길이 (l_n)	표면 거칠기의 평가에 사용하는 기준 길이를 하나 이상 포함하는 길이(이하 평가 길이라 한다). 평가 길이의 표준값은 기준 길이의 5배로 한다.
여파 굴곡 곡선	단면 곡선에서 소정의 파장보다 짧은 표면 거칠기의 성분을 위상 보상형 저역 필터로 제거한 곡선.
거칠기 곡선의 평균 선 (m)	단면 곡선의 표본 부분에서의 여파 굴곡 곡선을 직선으로 바꾼 선(이하 평균 선이라 한다.)
산	거칠기 곡선을 평균 선으로 절단하였을 때 그것들의 교차점의 이웃하는 2점 사이에서의 거칠기 곡선과 평균 선으로 구성되는 공간 부분. [비고] 거칠기 곡선에서 기준 길이의 시작 및 끝 부분이 평균 선의 위쪽에 있는 부분은 산으로 간주한다.
골	거칠기 곡선을 평균 선으로 절단하였을 때에 그것들의 교차점의 이웃하는 2점 사이에서의 거칠기 곡선과 평균 선으로 구성되는 공간 부분. [비고] 거칠기 곡선에서 기준 길이의 시작 및 끝 부분이 평균 선의 아래쪽에 있는 부분은 골로 간주한다.
봉우리	거칠기 곡선의 산에서 가장 높은 표고점.
골바닥	거칠기 곡선의 골에서 가장 낮은 표고점. [비고] 거칠기 곡선에서 기준 길이의 시작 및 끝 부분이 평균 선의 아래쪽에 있는 부분은 골로 간주한다.
산봉우리 선	거칠기 곡선에서 뽑아낸 기준 길이 중의 가장 높은 산봉우리를 지나는 평균 선에 평행한 선.
골바닥 선	거칠기 곡선에서 뽑아낸 기준 길이 중의 가장 낮은 골 바닥을 지나는 평균 선에 평행한 선.
절단 레벨	산봉우리 선과 거칠기 곡선에 교차하는 산봉우리선에 평행한 선 사이의 수직 거리.
국부산	거칠기 곡선의 두 개의 이웃한 극소점 사이에 있는 실체 부분.
국부골	거칠기 곡선의 두 개의 이웃한 극대점 사이에 있는 공간 부분.
국부 산봉우리	국부 산에서의 가장 높은 표고점.
국부 골바닥	국부 골에서의 가장 낮은 표고점.

2. 표면거칠기의 종류 및 설명

(1) 산술 평균 거칠기 Ra

구 분	기 호	설 명
산술평균 거칠기	Ra	

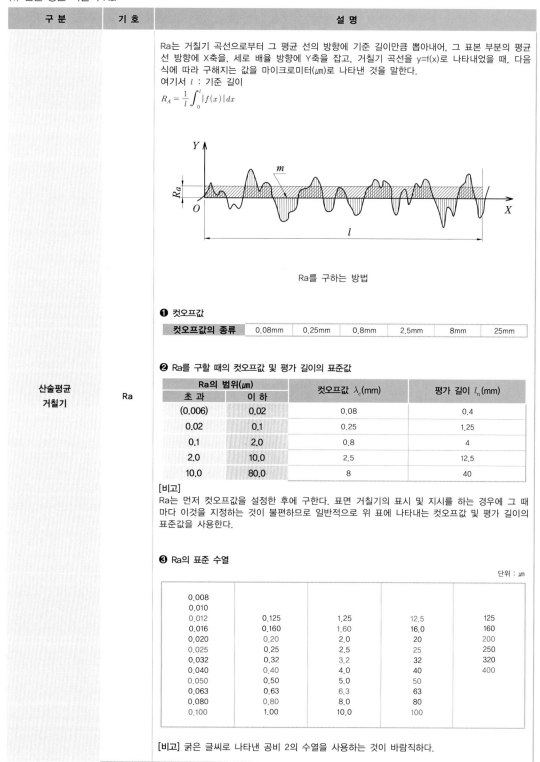

Ra는 거칠기 곡선으로부터 그 평균 선의 방향에 기준 길이만큼 뽑아내어, 그 표본 부분의 평균 선 방향에 X축을, 세로 배율 방향에 Y축을 잡고, 거칠기 곡선을 y=f(x)로 나타내었을 때, 다음 식에 따라 구해지는 값을 마이크로미터(μm)로 나타낸 것을 말한다.

여기서 l : 기준 길이

$$R_A = \frac{1}{l}\int_0^l |f(x)|\,dx$$

Ra를 구하는 방법

❶ 컷오프값

컷오프값의 종류	0.08mm	0.25mm	0.8mm	2.5mm	8mm	25mm

❷ Ra를 구할 때의 컷오프값 및 평가 길이의 표준값

Ra의 범위(μm)		컷오프값 λ_c(mm)	평가 길이 l_n(mm)
초 과	이 하		
(0.006)	0.02	0.08	0.4
0.02	0.1	0.25	1.25
0.1	2.0	0.8	4
2.0	10.0	2.5	12.5
10.0	80.0	8	40

[비고]
Ra는 먼저 컷오프값을 설정한 후에 구한다. 표면 거칠기의 표시 및 지시를 하는 경우에 그 때마다 이것을 지정하는 것이 불편하므로 일반적으로 위 표에 나타내는 컷오프값 및 평가 길이의 표준값을 사용한다.

❸ Ra의 표준 수열

단위 : μm

0.008				
0.010				
0.012	0.125	1.25	12.5	125
0.016	0.160	1.60	16.0	160
0.020	0.20	2.0	20	200
0.025	0.25	2.5	25	250
0.032	0.32	3.2	32	320
0.040	0.40	4.0	40	400
0.050	0.50	5.0	50	
0.063	0.63	6.3	63	
0.080	0.80	8.0	80	
0.100	1.00	10.0	100	

[비고] 굵은 글씨로 나타낸 공비 2의 수열을 사용하는 것이 바람직하다.

(2) 최대 높이 Ry

구 분	기 호	설 명
최대 높이	Ry	

Ry는 거칠기 곡선에서 그 평균 선의 방향에 기준 길이만큼 뽑아내어 이 표본 부분의 평균선에서 산봉우리 선과 골바닥선의 세로배율의 방향으로 측정하여 이 값을 마이크로미터(μm)로 나타낸 것을 말한다.

$$R_y = R_p + R_v$$

Ry를 구하는 방법

[비고]
Ry를 구하는 경우에는 흠이라고 간주되는 보통 이상의 높은 산 및 낮은 골이 없는 부분에서 기준 길이만큼 뽑아낸다.

❶ 기준 길이

Ry를 구하는 경우의 기준 길이	0.08mm	0.25mm	0.8mm	2.5mm	8mm	25mm

❷ Ry를 구할 때의 기준 길이 및 평가 길이의 표준값

Ry의 범위 (μm)		컷오프값 l(mm)	평가 길이 l_n(mm)
초 과	이 하		
(0.025)	0.10	0.08	0.4
0.10	0.50	0.25	1.25
0.50	10.0	0.8	4
10.0	50.0	2.5	12.5
50.0	200.0	8	40

[비고]
Ry는 먼저 기준 길이를 지정한 후에 구한다. 표면 거칠기의 표시나 지시를 하는 경우에 그 때마다 이것을 지정하는 것이 불편하므로, 일반적으로 위 표에 나타내는 기준 길이 및 평가 길이의 표준값을 사용한다. ( )안은 참고값이다.

❸ Ry의 표준 수열

단위 : μm

	0.125	1.25	12.5	125	1250
	0.160	1.60	16.0	160	1600
	0.20	2.0	20	200	
0.025	0.25	2.5	25	250	
0.032	0.32	3.2	32	320	
0.040	0.40	4.0	40	400	
0.050	0.50	5.0	50	500	
0.063	0.63	6.3	63	630	
0.080	0.80	8.0	80	800	
0.100	1.00	10.0	100	1000	

[비고]
굵은 글씨로 나타낸 공비 2의 수열을 사용하는 것이 바람직하다.

(3) 10점 평균 거칠기 Rz

구 분	기 호	설 명
10점 평균 거칠기	Rz	(설명 내용 아래)

Sm은 거칠기 곡선에서 그 평균 선의 방향에 기준 길이만큼 뽑아내어 이 표본 부분의 평균선에서 세로 배율의 방향으로 측정한 가장 높은 산봉우리부터 5번째 산봉우리까지의 표고(Yp)의 절대값의 평균값과 가장 낮은 골바닥에서 5번째까지의 골바닥의 표고(Yv)의 절대값의 평균값과의 합을 구하여, 이 값을 마이크로미터(μm)로 나타낸 것을 말한다.

여기에서

$Y_{P1}, Y_{P2}, Y_{P3}, Y_{P4}, Y_{P5}$: 기준 길이 l에 대응하는 샘플링 부분의 가장 높은 산봉우리에서 5번째까지의 표고

$Y_{V1}, Y_{V2}, Y_{V3}, Y_{V4}, Y_{V5}$: 기준 길이 l에 대응하는 샘플링 부분의 가장 낮은 골바닥에서 5번째까지의 표고

$$R_z = \frac{|Y_{P1}+Y_{P2}+Y_{P3}+Y_{P4}+Y_{P5}|+|Y_{V1}+Y_{V2}+Y_{V3}+Y_{V4}+Y_{V5}|}{5}$$

Rz를 구하는 방법

❶ 기준 길이

Rz를 구하는 경우의 기준 길이	0.08mm	0.25mm	0.8mm	2.5mm	8mm	25mm

❷ Rz를 구할 때의 기준 길이 및 평가 길이의 표준값

Rz의 범위 (μm)		컷오프값 l(mm)	평가 길이 l_n(mm)
초 과	이 하		
(0.025)	0.10	0.08	0.4
0.10	0.50	0.25	1.25
0.50	10.0	0.8	4
10.0	50.0	2.5	12.5
50.0	200.0	8	40

[비고]
Rz는 먼저 기준 길이를 지정한 후에 구한다. 표면 거칠기의 표시나 지시를 하는 경우에 그 때마다 이것을 지정하는 것이 불편하므로 일반적으로 위 표에 나타내는 기준 길이 및 평가 길이의 표준값을 사용한다.

❸ Rz의 표준 수열

단위 : μm

	0.125	1.25	12.5	125	1250
	0.160	1.60	16.0	160	1600
	0.20	2.0	20	200	
0.025	0.25	2.5	25	250	
0.032	0.32	3.2	32	320	
0.040	0.40	4.0	40	400	
0.050	0.50	5.0	50	500	
0.063	0.63	6.3	63	630	
0.080	0.80	8.0	80	800	
0.100	1.00	10.0	100	1000	

[비고]
굵은 글씨로 나타낸 공비 2의 수열을 사용하는 것이 바람직하다.

(4) 요철의 평균 간격(S_m)의 정의 및 표시

구 분	기 호	설 명
요철의 평균 간격	Sm	(설명 내용 아래 참조)

Sm은 거칠기 곡선에서 그 평균 선의 방향에 기준 길이만큼 뽑아내어 이 부분에서 하나의 산 및 그것에 이웃한 하나의 골에 대응한 평균 선의 길이의 합(이하 요철의 간격이라 한다.)을 구하여 이 나수의 요철 간격의 산술 평균값을 밀리미터(mm)로 나타낸 것을 말한다.

여기에서

S_{mi} : 요철의 간격

n : 기준 길이 내에서의 요철 간격의 개수

$$S_m = \frac{1}{n}\sum_{i=1}^{n} S_n$$

Sm을 구하는 방법

❶ 기준 길이

Sm을 구하는 경우의 기준 길이	0.08mm	0.25mm	0.8mm	2.5mm	8mm	25mm

❷ Sm을 구할 때의 기준 길이 및 평가 길이의 표준값

Sm의 범위 (μm)		컷오프값 l(mm)	평가 길이 l_n(mm)
초 과	이 하		
0.013	0.04	0.08	0.4
0.04	0.13	0.25	1.25
0.13	0.4	0.8	4
0.4	1.3	2.5	12.5
1.3	4.0	8	40

[비고]
Sm은 먼저 기준 길이를 지정한 후에 구한다. 표면 거칠기의 표시나 지시를 하는 경우에 그 때마다 이것을 지정하는 것이 불편하므로 일반적으로 위 표에 나타내는 기준 길이 및 평가 길이의 표준값을 사용한다.

❸ Sm의 표준 수열

단위 : μm

	0.0125	0.125	1.25	125	12.5
	0.0160	0.160	1.60	160	
	0.020	0.20	2.0	200	
0.002	0.025	0.25	2.5	250	
0.003	0.032	0.32	3.2	320	
0.004	0.040	0.40	4.0	400	
0.005	0.050	0.50	5.0	500	
0.006	0.063	0.63	6.3	630	
0.008	0.080	0.80	8.0	800	
0.010	0.100	1.00	10.0	1000	

[비고]
굵은 글씨로 나타낸 공비 2의 수열을 사용하는 것이 바람직하다.

(5) 국부 산봉우리의 평균 간격(S)의 정의 및 표시

구 분	기 호	설 명
국부 산봉우리의 평균 간격	S	S는 거칠기 곡선에서 그 평균 선의 방향에 기준 길이만큼 뽑아내어 이 표본 부분에서 이웃한 국부 산봉우리 사이에 대응하는 평균 선의 길이(이하 국부 산봉우리의 간격이라 한다.)를 구하여 이 다수의 국부 산봉우리의 간격의 산술 평균값을 밀리미터(mm)로 나타낸 것을 말한다. 여기에서 S_i : 국부 산봉우리의 간격 n : 기준 길이 내에서의 국부 산봉우리 간격의 개수 $S = \dfrac{1}{n}\sum\limits_{i=1}^{n} S$

S를 구하는 방법

❶ 기준 길이

S를 구하는 경우의 기준 길이	0.08mm	0.25mm	0.8mm	2.5mm	8mm	25mm

❷ S를 구할 때의 기준 길이 및 평가 길이의 표준값

S의 범위 (μm)		컷오프값 l(mm)	평가 길이 l_n(mm)
초 과	이 하		
0.013	0.04	0.08	0.4
0.04	0.13	0.25	1.25
0.13	0.4	0.8	4
0.4	1.3	2.5	12.5
1.3	4.0	8	40

[비고]
S는 먼저 기준 길이를 지정한 후에 구한다. 표면 거칠기의 표시나 지시를 하는 경우에 그 때마다 이것을 지정하는 것이 불편하므로 일반적으로 위 표에 나타내는 기준 길이 및 평가 길이의 표준값을 사용한다.

❸ S의 표준 수열

단위 : mm

	0.0125	0.125	1.25	12.5
	0.0160	0.160	1.60	
	0.020	0.20	2.0	
0.002	0.025	0.25	2.5	
0.003	0.032	0.32	3.2	
0.004	0.040	0.40	4.0	
0.005	0.050	0.50	5.0	
0.006	0.063	0.63	6.3	
0.008	0.080	0.80	8.0	
0.010	0.100	1.00	10.0	

[비고]
굵은 글씨로 나타낸 공비 2의 수열을 사용하는 것이 바람직하다.

(6) 부하 길이율(t_p)의 정의 및 표시

구 분	기 호	설 명
부하 길이율	t_p	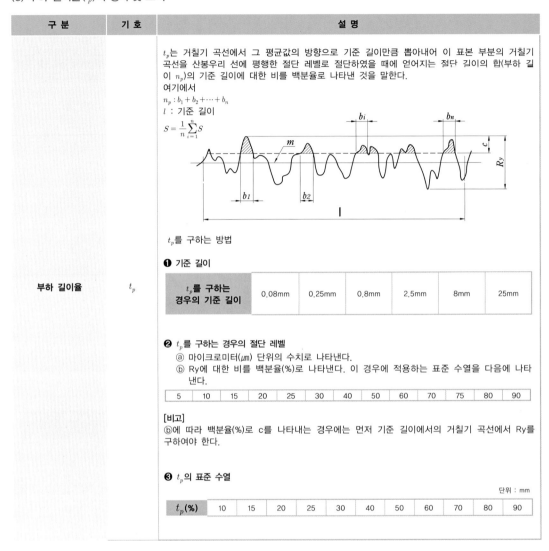

t_p는 거칠기 곡선에서 그 평균값의 방향으로 기준 길이만큼 뽑아내어 이 표본 부분의 거칠기 곡선을 산봉우리 선에 평행한 절단 레벨로 절단하였을 때에 얻어지는 절단 길이의 합(부하 길이 n_p)의 기준 길이에 대한 비를 백분율로 나타낸 것을 말한다.

여기에서

$n_p : b_1 + b_2 + \cdots + b_n$

l : 기준 길이

$S = \dfrac{1}{n}\displaystyle\sum_{i=1}^{n} S$

t_p를 구하는 방법

❶ 기준 길이

t_p를 구하는 경우의 기준 길이	0.08mm	0.25mm	0.8mm	2.5mm	8mm	25mm

❷ t_p를 구하는 경우의 절단 레벨
ⓐ 마이크로미터(㎛) 단위의 수치로 나타낸다.
ⓑ Ry에 대한 비를 백분율(%)로 나타낸다. 이 경우에 적용하는 표준 수열을 다음에 나타낸다.

5	10	15	20	25	30	40	50	60	70	75	80	90

[비고]
ⓑ에 따라 백분율(%)로 c를 나타내는 경우에는 먼저 기준 길이에서의 거칠기 곡선에서 Ry를 구하여야 한다.

❸ t_p의 표준 수열

단위 : mm

t_p(%)	10	15	20	25	30	40	50	60	70	80	90

3. 비교 표면 거칠기 표준편 [KS B 0507 : 1975(2011 확인)]

■ 최대 높이의 구분치에 따른 비교 표준의 범위

거칠기 구분치		0.1S	0.2S	0.4S	0.8S	1.6S	3.2S	6.3S	12.5S	25S	50S	100S	200S
표면 거칠기의 범위 ($\mu m Rmax$)	최소치	0.08	0.17	0.33	0.66	1.3	2.7	5.2	10	21	42	83	166
	최대치	0.11	0.22	0.45	0.90	1.8	3.6	7.1	14	28	56	112	224
거칠기 번호 (표준편 번호)		SN1	SN2	SN3	SN4	SN5	SN6	SN7	SN8	SN9	SN10	SN11	SN12

■ 중심선 평균거칠기의 구분치에 따른 비교 표준의 범위

거칠기 구분치		0.025a	0.05a	0.1a	0.2a	0.4a	0.8a	1.6a	3.2a	6.3a	12.5a	25a	50a
표면 거칠기의 범위 ($\mu m Ra$)	최소치	0.02	0.04	0.08	0.17	0.33	0.66	1.3	2.7	5.2	10	21	42
	최대치	0.03	0.06	0.11	0.22	0.45	0.90	1.8	3.6	7.1	14	28	56
거칠기 번호 (표준편 번호)		N1	N2	N3	N4	N5	N6	N7	N8	N9	N10	N11	N12

표면거칠기의 종류 및 설명

1. 표면거칠기란

표면거칠기(Surface roughness)는 기계가공이나 이것에 준하는 가공방법에 의해서 발생하는 표면의 거친 정도를 등급으로 규정한 기호로 도면상의 치수보조선이나 부품도면의 가공되는 면에 직접 표시해주는 것을 말한다.

설계자는 무조건 정밀하게 가공하도록 지시하는 것이 최선이 아니라 해당 부품의 기능과 요구에 알맞는 적절한 표면거칠기를 선정하여 가공비를 절감하도록 노력해야 한다. 결국 표면거칠기는 공차와 밀접한 관계가 있으며, 이 장에서는 아직까지 산업현장에서 쉽게 볼 수 있는 다듬질기호(삼각기호)와 표면거칠기의 규격 변천과정에 있어 KS와 JIS규격을 비교해보고 실제 도면상에 표면거칠기를 표시하는 방법에 대해 알아보기로 한다.

먼저, 표면거칠기를 표시하는 파라미터는 다음과 같은 종류가 있다.

현재 한국산업규격에서는 **KS B 0161**:1999(2004확인)에 표면거칠기 정의 및 표시에 관하여 규정하고 있으며, **KS B 0617**:1999(2004확인)에 **제도-표면의 결 도시 방법**에 대해 규정하고 있다.

2. 표면거칠기의 종류 [KS B 0161]

구 분	기 호	설 명
산술평균 거칠기	R_a	거칠기 곡선으로부터 그 평균선의 방향에 기준 길이만큼 뽑아내어, 그 표본 부분의 평균 선 방향에 X축을, 세로 배율 방향에 Y축을 잡고, 거칠기 곡선을 y=f(x)로 나타내었을 때 식에 따라 구해지는 값을 마이크로미터(μ m)로 나타낸 것을 말한다.
최대 높이	R_y	거칠기 곡선에서 그 평균선의 방향에 기준 길이만큼 뽑아내어 이 표본 부분의 평균선에서 산봉우리선과 골바닥선의 세로배율의 방향으로 측정하여 이 값을 마이크로미터(μ m)로 나타낸 것을 말한다.
10점 평균 거칠기	R_z	거칠기 곡선에서 그 평균선의 방향에 기준 길이만큼 뽑아내어 이 표본 부분의 평균선에서 세로 배율의 방향으로 측정한 가장 높은 산봉우리부터 5번째 산봉우리까지의 표고(Yp)의 절대값의 평균값과 가장 낮은 골바닥에서 5번째까지의 골바닥의 표고(Yp)의 절대값의 평균값과의 합을 구하여, 이 값을 마이크로미터(μ m)로 나타낸 것을 말한다.

3. 중심선 평균거칠기의 정의 및 표시

KS B 0161의 **부속서**에 참고로 중심선 **평균 거칠기**(Ra_{75})에 대하여 규정하고 있는데, 이 부속서에서 정하는 내용은 국제 규격에 부합하지 않으므로 시기를 보아 폐지한다고 한다.

JIS에서도 마찬가지로 **JIS B 0601:1982 및 JIS B 0031:1982**에 Ra로 규정되어 있지만 앞의 Ra와는 정의가 다른 것이다. 아직 기존의 많은 서적들이나 문헌에는 개정되지 않은 기존 규격들의 내용이 있어 혼란을 일으킬 수 있어 참고가 될 수 있도록 기술하였다.

4. 표면거칠기 파라미터의 변화 (KS 및 JIS 비교)

표면거칠기의 규격이 개정이 되는 이유는 가공 기술의 진보와 측정기의 성능 향상에 따라 제품의 품질 평가 기준이 다양화되고, 국제규격인 ISO에서도 새로운 표면거칠기의 파라미터가 채용되어 국제적인 부합성을 마련할 필요도 있어 개정이 되는 것이다.

❶ KS의 표면거칠기 파라미터의 변화

KS B 0161:1988	중심선 평균거칠기 Ra 최대높이 Rmax 10점 평균거칠기 Rz
KS B 0161:1999 (2004 확인)	산술평균거칠기 Ra 최대높이 Ry 10점 평균거칠기 Rz 요철의 평균 간격 Sm 국부 산봉우리의 평균 간격 S 부하 길이율 l_p

[주] KS B 0161:1999 (2004확인) 표면거칠기 정의 및 표시 해설 참고

❷ JIS의 표면거칠기 파라미터의 변화

구 JIS	중심선 평균거칠기 Ra 최대높이 Rmax 10점 평균거칠기 Rz
1994년 개정 JIS	산술평균거칠기 Ra 최대높이 Ry 10점 평균거칠기 Rz
개정 JIS	산술평균거칠기 Ra 최대높이 Rz 10점 평균거칠기 (삭제) JIS B 0601-2001 그러나 JIS B 0601 부속서1에 Rzjis로 참고로 남겨두고 있다. 중심선 평균거칠기 Ra_{75} 그러나 JIS B 0601 부속서에 Ra_{75}로 참고로 남겨두고 있다.

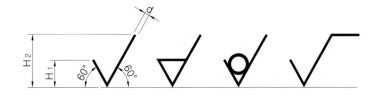

❸ 면의 지시 기호의 치수 비율

숫자 및 문자의 높이 (h)	3.5	5	7	10	14	20
문자를 그리는 선의 굵기 (d)	ISO 3098/I에 따른다(A형 문자는 h/14, B형 문자는 h/10)					
기호의 짧은 다리의 높이 (H₁)	5	7	10	14	20	28
기호의 긴 다리의 높이 (H₂)	10	14	20	28	40	56

❹ 표면거칠기 기호 표시법

서두에서 언급했듯이 시험과제 도면 작성 기준이 아닌 현장 실무 도면을 직접 접해보면 실제로 다듬질기호 (삼각기호)를 적용한 도면들을 많이 볼 수가 있을 것이다. 다듬질기호 표기법과 표면거칠기 기호의 표기에 혼동이 있을 수도 있는데 아래와 같이 표면거칠기 기호를 사용하고 가공면의 거칠기에 따라서 반복하여 기입하는 경우에는 알파벳의 소문자(w, x, y, z) 부호와 함께 사용한다.

$$ \bigtriangledown\!\!\!\!\!\!\bigcirc = \bigcirc\!\!\!/ \;,\; \underset{\bigtriangledown}{W} = \underset{\bigtriangledown}{12.5} \;,\; \underset{\bigtriangledown}{X} = \underset{\bigtriangledown}{3.2} \;,\; \underset{\bigtriangledown}{y} = \underset{\bigtriangledown}{0.8} \;,\; \underset{\bigtriangledown}{Z} = \underset{\bigtriangledown}{0.2} $$

❺ 표면거칠기 기호의 의미

[그림. 표면거칠기 기호의 의미(b)]는 제거가공을 허락하지 않는 부분에 표시하는 기호로 주물, 단조 등의 공정을 거쳐 제작된 제품에 별도의 2차 기계가공을 하면 안되는 표면에 해당되는 기호이다. [그림. 표면거칠기 기호의 의미(c)]는 별도로 기계절삭 가공을 필요로 하는 표면에 표시하는 기호이다. 즉, 선반, 밀링, 드릴, 리밍, 보링, 연삭 가공 등 공작기계에 의한 일반적인 가공부에 적용한다. 또한 [▽ ▽ ▽ ▽]과 같이 알파벳 소문자와 함께 사용하는 기호들은 표면의 거칠기 상태(정밀도)에 따라 문자기호로 표시한 것이다.

(a) 기본 지시기호   (b) 제거가공을 허락하지 않는 면의 지시기호   (c) 제거가공을 요하는 면의 지시기호

● 표면거칠기 기호의 의미

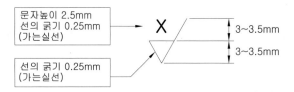

문자높이 2.5mm
선의 굵기 0.25mm
(가는실선)

선의 굵기 0.25mm
(가는실선)

3~3.5mm
3~3.5mm

● 부품도에 기입하는 경우

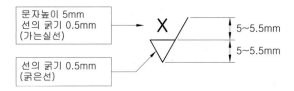

문자높이 5mm
선의 굵기 0.5mm
(가는실선)

선의 굵기 0.5mm
(굵은선)

5~5.5mm
5~5.5mm

● 품번 우측에 기입하는 경우

❻ 표면거칠기 기호의 변화[JIS]

변 천	그 이전	92년 개정 구 JIS	개정 JIS
기 호	▽▽▽ ▽	1.6⟋ 25⟋	Ra 1.6 ⟋ Ra 25 ⟋
설 명	삼각기호를 이용하고 삼각기호가 많을수록 표면은 매끄럽게 되는 것을 나타내었다.	Ra로 표시하는 경우 표면의 지시기호의 위쪽(기호가 윗방향인 경우는 아래쪽)에 그 수치를 기입하였다.	도시기호의 긴쪽의 사선에 수치를 기입하여 표면거칠기 파라미터를 그 아래에 기입한다. 기호와 수치의 사이에는 반각의 더블스페이스를 남긴다.

표면거칠기와 다듬질기호에 의한 기입법

아직까지 실무 산업현장에서 표면거칠기 기호 대신에 삼각기호로 표기하는 다듬질기호를 사용하는 기업의 사례나 예전 도면이 많은 것이 사실이다. 아래에 표시한 다듬질기호는 참고적으로 보기 바라며 단독적으로 사용하는 것은 좋지만 그 경우에는 삼각기호의 수와 표면거칠기의 수열에 따른 관계는 표에 표시한 것을 참조한다. 그 외의 값을 지정하는 경우에는 기호 위에 그 값을 별도로 기입하도록 주의를 필요로 한다. 시험에서 요구하는 사항은 다듬질기호의 적용이 아니라 표면거칠기 기호의 적용이므로 주의를 요한다.

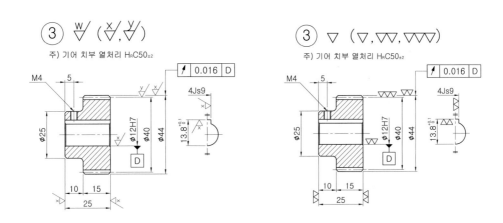

● 다듬질 기호 및 표면거칠기 기호에 의한 기입예

1. 표면거칠기와 다듬질기호(삼각기호)의 관계

표면거칠기와 다듬질기호(삼각기호)의 관계를 아래에 나타내었다.

[표면거칠기와 다듬질기호(삼각기호)의 관계]

	산술평균 거칠기 R_a	최대높이 R_y	10점 평균 거칠기 R_z	다듬질기호 (참고)
구분값	0.025	0.1	0.1	▽▽▽▽
	0.05	0.2	0.2	
	0.1	0.3	0.4	
	0.2	0.8	0.8	
	0.4	1.6	1.6	▽▽▽
	0.8	3.2	3.2	
	1.6	6.3	6.3	
	3.2	12.5	12.5	▽▽
	6.3	25	25	
	12.5	50	50	▽
	25	100	100	
	특별히 규정하지 않는다.			〜

2. 산술평균거칠기(Ra)의 거칠기 값과 적용 예

일반적으로 사용이 되고 있는 산술평균거칠기(Ra)의 적용 예를 아래에 나타내었다. 거칠기의 값에 따라서 최종 완성 다듬질 면의 정밀도가 달라지며 거칠기(Ra) 값이 적을수록 정밀한 다듬질 면을 얻을 수 있다.

[산술평균거칠기(Ra)의 적용 예]

거칠기의 값	적용 예
Ra 0.025 Ra 0.05	초정밀 다듬질 면, 제조원가의 상승 특수정밀기기, 고정밀면, 게이지류 이외에는 사용하지 않는다.
Ra 0.1	극히 정밀한 다듬질 면, 제조원가의 상승 연료펌프의 플런저나 실린더 등에 사용한다.
Ra 0.2	정밀 다듬질 면 수압실린더 내면이나 정밀게이지, 고속회전 축이나 고속회전용 베어링, 메카니컬 실 부위 등에 사용한다.
Ra 0.4	부품의 기능상 매끄러움(미려함)을 중요시하는 면 저속회전 축 또는 저속회전용 베어링, 중하중이 걸리는 면, 정밀기어 등
Ra 0.8	집중하중을 받는 면, 가벼운 하중에서 연속적으로 운동하지 않는 베어링면, 클램핑 핀이나 정밀나사 등
Ra 1.6	기계가공에 의한 양호한 다듬질 면 베어링 끼워맞춤 구멍, 접촉면, 수압실린더 등
Ra 3.2	중급 다듬질 정도의 기계 다듬질 면 고속에서 적당한 이송량을 준 공구에 의한 선삭, 연삭 등 정밀한 기준면, 조립면, 베어링 끼워맞춤 구멍 등
Ra 6.3	가장 경제적인 기계다듬질 면 급속이송 선삭, 밀링, 쉐이퍼, 드릴가공 등 일반적인 기준면이나 조립면의 다듬질에 사용
Ra 12.5	별로 중요하지 않은 다듬질 면 기타 부품과 접촉하거나 닿지 않는 면
Ra 25	별도 기계가공이나 제거가공을 하지 않는 거친 면 주물 등의 흑피, 표면

3. 표면거칠기 표기법 및 가공방법

표면거칠기와 다듬질 기호에 따른 가공 정밀도와 일반적인 가공방법 및 적용부위에 따른 사항을 정리하였다. 시험과제도면을 나름대로 분석하여 어떠한 기계가공을 해야 할지 판단하여 표면거칠기 기호를 적용할 수 있도록 기본적인 가공법에 대해서도 지식을 쌓아 두어야 한다.

[산술평균거칠기(Ra)의 적용 예]

명 칭 (다듬질정도)		다듬질 기호 (구 기호)	표면거칠기 기호 (신 기호)	가공방법 및 적용부위
매끄러운 생지		∿	▽	① 기계 가공 및 버 제거 가공을 하지 않은 부분 ② 주조(주물), 압연, 단조품 등의 표면부 ③ 철판 절곡물 등
거친 다듬질		▽	W/▽	① 밀링, 선반, 드릴 등의 공작기계 가공으로 가공 흔적이 남을 정도의 거친 면 ② 끼워맞춤을 하지 않는 일반적인 가공면 ③ 볼트머리, 너트, 와셔 등의 좌면
보통 다듬질 (중 다듬질)		▽▽	X/▽	① 상대 부품과 끼워맞춤만 하고, 상대적 마찰운동을 하지 않고 고정되는 부분 ② 보통공차(일반공차)로 가공한 면 ③ 커버와 몸체의 끼워맞춤 고정부, 평행키홈, 반달키홈 등 ④ 줄가공, 선반, 밀링, 연마등의 가공으로 가공 흔적이 남지 않을 정도의 가공면
상 다 듬 질	절삭 다듬질 면	▽▽▽	y/▽	① 끼워맞춤되어 회전운동이나 직선왕복 운동을 하는 부분 ② 베어링과 축의 끼워맞춤 부분 ③ 오링, 오일실, 패킹이 접촉하는 부분 ④ 끼워맞춤 공차를 지정한 부분 ⑤ 위치결정용 핀 홀, 기준면 등
	담금질, 경질크롬 도금, 연마 다듬질 면			① 끼워맞춤되어 고속 회전운동이나 직선왕복 운동을 하는 부분 ② 선반, 밀링, 연마, 래핑 등의 가공으로 가공 흔적이 전혀 남지 않는 미려하고 아주 정밀한 가공면 ③ 신뢰성이 필요한 슬라이딩하는 부분, 정밀지그의 위치결정면 ④ 열처리 및 연마되어 내마모성을 필요로 하는 미끄럼 마찰면
정밀 다듬질		▽▽▽▽	Z/▽	① 그라인딩(연삭), 래핑, 호닝, 버핑 등에 의한 가공으로 광택이 나는 극히 초정밀 가공면 ② 고급 다듬질로서 일반적인 기계 부품 등에는 사용안함 ③ 자동차 실린더 내면, 게이지류, 정밀스핀들 등

표면거칠기 기호 비교 분석

표면 거칠기 기호 비교표

▽ = ▽	, Ry200	, Rz200	, N12
W = 12.5 ▽	, Ry50	, Rz50	, N10
X = 3.2 ▽	, Ry12.5	, Rz12.5	, N8
Y = 0.8 ▽	, Ry3.2	, Rz3.2	, N6
Z = 0.2 ▽	, Ry0.8	, Rz0.8	, N4

주) 문자의 방향을 주의한다.

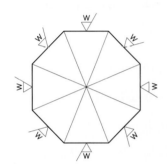 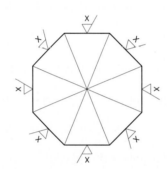 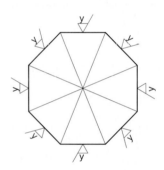

● 표면거칠기 및 문자 표시 방향

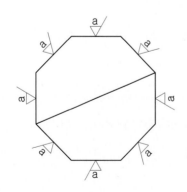 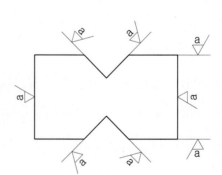

● Ra만을 지시하는 경우의 기호와 방향

주석문 아래에 표기한 표면거칠기 기호 비교표를 보고 해석을 해본다. 표면거칠기를 기호로 표기하여 주로 도면 양식 중에 표제란 상단에 표기하는 비교표로 현재 실기시험 작도시에도 위와 같은 방식으로 표기를 하고 있다.

일반적으로 도면에 치수를 기입하고 나서 부품의 조립상태나 끼워맞춤 등을 파악하여 표면거칠기 기호를 외형선이나 치수보조선에 표기해 준다. 표면거칠기를 적용함에 있어서 가장 중요한 사항은 반드시 기준이 되는 부위, 기능적으로 필요한 부위에 알맞은 표면거칠기 기호를 적용해야 하는데 각 기호별로 의미를 자세하게 알아보도록 하자.

1.

주조, 다이캐스팅 등의 주물공정을 통해 제작된 부품처럼 주물한 상태의 거친 표면 그대로 아무런 기계가공이나 표면다듬질 작업을 하지 않은 상태 그대로 사용해도 좋은 면에 적용한다. 또한 철판 절곡물이나 벤딩한 상태로 도장하여 그대로 사용하는 면들에 적용한다.

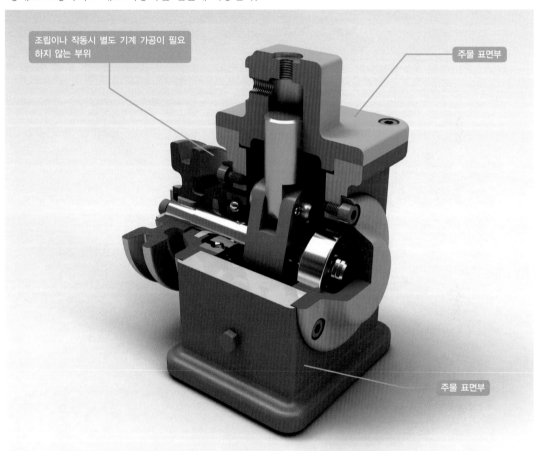

조립이나 작동시 별도 기계 가공이 필요하지 않는 부위

주물 표면부

● 주물표면부

주물품 본체나 하우징의 외부 표면, 벨트 풀리의 외부 표면, 기어의 암(arm)부위, 커버 등 외부로 노출되어 있으면서 접촉하는 부위가 없거나 작동에 전혀 관련이 없는 표면 등에 적용한다.

2. 거친가공부 $\overset{W}{\nabla}$

원 소재 상태의 재료를 기계절삭 가공했을 때처럼 '가공흔적(무늬)이 그대로 보이는' 표면의 거친 정도를 말한다. 예를 들어 선반에서 바이트로 절삭을 한 경우나 밀링에서 커터로 절삭을 하고나서 손으로 만져보면 매끄럽지 않고 가공흔적 즉 공구가 지나간 흔적에 의해 표면이 약간 까칠한 정도를 느낄 수가 있는 표면의 상태이다.

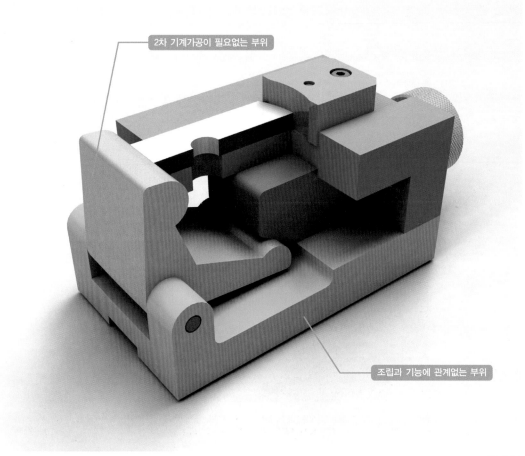

2차 기계가공이 필요없는 부위

조립과 기능에 관계없는 부위

● 거친가공부

드릴구멍, 모떼기, 선반, 밀링가공 면 등에 적용한다. 서로 끼워맞춤이 없으며 상대 부품과 조립시 볼트나 너트 등에 의해 체결하여 면과 면이 맞닿기는 하지만 작동과는 상관이 없는 단순한 고정면 등에 주로 적용한다.

3. 중급 다듬질 ▽

선반이나 밀링 등의 절삭 가공이 이루어지고 나면 가공흔적이 보이는데 이 표면을 가공용 줄, 정삭 엔드밀 등을 통해 표면 다듬질 처리해야 할 면에 적용한다.

● 중급 다듬질

주로 조립시 상대 부품과 맞닿는 면으로 작동되지 않지만 조립 후 고정된 상태를 유지해야 하는 부분으로 축과 구멍의 키 홈, 기어의 이끝원, 커버와 몸체의 조립면 등에 적용한다.

4. 상급 다듬질 $\overset{y}{\nabla}$

조금 더 표면을 정밀하게 다듬질하라는 표시로 주로 조립 후 상대부품과 직선왕복 운동이나 회전부 및 마찰 등의 작동을 하는 면에 적용하는데 연삭숫돌 등으로 그라인딩 가공하여 정밀도를 높게 한다.

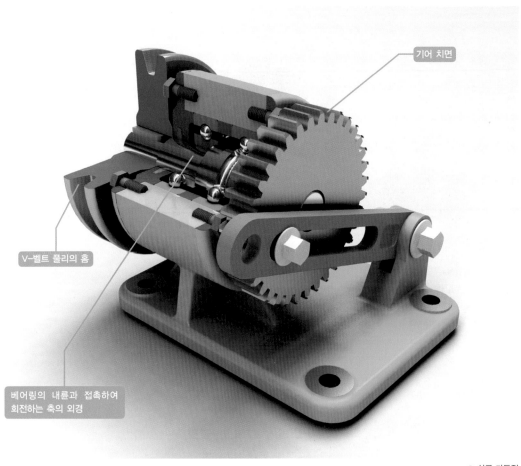

기어 치면

V-벨트 풀리의 홈

베어링의 내륜과 접촉하여
회전하는 축의 외경

● 상급 다듬질

베어링이 조립되는 축의 표면, 기어의 피치원경, 오링이나 오일실, 패킹 등이 끼워지는 내부 구멍, 바이스(vise)의 작동 베드(bed), 부시 내외경 등에 적용한다.

5. 정밀 다듬질 $\overline{\nabla}$

기밀유지가 요구되는 정밀한 부분에 적용된다. 최상급 가공이 되며 경면(거울면)과 같이 얼굴이 비춰질 정도로 가공이 된다. 폴리싱, 래핑, 호닝, 버핑 등의 머무리 공정을 통해 얻게 되는 초정밀급의 표면 다듬질이다.

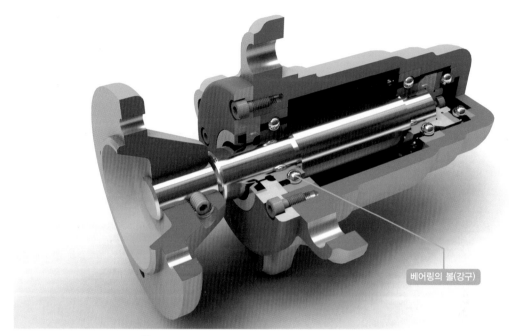

베어링의 볼(강구)

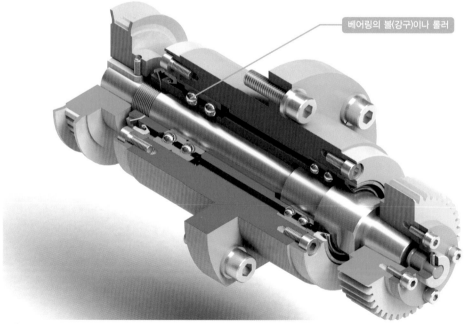

베어링의 볼(강구)이나 롤러

● 정밀다듬질용

기어를 측정하는 마스터기어, 자동차 엔진 실린더블록의 피스톤 구멍, 커넥팅로드의 피스톤 외경, 축에 고무 패킹이 마찰되며 회전하는 면, 게이지류, 유압실린더 피스톤 외면 등 공기나 유체를 정밀하게 밀봉시키는 구간 등에 적용할 수 있다.

표면거칠기 기호의 적용 예

아래 조립도의 동력전달장치 중에서 품번 ① 본체, ② 축, ③기어, ④ V-벨트 풀리, ⑤커버 에 KS규격에 준하여 실제로 표면거칠기 기호를 표시한 예이다. 표면거칠기에 관련한 기호만 도시하면서 그 의미를 해석해보기로 한다.

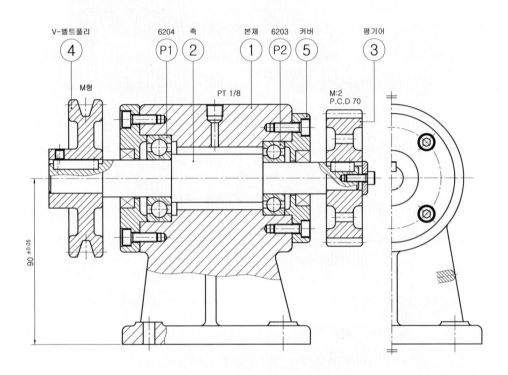

● 동력전달장치 조립도

● [참고입체도] 동력전달장치 입체도

● [참고입체도] 동력전달장치 단면입체도

● 동력전달장치 분해구조도

1. 품번 ① 본체의 표면거칠기 기호 표시 예

부품 도면에 표면거칠기 기호를 표시할 때는 실제 부품을 가공하는 방향쪽에서 기입해주는 것이 바람직하다. 즉 절삭공구가 가공시에 닿는 부분을 말한다. 표면거칠기 기호는 보통 부품도면에 치수를 전부 기입하고 배치한 후에 최종적으로 각 부품과의 조립상태 및 끼워맞춤 상관 관계를 고려하여 기입해주는 것이 일반적인 방법이다. 본체 부품도 품번 우측의 표면거칠기 기호를 분석해 보자. '∜'는 앞에서 학습하였듯이 주물품과 같이 별도의 가공이나 다듬질을 하지 않는 부분을 의미하는 기호인데 여기서는 '∜, ∜, ∜' 기호가 표시된 면 이외의 모든 부분을 나타내는 것이다. 따라서 본체 부품은 아래 도면과 같이 조립 및 끼워맞춤되는 부분에 표시된 기호대로 가공을 하면 된다.

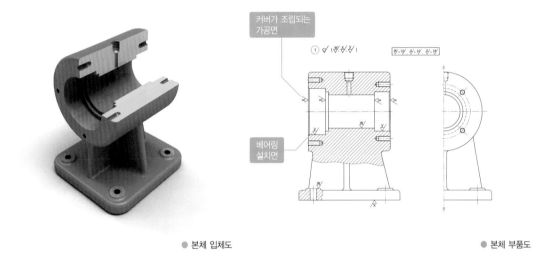

● 본체 입체도   ● 본체 부품도

2. 품번 ② 축의 표면거칠기 기호 표시 예

축의 경우에는 주물공정이 아니라 소재를 선반(lathe)이라는 기계에서 척이나 양센터로 중심내기(센터링)를 하고 소재는 회전운동을 시키고 공구는 직선운동을 하여 내, 외경의 절삭 등을 한다. 이 축의 부품도에 표시된 표면거칠기 기호는 키홈을 포함하여 축 전체를 중급다듬질 가공으로 '∜'로 실시하고 베어링의 내륜과 접촉하여 회전하는 부분만 상급다듬질인 '∜'로 실시하라는 의미이다.

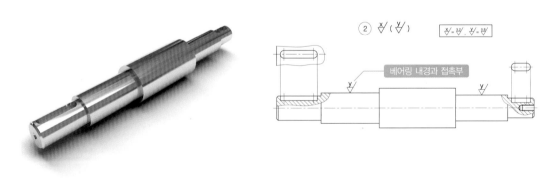

● 축 입체도   ● 축 부품도

3. 품번 ③ 기어의 표면거칠기 기호 표시 예

실기시험에 자주 등장하는 기어나 풀리 및 커버류의 경우에 재질을 GC(회주철)나 SC(주강) 계열로 적용했다면 주물품으로 해당 부품의 전체 표면거칠기는 '◇'로 하게 될 것이다. 하지만 기계구조용 탄소강 등의(SM45C, SCM415 등) 재질로 하였다면 기본적으로 1차 가공이 들어가게 되므로 전체 표면거칠기는 '▽'나 '◇'로 지정을 하게 된다.

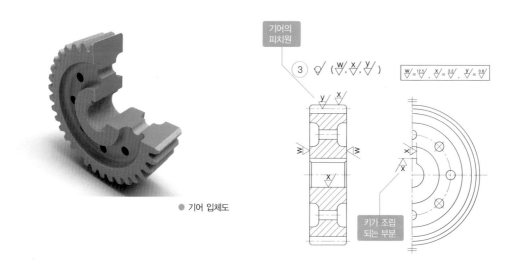

● 기어 입체도

● 기어 부품도

4. 품번 ④ V-벨트 풀리의 표면거칠기 기호 표시 예

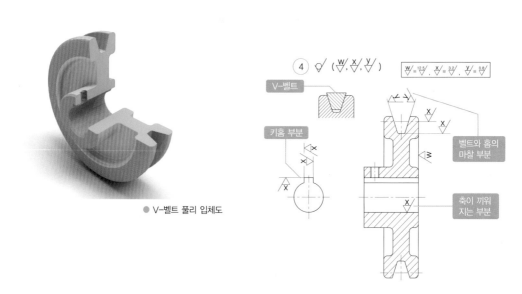

● V-벨트 풀리 입체도

● V-벨트 풀리 부품도

5. 품번 ⑤ 커버의 표면거칠기 기호 표시 예

● 커버 입체도

● 선반의 바이트

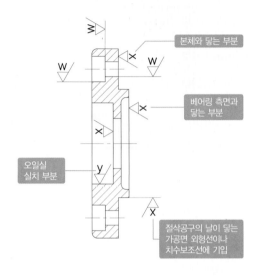

본체와 닿는 부분

베어링 측면과
닿는 부분

오일실
실치 부분

절삭공구의 날이 닿는
가공면 외형선이나
치수보조선에 기입

● 커버 부품도

6. 가공방향을 고려한 표면거칠기 기호의 올바른 기입법

표면거칠기 기호를 기입하는 경우 항상 가공자의 입장에서 내가 직접 가공을 한다고 생각하고 기입을 하면 기입 방향을 틀리는 일이 드물게 될 것이다. 어떤 부분을 가공한다고 했을 때 가공 절삭공구가 실제 닿는 방향의 가공면이나 치수보조선 위에 기입해 주면 되는 것이다.

옆 그림과 같이 표면거칠기 기호는 기본적으로 **치수보조선** 위에 기입하는 것이 바람직하며, 치수보조선이 없는 경우나 공간의 제약이 있는 부득이한 경우에는 해당 **가공 표면에 직접 표시**해도 무방하다. 물론 치수보조선 위에도 기입하고 경우에 따라서 가공면에 직접 표시해줘도 틀린 것은 아니다.

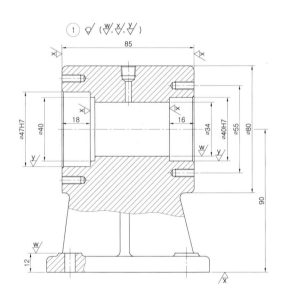

● 표면거칠기 기호를 치수보조선 위에 표시하는 경우

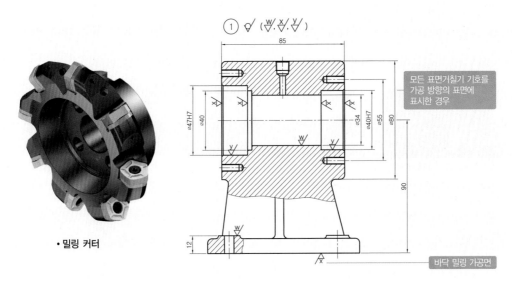

• 밀링 커터

① ✓ (✓/, ✓/, ✓/)

모든 표면거칠기 기호를
가공 방향의 표면에
표시한 경우

바닥 밀링 가공면

● 표면거칠기 기호를 해당 가공면에 직접 표시하는 경우

7. 치수보조선 위에 기입한 표면거칠기 기호의 예

② ✓ (✓/)

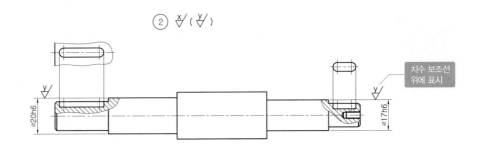

치수 보조선
위에 표시

● 품번② 축

③ ✓ (✓/, ✓/, ✓/)

모든 표면거칠기
기호를 보조선 위에
표시한 경우

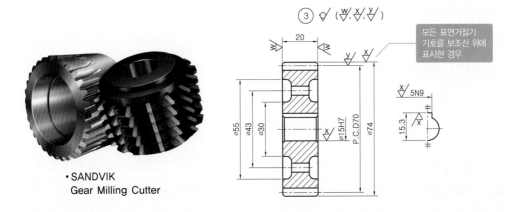

• SANDVIK
Gear Milling Cutter

● 품번③ 평기어

④ ∜ ($\frac{w}{\nabla}$, $\frac{x}{\nabla}$, $\frac{y}{\nabla}$)

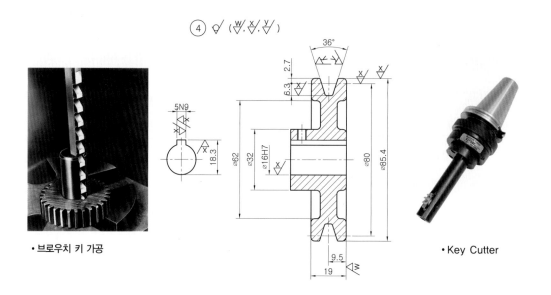

• 브로우치 키 가공

• Key Cutter

⑤ ∜ ($\frac{w}{\nabla}$, $\frac{x}{\nabla}$, $\frac{y}{\nabla}$)

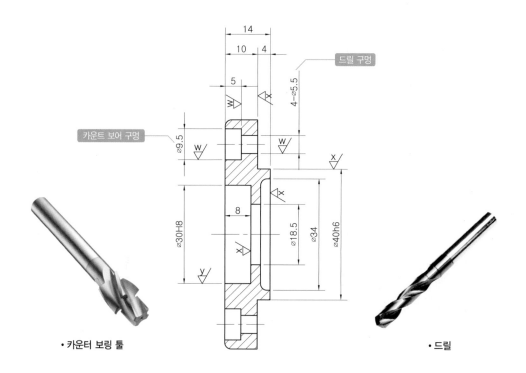

드릴 구멍

카운트 보어 구멍

• 카운터 보링 툴

• 드릴

8. 표면거칠기 기호를 잘못 기입한 경우

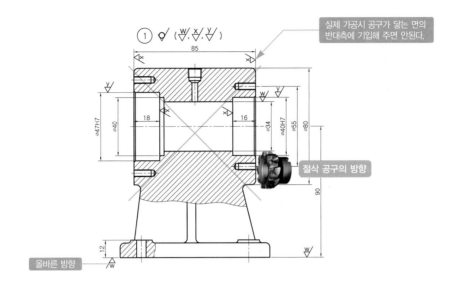

● 품번① 본체

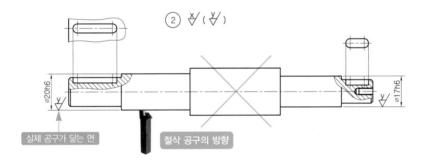

● 품번② 축

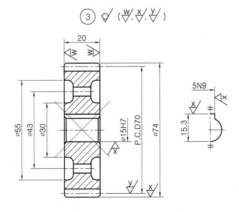

● 품번③ 평기어

④ ∀ (w/▽, x/▽▽, y/▽▽▽)

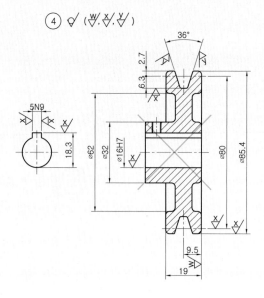

● 품번④ V-벨트 풀리

⑤ ∀ (w/▽, x/▽▽, y/▽▽▽)

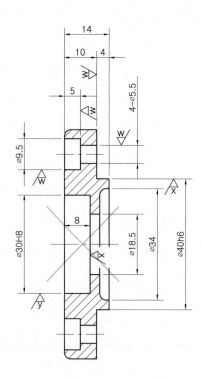

Tip

조립도를 분석하여 각 부품들의 조립관계와 기능관계
를 파악하여 가공면의 표면거칠기를 선정해 주어야
한다.
이때 부품도면을 보고 실제 가공을 한다고 생각하면
도면 작도시 유리할 것이다.

● 품번⑤ 커버

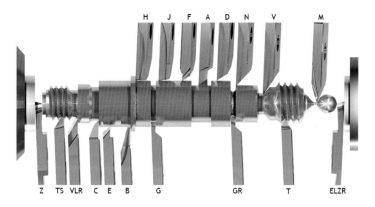

H   J   F   A   D   N   V   M

Z   TS   VLR   C   E   B   G   GR   T   ELZR

● 선반가공의 예

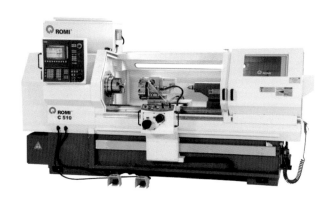

● CNC 선반

● 여러가지 밀링머신 툴

● 범용 밀링 머신

05

기하공차 적용법

| **기하공차의 도시방법**

1. 기하공차의 필요성

어떤 최신의 기계 가공법을 이용해도 정확한 치수로 가공하는 것은 거의 불가능하고, 정확한 치수로 원하는 형상을 만들어 낼 수는 없다. 다만 도면에 규제된 각종 조건에 따라서 최대한 근접한 치수나 형상에 접근시키느냐가 문제이다. 이때 치수 공차로만 규제된 도면은 확실한 정의가 곤란하므로 제품의 형상이나 위치에 대한 기하학적 특성을 정확히 규제할 수 없을 때 이를 규제하기 위해 기하공차가 사용되며, 기하 공차 시스템은 1950년대말 미국에서 개발되어 특히 다음과 같은 경우에 사용한다.

❶ 부품과 부품간의 기능 및 호환성이 중요한 때
❷ 기능적인 검사 방법이 바람직할 때
❸ 제조와 검사의 일괄성을 위해 참조 기준이 필요할 때
❹ 표준적인 해석 또는 공차가 미리 암시되어 있지 않은 경우이다.

2. 적용 범위

이 규격은 도면에 있어서 대상물의 모양, 자세, 위치 및 흔들림의 공차(이하 이들을 총칭하여 기하공치라 한다. 또 혼동되지 않을 때에는 단순히 공차라 한다.)의 기호에 의한 표시와 그들의 도시 방법에 대하여 규정한다.

3. 공차의 종류 및 설명

공차 구분	공차 설명 및 적용
치수 공차	① 2차원적 규제(직교좌표 방식의 치수기입) ② 길이, 두께, 높이, 직경 등
모양(형상) 공차	① 3차원적 규제 ② 진직도/평면도/진원도/원통도/윤곽도 ③ 단독 형체에 적용
자세 공차	① 3차원적 규제 ② 직각도/평행도/경사도/윤곽도 등 ③ 관련 형체에 적용
위치 공차	① 3차원적 규제 ② 위치도, 대칭도, 동심도 ③ 축선 또는 중심면을 갖는 사이즈 형체에 적용
흔들림 공차	① 형상 공차와 위치 공차 복합 부품 형체 상의 원주 흔들림

4. 기하공차의 종류와 기호

적용하는 형체		공차의 종류	기 호	데이텀
단독 형체	모양 (형상) 공차	진직도(Straightness)	—	불필요
		평면도(Flatness)	▱	불필요
		진원도(Roundness)	○	불필요
		원통도(Cylindricity)	⌀	불필요
단독 형체 또는 관련 형체		선의 윤곽도(Line profile)	⌒	불필요
		면의 윤곽도(Surface profile)	⌓	불필요
관련 형체	자세 공차	평행도(Parallelism)	//	필요
		직각도(Squareness)	⊥	필요
		경사도(Angularity)	∠	필요
	위치 공차	위치도(Position)	⊕	필요 불필요
		동축도 또는 동심도(Concentricity)	◎	필요
		대칭도(Symmetry)	=	필요
	흔들림 공차	원주 흔들림(Circular runout)	↗	필요
		온 흔들림(Total runout)	↗↗	필요

5. 부가 기호

표시하는 내용		기 호
공차붙이 형체	직접 표시하는 경우	
	문자 기호에 의하여 표시하는 경우	
데이텀	직접 표시하는 경우	
	문자 기호에 의하여 표시하는 경우	A A
데이텀 타깃 기입틀		⌀2/A1
이론적으로 정확한 치수		50
돌출 공차역		Ⓟ
최대 실체 공차 방식		Ⓜ

비 고	기호란의 문자 기호 및 수치는 P, M을 제외하고 한 보기를 나타낸다.

데이텀과 기하공차의 상호관계

1. 데이텀의 정의

데이텀이란 형체의 기준으로, 계산상이나 결합상태의 기준으로 하기 위해서 또는 다른 형체의 형상 및 위치를 결정하기 위해서 정확하다고 가정하는 점, 선, 평면, 원통 등을 말하며 규제형체에 따라 데이텀이 없이 규제되는 경우도 있다.

❶ 평면의 데이텀

평면은 실제 완전할 수가 없으며, 이론적으로 정확한 평면은 존재하지 않는다. 데이텀의 형체는 부품이 정반과 같은 표면위에 놓였을 때 접촉하게 되는 세 곳의 높은 돌기부분으로 구성되는 가상평면이 실제 데이텀이라 할 수 있다.

❷ 원통 축선의 데이텀

원통의 구멍이나 축의 중심선을 데이텀으로 설정할 경우 데이텀은 구멍의 최대 내접원통의 축직선 또는 축의 최소 외접원통의 축직선에 의해 설정된다.

데이텀 형체가 불완전한 경우에는 원통은 어느 방향으로 움직여도 이 도량이 같아지는 자세가 되도록 설정한다.

❸ 원통 축선의 데이텀

원통의 구멍이나 축의 중심선을 데이텀으로 설정할 경우 데이텀은 구멍의 최대 내접원통의 축직선 또는 축의 최소 외접원통의 축직선에 의해 설정된다.

데이텀 형체가 불완전한 경우에는 원통은 어느 방향으로 움직여도 이 도량이 같아지는 자세가 되도록 설정한다.

● 설계와 가공 및 측정에 있어 데이텀의 의미

3 요소	데이텀의 의미	기 준
설계	데이텀이 되는 면, 선, 점 등은 기능이나 조립을 염두에 두고 설계자가 결정한다. ① 우선적으로 결합이 되는 면(또는 선이나 점) ② 결합한 후에 위치결정을 하기 위한 면(또는 선이나 점) ③ 기능상 기준이 되는 면(또는 선이나 점)	도면
가공	데이텀이 되는 면, 선, 점 등을 도면에서 확인하고 그 부분이 가공의 기준이 될 수 있도록 공작기계에 대상 공작물을 세팅하여 도면에서 의도하는 바 대로 가공공정을 결정한다.	부품
측정	데이텀이 되는 면, 선, 점 등을 도면에서 확인하고 그 부분이 측정의 기준이 될 수 있도록 정반이나 게이지를 이용해서 측정 대상물을 고정시킨 후 측정을 실시한다.	도면 부품

2. 데이텀의 표시방법

❶ 영어의 대문자를 정사각형으로 둘러싸고, 데이텀이라는 것을 나타내는 삼각 기호를 지시선으로 연결해서 나타낸다.

❷ 데이텀을 지시하는 문자기호를 공차 기입틀에 기입할 때, 한 개의 형체에 의해 설정되는 데이텀은 지시하는 한 개의 문자기호로 나타낸다.

❸ 두 개의 형체에 설정하는 공통데이텀은 아래와 같이 하이픈으로 연결한 기호로 나타낸다.

❹ 두 개 이상의 우선 순위를 지정할 때는 우선 순위가 높은 순위로 왼쪽에서 오른쪽으로 각각 다른 구획에 기입한다.

3. 기준치수(basic size)

위치도, 윤곽도 또는 경사도의 공차를 형체에 지정하는 경우, 이론적으로 정확한 위치, 윤곽, 경사 등을 정하는 치수를 사각형 테두리로 묶어 나타낸다. 이를 기준치수라 한다. 치수에 공차를 허용하지 않기 위해, 이론적으로 정확한 위치, 윤곽 또는 각도의 치수를 기준치수로 사용한다.

4. 기하공차 기입 테두리의 표시

기하공차에 대한 표시는 직사각형의 공차기입 테두리를 두 칸 또는 그 이상으로 구분하여 그 테두리 안에 기입한다. 첫 번째 칸에는 기하공차의 종류, 두 번째 칸에는 공차역(∅ 또는 R, S∅), 직경일 경우에는 ∅를 나타내고, 구일 경우에는 S∅를 붙여서 나타낸다. 그리고 공차값, 규제조건에 대한 기호(M, L, P)를 데이텀이 있을 경우 표시한다.

5. 기하공차에 의해 규제되는 형체의 표시방법

기하공차에 의해 규제되는 형체는 공차 기입 테두리로부터 지시선으로 연결해서 도시한다. 이때 지시선의 방향은 공차를 규제하고자 하는 형체에 수직으로 한다.

6. 위치공차 도시방법과 공차역의 관계

❶ 공차역은 공차값 앞에 ∅가 없는 경우에는 공차 기입 테두리와 공차붙이 형체를 연결하는 지시선의 화살표 방향에 존재하는 것으로 취급한다. 기호 ∅가 부기되어 있는 경우에는 공차역은 원 또는 원통의 내부에 존재하는 것으로서 취급한다.

❷ 공차역의 나비는 원칙적으로 규제되는 면에 대하여 법선방향에 존재한다.

❸ 공차역을 면의 법선방향이 아니고 특정한 방향에 지정할 때는 그 방향을 지정한다.

❹ 여러 개의 떨어져 있는 형체에 같은 공차를 공통인 공차 기입 테두리를 사용하여 지정하는 경우, 특별히 지정하지 않는 한 각각의 형체마다 지정하는 공차역을 적용한다.

❺ 여러 개의 떨어져 있는 형체의 공통의 영역을 갖는 공차값을 지정하는 경우, 공통의 공차 기입 테두리의 위쪽에 '공통 공차역'이라고 기입한다.

❻ 기하공차에서 지정하는 공차는 대상으로 하고 있는 형체 자체에 적용된다.

7. 돌출공차역(Projected Tolerance Zone)

기하공차에서 지정하는 공차는 대상으로 하고 있는 형체 자체에 적용되어 부품 결합시 문제가 발생하기도 한다. 이러한 문제를 해결하기 위해 형체에만 공차를 규제하는 것이 아니라 조립되는 상태를 고려하여 공차를 규제한다. 즉 조립되어 돌출된 형상을 가상하여 그 돌출부에 공차를 지정하는 것을 말한다.

최대(소)실체 공차방식과 실효치수

1. 최대실체 공차방식(Maximum Material Size, MMS)

기하공차의 기초이면서 가장 중요한 원칙의 하나가 최대실체 조건으로서 이는 크기를 갖는 형체(구멍, 축, 핀, 홈, 돌출부)의 실체, 즉 체적이 최대가 되는 상태를 말한다. 축이나 돌출부의 경우에 가장 큰 체적을 가지는 치수는 상한치수(최대실체 치수)이고 구멍이나 홈의 경우에는 그 하한치수가 최대실체 치수이다. 약자는 MMS, 기호는 Ⓜ으로 나타낸다(ANSI 규격에서는 약자로 MMC로 나타낸다).

최대실체 공차방식은 두 개 또는 그 이상의 형체를 조립할 필요가 있을 때, 각각의 치수공차와 형상공차 또는 위치공차와의 사이에 상호 의존성을 고려하여, 치수의 여유분을 형상공차 또는 위치공차에 부가할 경우에 적용한다. 그러나 기어의 축 사이의 거리와 같이 형체의 치수에도 불구하고 기능상 규제된 위치공차 또는 형상공차를 지켜야 할 경우에는 최대실체 공차방식을 적용해서는 안 된다.

축선 또는 중심면을 가지는 관련 형체에 적용한다. 그러나 평면 또는 평면상의 선에는 적용할 수 없다.

❶ **축이나 핀 : 최대실체치수 = 최대허용치수**(허용된 치수 범위 내의 최대값)
❷ **구멍이나 홈 : 최대실체치수 = 최소허용치수**(허용된 치수 범위 내의 최소값)

2. 최소실체 공차방식(Least Material Size, LMS)

형체의 실체가 최소가 되는 허용한계치수를 갖는 형체의 상태 즉, 크기에 대한 치수공차를 갖는 형체가 허용한계치수 범위 내에서 실체의 체적이나 질량이 최소일 때의 치수를 최소실체치수라 한다. 축이나 핀의 경우에는 최소허용치수가 구멍이나 홈의 경우에는 최대허용치수가 최소실체치수가 된다. 약자는 LMS, 기호는 Ⓛ로 나타내는데 최소실체치수를 도면에 주기로 나타내는 경우에는 약자로 LMS, 규제형체의 도면에 나타내는 경우에는 기호Ⓛ로 나타낸다

❶ **축이나 핀 : 최소실체치수 = 최소허용치수**(허용된 치수 범위 내의 최소값)
❷ **구멍이나 홈 : 최소실체치수 = 최대허용치수**(허용된 치수 범위 내의 최대값)

간단하게 정의를 한다면, 외측형체(축, 핀 등)에 있어서나 내측형체에 있어서나 그 부품의 체적이 가장 크게 될 때가 최대실체상태이고 그 체적이 가장 작게 될 때가 최소실체상태로 이해하면 된다.

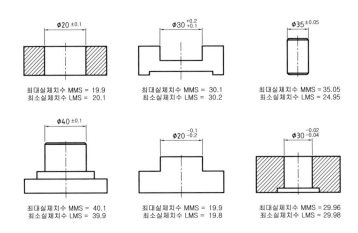

▶ **구멍과 축의 최대실체치수와 최소실체치수의 해석**

3. 실효치수(Virtual Size)

치수공차와 위치공차에 의하여 상호 결합관계를 갖거나 끼워맞춤되는 부품들이 가장 빡빡하게 결합되는 가장 극한에 있는 상태의 치수를 말한다.

> 축(핀)의 실효치수 = 축의 MMS 치수 + 형상 또는 위치공차
> = 축이나 핀을 검사하는 기능의 게이지 기본치수
> = 축이나 핀에 결합되는 구멍의 MMS
> = 실효치수일 때 형상, 위치공차는 0이다.

> 축(홈)의 실효치수 = 구멍의 MMS 치수 − 형상 또는 위치공차
> = 구멍이나 홈을 검사하는 기능의 게이지 기본치수
> = 구멍이나 홈에 결합되는 축이나 핀의 MMS치수
> = 실효치수일 때 형상, 위치공차는 0이다.

[참고] 기하공차의 KS 관련 규격

· KS B 0148 제도 − 기하공차 표시 방식의 위치도 공차 방식 (폐지)

· KS B ISO 2768-2 일반공차 − 제 2부 : 개별 공차 지시가 없는 형체에 대한 기하공차

· KS B ISO 5458 제품의 형상 명세 (GPS) − 기하공차 표시 − 위치 공차 표시

· KS B ISO 5459 제품의 형상 명세 (GPS) − 기하공차 표시 − 기하공차를 위한 데이텀 및 데이텀 시스템

· KS B 0243 기하학적 공차를 위한 데이텀 및 데이텀 시스템

· KS B 0425 기하편차의 정의 및 표시

· KS B 0608 기하공차의 도시 방법

· KS A ISO 7083 제도 − 기하공차 기호− 비율과 크기 치수

기하공차의 종류와 설명

1. 모양공차

모양공차는 형상공차라고도 하며 진직도, 평면도, 진원도, 원통도 및 선의 윤곽도와 면의 윤곽도 공차로 6가지가 포함된다. 사용빈도로 보면 평면도〉진직도〉진원도〉원통도〉윤곽도(선,면)의 순으로 사용되고 있다고 보면 된다. 이 장에서는 기하공차의 의미를 정확히 이해하고 실제로 도면에 기하공차를 적용하고 그 의미를 해석해보기로 한다.

1) 진직도 (―, straightness)

진직도는 규제하고자 하는 형체의 표면이나 축선이 기하학적인 정확한 직선으로부터 얼마만큼 벗어나 있는가를 나타내는 크기이다. 평면이나 원통의 표면과 같은 단일표면이나 축선에 적용한다.

(가) 진직도로 규제한 평탄한 표면

한쪽 방향으로 진직도를 규제한 평탄한 표면은 전체 표면이 규제된 진직도 공차 0.2만큼 떨어진 두 개의 평행한 평면사이에 있어야 한다.

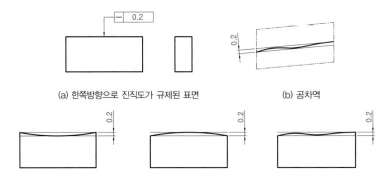

(a) 한쪽방향으로 진직도가 규제된 표면   (b) 공차역

▶ 진직도로 규제한 평탄한 표면

(나) 서로 직각인 두 방향의 진직도

수평방향 및 수직방향의 진직도는 그 두 방향에 각각 수직인 기하학적 두 개의 평면으로 하나의 표면에 두 방향의 진직도를 다르게 규제하는 경우에는 정면도와 측면도에 별도로 규제해 주고, 수평 및 수직 방향의 진직도가 동일한 경우에는 평면도로 규제해 준다.

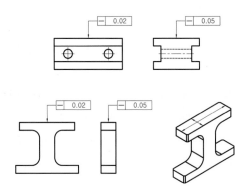

▶ 서로 직각인 두 방향의 진직도

(다) 치수공차 범위 내에서의 진직도

진직도 공차는 규제하는 형체의 치수공차의 범위 내에서 적용하는데 아래 그림과 같이 치수공차가 0.1인 표면은 진직도가 0.1보다 작을 수도 있다.

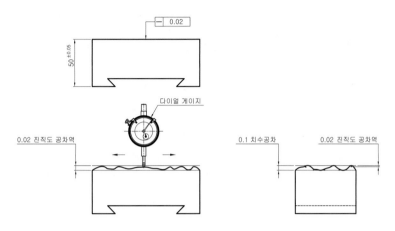

▶ 치수공차 범위 내에서의 진직도

(라) 최대실체 공차방식으로 규제된 진직도(축과 구멍)

기계 부품의 결합상태에 있어 구멍(홈)과 축(핀)과 같은 형체 상호간에 기능적인 관계를 갖고 조립되는 경우가 많다. 이런 기능적인 관계를 갖는 경우에 최대실체 공차방식에 의한 진직도 규제가 바람직하다. 아래 도면에 규제된 치수공차와 진직도 공차를 해석해 보고 실제 구멍과 축의 지름에 따른 허용되는 진직도 공차와 실효치수(VS), 최대실체치수와의 관계를 알아보자.

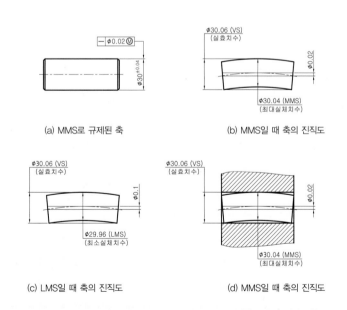

(a) MMS로 규제된 축   (b) MMS일 때 축의 진직도

(c) LMS일 때 축의 진직도   (d) MMS일 때 축의 진직도

▶ 최대실체 공차방식으로 규제된 축의 진직도 해석

위 그림과 같이 실제 축이 최대실체치수(MMS)인 Ø30.04일 때, 허용되는 진직도 공차는 Ø0.02이고, 실효치수는 Ø30.06이다. 따라서 이 축이 최대로 변형이 되었을 때 여기에 결합되는 구멍의 최대실체치수는 Ø30.06(축의 최대실체치수 Ø30.04 + 진직도공차 Ø0.02)으로 구멍의 최소허용치수가 Ø30.06보다 작아서는 안된디는 것을 알 수 있다.

▨ 실제 축 치수에 따라 추가로 허용되는 진직도 공차

실제 축의 치수	추가로 허용되는 진직도 공차	실효치수(VS)
Ø30.04	Ø0.02	
Ø30.03	Ø0.03	
Ø30.02	Ø0.04	
Ø30.01	Ø0.05	
Ø30.00	Ø0.06	Ø30.06
Ø29.99	Ø0.07	
Ø29.98	Ø0.08	
Ø29.97	Ø0.09	
Ø29.96	Ø0.1	

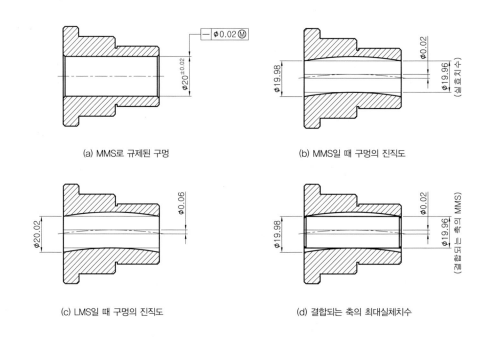

(a) MMS로 규제된 구멍

(b) MMS일 때 구멍의 진직도

(c) LMS일 때 구멍의 진직도

(d) 결합되는 축의 최대실체치수

▶ 최대실체 공차방식으로 규제된 구멍의 진직도 해석

위 그림과 같이 실제 구멍이 최대실체치수(MMS)인 Ø19.98일 때, 허용되는 진직도 공차는 Ø0.02이고, 실효치수는 Ø19.96이다. 따라서 이 구멍이 실제 Ø20.00일 경우에 허용되는 진직도는 최대실체치수 Ø19.98에서 추가로 허용된 진직도 공차 0.04와 도면에 지시된 0.02를 합한 0.06까지 진직도가 허용됨을 알 수 있다.

■ 실제 구멍 치수에 따라 추가로 허용되는 진직도 공차

실제 구멍의 치수	추가로 허용되는 진직도 공차	실효치수(VS)
⌀19.98	⌀0.02	
⌀19.99	⌀0.03	
⌀20.00	⌀0.04	⌀19.96
⌀20.01	⌀0.05	
⌀20.02	⌀0.06	

key Point

▶ 구멍의 최대실체치수(MMS) = 구멍의 최소허용치수(하한치수)

  구멍의 실효치수(VS) = MMS − 기하공차

▶ 축의 최대실체치수(MMS) = 축의 최대허용치수(상한치수)

  축의 실효치수(VS) = MMS + 기하공차

key Point

▶ 진직도로 규제할 수 있는 형체는 '직선형체'이다.

▶ 진직도는 최대실체 공차방식을 적용할 수 있으며 단독 형체를 규제하는 모양공차이므로 '데이텀'을 필요로 하지 않는다.

▶ 진직도는 직선형체의 '형상'에 대한 규제로 '자세'나 '위치'의 규제는 할 수 없다.

▶ 진직도 공차는 규제하는 형체의 치수공차보다 작아야 한다.

▶ 진직도는 (1)한쪽 방향, (2)서로 직각인 두 방향, (3)방향을 정하지 않은 경우, (4)표면의 요소로써 직선형체의 4가지 공차역이 있다.

2) 평면도 (▱, flatness)

평면도는 규제 형체의 한 평면상에 있는 모든 표면이 기하학적으로 정확한 평면으로부터 벗어난 크기이다. 평면도 공차역은 치수공차 범위 내에서 두 평면 사이의 간격으로 나타내며 일반적으로 치수공차보다 작은 공차를 평면도로 표시한다.

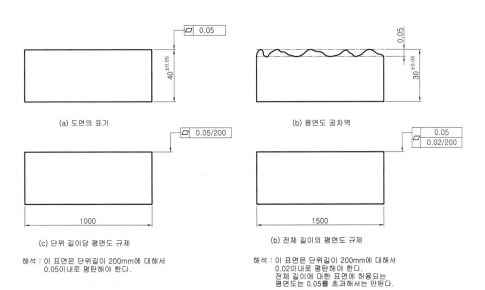

(a) 도면의 표기

(b) 평면도 공차역

(c) 단위 길이당 평면도 규제

해석 : 이 표면은 단위길이 200mm에 대해서
0.05이내로 평탄해야 한다.

(b) 전체 길이의 평면도 규제

해석 : 이 표면은 단위길이 200mm에 대해서
0.02이내로 평탄해야 한다.
전체 길이에 대한 표면에 허용되는
평면도는 0.05를 초과해서는 안된다.

▶ 평면도로 규제한 형체의 공차역

평면도는 단독 형체의 모양(형상)만을 규제하는 공차로 최대실체 공차방식의 적용이 불가하고 데이텀을 필요로 하지 않으며 평면도 공차는 규제 형체의 치수공차보다 커서는 안된다. 평면도와 진직도가 조금 혼동이 될 수 있는데 평면도로 지시하는 경우 지시된 평면은 방향에 관계없이 동일한 공차값 범위안에 있어야 한다. 하지만 진직도에서 평면을 지시하는 경우에는 직각방향에 내해서 서로 다른 공차값을 수는 것이 가능하다. 따라서 방향에 의한 모양의 편차를 변경하는 곳에서 공차값을 크게 할 수가 있는 표면에서는 진직도 쪽이 자유도가 높다고 말할 수 있다.

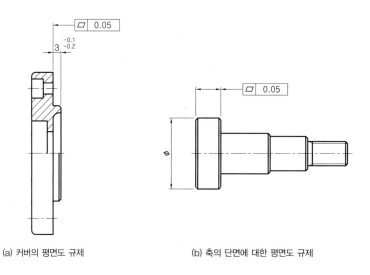

(a) 커버의 평면도 규제　　　　　　(b) 축의 단면에 대한 평면도 규제

▶ 평면도 공차의 적용 예

평면도는 규제 형체의 표면이 조립이나 기능상에 있어 중요한 역할을 하여 정밀한 표면이 필요한 경우 데이텀 표면에 평면도를 위 그림과 같이 규제할 수 있다.

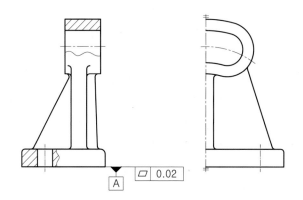

▶ 데이텀 표면에 규제된 평면도

3) 진원도 (○ , circularity)

진원도는 규제하는 원형형체의 기하학적으로 정확한 원으로부터 벗어난 크기 즉, 중심으로 부터 같은 거리에 있는 모든 점이 정확한 원에서 얼마만큼 벗어났는가 하는 측정값이 진원도이다. 원은 하나의 중심으로부터 반지름상의 모든 점이 같은 거리에 있는 곡선으로 진원도 공차역은 원의 표면상에 있는 모든 점이 존재해야 하는 완전한 동심원 사이의 반경상의 공차역이다.

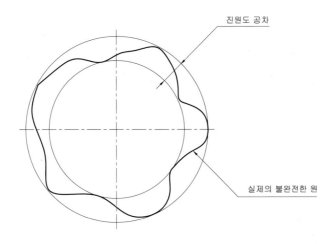

▶ **진원도 공차역**

진원도로 규제한 단면이 원형인 형체의 실제 치수에 따른 반지름상의 진원도 공차를 나타내었다. 원통 형체의 지름을 보면 상한치수가 Ø40.05이고 하한치수가 39.95라면 지름의 차이가 0.1이다. 진원도 공차는 공통의 축선에 수직한 반지름상의 공차역이므로 진원도 공차는 0.05이다.

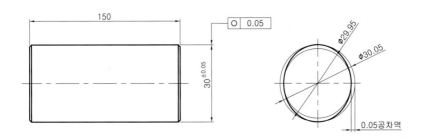

▶ **진원도로 규제한 축의 공차역 해석**

▨ **진원도의 측정**

진원도를 측정하는 방법은 여러가지 측정법이 있으나 여기서는 실무 산업현장에서 쉽게 볼 수 있는 측정법 중 V−블록에 의한 측정법과 양 센터에 의해 지지하여 측정하는 방법을 간단하게 알아보기로 한다. 특히 V−블록 경사면 위에 원통형상의 축이나 핀등을 올려 놓고 다이얼 게이지의 측정자를 진원도를 측정하고자 하는 표면에 대고 회전시켜 측정하는 경우 바늘이 이동한 수치의 1/2값이 진원도 공차역이 된다.

▶ 다이얼 게이지의 각부 명칭

▶ 다이얼 게이지는 측정자를 측정하고자 하는 표면에 대고 스핀들의 상하로 움직이면 그 이동량을 지침이 가르키는데 스핀들의 움직임을 지침으로 해독하는 측정기로 일정한 기준값과 비교해서 그 값이나 차이를 판독하는 것이다. 진원도 외에 평행도, 평면도, 편심량 등의 측정이나 선반작업의 센터링, 밀링작업에서 바이스의 클램프, 가공부품의 고정과 측정 등에 널리 사용하고 있는 측정기이다. 또한 다이얼 게이지는 다이얼 게이지 스탠드에 고정하여 사용하며 스탠드에는 마그넷 베이스가 부착되어 있어 대상품이 철인 경우 자유로운 각도로 방향에 구애없이 부착하여 측정을 할 수 있는 편리한 측정기이다.

▶ V-블록을 이용한 측정

▶ 다이얼게이지와 스탠드

- V-블록을 이용한 측정시 진원도 = TIR/2
- 양 센터(center)를 이용한 측정시 진원도 = TIR
- TIR(Total Indicator Reading) = 인디게이터 움직임 전량

▶ 벤치 센터(bench center)를 이용한 측정 예

4) 원통도 (⌀ , cylindricity)

원통도는 원통형상의 모든 표면이 완전히 평행한 원통으로부터의 벗어난 정도를 규제하며, 그 공차는 반경
상의 공차역이다. 진원도는 중심에 수직한 단면상의 표면의 측정값이고, 원통도는 축직선에 평행한 원통형
상 전체 표면의 길이 방향에 대하여 적용한다.

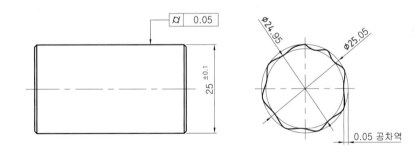

▶ 원통도의 도면지시와 공차역

5) 윤곽도 공차 (profile tolerance)

윤곽은 물체의 불규칙한 외곽의 형상으로 직선과 원호 및 곡선의 조합일 수도 있고 제도 용구 중 운형자로 그린 것 같이 불규칙한 곡선일 수도 있다. 윤곽도 공차는 실제 제품이 기준 윤곽으로부터 벗어난 크기로서 선의 윤곽도 (⌒)와 면의 윤곽도(⌓)로 2종류로 구분한다.

선의 윤곽도(profile of a line)는 이론적으로 정확한 치수에 의한 기하학적 윤곽선에 대해서 얼마만큼 벗어나도 좋은가를 표시한 것이다.

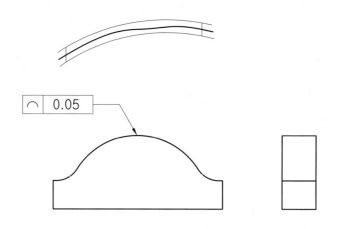

▶ 선의 윤곽도의 도면지시와 공차역

면의 윤곽도(profile of a surface)는 이론적으로 정확한 치수에 의한 기하학적 윤곽면에 대해서 얼마만큼 벗어나도 좋은가를 표시한 것이다.

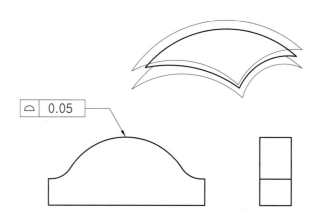

▶ 면의 윤곽도의 도면지시와 공차역

key Point

▶ 윤곽도는 면의 윤곽도와 선의 윤곽도의 2가지 종류가 있다.

▶ 윤곽도는 데이텀에 의해 규제할 수도 있고, 부품의 기능적 특성에 따라서 단독 형체에 규제할 수도 있다.

▶ 윤곽도는 최대실체 공차방식(MMC)을 적용하지 않는다.

2. 자세공차

자세공차는 기준 데이텀을 이용해서 규제하려는 관련 형체의 자세편차를 규제하는 기하공차로 평행도, 직각도, 경사도의 3동류가 있으며 이중에서 평행도와 직각도는 실제로 다른 기하공차보다도 사용빈도가 높은 기하공차 중의 하나이므로 반드시 이해를 하고 적용할 수 있어야 한다.

1) 평행도 (// , palallelism)

평행도는 데이텀을 기준으로 규제된 형체의 표면, 선, 축선이 기하학적 직선 또는 기하학적인 평면으로 부터의 벗어난 크기이다. 데이텀이 되는 기준 형체에 대해서 평행한 이론적으로 정확한 기하학적 축직선 또는 평면에 대해서 얼마만큼 벗어나도 좋은가를 규제하는 기하공차이다. 축직선이 규제 대상인 경우는 Ø가 붙는 경우가 있으며 평면이 규제 대상인 경우는 공차값 앞에 Ø를 붙이지 않는다.

또한 평행도는 반드시 데이텀이 필요하며 부품의 기능상 필요한 경우에는 1차 데이텀 외에 참조할 수 있는 2차, 3차 데이텀의 지정도 가능하다.

여기서 데이텀에 대해서 정확한 이해를 해야 앞으로 학습하게 될 기하공차의 적용에 있어 무리가 없을 것이다. 데이텀은 앞장에서도 설명을 했지만 기하공차의 실제 적용에 있어 아주 중요한 사항이므로 다시 한번 언급을 한다.

데이텀은 특히 자세공차나 흔들림공차 및 위치공차에서 자주 사용하게 되는데 데이텀은 쉽게 설명하면 조립과 측정과 가공에 있어 기준이 되는 평면이나 축직선, 구멍의 중심 등 서로 관련이 있는 두 형체중에서 기능상으로 더욱 중요하다고 판단되는 형체를 기준으로 한 것을 말한다. 우리가 흔히 'A와 B는 서로 평행하다' 라는 말을 하는데 이는 '어느 하나를 기준으로 하여 평면상의 서로 나란한 두 직선이 만나지 않을 때'로 정의할 수 있는 위치관계가 있기 때문이다. 이 때 A나 B 중에 어느 하나의 기준 직선이 바로 데이텀이 되는 것이다. 이제 데이텀이라는 용어에 대해서 이해를 했다고 보고 평행도를 적용하여 규제할 수 있는 조건을 알아보자.

▢ 평행도로 규제할 수 있는 형체의 조건

    [1] 기준이 되는 하나의 데이텀 평면과 서로 나란한 다른 평면
    [2] 데이텀 평면과 서로 나란한 구멍의 중심(축직선)
    [3] 하나의 데이텀 구멍 중심(축직선)과 나란한 구멍 중심을 갖는 형체
    [4] 서로 직각인 두 방향(수평, 수직)의 평행도 규제

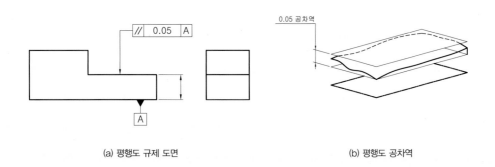

(a) 평행도 규제 도면   (b) 평행도 공차역

▶ 하나의 데이텀 평면과 서로 나란한 다른 평면의 평행도

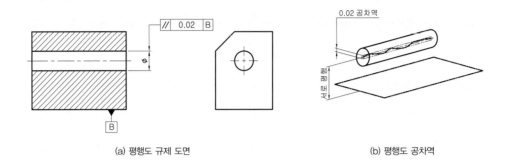

(a) 평행도 규제 도면

(b) 평행도 공차역

▶ 데이텀 평면과 서로 나란한 구멍의 중심(축직선)의 평행도

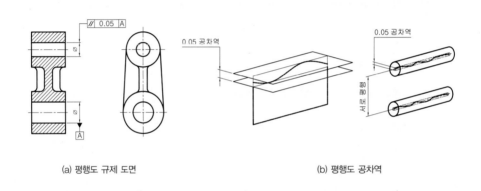

(a) 평행도 규제 도면

(b) 평행도 공차역

▶ 두개의 나란한 구멍 중심(축직선)을 갖는 형체에 규제한 평행도

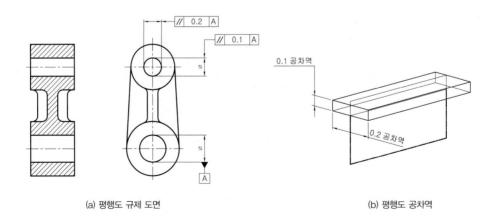

(a) 평행도 규제 도면

(b) 평행도 공차역

▶ 서로 직각인 두 방향(수평, 수직)의 평행도 규제

▨ 실제 도면상에 규제된 평행도 공차 해석

아래 그림은 커넥팅 로드라는 부품으로 Ø18 및 Ø14 구멍에는 축을 지지해주는 미끄럼 베어링의 일종인 무급유 부시(oil free bush)가 끼워맞춤 되어 작동상 중요한 기능을 하는 것으로 실제 무급유 부시는 표준화되어 시중에서 쉽게 구할 수 있는 기계요소이며 실제 산업 현장에서도 다양한 곳에 사용되고 있으며 이 도면에서 공차의 기준은 일반적인 용도로 가벼운 하중(경하중)을 받는 조건으로 가정한다.

또한 부시가 끼워맞춤 되는 구멍 공차의 경우에도 권장하는 허용공차가 있으며 여기서는 부시의 외경 m6에 대해 구멍의 내경은 H7을 추천하고 있다.

이처럼 일반적으로 자주 사용하는 구멍과 축의 끼워맞춤은 'IT 5급 ~ IT 10급 : **주로 끼워맞춤(Fitting)을 적용하는 부분**'에서 선택적으로 적용을 해주면 큰 무리는 없을 것이다. 아래 그림의 커넥팅 로드의 끼워맞춤 공차 값의 경우는 구멍의 경우 H7, F7 즉 IT7급이 주로 적용이 되었고 축의 경우는 m6, e7 즉 IT6급과 IT7급이 적용되었음을 알 수 있는데 기하공차의 값은 IT6급과 IT7급의 기본 공차값 보다 한 단계 더 정밀한 등급인 IT5급이나 IT4급을 적용하여 규제해주면 실제 결합상의 큰 문제는 없을 것이라고 본다.

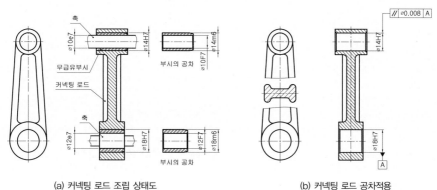

(a) 커넥팅 로드 조립 상태도   (b) 커넥팅 로드 공차적용

▶ 평행도 공차의 적용 예

이 도면에 실제 적용한 평행도 공차를 해석해보면 Ø18H7 구멍을 기준 데이텀 Ⓐ로 설정하고 Ø14H7 구멍에 평행도 공차로 규제하였는데 이는 평행도의 규제조건 중 '**하나의 데이텀 구멍 중심(축직선)과 나란한 구멍 중심을 갖는 형체**'에 해당하는 사항으로 데이텀 Ⓐ를 기준으로 상부의 구멍 중심은 Ø0.008 범위 내에서 평행해야 한다는 규제 조건으로 해석하면 된다.

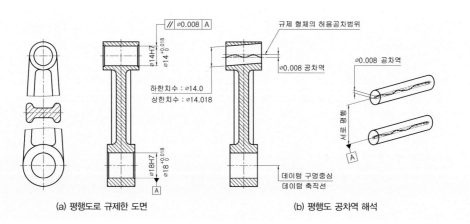

(a) 평행도로 규제한 도면   (b) 평행도 공차역 해석

▶ 평행도 공차의 공차역 해석

최대실체 공차방식(MMS)으로 규제된 평행도

최대실체 공차방식(MMS)으로 규제된 평행도를 해석해보자. 아래 도면에서 평행도 공차 Ø0.02에 Ⓜ이 붙은 것은 MMS방식을 적용한 것을 나타내는 데이텀 Ⓐ를 기준으로 규제하는 상부의 구멍의 중심은 최대실체치수 Ø25.00(하한치수)일 때 규제된 평행도 공차가 Ø0.02이다. 실제 구멍이 지름공차 범위내에서 최소실체치수(상한치수)로 커지면서 추가로 허용되는 공차가 생긴다. 여기서 구멍의 실효치수(VS)는 [하한치수−평행도공차]로 25.00−0.02=24.98이 된다.

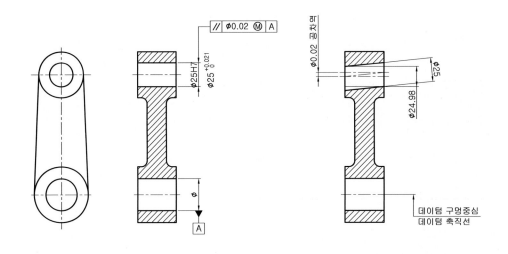

(a) 최대실체치수로 규제된 평행도　　　　　　(b) 평행도 공차역 해석

▶ 최대실체 공차방식(MMS)으로 규제된 평행도의 해석

실제 구멍 치수에 따라 추가로 허용되는 평행도 공차

실제 구멍의 치수	추가로 허용되는 평행도 공차	실효치수(VS)
Ø25.000	Ø0.02	
Ø25.020	Ø0.04	Ø24.98
Ø25.021	Ø0.041	

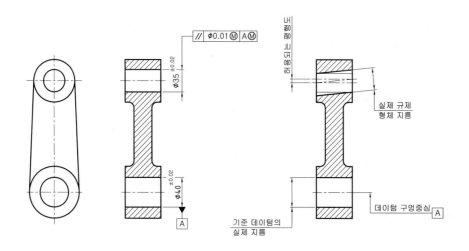

(a) 최대실체치수로 규제된 평행도　　　　　　(b) 평행도 공차역 해석

▶ 데이텀 및 규제형체에 최대실체 공차방식(MMS)을 적용한 평행도의 해석

■ 데이텀 및 규제형체에 최대실체 공차방식(MMS)을 적용한 평행도

기준 데이텀의 실제 지름	실제로 규제하는 형체의 지름	추가로 허용되는 평행도 공차
∅39.98	∅34.98	∅0.01
∅39.99	∅34.99	∅0.02
∅40.00	∅35.00	∅0.03
∅40.01	∅35.01	∅0.04
∅40.02	∅35.02	∅0.05

key Point

▶ 평행도는 축직선 형체와 평면 형체를 규제한다.
▶ 평행도는 진직도, 평면도등의 모양(형상)공차를 포함하고 있다.
▶ 평행도는 최대실체 공차방식을 적용할 수 있으며 데이텀이 필요하다.
▶ 규제 대상인 축직선 형체가 데이텀 축직선에 대해서 규제하는 경우는 공차값 앞에 Ø가 붙으며 평면이 규제 대상인 경우는 공차값 앞에 Ø를 붙이지 않는다.

2) 직각도 (⊥, squareness)

데이텀을 기준으로 규제되는 형체의 기하학적 평면이나 축직선 또는 중간면이 완전한 직각으로부터 벗어난 크기이다. 여기서 한 가지 주의해야 할 것은 직각도는 반드시 데이텀을 기준으로 규제되어야 하며, 자세공차로 단독형상으로 규제될 수 없다. 규제 대상 형체가 축직선인 경우는 공차값의 앞에 Ø를 붙이는 경우가 있으나 규제 형체가 평면인 경우는 Ø를 붙이지 않는다. 직각도로 규제할 수 있는 규제 조건과 형체 및 공차역에 대해서 알아보자.

■ 직각도로 규제할 수 있는 형체의 조건

[1] 데이텀 평면을 기준하여 한 방향으로 직각인 직선형체

[2] 데이텀 평면에 서로 직각인 두 방향의 직선형체

[3] 데이텀 평면에 방향을 정할 수 없는 원통이나 구멍 중심(축직선)을 갖는 형체

[4] 직선형체(축직선)의 데이텀에 직각인 직선형체(구멍중심)나 평면형체

[5] 데이텀 평면에 직각인 평면형체

■ 데이텀 평면을 기준하여 한 방향으로 직각인 직선형체의 규제

한 방향의 직각도 규제는 그 방향과 기준 데이텀 평면에 수직인 기하학적으로 평행한 두 평면에서 데이텀에 수직한 직선형체 즉 왼쪽 평면은 0.05의 평행한 두 평면안에 있어야 한다는 것을 규제한 것이다.

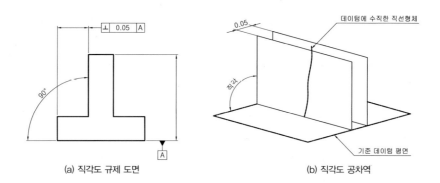

(a) 직각도 규제 도면

(b) 직각도 공차역

▶ 데이텀 평면을 기준하여 한 방향으로 직각인 직선형체의 규제

■ 데이텀 평면에 서로 직각인 두 방향의 직선형체 규제

데이텀 평면 A 에 대해서 수직인 상태로 규제 대상형체 하부의 상태를 도시한 것과 같은 상태에 있어서 직각 두 방향의 공차역을 가지고 있다. 이런 경우는 제품의 기능상 좌우방향에 비해서 다른 방향의 규제가 특히 요구되는 경우에 적용하는데 결국 이 경우의 공차역은 0.1×0.2를 단면으로 하는 직방체가 된다.

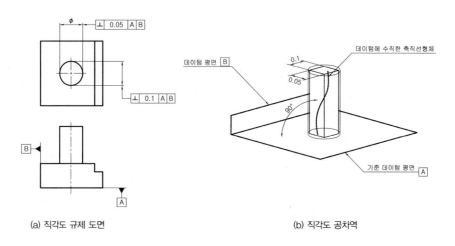

(a) 직각도 규제 도면

(b) 직각도 공차역

▶ 데이텀 평면에 서로 직각인 두 방향의 직선형체 규제

■ 데이텀 평면에 방향을 정할 수 없는 원통이나 구멍 중심(축직선)을 갖는 형체의 규제

데이텀 평면 Ⓐ에 대해서 방향을 정할 수 없는 경우 직각도의 공차역은 공차값을 직경으로 하는 원통이나 구멍 중심(축직선)내에 존재한다. 직각도의 공차값이 동일하다하더라도 어긋나는 각도는 길이가 짧은 축의 경우가 길이가 긴 축의 경우보다 크게 되는 것을 주의해야 한다. 아래 예제도면에서 처럼 (c)짧은 축의 직각도 규제와 (d)긴 축의 직각도 규제를 비교해보면 직각도 공차는 Ø0.05로 동일하지만 어긋난 각도를 보면 (c) 짧은 축은 약0.143°이고 (d)긴 축은 약 0.072°이다. 짧은 축의 경우 기능적으로 축의 어긋난 각도가 0.143° 까지 허용되는 부품이라면 긴 축의 경우는 직각도가 Ø0.1로도 좋다는 것을 알 수 있다.

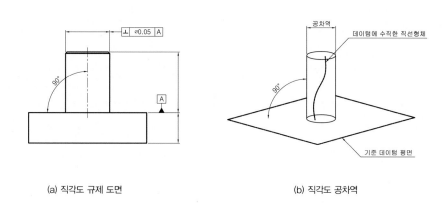

(a) 직각도 규제 도면   (b) 직각도 공차역

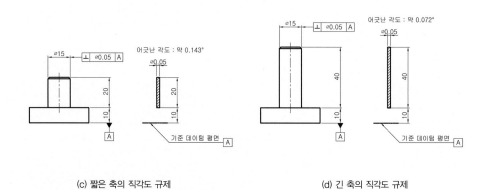

(c) 짧은 축의 직각도 규제   (d) 긴 축의 직각도 규제

▶ 데이텀 평면에 방향을 정할 수 없는 원통이나 구멍 중심(축직선)을 갖는 형체의 규제

▨ 직선형체의 데이텀에 직각인 직선형체나 평면형체

데이텀이 평면형체가 아니라 구멍(축직선)이 되어 직각으로 뚫린 수직한 축직선에 대한 규제나 구멍(축직선)의 데이텀에 직각으로 가공된 평면형체에 대한 규제이다.

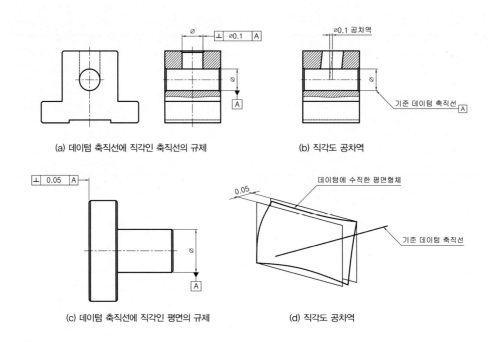

(a) 데이텀 축직선에 직각인 축직선의 규제   (b) 직각도 공차역

(c) 데이텀 축직선에 직각인 평면의 규제   (d) 직각도 공차역

▶ 직선형체의 데이텀에 직각인 직선형체나 평면형체

▨ 데이텀 평면에 직각인 평면형체

데이텀이 평면형체인 경우 평면에 대한 규제형체의 직각도는 데이텀 평면에 수직한 기하학적 평면에서 그 평면형체를 규제하는데 두 평면의 사이가 최소가 되는 허용 공차값인 0.05의 범위 내에 존재해야 한다.

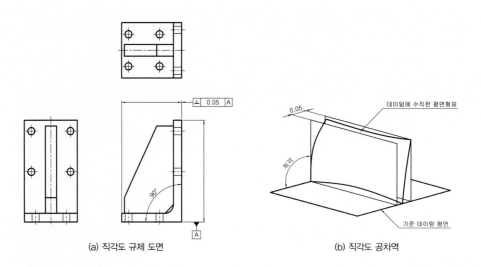

(a) 직각도 규제 도면   (b) 직각도 공차역

▶ 데이텀 평면에 직각인 평면형체

■ 최대실체공차방식(MMS)로 규제된 직각도

아래 그림의 조립도를 실제 예로 들어 기준 데이텀으로 지정한 평면형체를 기준으로 구멍에 끼워맞춤되는
품번 ① 하우징(축)에 최대실체 공차방식을 적용하여 규제된 직각도를 해석해 보자.

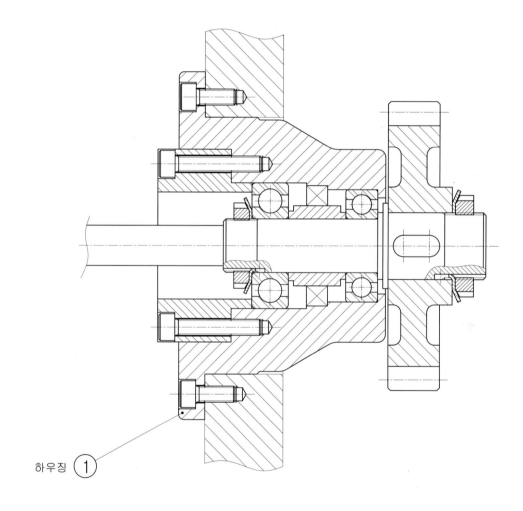

하우징 ①

▶ 모터 구동장치 조립도

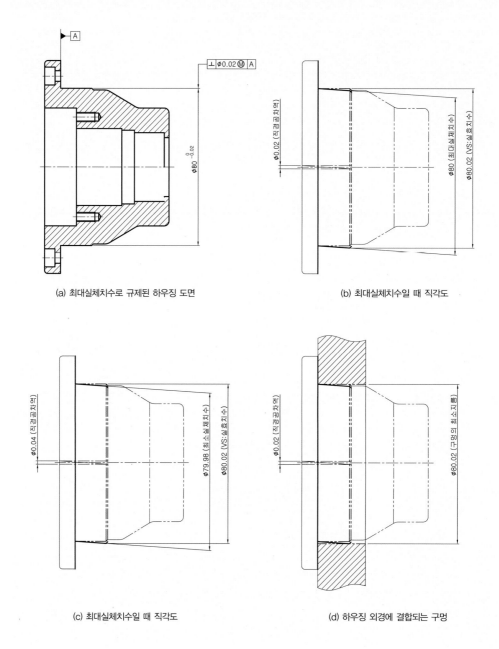

(a) 최대실체치수로 규제된 하우징 도면

(b) 최대실체치수일 때 직각도

(c) 최대실체치수일 때 직각도

(d) 하우징 외경에 결합되는 구멍

▶ **최대실체공차방식(MMS)로 규제된 실제 도면의 직각도 해석**

- 실제치수 : Ø89.98~Ø90.00mm
- 최대실제치수(MMS) : Ø90.00mm = 최대허용치수
- 규제된 직각도 공차 : Ø0.02mm
- 실효치수(VS) : 최대실체치수(MMS) + 직각도 공차 Ø0.02 = Ø90.02mm
- 허용된 직각도 공차 : Ø0.02~Ø0.04mm

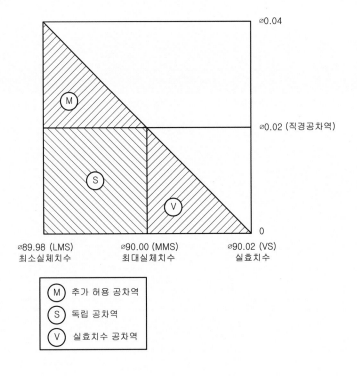

▶ 동적 공차 선도

3) 경사도 (∠, angularity)

경사도란 규제하는 직선형체나 평면형체의 데이텀에 대해서 이론적으로 정확한 각도를 갖는 직선이나 평면으로부터 벗어난 크기를 말하는데 다시 말해 90°를 제외한 임의의 각도를 갖는 평면이나 직선, 중간면에 대해 데이텀을 기준으로 규제된 경사도 공차 범위 내에서 폭 공차역이나 지름공차역으로 규제하는 것이다. 여기서 주의할 것은 경사도 공차는 각도에 대한 공차가 아니고 규정된 각도의 기울기를 갖는 두 평면 사이의 간격으로 형체에 규제된 공차는 규제 형체의 평면, 축직선 또는 중간면이 공차역 내에 있어야 한다.

경사도로 규제할 수 있는 형체의 조건

[1] 기준 데이텀 직선(축직선)에 대한 직선(축직선) 형체의 규제
[2] 기준 데이텀 평면에 대한 직선(축직선)형체의 규제
[3] 기준 데이텀 직선(축직선)에 대한 평면 형체의 규제
[4] 기준 데이텀 평면에 대한 평면형체의 규제

■ 기준 데이텀 직선에 대한 직선형체의 규제

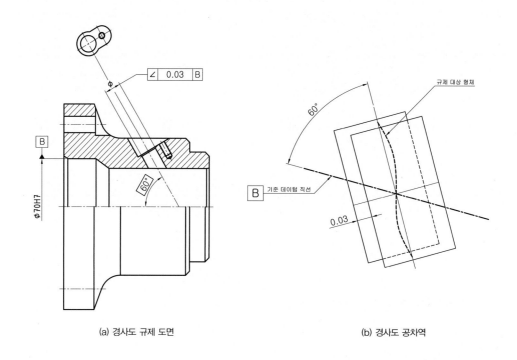

(a) 경사도 규제 도면

(b) 경사도 공차역

▶ 기준 데이텀 축직선에 대한 직선형체의 경사도 규제

■ 기준 데이텀 평면에 대한 직선형체의 규제

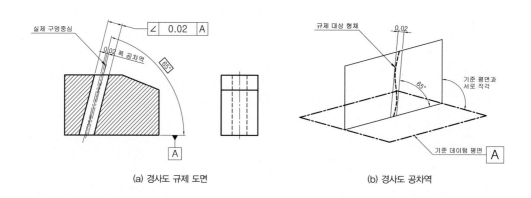

(a) 경사도 규제 도면

(b) 경사도 공차역

▶ 기준 데이텀 직선에 대한 직선형체의 경사도 규제

구멍의 중심은 기준 데이텀 평면 A에 대해서 75°로 경사진 구멍의 중심으로부터 0.05의 평행한 폭 사이 내에 구멍 중심이 있어야 한다.

234

■ 기준 데이텀 직선에 대한 평면 형체의 규제

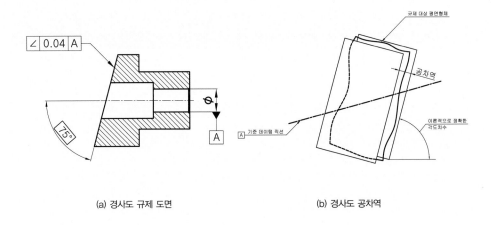

(a) 경사도 규제 도면

(b) 경사도 공차역

▶ 기준 데이텀 직선에 대한 평면 형체의 경사도 규제

■ 기준 데이텀 평면에 대한 평면형체의 규제

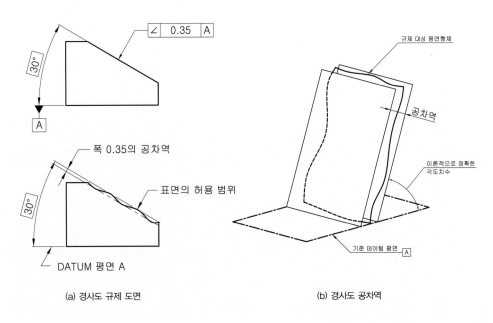

(a) 경사도 규제 도면

(b) 경사도 공차역

▶ 기준 데이텀 평면에 대한 평면형체의 경사도 규제

key Point

▶ 경사도는 주로 평면형체와 직선형체를 규제한다.
▶ 경사도는 직각도, 평행도 등의 자세공차와 함께 형체의 자세는 규제할 수 있지만 위치에 대한 규제는 하지 않는다.
▶ 경사도는 최대실체 공차방식을 적용할 수 있으며 데이텀이 필요하다.

3. 흔들림 공차

흔들림은 데이텀을 기준으로 규제형체 (원통, 원추, 호, 평면)를 1회전시킬 때 이론적으로 완전한 형상으로 부터 벗어난 크기이다. 흔들림 공차는 원통이나 원추 및 곡면 윤곽이나 평면 등 데이텀을 기준으로 규제되며, 데이텀을 기준으로 한 진원도, 진직도, 직각도, 원통도, 평행도 등을 포함한 복합공차로서 최대실체 공차방식은 적용되지 않는다. 흔들림 공차는 원통 형상의 회전 축(shaft), 롤러(roller) 등 주로 기계의 작동에 있어 회전과 관련이 있는 기능을 요구하는 부품에 적용 효과가 높은 기하공차이다. 흔들림 공차는 원주흔들림과 온흔들림의 두 종류가 있다.

key Point

> ▶ 흔들림 공차는 모양공차, 자세공차, 위치공차와 다른 성질의 기하공차이다.
> ▶ 흔들림 공차는 진원도, 진직도, 직각도, 원통도, 평행도 등의 오차를 포함하고 있는 복합공차이다.
> ▶ 흔들림 공차는 최대실체 공차방식이 적용되지 않으며 반드시 기준 데이텀이 필요하다.
> ▶ 흔들림 공차의 기준 데이텀을 설정시에는 나사, 스플라인, 기어 등의 외경은 기능상 중요한 형상이지만 기준 축으로 적용하는 것을 피해야 한다.

1) 원주 흔들림 (╱ , circular runout)

원주 흔들림은 데이텀 축직선에 수직한 임의의 측정 평면 위에서 데이텀 축직선과 일치하는 중심을 갖고 반지름 방향으로 규제된 공차만큼 벗어난 두 개의 동심원 사이의 영역을 말한다. 이것은 규제하는 평면의 전체 윤곽을 규제하는 것이 아니라 각 원주 요소의 원주 흔들림을 규제한 것으로 진원도와 동심도의 상태를 복합적으로 규제한 상태가 된다.

(가) 데이텀 축직선에 대한 반지름 방향의 원주 흔들림

규제형체를 데이텀 축직선을 기준으로 1회전 시켰을 때, 공차역을 축직선에 수직한 임의의 측정 평면 위에서 반지름 방향으로 규제된 공차만큼 떨어진 두 개의 동심원 사이의 영역이다. 아래 그림과 같이 양단이 있는 원통축은 양쪽에 베어링 등으로 지지하는 역할을 하는 경우가 많은 데 각각의 축직선을 데이텀으로 지정하여 공통 데이텀 축직선 A-B를 중심으로 회전시켜 반지름 방향의 원주 흔들림을 규제하는 예로써 일반적으로 많이 사용한다.

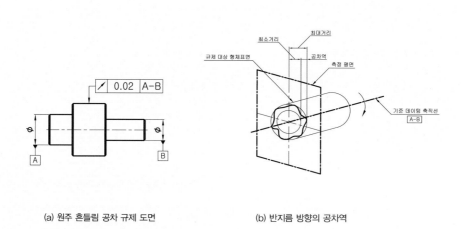

(a) 원주 흔들림 공차 규제 도면   (b) 반지름 방향의 공차역

▶ 반지름 방향의 원주 흔들림

(나) 축방향의 원주 흔들림

규제형체가 데이텀 축직선에 대해 수직한 기하학적 평면으로부터 규제 형체의 표면까지의 거리의 최대값과 최소값의 차이를 나타낸다. 아래 그림과 같이 규제했을 경우 데이텀 축직선을 기준으로 임의의 측정 위치에서 1회전시켰을 때 0.05mm 범위 내에 있어야 한다.

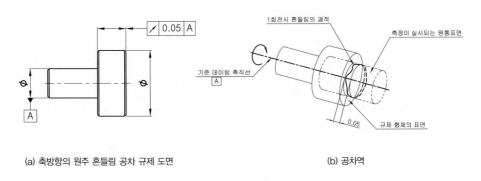

(a) 축방향의 원주 흔들림 공차 규제 도면　　　　　　(b) 공차역

▶ 축방향의 원주 흔들림

(다) 데이텀을 기준으로 경사진 표면이나 곡면의 원주 흔들림

공차역은 데이텀 축선과 일치하는 축선을 가지며, 그 원주면이나 곡면이 데이텀과 직교하는 임의의 측정 원추면이나 곡면 위에 있고 규제된 공차만큼 떨어진 두 개의 원사이에 낀 영역이다.

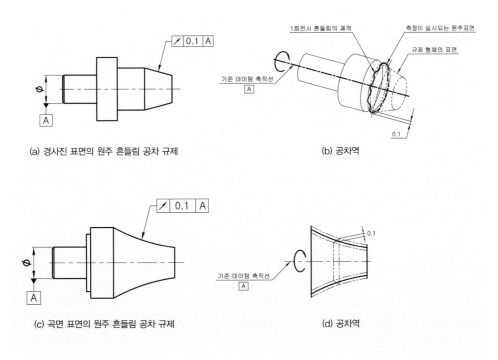

(a) 경사진 표면의 원주 흔들림 공차 규제　　　　　　(b) 공차역

(c) 곡면 표면의 원주 흔들림 공차 규제　　　　　　(d) 공차역

▶ 경사진 표면이나 곡면의 원주 흔들림

(라) 부분적인 반지름방향의 원주 흔들림

데이텀 축직선을 축으로 하여 회전면을 가지고 있는 부품의 규제 형체에서 원주 방향에 일부분에도 반지름 방향의 원주 흔들림 공차를 적용할 수 있다. 또한 부분적으로 여러 개의 원통면을 가지고 있는 부품의 경우도 반지름 방향의 원주 흔들림 공차를 적용할 수가 있다.

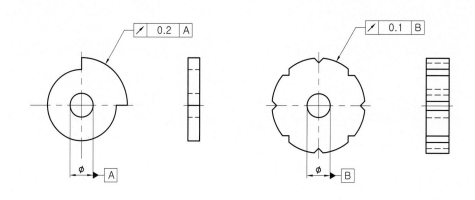

▶ 부분적인 반지름방향의 원주 흔들림

▨ 원주 흔들림 공차의 규제 예

전동축과 같이 회전하는 원통형체의 기하공차 적용시 원주흔들림 공차나 동심도를 적용하는 사례가 일반적이다. 다음 그림의 전동축은 기어박스(gear box)에 적용된 실제 사례도면으로 원주흔들림을 규제하는 부분의 축지름 공차는 그 기능과 베어링의 하중에 따라 Ø25k5를 적용하였는데 k5는 IT5급에 해당하는 기본공차이며 축의 치수허용차는 +0.011 ~ +0.002로 0.009의 치수허용차를 가지고 있다. 그러면 이 축지름에 알맞은 원주흔들림 공차는 얼마로 하면 이상적일까 하는 의문이 생길 것이다.

일반적으로 구멍은 H7(IT7급) 축은h6(IT6급)과 같이 끼워맞춤 종류에 따라 선정을 해주고 기하공차는 IT7, IT6급 보다 한 단계 정밀한 IT5급이나 IT4급을 적용해 주고 있다.

이 도면에서 전동축은 k5 즉, IT5급의 정밀도를 부여하고 있는데 축에 기능에 따라 필요한 기하공차를 선정하여 주는데 동일한 등급인 IT5급을 적용하거나 필요시 더욱 정밀도를 요구한다면 IT4급의 기하공차를 적용해주면 이상적일 것이다. 반드시 이렇게 기하공차를 적용해야 한다는 기준에 대한 표준규격이나 문헌은 아직까지는 찾지 못하였다.

실제 산업현장에서는 보유하고 있는 가공기계의 정밀도를 주기적으로 점검하여 실제 그 기계가 발휘할 수 있는 성능(가공오차 또는 가공정밀도)을 고려하고 측정할 수 있는 범위내에서 공차를 지정해주는 것이 일반적인 경우이다.

예를 들어 적용하려는 축지름의 공차가 Ø35h6일 때 기하공차를 IT5급을 적용한다면 공차값은 0.011mm이다. 이런 경우 그 부품의 기능상에 문제가 없다는 판단 아래 가공이나 측정의 측면을 고려해서 미크론 단위(1/1000)가 아닌 0.01mm(1/100)단위로 규제해 주어 가공 및 측정상 불필요한 공차를 관리해 주는 사례들이 있다.

무조건 미크론 단위까지 규제해 준다면 더욱 더 정밀한 공작기계와 측정기가 필요하며 이런 공차 규제는 제조 원가의 상승을 초래하게 되는 이유가 될 수 있다.

(a) IT4급을 적용한 원주 흔들림 공차

(b) IT5급을 적용한 원주 흔들림 공차

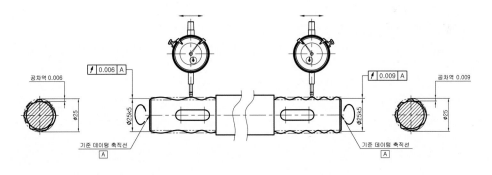

(c) 원주 흔들림 공차역

▶ 전동축에 적용된 원주 흔들림 공차(IT4급 및 5급 적용 예)

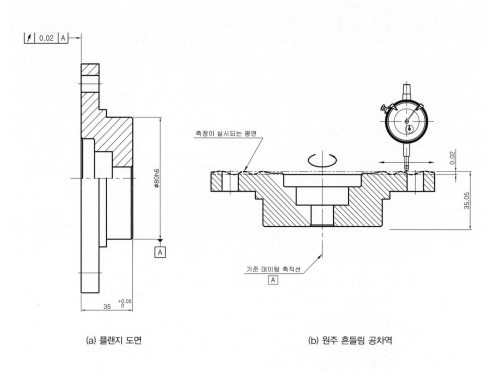

(a) 플랜지 도면

(b) 원주 흔들림 공차역

▶ 데이텀 축직선에 직각인 평면에 적용된 원주 흔들림 공차

2) 온 흔들림 (↗↗, total runout)

온 흔들림은 반지름 방향과 축 방향의 2종류가 있으며 원통표면을 갖거나 원형면을 갖는 대상물을 데이텀 축 직선을 기준으로 회전했을 때 그 표면이 지정된 방향, 즉 데이텀 축직선에 수직인 방향(반지름 방향)과 평행 인 방향으로 벗어나는 크기를 말한다.

(가) 반지름 방향의 온 흔들림

데이텀 축직선을 기준축으로 하는 원통표면을 갖는 규제형체를 1회전 시켰을 때 그 공차역은 원통 표면상의 전 영 역에서 규제된 공차만큼 떨어진 두 개의 동축 원통 사이의 영역이다.

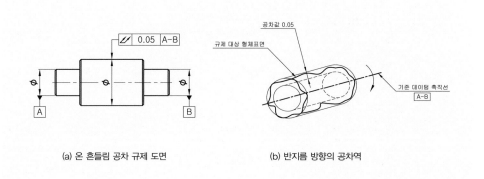

(a) 온 흔들림 공차 규제 도면

(b) 반지름 방향의 공차역

▶ 반지름 방향의 온흔들림 규제

(나) 축직선 방향의 온 흔들림

데이텀 축직선에 수직한 평면을 갖는 규제형체를 데이텀 축직선을 기준으로 1회전 시켰을 때 원통표면의 임의의 점에서 규제된 공차만큼 떨어진 두 개의 평행한 평면 사이에 있는 영역이다. 원통 측면을 따라 이동하면서 측정한다.

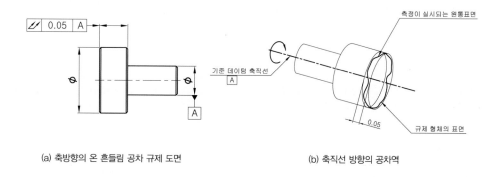

(a) 축방향의 온 흔들림 공차 규제 도면   (b) 축직선 방향의 공차역

▶ 축직선 방향의 온흔들림 규제

■ 온 흔들림 공차의 규제 예

데이텀 축직선(축심)에 대해 동심인 원통 표면의 온 흔들림과 공차역에 관한 규제 예로 온 흔들림 공차역은 데이텀 축직선에 수직한 방향에서 회전시켰을 때의 공차역과 다이얼 게이지를 원통 표면에서 축선 방향으로 이동시키면 다이얼 게이지의 측정자가 닿는 표면의 굴곡에 따라 스핀들이 상하로 이동하면서 움직이는 지침의 이동량을 읽어 측정한 측정값이 규제한 공차값인 0.009를 벗어나지 않아야 한다는 것이다.

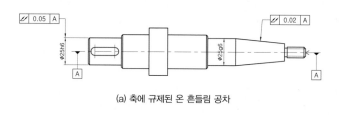

(a) 축에 규제된 온 흔들림 공차

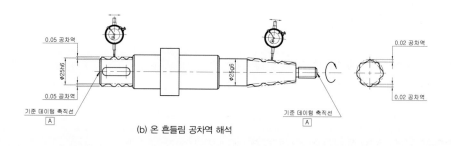

(b) 온 흔들림 공차역 해석

▶ 온 흔들림 공차 적용 및 해석

4. 위치 공차

위치공차에는 동심도, 대칭도, 위치도의 3가지 종류가 있는데 그 중에서도 위치도공차는 적용시 효율적인 제품의 생산 및 적용효과가 높은 기하공차로 제조산업 현장에서 널리 활용되고 있다. 위치공차는 자세공차와 모양공차를 포함한 복합공차로서 위치공차로 규제하는 경우에는 자세공차나 형상공차를 별도로 규제해주지 않아도 된다.

1) 동심도 (◎ , Concentricity)

동심도(同心度)는 동축도(同軸度)라고도 부르는데 먼저 원과 원통의 차이점을 이해해보자. 원은 중심을 가지며 그 중심을 기준으로 반지름상에 동일한 거리내에 있는 점들이 모여 원을 형성한다.

즉 원은 중심을 가지고는 있으나 원통형체와 같이 축심(軸心)을 가지고 있는 것은 아니다. 동심도는 데이텀이 원의 중심이 되고 규제 형체는 원형 형체의 중심이 되며, 동축도(coaxiality)는 데이텀이 축직선(축심)이 되고 규제 형체는 축선이 된다. 동축도는 데이텀 축직선과 동일 직선 위에 있어야 할 축선이 데이텀 축직선으로부터 어긋난 크기를 나타내며, 동심도는 데이텀인 원의 중심에 대해 원형형체의 중심의 위치가 벗어난 크기를 말한다. 하지만 기계공학에서는 동심이나 동축이라는 용어를 보통 함께 사용한다.

공작물이나 제품의 구멍에 안내역할을 하는 위치결정핀, 회전하며 동력을 전달하는 전동축 등의 외경이나 베어링 및 부시등 원통형상의 기계요소가 끼워맞춤되는 구멍에 흔히 적용된다.

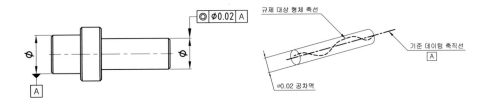

▶ 동심도와 공차역

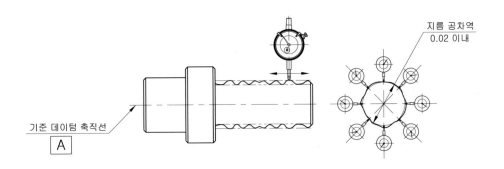

▶ 동심도 공차역과 측정 예

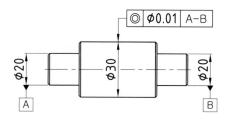

(a) 공통데이텀 축선으로 규제한 동심도

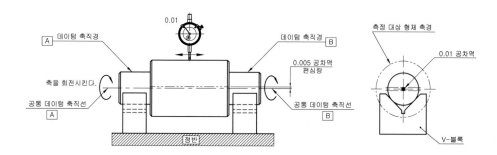

(b) 공통데이텀 축선으로 규제한 동심도의 측정 및 해석

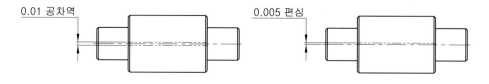

(c) 공통데이텀 축선으로 규제한 동심도의 편심

▶ 공통데이텀 축직선을 두 개로 규제한 공차역의 해석

key Point

▶ 동심도 공차는 주로 원통형상에 적용되나 축심을 가지는 형상에도 적용할 수 있다.

▶ 동심도 공차는 자세공차인 평행도나 직각도의 경우와 마찬가지로 관계특성을 가지므로 반드시 데이텀을 기준으로 적용한다.

▶ 동심도 공차는 데이텀 축심을 기준으로 규제되는 형체의 공차역이 원통형이므로 규제하는 공차값 앞에 Ø를 붙이며 최대실체 공차방식은 적용하지 않는다.

▶ 동심도 공차는 동일한 축심을 기준(공통 데이텀 축직선)으로 여러개의 직경이 다른 원통형체에 대한 규제를 할 수 있으며 데이텀 축직선을 기준으로 회전하는 회전축의 편심량을 규제하는 경우 주로 적용된다.

2) 대칭도 (≡ , Symmetry)

대칭도는 기준인 선이나 면 즉, 데이텀 축직선이나 데이텀 중심평면에 대해 서로 대칭이어야 할 형체가 대칭 위치로부터 벗어난 크기를 말한다.

▨ 대칭도로 규제할 수 있는 형체의 조건

[1] 위치가 동일한 축선(축직선)과 축선

[2] 위치가 동일한 중심면(중간면, 중심평면)과 중심면

[3] 위치가 동일한 중심면(중간면, 중심평면)과 축선

[4] 1개의 축선에 대해 서로 수직한 두 방향에 규제(데이텀 중심평면과 규제 형체의 축선)

▨ key Point

▶ 대칭도 공차는 주로 데이텀 평면으로 서로 대칭이 되어야 할 홈의 중간면에 적용한다.

▶ 대칭도 공차는 데이텀 축직선 또는 중심평면을 기준으로 규제되는 형체의 공차역이 대칭위치로부터 벗어난 크기를 규제하므로 공차값 앞에 Ø(지름)를 붙이지 않으며 최대실체 공차방식을 적용할 수 있다.

▶ 대칭도 공차는 데이텀이 필요하며 규제형체에 적용된 치수공차 값의 1/2보다 대칭도 공차값이 작아야 한다.

▶ 대칭도 공차는 ISO와 KS규격에서는 규격화 되어 있지만 ANSI규격에서는 대칭도로 규제되는 형체는 위치도로 규제하고 있다. 그 이유는 대칭도와 위치도의 공차역이 동일하게 해석되기 때문이다.

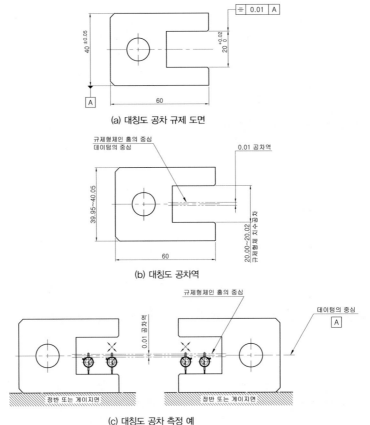

(a) 대칭도 공차 규제 도면

(b) 대칭도 공차역

(c) 대칭도 공차 측정 예

▶ 대칭도의 적용과 해석

244

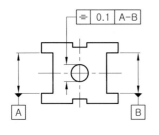

(a) 수직한 구멍 중심에 규제된 대칭도

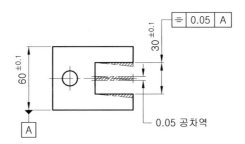

(b) 기준면과 중간면의 대칭도 규제

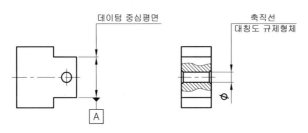

(c) 중심면과과 축선의 규제

▶ 대칭도의 여러 가지 적용 예

3) 위치도 (⊕ , Position)

위치도는 형체가 다른 형체나 데이텀의 규정 위치에서부터 점, 직선 형체 또는 평면 형체가 기하학적으로 정확한 위치로부터의 벗어난 크기를 말한다. 치수공차만으로 위치를 규제한다면 공차누적이 생기는 수가 많고 기준으로 정한 위치에 따라 공차누적과 해석도 달라지게 된다. 위치도는 끼워맞춤 결합되는 부품 상호간의 호환성 및 기능을 고려한 최대실체조건(MMC)에 의한 여러 가지 장점이 있어 제조산업 현장에서 가장 널리 사용되고 있는 기하공차중의 하나이다.

■ 위치도로 규제할 수 있는 형체의 조건

　　[1] 서로 위치관계를 갖는 축심을 갖는 구멍이나 원통형 형상의 축

　　[2] 서로 위치관계를 갖는 비원형 형상의 홈이나 돌출부 형상(홈)의 위치

　　[3] 1차 데이텀 또는 2차, 3차 데이텀을 기준으로 규제되는 형체의 위치

　　[4] 구멍(Hole), 키홈 형태의 슬롯(Slot) 및 탭(Tap) 등과 같은 형상간의 중심거리

key Point

▶ 위치도 공차는 진직도, 직각도, 진원도, 동심도, 평행도 등이 암시되어 규제할 수 있는 복합공차이다.

▶ 위치도 공차는 부품의 기능상의 요구나 호환성이 요구되는 형체를 규제하는 기하공차로 최대실체 공차방식을 적용하여 최대한으로 활용할 수 있다.

▶ 대량생산에 있어 부품을 검사하는 경우 원통형 공차영역을 가진 위치도 공차의 사용시 기능게이지(Functional gage)를 적용하여 기하공차로 규제된 부품을 효율적으로 검사할 수 있어 생산성 향상에 기여한다.

▶ 위치도 공차는 직교좌표 방식의 치수기입에 비해서 허용되는 공차역이 정사각형의 공차영역에서 원통영역이 되어 허용공차가 증가한다.

참 고 | 직교좌표 방식과 위치도 공차 방식의 관계 해석은 본 'Chapter 4. 치수공차와 기하공차와의 관계'에서 '③ 직교좌표 방식(병렬치수기입)과 위치도 공차 방식의 공차역 비교 해석' 편에서 설명하고 있으니 참고하기 바란다.

■ 두 개의 구멍을 가진 부품과 두 개의 핀(축)을 가진 부품의 위치도 규제와 결합관계 해석

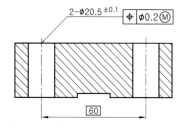

(a) 위치도 공차로 규제된 두 구멍

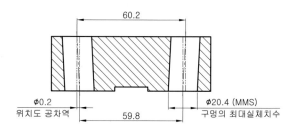

(b) 두 구멍의 지름과 위치 관계

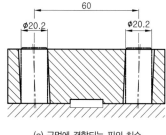

(c) 구멍에 결합되는 핀의 치수

구멍의 최대실체치수(MMS) = Ø20.4
구멍에 규제된 위치도 공차 = −0.2
────────────────────────────
구멍에 결합되는 핀의 최대실체치수(MMS) = Ø20.2

▶ 핀이 결합되는 구멍에 규제된 위치도 해석

위 [그림 (a)] 도면과 같이 구멍에 규제된 위치도와 결합되는 핀과의 관계에 대해 해석을 해보자. 두 구멍의 중심거리 치수를 80으로 하고 위치도 공차를 최대실체공차방식(MMR)으로 Ø0.2로 규제하였다. 이 때 두 구멍간의 지름과 위치관계를 보면 그림(b)와 같이 구멍의 최대실체치수(MMS : Ø20.4)일 때 규제된 위치도 공차 Ø0.2 범위 내에서 두 구멍간의 중심거리가 59.8 ~ 60.2로 제작될 수도 있다.

이 때가 구멍에 핀이 끼워질 때가 최악의 결합상태가 된다. 그림 (b)에서 구멍의 지름이 Ø20.4일 때 하나의 구멍이 Ø0.2 범위 내에서 기울어진 상태로 된다면 여기에 결합되는 핀의 최대실체치수는 Ø20.2(구멍의 하한치수−위치도공차)보다 커서는 안된다.

이런 경우에 두 개의 핀의 치수가 Ø20.2이라면 두 핀의 중심거리는 정확하게 60이 되어야만 결합을 보증할 수 있는데 이 때 두 핀의 위치도 공차는 0이어야만 결합을 보증할 수 있다는 의미로 해석할 수 있다.

■ 두개의 구멍의 치수공차와 규제조건에 따른 해석

구멍치수	규제 위치도 공차	구멍 지름치수	허용 공차역	실효치수 (VS)	기준중심거리	최소 중심거리	최대 중심거리
Ø20.5± 0.1	Ø0.2	Ø20.4 Ⓜ	Ø0.2	Ø20.2	60	59.8	60.2
		Ø20.6 Ⓛ	Ø0.4	Ø20.2	60	59.8	60.4

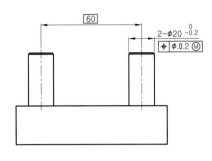

(a) 위치도 공차로 규제된 두 축

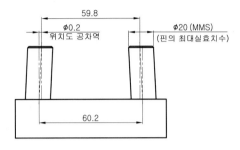

(b) 두 핀의 지름과 위치 관계

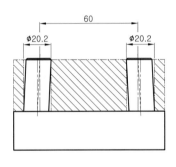

(c) 구멍에 결합되는 핀의 치수

구멍의 최대실체치수(MMS) = Ø20
축에 규제된 위치도 공차   = +0.2
―――――――――――――――――――――
구멍에 결합되는 핀의 최대실체치수(MMS) = Ø20.2

▶ 구멍에 결합되는 핀에 규제된 위치도 해석

위 [그림 (a)] 도면과 같이 구멍에 결합되는 두 개의 핀의 중심거리를 60을 기준으로 하여 핀의 위치도 공차를 Ø0.2로 규제하였다. 이 때 두 핀간의 지름과 위치관계를 보면 그림(b)와 같이 핀의 최대실체치수(MMS : Ø20)일 때 규제된 위치도 공차 Ø0.2 범위 내에서 두 구멍간의 중심거리가 59.8 ~ 60.2로 제작될 수도 있으며 이 때가 두 구멍과 결합시에 최악의 결합상태가 된다. 여기에 결합되는 두 구멍의 최대실체치수는 Ø20.2(핀의 상한치수 + 위치도공차)보다 작아서는 안된다. 이런 경우에 두 개의 구멍의 치수가 Ø20.2이라면 두 구멍의 중심거리는 정확하게 60이 되어야만 결합을 보증할 수 있는데 이 때 두 구멍의 위치도 공차는 0이어야만 결합을 보증할 수 있다는 의미로 해석할 수 있다.

▨ 두개의 핀의 치수공차와 규제조건에 따른 해석

핀 치수	규제 위치도 공차	핀 지름치수	허용 공차역	실효치수 (VS)	기준중심거리	최소 중심거리	최대 중심거리
Ø20.5	Ø0.2	Ø20.0 Ⓜ	Ø0.2	Ø20.2	60	59.8	60.2
		Ø19.8 Ⓛ	Ø0.4	Ø20.2	60	59.6	60.4

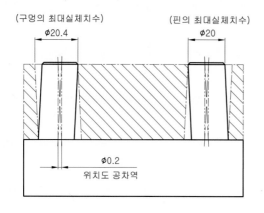
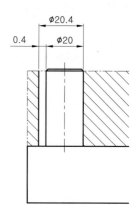

(a) 구멍과 핀의 최악의 결합관계   (b) 구멍과 핀이 최대실체치수일 때 치수의 차

▶ **최악의 결합관계와 MMS일 때 구멍과 핀의 치수차**

위 [그림 (a)] 도면과 앞 장의[그림 (a)]와 같이 두 개의 구멍과 두 개의 핀이 서로 결합되는 두 개의 부품이 최악의 조건에서 조립되는 관계를 위 그림에 나타내었다. 실제 두 부품이 구멍의 중심과 핀의 중심이 서로 반대방향으로 기울어져 경사지고 구멍은 최소지름(Ø20.4), 핀은 최대지름(Ø20)으로 제작되어 두 부품이 서로 결합되는 경우가 최악의 조립 조건이 되는 것이다. 두 부품이 서로 MMS의 조건으로 제작되었다고 하면 위 [그림 (b)]와 같이 구멍과 핀의 MMS차이는 Ø20.4 − Ø20 = 0.4이다. 따라서 틈새 0.4의 범위가 되므로 최악의 결합조건에서도 결합이 보증이 된다. 서로 결합되는 구멍과 핀의 최대실체치수(MMS) 조건일 때 치수의 차(틈새)를 구멍과 핀의 두 부품에 위치도 공차로 규제하여 적용한 예이다.

IT 기본공차 등급과 가공방법과의 관계

공작기계의 발달에 따라 대상물을 기하학적인 형상에 가깝도록 정밀하게 가공할 수 있게 되었으며, 더불어 정밀도가 높은 측정기가 개발되어 아주 미세한 단위까지 측정할 수 있게 되었다. 지금도 가공의 기술은 계속 진보하고 있으며 컴퓨터와 공작기계의 접목으로 작업자의 숙련도에 의존하던 난해한 가공기술도 어렵지 않게 처리하고 있다. 아래는 일반적인 가공법에 따른 IT 기본공차 등급 적용 예이다.

가공법	IT 기본 공차 등급							
	IT4	IT5	IT6	IT7	IT8	IT9	IT10	IT11
래핑, 호닝			■	■	■	■	■	■
원통 연삭	■	■				■	■	■
평면 연삭	■	■				■	■	■
다이아몬드 선삭	■	■				■	■	■
다이아몬드 보링	■	■				■	■	■
브로우칭	■	■				■	■	■
분말 압착	■	■						■
리 밍	■	■	■	■	■	■		
선 삭	■	■	■	■	■	■		
분말 야금	■	■	■	■	■	■		
보오링	■	■	■	■	■	■		
밀 링	■	■	■	■	■	■		
플레이너, 셰이핑	■	■	■	■	■	■		
드릴링	■	■	■	■	■	■		
펀 칭	■	■	■	■	■	■		
다이캐스팅	■	■	■	■	■	■	■	

제조산업 현장에서 적용하는 기하공차 값을 살펴보면 IT등급의 치수구분에 따른 공차값을 따르지 않은 예가 많다. 실무에서는 도면에 공차를 규제시에 자체 보유하고 있는 공작기계나 외주가공시 해당 업체가 보유한 공작기계의 성능 즉, 그 기계가 낼 수 있는 정밀도 이상으로 공차를 규제하게 되면 더욱 정밀한 가공을 할 수 있는 기계를 찾아야 한다.

일반적으로 아주 정밀한 가공이 필요한 경우 0.005, 정밀한 가공에는 0.01~0.05, 보통급의 가공에는 진원도나 동심도의 경우 0.02를 다른 기하공차는 0.05~0.1 정도를 적용한다. 거친급에서는 진원도나 동심도의 경우 0.05를 다른 기하공차는 0.1~0.2 정도를 적용하는데 이는 표준규격으로 규정되어 있는 것이 아니라 일반적으로 실무에서 적용하는 기하공차의 공차값이니 참조하길 바란다.

이러한 공차값은 IT등급에서 주로 끼워맞춤을 적용하는 등급인 IT5~IT10급의 경우 기본공차가 미크론 단위로 예를 들어 Ø40에 IT5급을 적용시 공차값은 0.011이 되는데 이러한 공차값에서는 1/1000 단위의 공차를 0.01로 하여 1/100 단위로 공차를 관리해 준 것이며 Ø20에 IT7급을 적용시 공차값은 0.021이 되는데 이런 경우 0.02로 적용하여 1/1000 단위에서 관리해야 하는 공차를 1/100 단위로 현장에 맞도록 공차관리를 해준 경우가 될 수도 있으며 범용 공작기계가 낼 수 있는 정밀도를 고려하여 각 산업현장의 조건에 알맞게 규제를 해준 것으로 아래 일반적으로 적용하는 기하공차 및 공차역은 하나의 일례이므로 참조할 수 있기 바란다.

▨ 일반적으로 적용하는 기하공차 및 공차역

종 류	적용하는 기하공차	공차기호	정밀급	보통급	거친급	데이텀
모양	진직도 공차	——	0.02/1000	0.05/1000	0.1/1000	불필요
			0.01	0.05	0.1	
			Ø0.02	Ø0.05	Ø0.1	
	평면도 공차	▱	0.02/100	0.05/100	0.1/100	
			0.02	0.05	0.1	
	진원도 공차	○	0.005	0.02	0.05	
	원통도 공차	⌭	0.01	0.05	0.1	
	선의 윤곽도 공차	⌒	0.05	0.1	0.2	
	면의 윤곽도 공차	⌓	0.05	0.1	0.2	
자세	평행도 공차	//	0.01	0.05	0.1	필요
	직각도 공차	⊥	0.02/100	0.05/100	0.1/100	
			0.02	0.05	0.1	
			Ø0.02	Ø0.05	Ø0.05	
	경사도 공차	∠	0.025	0.05	0.1	
위치	위치도 공차	⌖	0.02	0.05	0.1	
			Ø0.02	Ø0.05	Ø0.1	
	동심도 공차	◎	0.01	0.02	0.05	
	대칭도 공차	=	0.02	0.05	0.1	
흔들림	원주 흔들림 공차 온 흔들림 공차	⫽	0.01	0.02	0.05	

기능사/산업기사/기사 실기시험에서 기하공차의 적용

투상과 치수기입 및 도면배치, 재료와 열처리 선정 등을 아무리 잘하였더라도 각 부품에 표면거칠기나 기하공차를 적절하게 기입하지 않았다면 실기 시험 채점에서 감점 요인이 되어 좋은 결과를 기대하기 어려울 것이다. 도면을 작도하고 나서 중요한 기능적인 역할을 하는 부분이나 끼워맞춤하는 부품들에 기하공차를 적용하게 되는데 과연 기하공차의 값을 얼마로 주어야 좋을지에 대한 고민을 한 번씩은 해보게 될 것이다.

실기시험에서 기하공차 적용시 기준치수(기준길이)에 대하여 IT 몇 등급을 적용하라고 딱히 규제하는 경우가 아니라면 가장 적절한 기하공차 영역을 찾느라 고민하지 않을 수 없다. 현재 실기시험 응시자들의 일반적인 추세를 보면 기준치수를 찾아 IT5~IT7 등급을 적용하는 사례를 가장 많이 볼 수 있는데, 이것이 정확한 기하공차를 적용하는 기준은 아니라는 점을 명심해야 한다.

보통 끼워맞춤 공차는 구멍의 경우 IT7급(H7, N7 등)을 적용하며 축의 경우 IT6급(g6, h6, js6, k6, m6 등)이나 IT5급(h5, js5, k5, m5) 등을 적용하는 사례가 일반적이다. 따라서 기하공차의 값은 요구되는 정밀도에 따라 IT4급~IT7급에 해당하는 기본 공차의 수치를 찾아 적절하게 규제해 주고 있는 것으로 이해하면 될 것이다. 또한 IT5급 등의 특정 등급을 지정하여 일괄적으로 규제하는 경우는 도면 작도시 편의상 그렇게 적용하는 것뿐이지 반드시 기하공차의 값을 IT5급에서만 적용해야 하는 것은 아니라는 점을 이해해야 할 것이다.

특히 실무현장에서 보면 IT 등급을 사용하는 경우가 많지 않음을 알 수 있다. 물론 실무현장에서도 찾아보면 기준치수(기준길이)와 IT등급에 따른 기하공차를 적용한 예를 볼 수가 있다. 하지만 일반적인 경우에는 기준치수(기준길이)에 한정하지 않고 제품의 기능상 무리가 없는 한 제조사에서 보유하고 있는 공작기계나 측정기의 정밀도에 따라 기하공차를 적용해 주고 있다.

그렇지 않고 필요 이상의 기하공차를 남발하게 된다면 도면의 요구조건을 충족시키기 위하여 외주 제작이 필요하게 된다던지 제작이 완료된 부품의 정밀한 측정을 위하여 보다 고정밀도의 측정기를 보유한 곳에서 검사를 하게 되어 제조원가의 상승을 초래하게 될 것이다.

예를 들어 정밀급인 경우 기하공차 값은 0.01~0.02, 보통급(일반급)인 경우 0.03~0.05, 거친급인 경우에는 0.1~0.2, 아주 높은 정밀도를 필요로 하는 경우에는 0.002~0.005 정도로 지정해주는 사례가 실무현장에서는 일반적인 것이다. 예를 들어 기준치수 Ø40에 IT5급을 적용해보면 0.011이 되는데 이런 경우 0.01로 적용하여 1/1000(μm) 단위에서 관리해야 하는 공차를 1/100 단위로 현장 조건에 맞도록 공차 관리를 해주는 경우이다.
따라서 0.011을 0.01로 규제해 주었다고 해서 틀렸다고 생각하기보다는, 해당 부품이 그 기능상 0.01 이내에서 정밀도의 대상이 되는 점, 선, 축선, 면에서 기하공차에 관련이 되는 크기, 형상, 자세, 위치의 4요소를 치수공차와 기하공차를 이용하여 적절하게 규제하여 도면을 완성해 주는 것이 더욱 중요한 사항이라고 본다.

특히 기능사 실기시험에서 무엇보다 중요한 것은 규제하고자 하는 형체에 올바른 기하공차를 적용할 수 있느냐 하는 점이며, 예를 들어 어떤 부품의 면이 데이텀을 기준으로 그 기능상 직각도가 중요한 부분(수직)인데 엉뚱하게 원통도나 동심도를 부여하면 틀리게 되는 것이다.
지금부터 일반적으로 널리 사용하는 기하공차를 가지고 규제하고자 하는 대상형체에 따라 올바른 기하공차를 적용하고 데이텀이 필요한 경우 데이텀을 어떻게 선정하는지 알아보면서 기하공차의 적용에 대하여 이해하고 실기 예제 도면에 적용해 보기로 하자.

데이텀 선정의 기준 원칙 및 우선 순위 선정 방법

(자격 시험 과제 도면에서의 예)

❶ 데이텀은 치수를 측정할 때의 기준이 되는 부분

❷ 기계 가공이나 조립시에 기준이 되는 부분

❸ 축을 지지하는 베어링이 조립되는 본체의 끼워맞춤 구멍

❹ 기계요소들이 조립되는 본체(몸체, 하우징 등)의 넓은 가공 평면(조립되는 상태에 따라 기준이 되는 바닥면 또는 측면)

❺ 동력을 전달하는 회전체(기어, 풀리 등)에 축이 끼워지는 구멍 또는 키홈 가공이 되어있는 구멍

❻ 치공구에서 공작물이 위치결정되는 로케이터(위치 결정구)의 끼워맞춤 부분

❼ 드릴지그에서 지그 베이스의 밑면과 드릴부시가 끼워지는 부분

❽ 베어링이나 키홈 가공을 하여 회전체를 고정시키는 축의 축심이나 기능적인 역할을 하는 축의 외경 축선

❾ 베어링이나 오일실, 오링 등이 설치되는 중실축 및 중공축의 축선

[KS A ISO 7083 : 2002]

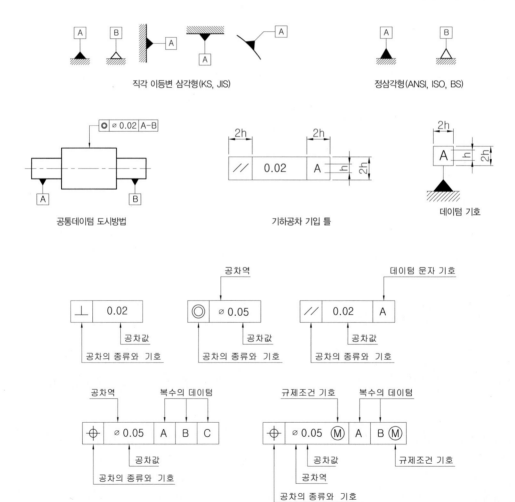

직각 이등변 삼각형(KS, JIS)   정삼각형(ANSI, ISO, BS)

공통데이텀 도시방법   기하공차 기입 틀   데이텀 기호

■: 동력전달장치 조립도

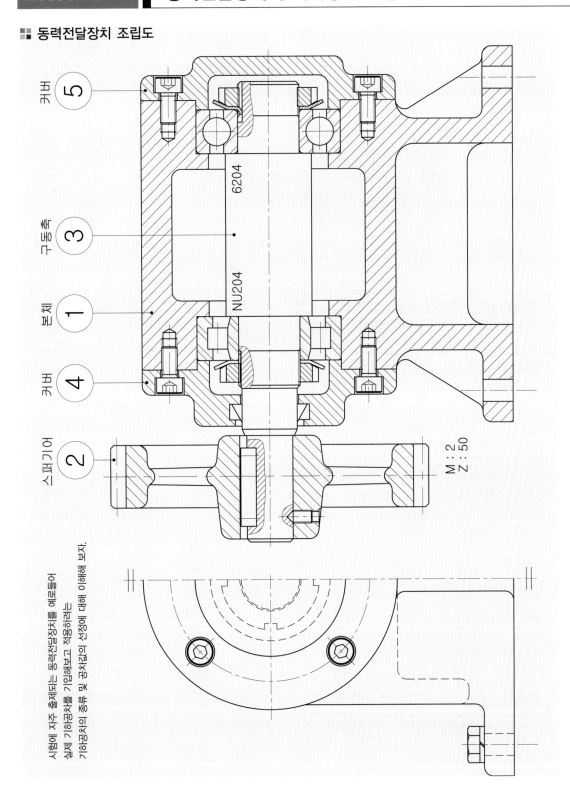

커버 ⑤

구동축 ③

6204

본체 ①

NU204

커버 ④

스퍼기어 ②

M : 2
Z : 50

시험에 자주 출제되는 동력전달장치를 예로들어
실제 기하공차를 기입해보고 적용하려는
기하공차의 종류 및 공차값의 선정에 대해 이해해 보자.

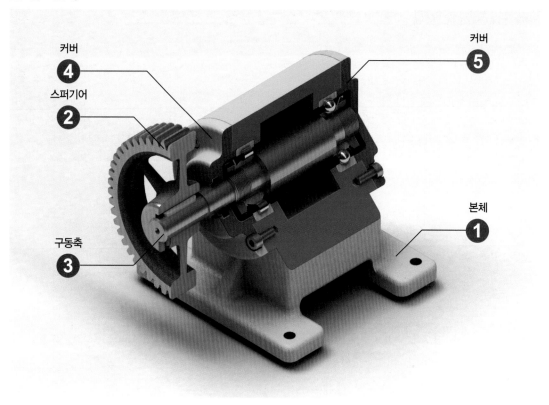

커버 ④

스퍼기어 ②

구동축 ③

커버 ⑤

본체 ①

■ IT기본공차 등급에 따른 기하공차의 적용 비교   [단위 : mm]

품번	기하공차 규제 대상 형체	기하공차의 적용				데이텀의 선정
		기하공차의 종류	기준치수 (기준길이)	공차 등급		
				IT5급	IT6급	
①	NU204 베어링 하우징 구멍의 축직선	평행도	86	∅0.015	∅0.022	본체 바닥면 Ⓐ (상대 부품과 조립기준면)
	6204 베어링 하우징 구멍의 축직선	평행도	86	∅0.015	∅0.022	본체 바닥면
		동심도	∅47	∅0.011	∅0.016	2차 데이텀 Ⓑ NU204 베어링 하우징 구멍
	본체 커버가 조립되는 면	직각도	121.5	0.018	0.025	본체 바닥면 Ⓐ
②	기어 이끝원의 축직선	원주흔들림	∅104	0.015	0.022	∅15H7 구멍의 축직선 Ⓒ
③	원통 축직선	원주흔들림	∅15	0.008	0.011	전체 원통의 공통 축직선 Ⓓ
			∅18	0.008	0.011	
			∅20	0.009	0.013	
④	본체 조립시 커버 접촉면	직각도 원주흔들림	∅83	0.015	0.022	∅47g7 원통 축직선 Ⓔ
	오일실 설치부 구멍의 축선	동심도 원주흔들림	∅26	0.009	0.013	

실기 과제도면에 기하공차 적용해보기

1. 데이텀(DATUM)을 선정한다.

보통 본체나 하우징과 같은 부품은 내부에 베어링과 축이 끼워맞춤되고 양쪽에 커버가 설치되며 본체 외부로 돌출된 축의 끝단에 기어나 풀리 등의 회전체가 조립이 되는 구조가 일반적이다. 이러한 본체에서의 데이텀(기준면)은 상대부품과 견고하게 체결하여 고정시킬 때 밀착이 되는 바닥면과 축선과 베어링이 설치되는 구멍의 축선이 된다(본체 형상에 따라 기준은 달라질 수가 있다). 결국 본체 바닥면은 가공과 조립 및 측정의 기준이 되고, 기준면에 평행한 구멍의 축선은 베어링과 축이 결합되어 회전하며 동력을 전달시키는 주요 운동부분이기 때문이다.

2. 베어링을 설치할 구멍에 **평행도**를 선정한다.

평행도는 데이텀을 기준으로 규제된 형체의 표면, 선, 축선이 기하학적 직선 또는 기하학적인 평면으로부터 벗어난 크기이다. 또한 데이텀이 되는 기준 형체에 대해서 평행한 이론적으로 정확한 기하학적 축직선 또는 평면에 대해서 얼마만큼 벗어나도 좋은가를 규제하는 기하공차이다. **축직선이 규제 대상인 경우는 Ø가 붙는 경우가 있으며 평면이 규제 대상인 경우는 공차값 앞에 Ø를 붙이지 않는다.** 또한 평행도는 반드시 데이텀이 필요하며 부품의 기능상 필요한 경우에는 1차 데이텀 외에 참조할 수 있는 2차, 3차 데이텀의 지정도 가능하다.

■ 평행도로 규제할 수 있는 형체의 조건

❶ 기준이 되는 하나의 데이텀 평면과 서로 나란한 다른 평면
❷ 데이텀 평면과 서로 나란한 구멍의 중심(축직선)
❸ 하나의 데이텀 구멍 중심(축직선)과 나란한 구멍 중심을 갖는 형체
❹ 서로 직각인 두 방향(수평, 수직)의 평행도 규제

3. 평행도 공차를 기입한다.

평행도로 규제할 수 있는 형체의 조건 중 '데이텀 평면과 서로 나란한 구멍의 중심(축직선)', '하나의 데이텀 구멍 중심(축직선)과 나란한 구멍 중심을 갖는 형체'에 해당하는데 여기서 본체는 바닥기준면인 1차 데이텀 Ⓐ와 롤러베어링 NU204가 설치되는 구멍의 축선을 평행도로 규제해주고 2차 데이텀으로 선정 후 볼베어링 6204가 설치되는 구멍을 평행도와 2차 데이텀 Ⓑ에 대해서 동심도를 규제해주면 이상적이다(동력을 전달하는 기어가 근접한 쪽의 베어링 설치 구멍을 2차 데이텀으로 선정하면 좋다).

여기서 기준치수(기준길이)는 Ø47의 구멍 치수가 아니라 평행도를 유지해야 하는 축선의 전체 길이로 선정해준다. 즉, Ø47H7의 구멍이 좌우에 2개소가 있고, 그 구멍의 축선 길이가 86이므로 IT 기본공차 표에서 선정할 기준치수의 구분에서 찾을 기준길이는 86이 된다. 따라서 아래 표에서 86이 해당하는 기준치수를 찾아보면 80 초과 120이하의 치수구분에 해당되는 것을 알 수 있으며, IT5등급을 적용한다면 기하공차 값은 15μm(0.015mm)을, IT6등급을 적용한다면 22μm(0.022mm)을 선택하면 된다.

만약 IT 기본공차 등급이 아닌 현장 실무 공차를 적용한다면 정밀급에 해당하는 0.01~0.02 정도의 값을 선택해주면 큰 무리는 없을 것이다.

4. 동심도(동축도) 공차를 기입한다.

그리고 우측의 베어링 설치구멍은 바닥 기준면 Ⓐ에 대해서 평행도로 규제해주고 좌측의 구멍인 2차 데이텀 Ⓑ에 대해서 동심이 중요하므로 동심도 공차를 규제해 주었다. 여기서 동심도를 규제하는 기준치수는 평행도를 규제했던 축선 길이 86이 아니라 Ø47의 구멍지름 치수에 대해 적용해주면 되는데 그 이유는 동심도는 데이텀인 원의 중심에 대해서 원형형체의 중심위치가 벗어난 크기를 말하는 것으로 원의 중심으로부터 반지름상의 동일한 거리내에 있는 형체를 규제하므로 Ø47의 구멍지름의 치수를 기준길이로 선정하는 것이다.

따라서 동심도 공차가 규제되어야 할 기준치수인 Ø47이 해당하는 IT 공차역 범위 클래스는 **30초과 50이하**이므로 공차값은 IT5등급을 적용한다면 11μm(0.011mm)을, IT6등급을 적용한다면 16μm(0.016mm)을 선택하면 된다. 만약 IT 기본공차 등급이 아닌 현장 실무 공차를 적용한다면 정밀급에 해당하는 **0.01~0.02** 정도의 값을 선택해 주면 큰 무리는 없을 것이다.

▪▪ 본체 부품도에 평행도와 동심도 규제 예

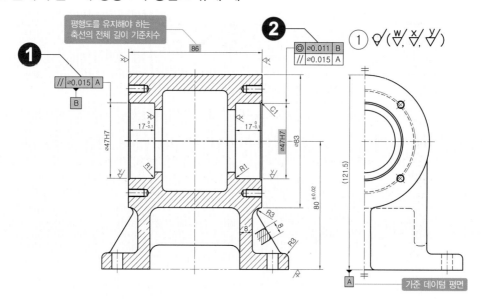

❶ 평행도 규제 및 2차 데이텀 설정

먼저 스퍼기어에 근접한 베어링 구멍에 평행도를 적용한다. 공차값을 IT5급으로 적용하는 경우 기준치수의 길이는 Ø47H7 구멍 치수가 아니라 평행도를 유지해야 하는 축선의 전체길이 치수인 86으로 하며 IT5급에서 찾아보면 80초과 120이하에 해당하며 적용 공차값은 15μm, 즉 0.015mm가 된다. 그리고, 이 구멍을 2차 데이텀으로 선정하여 반대측 구멍의 동심도를 규제해 준다.

❷ 동심도 규제

2차 데이텀 Ⓑ에 대한 동심도 공차값은 IT5급을 적용하는 경우 동심이 필요한 지름치수인 Ø47이 속하는 30초과 50이하에 해당하며 공차값은 11μm, 즉 0.011mm가 된다.

평행도를 구멍에 규제하는 경우 기준치수의 길이는 데이텀 평면과 서로 나란한 구멍의 중심(축직선)길이 즉, 2개의 베어링 설치구멍 간의 길이치수로 하고 공차값 앞에 Ø를 붙여준다. 다시 말해 평행도를 유지해야 하는 축선의 전체길이 치수를 기준치수로 하며 구멍의 지름치수를 기준치수로 하여 선정하지 않는다.
또한, 평행도를 규제하는 형체가 구멍이 아닌 평면인 경우에는 공차값 앞에 Ø를 붙이지 않는다.

▚▚ 참고입체도 (베어링 설치 구멍에 평행도 선정 예)

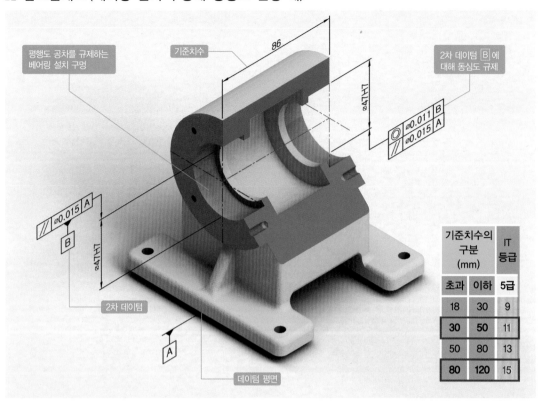

기준치수의 구분 (mm)		IT 등급
초과	이하	5급
18	30	9
30	50	11
50	80	13
80	120	15

■ IT(International Tolerance) 기본공차 [KS B 0401]

[단위 : μm = 0.001mm]

기준치수의 구분 (mm)		IT 공차 등급																	
		IT 01급	IT 0급	IT 1급	IT 2급	IT 3급	IT 4급	IT 5급	IT 6급	IT 7급	IT 8급	IT 9급	IT 10급	IT 11급	IT 12급	IT 13급	IT 14급	IT 15급	IT 16급	IT 17급	IT 18급
수치의 산출		–	–	–	–	–	–	$7i$	$10i$	$16i$	$25i$	$40i$	$64i$	$100i$	$160i$	$250i$	$400i$	$640i$	$1000i$	$1600i$	$2500i$
초과	이하	기본 공차의 수치(μ m)																			
–	3	0.3	0.5	0.8	1.2	2	3	4	6	10	14	25	40	60	100	140	250	400	600	1000	1400
3	6	0.4	0.6	1	1.5	2.5	4	5	8	12	18	30	48	75	120	180	300	480	750	1200	1800
6	10	0.4	0.6	1	1.5	2.5	4	6	9	15	22	36	58	90	150	220	360	580	900	1500	2200
10	18	0.5	0.8	1.2	2	3	5	8	11	18	27	43	70	110	180	270	430	700	1100	1800	2700
18	30	0.6	1.0	1.5	2.5	4	6	9	13	21	33	52	84	130	210	330	520	840	1300	2100	3300
30	50	0.6	1.0	1.5	2.5	4	7	11	16	25	39	62	100	160	250	390	620	1000	1600	2500	3900
50	80	0.8	1.2	2	3	5	8	13	19	30	46	74	120	190	300	460	740	1200	1900	3000	4600
80	120	1.0	1.5	2.5	4	6	10	15	22	35	54	87	140	220	350	540	870	1400	2200	3500	5400
120	180	1.2	2.0	3.5	5	8	12	18	25	40	63	100	160	250	400	630	1000	1600	2500	4000	6300
180	250	2.0	3.0	4.5	7	10	14	20	29	46	72	115	185	290	460	720	1150	1850	2900	4600	7200
250	315	2.5	4.0	6	8	12	16	23	32	52	81	130	210	320	520	810	1300	2100	3200	5200	8100
315	400	3.0	5.0	7	9	13	18	25	36	57	89	140	230	360	570	890	1400	2300	3600	5700	8900
적용부품 정밀도		초정밀부품 기준 게이지 류						정밀, 일반기계가공부품 일반적인 끼워맞춤 공차						주로 끼워맞춤을 하지 않는 비기능면 공차						

[비고] 9μm = 0.009mm, 13μm = 0.013mm

■ 일반적으로 적용하는 기하공차 및 공차역(실무데이타)

종 류	적용하는 기하공차	공차기호	정밀급	보통급	거친급	데이텀
모 양	진직도 공차	—	0.02/1000	0.05/1000	0.1/1000	불필요
			0.01	0.05	0.1	
			Ø0.02	Ø0.05	Ø0.1	
	평면도 공차	▱	0.02/100	0.05/100	0.1/100	
			0.02	0.05	0.1	
	진원도 공차	○	0.005	0.02	0.05	
	원통도 공차	⌀/	0.01	0.05	0.1	
	선의 윤곽도 공차	⌒	0.05	0.1	0.2	
	면의 윤곽도 공차	⌓	0.05	0.1	0.2	
자 세	평행도 공차	//	0.01	0.05	0.1	필요
	직각도 공차	⊥	0.02/100	0.05/100	0.1/100	
			0.02	0.05	0.1	
			Ø0.02	Ø0.05	Ø0.05	
	경사도 공차	∠	0.025	0.05	0.1	
위 치	위치도 공차	⊕	0.02	0.05	0.1	
			Ø0.02	Ø0.05	Ø0.1	
	동심도 공차	◎	0.01	0.02	0.05	
	대칭도 공차	⹀	0.02	0.05	0.1	
흔들림	원주 흔들림 공차 온 흔들림 공차	↗ ↗↗	0.01	0.02	0.05	

5. 직각도 공차를 기입한다.

직각도는 데이텀을 기준으로 규제되는 형체의 기하학적 평면이나 축직선 또는 중간면이 완전한 직각으로부터 벗어난 크기이다. 여기서 한 가지 주의해야 할 것은 **직각도는 반드시 데이텀을 기준으로** 규제되어야 하며, 자세 공차로 단독형상으로 규제될 수 없다. 규제 대상 형체가 축직선인 경우는 공차값의 앞에 Ø를 붙이는 경우가 있으나 규제 형체가 평면인 경우는 Ø를 붙이지 않는다.

■ 직각도로 규제할 수 있는 형체의 조건

    ❶ 데이텀 평면을 기준으로 한 방향으로 직각인 직선형체
    ❷ 데이텀 평면에 서로 직각인 두 방향의 직선형체
    ❸ 데이텀 평면에 방향을 정할 수 없는 원통이나 구멍 중심(축직선)을 갖는 형체
    ❹ 직선형체(축직선)의 데이텀에 직각인 직선형체(구멍중심)나 평면형체
    ❺ 데이텀 평면에 직각인 평면형체

본체 바닥기준면인 1차 데이텀 Ⓐ에 대해서 직각이 필요한 부분은 커버가 조립이 되는 좌우 2개의 면으로, 직각 도로 규제할 수 있는 형체의 조건 중 데이텀 **평면을 기준으로 한 방향으로 직각인 직선형체**에 해당한다.

여기서 기준치수(기준길이)는 Ø83의 커버 조립면 외경 치수가 아니라 **데이텀을 기준으로 직각도를 유지해야 하는 직선의 전체 길이**로 선정해 준다. 즉, 바닥 기준면 ⒶA에서 규제 형체의 가장 높은 부분의 높이 치수인 121.5가 되므로 IT 기본공차 표에서 선정할 기준치수의 구분에서 찾을 기준길이는 121.5가 된다.

따라서 위의 IT 기본공차 표에서 121.5가 해당하는 기준치수를 찾아보면 120초과 180이하의 치수구분에 해당되는 것을 알 수 있으며, IT5등급을 적용한다면 기하공차 값은 18㎛(0.018mm)을, IT6등급을 적용한다면 25㎛(0.025mm)을 선택하면 된다. 또한 구멍이나 축선이 아닌 평면을 규제하므로 직각도 공차값 앞에 Ø기호를 붙이지 않는다.

만약 IT 기본공차 등급이 아닌 현장 실무 공차를 적용한다면 정밀급에 해당하는 0.01~0.02 정도의 값을 선택해주면 큰 무리는 없을 것이다.

■■ 본체 부품도에 직각도 규제 예

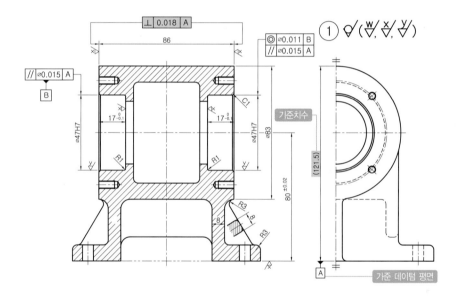

직각도를 유지해야 하는 직선의 전체 높이 치수인 121.5mm가 기준치수가 되며 IT5등급을 적용한다면 120초과 180이하의 치수구분에 해당하며 공차값은 18㎛, 즉 0.018mm가 된다.
또한, 직각도를 규제하는 형체가 직선이나 평면이 아닌 구멍인 경우에는 공차값 앞에 Ø를 붙여 준다.

■■ 참고입체도

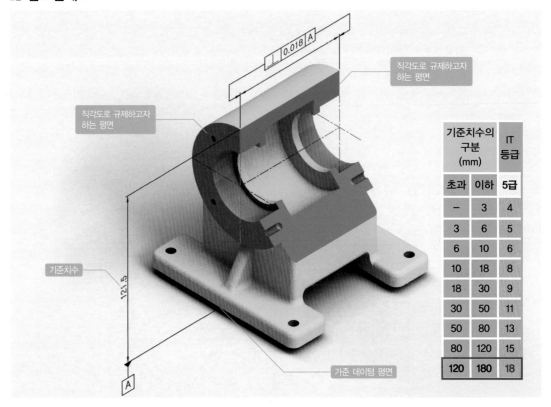

이번에는 본체에 결합되는 커버에 기하공차를 적용해 보자. 커버같은 부품은 구멍에 끼워맞춤하여 볼트로 체결하는데 구멍에 끼워지는 외경(Ø47g7)이 기준 데이텀이 된다.

데이텀 E를 기준으로 오일실이 설치되는 구멍과 커버와 본체가 닿는 측면에 기하공차를 규제해 준다. 먼저 오일실이 설치되는 구멍은 데이텀을 기준으로 동심도나 원주흔들림 공차를 적용할 수 있는데 기하공차 값은 공차를 적용하고자 하는 부분의 구멍의 지름 즉, Ø26을 기준길이로 선정하여 적용한다.

따라서 위의 IT 기본공차 표에서 26이 해당하는 기준치수를 찾아보면 18초과 30이하의 치수구분에 해당되는 것을 알 수 있으며, IT5등급을 적용한다면 기하공차 값은 9μm(0.009mm)을, IT6등급을 적용한다면 13μm(0.013mm)을 선택하면 된다. 만약 IT 기본공차 등급이 아닌 현장 실무 공차를 적용한다면 정밀급에 해당하는 0.01~0.02 정도의 값을 선택해주면 큰 무리는 없을 것이다.

그리고 커버와 본체가 조립되는 측면의 직각도의 기준길이는 3.5의 돌출부 치수가 아닌 본체와 접촉되는 가장 넓은 면적의 지름, 즉 Ø83으로 선정한다. 따라서 위의 IT 기본공차 표에서 83이 해당하는 기준치수를 찾아보면 80초과 120이하의 치수구분에 해당되는 것을 알 수 있으며, IT5등급을 적용한다면 기하공차 값은 15μm(0.015mm)을, IT6등급을 적용한다면 22μm(0.022mm)을 선택하면 된다.

만약 IT 기본공차 등급이 아닌 현장 실무 공차를 적용한다면 정밀급에 해당하는 0.01~0.02 정도의 값을 선택해주면 큰 무리는 없을 것이다. 또한, 직각도나 동심도 대신에 복합공차인 원주흔들림 공차를 적용해주어도 무방하다.

▪▪ 커버 부품도에 기하공차 규제 예(동심도, 원주흔들림, 직각도)

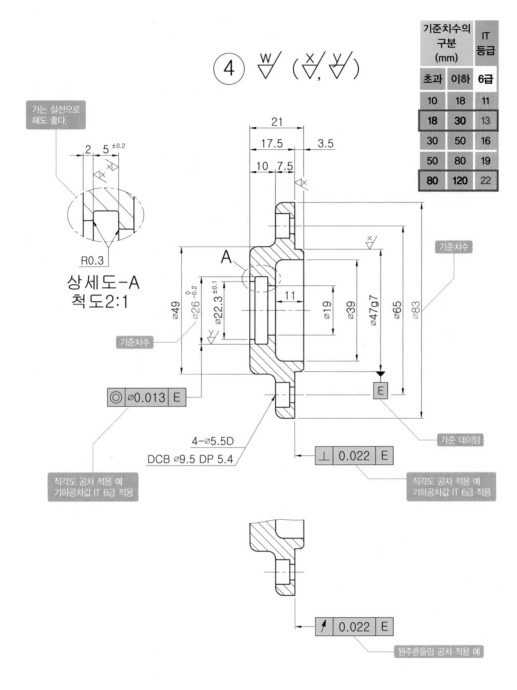

기준치수의 구분 (mm)		IT 등급
초과	이하	6급
10	18	11
18	30	13
30	50	16
50	80	19
80	120	22

가는 실선으로 해도 좋다.

R0.3

상세도-A
척도2:1

기준치수

◎ ⌀0.013 E

직각도 공차 적용 예
기하공차값 IT 6급 적용

4-⌀5.5D
DCB ⌀9.5 DP 5.4

기준치수

기준 데이텀

E

⊥ 0.022 E

직각도 공차 적용 예
기하공차값 IT 6급 적용

↗ 0.022 E

원주흔들림 공차 적용 예

Tip

동심도를 적용하는 경우는 공차값 앞에 Ø를 붙여주고 원주흔들림 공차를 적용하는 경우에는 공차값 앞에 Ø를 붙이지 않는다. 동심도 공차값은 만약 IT6급을 적용
한다면 기준치수는 Ø26이 되며 IT공차 등급표에서 찾아보면 18초과 30이하에 해당하므로 공차값은 13μm, 즉 0.013mm가 된다.
기하공차값은 딱히 IT 몇급을 적용해야 한다는 시험 기준이 없는 경우 수험자는 IT5급이나 IT6급 어느 것을 적용해도 크게 문제가 되지는 않을 것이다. 수험자는 설
계자의 입장에서 도면에서 요구되는 기능이나 정밀도를 판단하여 적절하게 선택하여 사용하면 될 것이다.

참고입체도

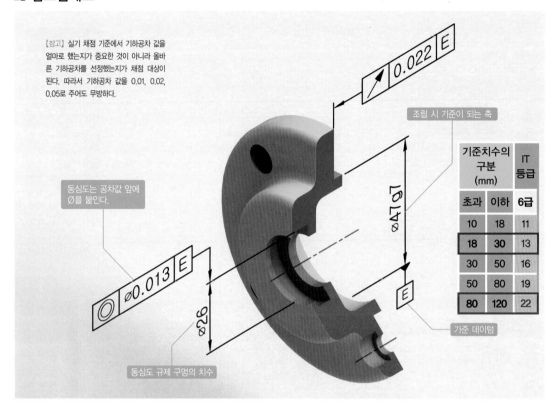

[참고] 실기 채점 기준에서 기하공차 값을 얼마로 했는지가 중요한 것이 아니라 올바른 기하공차를 선정했는지가 채점 대상이 된다. 따라서 기하공차 값을 0.01, 0.02, 0.05로 주어도 무방하다.

동심도는 공차값 앞에 Ø를 붙인다.

조립 시 기준이 되는 축

기준치수의 구분 (mm)		IT 등급
초과	이하	6급
10	18	11
18	30	13
30	50	16
50	80	19
80	120	22

가준 데이텀

동심도 규제 구멍의 치수

6. 축에 기하공차 적용

축과 같은 원통형체는 서로 지름이 다르지만 중심은 하나인 양쪽 끝의 축선이 데이텀 기준이 된다. 기준축선을 데이텀으로 하는 경우도 있지만 중요도가 높은 부분의 직경을 데이텀으로 다른 직경을 가진 부분을 규제하기도 한다.

축은 보통 진원도, 원통도, 진직도, 직각도 등의 오차를 포함하는 복합공차인 원주 흔들림(온 흔들림) 공차를 적용하는 사례가 많은데 이는 원주 흔들림 규제 조건 중 '데이텀 축직선에 대한 반지름 방향의 원주 흔들림' 에 해당한다.

베어링의 내륜과 끼워맞춤되는 부분 즉, 축의 좌우측의 Ø20js6에 적용하며, 앞 장의 IT 기본공차 표에서 20이 해당하는 기준치수를 찾아보면 18초과 30이하의 치수구분에 해당되는 것을 알 수 있으며, IT5등급을 적용한다면 기하공차 값은 9μm(0.009mm)을, IT6등급을 적용한다면 13μm(0.013mm)을 선택하면 된다. 또한 원주 흔들림 공차는 원통축을 규제하므로 공차값 앞에 Ø기호를 붙이지 않는다.

만약 IT 기본공차 등급이 아닌 현장 실무 공차를 적용한다면 '정밀급' 에 해당하는 0.01∼0.02 정도의 값을, 베어링은 보통급을 사용한다고 보았을 때 '보통급' 으로 선택하여 0.03∼0.05 정도로 선정해 주어도 큰 무리는 없을 것이다.

여기서 원주 흔들림의 기준길이는 규제형체의 길이가 아닌 원주 흔들림 공차를 규제하려는 해당 축의 외경(축지름)으로 선정한다. 이는 원주 흔들림은 데이텀 축직선에 수직한 임의의 측정 평면 위에서 데이텀 축직선과 일치하는 중심을 갖고 반지름 방향으로 규제된 공차만큼 벗어난 두 개의 동심원 사이의 영역을 의미하는 것이므로 이는 규제하고자하는 평면의 전체 윤곽을 규제하는 것이 아니라 각 원주 요소의 원주 흔들림을 규제한 것으로 진원도와 동심도의 상태를 복합적으로 규제한 상태가 되는 것이다.

아래 축 부품도면에 규제한 원주 흔들림 공차는 데이텀 축직선에 대한 반지름 방향의 원주 흔들림으로 이는 규제형체를 데이텀 축선을 기준으로 1회전 시켰을 때, 공차역은 축직선에 수직한 임의의 측정 평면 위에서 반지름 방향으로 규제된 공차만큼 떨어진 두 개의 동심원 사이의 영역을 말하는 것으로 보통 원통축은 하우징이나 본체에 설치된 2개 이상의 베어링으로 지지되는 경우가 많은데 공통 데이텀 축직선을 기준중심으로 회전시켜 반지름 방향의 원주 흔들림을 규제하는 예로 일반적으로 널리 사용되며 실기시험에서도 원통축과 같은 형체는 규제하고자 하는 축 직경의 치수를 기준치수로 하여 공차값을 적용하는 사례가 많다.

▪▪ 참고입체도

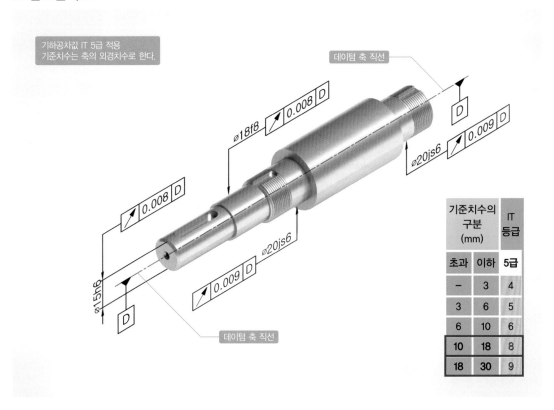

기준치수의 구분 (mm)		IT 등급
초과	이하	5급
–	3	4
3	6	5
6	10	6
10	18	8
18	30	9

원주흔들림 공차를 적용시에 기준치수는 축의 외경으로 하고 적절한 IT등급을 선정하여 해당하는 공차값을 기입해 준다.

축에 원주흔들림 규제 예

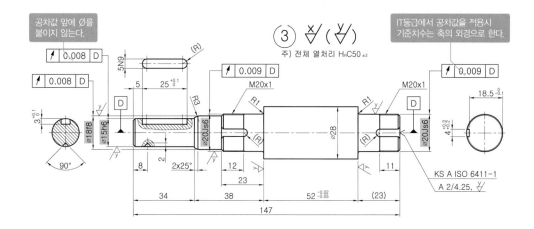

원주흔들림 공차는 진원도 진직도, 직각도 등의 오차를 포함하는 복합공차로 데이텀 축직선에 대한 반지름 방향의 원주흔들림을 규제한다. 보통 축에 많이 적용하는데 축이 지름을 갖는 형체이지만 공차값 앞에 Ø를 붙이지 않는다. 온흔들림 공차의 경우에도 마찬가지이다. IT등급의 공차값을 적용하는 경우 원주흔들림 공차값의 기준치수는 축이나 구멍의 외경 치수를 기준치수로 하여 해당하는 공차값을 찾아 적용해 주면 무리가 없을 것이다.

7. 기어에 기하공차 적용

기어나 V-벨트 풀리, 평벨트 풀리, 스프로킷과 같은 회전체는 일반적으로 축에 키홈을 파서 키를 끼워맞춤한 후 역시 키홈이 파져 있는 회전체의 보스부를 끼워맞춤한다. 이런 경우 데이텀은 회전체에 축이 끼워지는 키홈이 나 있는 구멍이 되며, 구멍을 기준으로 기어나 스프로킷의 이끝원이나 벨트풀리의 외경에 원주 흔들림 공차를 적용해 주는 것이 일반적이다.

참고입체도

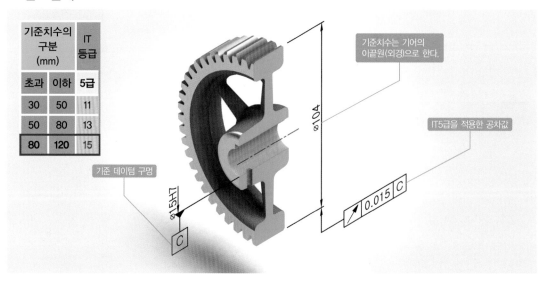

기준치수의 구분 (mm)		IT 등급
초과	이하	5급
30	50	11
50	80	13
80	120	15

▪▪ 기어에 원주흔들림 규제 예

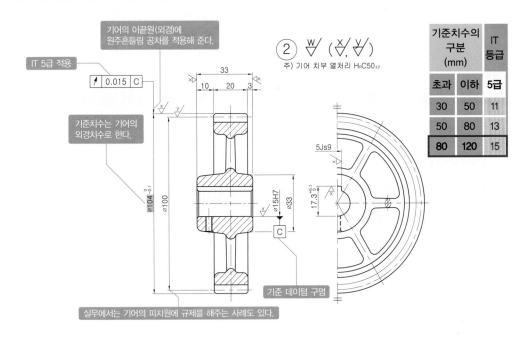

▪▪ 동심도(동축도) 규제 예

동심도는 동축도라고도 부르며 동축도는 데이텀 축직선과 동일한 직선 위에 있어야 할 축선이 데이텀 축직선으로부터 벗어난 크기를 말하며, 동심도는 데이텀인 원의 중심에 대해 원통형체의 중심의 위치가 벗어난 크기를 말한다.

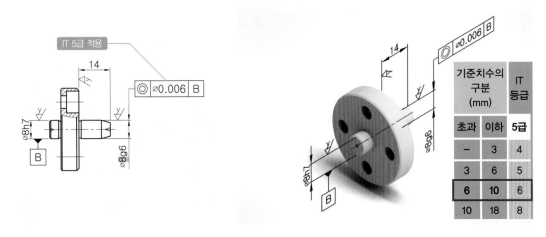

- 동심도 공차는 주로 원통형상에 적용되나 축심을 가지는 형상에도 적용할 수 있다.
- 동심도 공차는 자세공차인 평행도나 직각도의 경우와 마찬가지로 관계특성을 가지므로 데이텀을 기준으로 한다.
- 동심도 공차는 데이텀 축심을 기준으로 규제되는 형체의 공차역이 원통형이므로 규제하는 공차값 앞에 Ø를 붙이며 '최대실체 공차방식'은 적용하지 않는다.
- 동심도 공차는 동일한 축심을 기준(공통 데이텀 축직선)으로 여러 개의 직경이 다른 원통형체에 대한 규제를 할 수 있으며 데이텀 축직선을 기준으로 회전하는 회전축의 편심량을 규제하는 경우 주로 적용된다.

▪▪ 원통도 규제 예

원통도는 원통형상의 모든 표면이 완전히 평행한 원통으로부터 벗어난 정도를 규제하며, 그 공차는 반경상의 공차역이다. 진원도는 중심에 수직한 단면상 표면의 측정값이고, 원통도는 축직선에 평행한 원통형상 전체 표면의 길이 방향에 대해 적용한다.

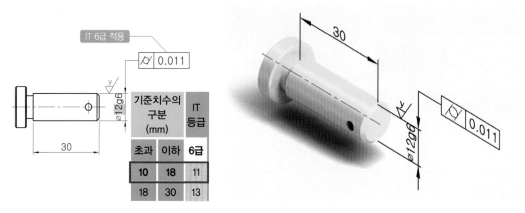

- 원통도로 규제하는 대상 형체는 원통형상의 축이나 테이퍼가 있는 형체이다.
- 단면이 원형인 축이나 구멍과 같은 단독형체를 규제하는 모양공차이므로 '데이텀'을 필요로 하지 않고 '최대실체 공차방식'도 적용할 수 없다.
- 원통도 공차는 '진직도', '진원도', '평행도'의 복합공차라고 할 수 있다.
- 원통도 공차역은 규제 형체의 치수공차보다 항상 작아야 한다.

▪▪ 진원도 규제 예

진원도는 규제하는 원통형체가 기하학적으로 정확한 원으로부터 벗어난 크기 즉, 중심으로부터 같은 거리에 있는 모든 점이 정확한 원에서 얼마만큼 벗어났는가 하는 측정값을 말한다.

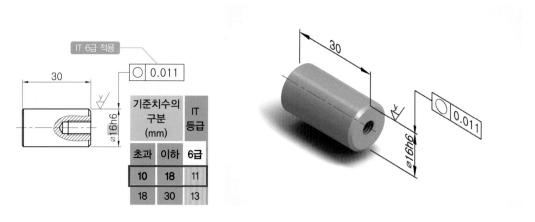

- 진원도로 규제하는 대상 형체는 '축선'이 아니다.
- 단면이 원형인 축이나 구멍과 같은 단독형체를 규제하는 모양공차이므로 '데이텀'을 필요로 하지 않고 '최대실체 공차방식'도 적용할 수 없다.
- 진원도 공차역은 반지름상의 공차역으로 직경을 표시하는 Ø를 붙이지 않는다.
- 원통형이나 원추형의 진원도는 축선에 대해서 직각방향에 공차역이 존재하므로 공차기입시 화살표 또는 축선에 대해서 직각으로 표시한다.

· 측정 기기

● 다이얼 인디케이터

● 디지털 인디케이터 & 정반

· 여러 가지 기하공차 측정기

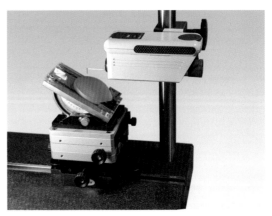

● ⓒ www.mahr.com

06
KS규격 도면 적용법

평행키

■ 용도

보통 축은 베어링에 의해 양단 지지되고 있는 경우가 일반적이며 축의 한쪽 또는 양쪽에 기어나 풀리와 같은 회전체의 보스(boss)와 축에 키홈을 파고 키를 끼워넣어 고정시켜 회전운동시에 미끄럼 발생없이 동력을 전달하는 곳에 사용하는 축계 기계요소이다.

■ 종류

평행키(활동형, 보통형, 조임형), 반달키, 경사키, 접선키, 둥근키, 안장키, 평키(납작키), 원뿔키, 스플라인, 세레이션 등이 있는데 일반적으로 평행키(묻힘키)의 보통형이 가장 널리 사용된다.

1. 여러 가지 키의 종류 및 형상

평행키(한쪽 둥근형, C)   평행키(양쪽 둥근형, A)   반달키(WA)   평행키 활동형(미끄럼키)

머리붙이 경사키(TG)   머리없는 경사키(T)   양쪽 키   키플레이트

2. 기준치수 및 축과 구멍의 KS규격 주요 치수

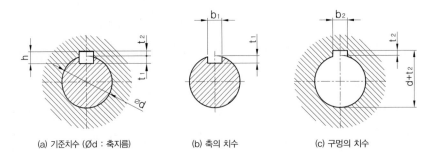

(a) 기준치수 (Ød : 축지름)   (b) 축의 치수   (c) 구멍의 치수

● 기준치수 및 축과 구멍의 KS규격 주요 치수

3. 엔드밀로 가공된 축의 치수 기입 예

축의 키홈은 일반적으로 홈 밀링커터나 엔드밀이라는 절삭공구를 사용하여 가공을 하며 회전체의 보스(구멍)의 키홈은 브로우치(broach)라는 공구나 슬로터(slotter)를 이용해서 가공한다. 슬로터는 대량 생산의 경우 사용하며 키홈 뿐만 아니라 스플라인 등 다각형 구멍의 가공에 편리하다.

■ 밀링머신의 절삭가공 예

● 엔드밀

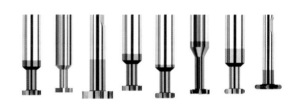

● 키홈 커터

■ 브로우치의 키홈 절삭가공 예

● 키홈 가공용 브로우치

● 브로우치로 기어 내경 키홈 가공 예

■ 슬로터의 절삭가공 예

● 슬로팅머신용 공구(toollings)

● 슬로팅머신

■ 엔드밀로 가공된 축의 치수 기입 예

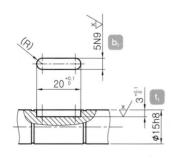

● 적용 축지름 Ø15

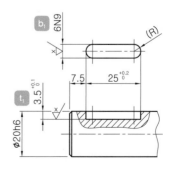

● 적용 축지름 Ø20

4. 밀링커터로 가공된 축의 치수 기입 예

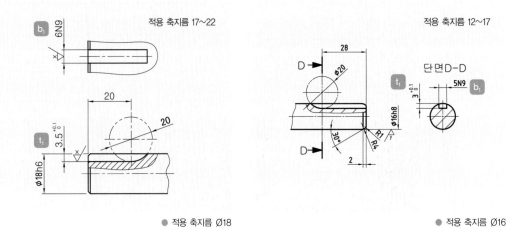

● 적용 축지름 Ø18
● 적용 축지름 Ø16

5. 구멍의 키홈 치수 기입 예

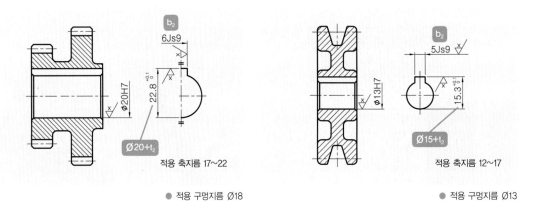

● 적용 구멍지름 Ø18
● 적용 구멍지름 Ø13

■ 평행키 보통형(구, 묻힘키 보통급) 주요 규격 치수

적용 축지름 Ø d 초과~이하	기준치수 b_1, b_2	축 t_1	구멍 t_2	t_1, t_2의 허용차	축 b_1 허용차 N9	구멍 b_2 허용차 Js9
6~8	2	1.2	1.0		−0.004 −0.029	±0.0125
8~10	3	1.8	1.4		−0.004 −0.029	±0.0125
10~12	4	2.5	1.8	+0.1 0	0 −0.030	±0.0150
12~17	5	3.0	2.3	+0.1 0	0 −0.030	±0.0150
17~22	6	3.5	2.8	+0.1 0	0 −0.030	±0.0150
20~25	7	4.0	3.0		0 −0.036	±0.0180
22~30	8	4.0	3.0		0 −0.036	±0.0180
30~38	10	5.0	3.3	+0.2 0	0 −0.036	±0.0180
38~44	12	5.0	3.3	+0.2 0	0 −0.043	±0.0215
44~50	14	5.5	3.8	+0.2 0	0 −0.043	±0.0215

6. 동력전달장치에 적용된 평행키의 KS규격을 찾아 도면에 적용하는 법

위에 축과 구멍의 키홈 치수 기입 예처럼 키홈의 치수를 KS규격에서 찾는 방법은 키가 조립되는 **기준 축지름 d**에 해당하는 규격을 찾아 축에는 **키홈의 깊이** t_1과 **폭인** b_1을 찾아 적용하고 구멍에도 키홈의 깊이 t_2와 폭인 b_2에 해당되는 **허용차**를 기입해 주면 된다. 평행키는 사용빈도가 높고, 실기시험 출제 도면에도 자주 나오는 부분이므로 반드시 키가 조립되는 축과 구멍의 키홈 치수 및 허용차를 올바르게 적용할 수 있어야 한다. 키홈의 치수에는 조임형과 보통형이 있는데 특별한 지시가 없는 한 일반적으로 **보통형**(**허용차** b_1 : N9, b_2 : J_S9)를 적용해 주면 된다.

❶ 동력전달장치에 적용된 키의 치수 기입법

동력전달장치의 축과 회전체(평벨트 풀리, 스퍼기어)에 적용된 평행키(보통형) 관련 KS규격의 주요 규격 치수 및 공차를 찾아서 실제 도면에 적용해 보도록 하겠다.

● 참고 입체도

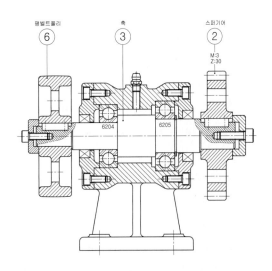

● 동력전달장치에 적용된 평행키

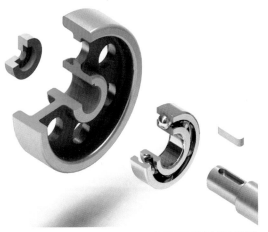

● 평벨트 풀리와 축의 평행키

● 스퍼기어와 축의 평행키

❷ 축에 파져 있는 키홈의 치수

축에 관련된 키홈의 치수는 [KS B 1311]에 따라서 제일 먼저 적용하는 **축지름 d**에 해당하는 t_1과 b_1의 치수를 찾아 기입하면 된다.

■ 적용하는 기준 축지름 Ø15mm, Ø20m

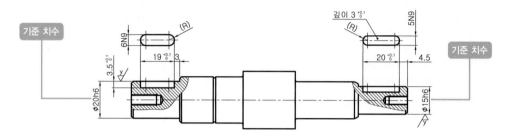

● 축에 관련된 키홈의 주요 KS 규격 치수

[주] 투상도 및 치수는 평행키와 관련된 사항들만 도시하였다.

❸ 구멍에 파져 있는 키홈의 치수

평벨트풀리와 스퍼기어의 구멍에 관련된 키홈의 치수는 축의 경우와 마찬가지로 제일 먼저 적용하는 **축지름 d**에 해당하는 t_2와 b_2의 치수를 찾아 기입하면 된다. 이때 주의 사항으로 구멍쪽의 키홈의 깊이인 t_2는 축지름 d와 합한 값을 기입하고 공차를 적용해주는 것이 바람직하다.

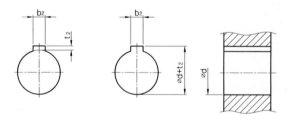

● 구멍에 관련된 키홈의 주요 KS 규격 치수

❹ 구멍에 끼워지는 축지름이 기준이 된다. 구멍지름 : Ø15mm, Ø20mm

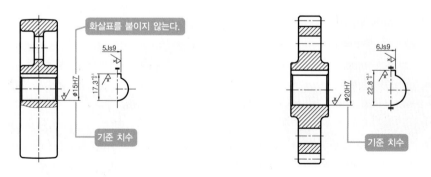

● 평벨트 풀리의 키홈   ● 스퍼기어의 키홈

[주] 투상도 및 치수는 평행키와 관련된 사항들만 도시하였다.

■ 평행키의 KS규격 [KS B 1311]

문힘키 및 키홈에 대한 표준은 일반 기계에 사용하는 강제의 평행키, 경사키 및 반달키와 이것들에 대응하는
키홈에 대하여 아래와 같이 KS규격으로 규정하고 있다.

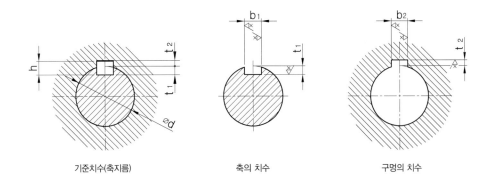

기준치수(축지름)   축의 치수   구멍의 치수

[단위 : mm]

키의 호칭 치수 b×h	키 의 치 수						키 홈 의 치 수								참 고
	b		h				b₁ b₂ 의 기 준 치 수	조립형	보통형		r₁ 및 r₂	t₁ (축) 기 준 치 수	t₂ (구멍) 기 준 치 수	t₁ t₂ 의 허용 오차	적용하는 축지름 d (초과~이하)
	기 준 치 수	허용차 (h9)	기 준 치 수	허용차	c	l		b₁, b₂ 허용차 (P9)	b₁ (축) 허용차 (N9)	b₂ (구멍) 허용차 (Js9)					
2×2	2	0 −0.025	2	0 −0.025	0.16 ~ 0.25	6~20	2	−0.006 −0.031	−0.004 −0.029	±0.012 5	0.08 ~ 0.16	1.2	1.0	+0.1 0	6~8
3×3	3		3			6~36	3					1.8	1.4		8~10
4×4	4		4			8~45	4	−0.012 −0.042	0 −0.030	±0.015 0		2.5	1.8		10~12
5×5	5	0 −0.030	5	0 −0.030	h9	10~56	5					3.0	2.3		12~17
6×6	6		6		0.25 ~ 0.40	14~70	6				0.16 ~ 0.25	3.5	2.8		17~22
(7×7)	7	0 −0.036	7	0 −0.036		16~80	7	−0.015 −0.051	0 −0.036	±0.018 0		4.0	3.3		20~25
8×7	8		7			18~90	8					4.0	3.3		22~30
10×8	10		8			22~110	10					5.0	3.3		30~38
12×8	12		8	0 −0.090		28~140	12				0.25 ~ 0.40	5.0	3.3	+0.2 0	38~44
14×9	14		9		0.40 ~ 0.60	36~160	14					5.5	3.8		44~50
(15×10)	15	0 −0.043	10			40~180	15	−0.018 −0.061	0 −0.043	±0.021 5		5.0	5.3		50~55
16×10	16		10			45~180	16					6.0	4.3		50~58
18×11	18		11	0 −0.110		50~200	18					7.0	4.4		58~65

Tip

적용하는 **기준 축지름**은 키의 강도에 대응하는 **토크**(Torque)에서 구할 수 있는 것으로 일반 용도의 기준으로 나타낸다. 키의 크기가 전달하는 토크에 대하여 적절한
경우에는 적용하는 축지름보다 굵은 축을 사용하여도 좋다.
그 경우에는 키의 옆면이 축 및 허브에 균등하게 닿도록 t₁, t₂를 수정하는 것이 좋다. 적용하는 축지름보다 가는 축에는 사용하지 않는 편이 좋다. 도면에 키가 적용
되어 있는 경우 자로 재면 여러 가지 수치가 나오는데 키의 길이 ' *l* '의 치수는 키홈처럼 규격화 된 것이 아니라 표준으로 제작되는 범위 내에서 설계자가 선정해주
면 된다.
키홈의 길이는 키보다 긴 경우가 많으며, 실제로 현장에서는 표준길이로 절단하여 판매하는 키를 구매하여 필요에 맞게 절단하고 거친 절단부를 다듬질하여 사용한
다. 적용하는 축지름이 겹치는 경우가 있는데 예를 들어 20~25와 22~30과 같은 경우에는 키의 호칭치수(b×h)를 보고 (7×7)의 경우처럼 괄호로 표기한 것은 국
제규격(ISO)에 없는 경우로서 가능하면 설계에 사용하지 않는 것이 좋다.

반달키

홈 밀링커터로 축에 반달 모양의 홈가공을 하고 반원판 모양의 키를 회전체에 끼워맞추어 사용하는데 축에 테이퍼가 있어도 사용이 가능하며 단점으로는 축에 홈을 깊이 파야 하므로 축의 강도가 저하될 수가 있어 비교적 큰 힘이 걸리지 않는 곳에 사용한다. 키 홈은 A종 둥근바닥과 B종 납작바닥으로 구분한다. 둥근바닥의 반달키는 기호로 WA, 납작바닥의 반달키는 기호 WB로 표기하며 키는 홈 속에서 자유롭게 기울어질 수 있어 키가 자동적으로 축과 보스에 조정된다.

한국산업표준 [KS B 1311]에 따르면 반달키는 보통형과 조임형으로 세분하고, 구멍용 키홈의 너비 b_2의 허용차를 **보통형**에서는 Js9로 **조임형**에서는 P9로 새로 규정하고 있다. 반달키의 KS규격을 찾는 방법은 평행키와 동일하며 축지름 d를 기준으로 키홈지름 d_1의 치수가 작은 것과 키홈의 깊이 t_1의 깊이치수가 작은 것을 찾아 적용하고 나머지 규격 치수를 찾아 적용하면 된다.

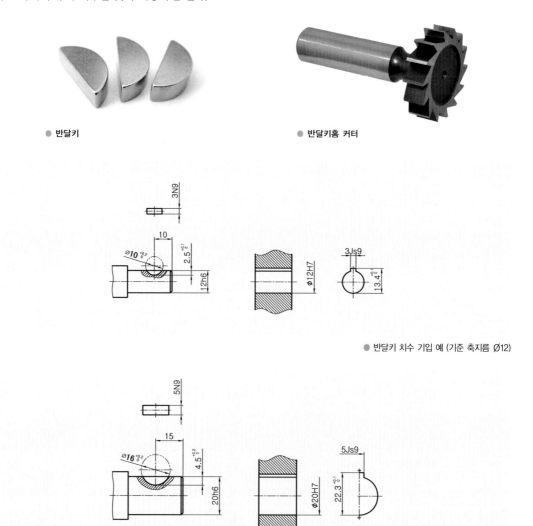

● 반달키

● 반달키홈 커터

● 반달키 치수 기입 예 (기준 축지름 Ø12)

● 반달키 치수 기입 예 (기준 축지름 Ø20)

■ 반달키의 허용차

<table>
<tr><th colspan="5">새로운 규격</th><th colspan="5">구 규격</th></tr>
<tr><th colspan="2" rowspan="2">키의 종류</th><th rowspan="2">키의 너비
b</th><th rowspan="2">키의 높이
h</th><th colspan="2">키홈의 너비</th><th colspan="2" rowspan="2">키의 종류</th><th rowspan="2">키의 너비 b</th><th rowspan="2">키의 높이 h</th><th colspan="2">키홈의 너비</th></tr>
<tr><th>b_1</th><th>b_2</th><th>b_1</th><th>b_2</th></tr>
<tr><td rowspan="2">반달키</td><td>보통형</td><td rowspan="2">h9</td><td rowspan="2">h11</td><td>N9</td><td>Js9</td><td rowspan="2">반달키</td><td rowspan="2">h9</td><td rowspan="2">h11</td><td rowspan="2">N9</td><td rowspan="2">F9</td></tr>
<tr><td>조임형</td><td colspan="2">P9</td></tr>
</table>

■ 반달키 키홈의 모양과 치수 [KS B 1311:2009]

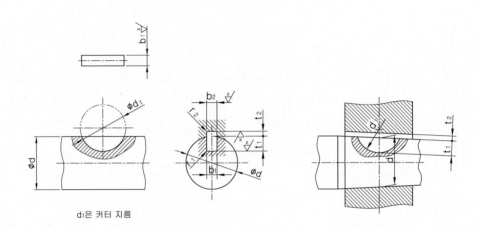

d_1은 커터 지름

● 기준치수 및 축과 구멍의 KS규격 주요 치수

[단위 : mm]

<table>
<tr><th rowspan="3">키의
호칭
치수
$b \times d_0$</th><th rowspan="3">b_1,
b_2의
기준
치수</th><th colspan="9">키 홈 의 치 수</th><th colspan="2">참고 (계열 3)</th></tr>
<tr><th colspan="2">보통형</th><th>조임형</th><th colspan="2">t_1 (축)</th><th colspan="2">t_2(구멍)</th><th>r_1 및 r_2</th><th colspan="2">d_1</th><th rowspan="2">적용하는
축 지름 d
(초과~이하)</th></tr>
<tr><th>b_1
허용차
(N9)</th><th>b_2
허용차
(Js9)</th><th>b_1,
b_2의
허용차
(P9)</th><th>기준
치수</th><th>허용차</th><th>기준
치수</th><th>허용차</th><th>키 홈
모서리</th><th>기준
치수</th><th>허용차
(h9)</th></tr>
<tr><td>2.5×10</td><td>2.5</td><td rowspan="4">-0.004
-0.029</td><td rowspan="4">±0.012</td><td rowspan="4">-0.006
-0.031</td><td>2.7</td><td>+0.1
0</td><td>1.2</td><td></td><td rowspan="4">0.08~0.16</td><td>10</td><td rowspan="4">+0.2
0</td><td>7~12</td></tr>
<tr><td>(3×10)</td><td>3</td><td>2.5</td><td rowspan="2">+0.2
0</td><td rowspan="2">1.4</td><td></td><td>10</td><td>8~14</td></tr>
<tr><td>3×13</td><td>3</td><td>3.8</td><td></td><td>13</td><td>9~16</td></tr>
<tr><td>3×16</td><td>3</td><td>5.3</td><td></td><td></td><td>16</td><td>11~18</td></tr>
<tr><td>(4×13)</td><td>4</td><td rowspan="11">0
-0.030</td><td rowspan="7">±0.015</td><td rowspan="11">-0.012
-0.042</td><td>3.5</td><td>+0.1
0</td><td>1.7</td><td rowspan="3">+0.1
0</td><td rowspan="11">0.16~0.25</td><td>13</td><td rowspan="4">+0.3
0</td><td>11~18</td></tr>
<tr><td>4×16</td><td>4</td><td>5.0</td><td rowspan="2">+0.2
0</td><td rowspan="2">1.8</td><td>16</td><td>12~20</td></tr>
<tr><td>4×19</td><td>4</td><td>6.0</td><td>19</td><td>14~22</td></tr>
<tr><td>5×16</td><td>5</td><td>4.5</td><td rowspan="3">2.3</td><td>16</td><td rowspan="2">+0.2
0</td><td>14~22</td></tr>
<tr><td>5×19</td><td>5</td><td>5.5</td><td>19</td><td>15~24</td></tr>
<tr><td>5×22</td><td>5</td><td>7.0</td><td></td><td>22</td><td rowspan="6">+0.3
0</td><td>17~26</td></tr>
<tr><td>6×22</td><td>6</td><td>6.5</td><td rowspan="2">+0.3
0</td><td rowspan="2">2.8</td><td rowspan="2">+0.2
0</td><td>22</td><td>19~28</td></tr>
<tr><td>6×25</td><td>6</td><td>7.5</td><td>25</td><td>20~30</td></tr>
<tr><td>(6×28)</td><td>6</td><td>8.6</td><td rowspan="2">+0.1
0</td><td rowspan="2">2.6</td><td rowspan="2">+0.1
0</td><td>28</td><td>22~32</td></tr>
<tr><td>(6×32)</td><td>6</td><td>10.6</td><td>32</td><td>24~34</td></tr>
</table>

경사키

경사키는 테이퍼키(Taper key) 혹은 구배키라고도 한다. 경사기와 축, 경사기와 보스는 폭방향으로 서로 평행하며, 경사키는 축과 보스에 모두 헐거운 끼워맞춤을 적용한다. 키의 폭 b는 축부분 키홈의 폭 b_1보다 작고, 보스 부분 키홈의 폭 b_2보다도 작다. 즉, 경사키의 폭방향 끼워맞춤에서 축부분 키홈과 키 사이의 결합을 D10/h9(**헐거운 끼워맞춤**)로 적용한다.

■ 경사키 및 키홈의 모양과 치수 [KS B 1311]

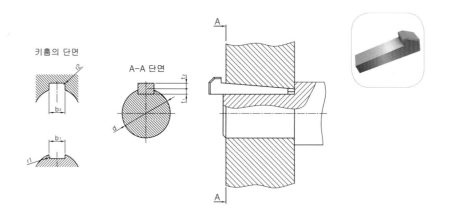

키홈의 단면

A-A 단면

● 기준치수 및 축과 구멍의 KS규격 주요 치수

[단위 : mm]

키의 호칭 치수 b×h	키 의 치 수							키 홈 의 치 수						참 고
	b		h		h₁	c	l	b₁ 및 b₂		r₁ 및 r₂	t₁ (축)	t₂ (구멍)	t₁, t₂ 허용 오차	적용하는 축 지름 d (초과~이하)
	기준 치수	허용차 (h9)	기준 치수	허용차				기준 치수	허용차 (D10)		기준 치수	기준 치수		
2×2	2	0 -0.025	2	0 -0.025	−	0.16 ~ 0.25	6~20	2	+0.060 +0.020	0.08 ~ 0.16	1.2	0.5	+0.05 0	6~8
3×3	3		3		−		6~36	3			1.8	0.9		8~10
4×4	4	0 -0.030	4	0 -0.030	7		8~45	4	+0.078 +0.030		2.5	1.2	+0.1 0	10~12
5×5	5		5		8	0.25 ~ 0.40	10~56	5		0.16 ~ 0.25	3.0	1.7		12~17
6×6	6		6		10		14~70	6			3.5	2.2		17~22
(7×7)	7	0 -0.036	7.2	0 -0.036			16~80	7	+0.098 +0.040		4.0	3.0		20~25
8×7	8		7	0 -0.090	11		18~90	8			4.0	2.4	+0.2 0	22~30
10×8	10		8		12		22~110	10			5.0	2.4		30~38
12×8	12		8		12		28~140	12			5.0	2.4		38~44
14×9	14		9		14	0.40 ~ 0.60	36~160	14		0.25 ~ 0.40	5.5	2.9		44~50
(15×10)	15	0 -0.043	10.2	0 -0.110	15		40~180	15	+0.120 +0.050		5.0	5.0	+0.1 0	50~55
16×10	16		10	0 -0.090	16		45~180	16			6.0	3.4		50~58
18×11	18		11		18		50~200	18			7.0	3.4	+0.2 0	58~65
20×12	20	0 -0.052	12	0 -0.110	20	0.60 ~ 0.80	56~220	20	+0.149 +0.065	0.40 ~ 0.60	7.5	3.9		65~75

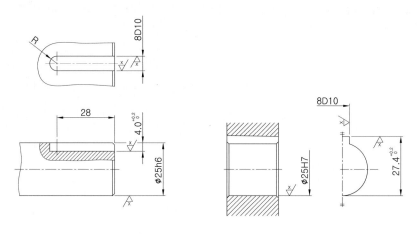

● 경사키 치수 기입 예

키와 키홈의 끼워맞춤

키 및 키홈 관계의 표준은 1965년에 KS B 1311(묻힘키 및 키홈), KS B 1312(반달키 및 키홈) 및 KS B 1313(미끄럼키 및 키홈)이 제정되었다. 1984년에 KS B 1313은 ISO 표준을 가능한 한 도입하여 대폭적인 개정이 이루어졌는데 평행키에서 **보통형**은 구 규격 묻힘키의 '보통급', **조임형**은 묻힘키의 '정밀급'을 나타내며, **활동형**은 구 규격에서 미끄럼키를 말한다. 아직 규격의 개정전인 도서나 KS 규격집에는 구 규격을 나타낸 것들이 있으니 혼동하지 않도록 주의를 필요로 한다.

■ 키의 종류 및 기호 [KS B 1311:2009]

종 류	모 양	기 호
평행키 (보통형, 조임형)	나사용 구멍 없는 평행키	P (Parallel key)
평행키 (활동형)	나사용 구멍 부착 평행키	PS (Parallel Sliding keys)
경사키	머리 없는 경사키	T (Taper key)
	머리붙이 경사키	TG (Taper key with Gib head)
반달키	둥근 바닥 반달키	WA (Woodruff keys A type)
	납작 바닥 반달키	WB (Woodruff keys B type)

■ 신 규격과 구 규격의 끼워맞춤 방식 대조표(키에 의한 축, 허브의 경우) [KS B 1311:2009]

신 규격					구 규격				
키의 종류		키의 너비 b	키의 높이 h	키홈의 너비		키의 종류	키의 너비 b	키의 높이 h	키홈의 너비	
				b_1	b_2				b_1	b_2
평행키	활동형	h9	정사각형 단면 h9	H9	D10	미끄럼키	h8	h10	N9	E9
	보통형			N9	Js9	평행키 2종			H9	
	조임형			P9		평행키 1종	p7	h9	H8	F7
경사키			직사각형단면 h11	D10		경사키	h9	h10	D10	
반달키	보통형			N9	Js9	반달키	h9	h11	N9	F9
	조임형			P9						

| 키의 호칭 치수 b×h | 키 의 치 수 | | | | | | | 키 홈 의 치 수 | | | | | | | 참 고 |
	b 기준치수	b 허용차 (h9)	h 기준치수	h 허용차	c	l	b1 b2 의 기준치수	조립형 b1, b2 허용차 (P9)	보통형 b1(축) 허용차 (N9)	보통형 b2(구멍) 허용차 (Js9)	r1 및 r2	t1(축) 기준치수	t2(구멍) 기준치수	t1 t2 외 허용오차	적용하는 축지름 d (초과~이하)
2×2	2	0 -0.025	2	0 -0.025	0.16 ~ 0.25	6~20	2	-0.006 -0.031	-0.004 -0.029	±0.012 5	0.08 ~ 0.16	1.2	1.0	+0.1 0	6~8
3×3	3		3			6~36	3					1.8	1.4		8~10
4×4	4	0 -0.030	4	0 -0.030 h9		8~45	4	-0.012 -0.042	0 -0.030	±0.015 0		2.5	1.8		10~12
5×5	5		5			10~56	5					3.0	2.3		12~17
6×6	6		6		0.25 ~ 0.40	14~70	6				0.16 ~ 0.25	3.5	2.8		17~22
(7×7)	7	0 -0.036	7	0 -0.036		16~80	7	-0.015 -0.051	0 -0.036	±0.018 0		4.0	3.3		20~25
8×7	8		7			18~90	8					4.0	3.3		22~30
10×8	10		8	0 -0.090 h11		22~110	10					5.0	3.3	+0.2 0	30~38
12×8	12		8		0.40 ~ 0.60	28~140	12					5.0	3.3		38~44
14×9	14	0 -0.043	9			36~160	14	-0.018 -0.061	0 -0.043	±0.021 5	0.25 ~ 0.40	5.5	3.8		44~50
(15×10)	15		10			40~180	15					5.0	5.3		50~55
16×10	16		10			45~180	16					6.0	4.3		50~58
18×11	18		11	0 -0.110		50~200	18					7.0	4.4		58~65

[참고] ISO에서 평행키의 종류
• 정밀급 : Close keys   • 보통급 : Nolmal keys   • 미끄럼키 : Free keys

■ 키와 축 및 허브(보스)와의 관계

형 식	적용하는 키	설명
활동형	평행키	축과 허브가 상대적으로 축방향으로 미끄러지며 움직일 수 있는 결합
보통형	평행키, 반달키	축에 고정된 키에 허브를 끼우는 결합(주)
조임형	평행키, 경사키, 반달키	축에 고정된 키에 허브를 조이는 결합(주) 또는 조립된 축과 허브 사이에 키를 넣는 결합

[주] 선택 끼워맞춤이 필요하다.
    여기서 허브(hub)란 기어나 V-벨트풀리, 스프로킷, 캠 등의 회전체의 보스(boss)를 말한다.

자리파기, 카운터보링, 카운터싱킹

6각 구멍붙이(6각 홈붙이) 볼트에 관한 규격은 KS B 1003에 규정되어 있으며, 6각 구멍붙이 볼트를 사용하여 기계 부품을 결합시킬 때 볼트의 머리가 노출되지 않도록 볼트 머리 높이보다 약간 깊은 자리파기(카운터보링, DCB) 가공을 실시하는 데 KS B 1003의 부속서에 6각 구멍붙이 볼트에 대한 자리파기 및 볼트 구멍 치수의 규격이 정해져 있다. 볼트 구멍 지름 및 카운터 보어 지름은 KS B ISO273에 규정되어 있으며, 볼트 구멍 지름의 등급은 나사의 호칭 지름과 볼트의 구멍 지름에 따라 1~4급으로 구분하며, 4급은 주로 주조 구멍에 적용한다.

■ 자리파기용 공구와 자리파기의 종류

드릴   카운터보어   카운터싱크

자리파기   깊은 자리파기   카운터싱크

■ 볼트 구멍 및 카운터보어 지름

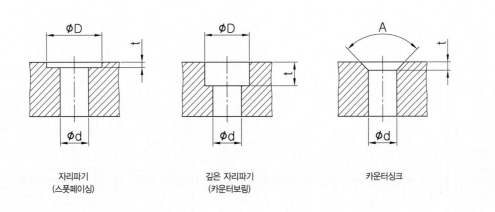

자리파기   깊은 자리파기   카운터싱크
(스폿페이싱)   (카운터보링)

호칭		자리파기 (Spot Facing)			깊은 자리파기 (Counter Bore)		카운터싱크 (Counter sink)		도면 지시 예
나사	∅d	∅D	깊이 (t)	∅D	깊이 (t)	깊이 (t)	각도(A)		
M3	3.4	9	0.2	6.5	3.3	1.75	$90°^{+2°}_{0}$		5.5D DS ∅13 DP 0.3
M4	4.5	11	0.3	8	4.4	2.3			
M5	5.5	13	0.3	9.5	5.4	2.8			
M6	6.6	15	0.5	11	6.5	3.4			
M8	9	20	0.5	14	8.6	4.4			
M10	11	24	0.8	17.5	10.8	5.5	$90°^{+2°}_{0}$		6.6D DCB ∅11 DP 6.5
M12	14	28	0.8	22	13	6.5			
M14	16	32	0.8	23	15.2	7			
M16	18	35	1.2	26	17.5	7.5			
M18	20	39	1.2	29	19.5	8			
M20	22	43	1.2	32	21.5	8.5			
M22	24	46	1.2	35	23.5	13.2	$60°^{+2°}_{0}$		4.5D DCS 90° DP 2.3
M24	26	50	1.6	39	25.5	14			
M27	30	55	1.6	43	29	–			
M30	33	62	1.6	48	32	16.6			
M33	36	66	2.0	54	35	–			

Tip

● **스폿페이싱(Spot Facing)** : 6각 볼트의 머리나 너트, 와셔가 접촉되는 면이 2차 기계가공을 하기 전의 거친 다듬질로 되어있는 주조부 등에 올바른 접촉면을 가질 수 있도록 평탄하게 다듬질하는 가공
● **카운터보링(Counter Boring)** : 6각 구멍붙이 볼트의 머리가 부품에 묻혀 외부로 돌출되지 않도록 드릴 가공한 구멍에 깊은 자리파기를 하는 가공
● **카운터싱킹(Counter Sinking)** : 접시머리볼트나 작은나사의 머리 부분이 완전히 묻힐 수 있도록 구멍의 가장자리를 원뿔형으로 경사지게 자리파기를 하는 가공

[적용 예]
편심구동장치 본체에 M4의 TAP 가공이 되어 있는 경우 품번③ 커버에 카운터보링(DCB)에 관한 치수기입의 적용 예로 치수기입은 지시선에 의한 치수기입법과 치수선과 치수보조선에 의한 방법을 예로 도시하였다.

● 편심구동장치 입체도

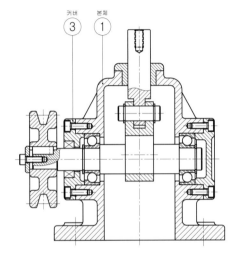

● 편심구동장치 커버에 적용된 깊은 자리파기(카운터보링)

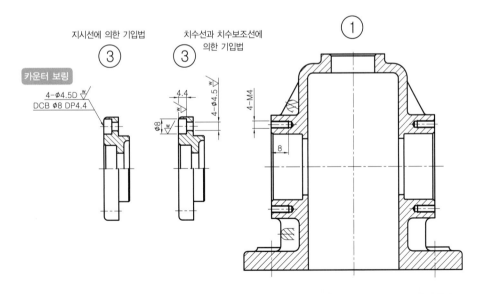

● 편심구동장치 부품도 치수 기입 예

치공구용 지그 부시

부시(bush)는 드릴(drill), 리이머(reamer), 카운터 보어(counter bore), 카운터 싱크(counter sink), 스폿 페이싱(spot facing) 공구와 기타 구멍을 뚫거나 수정하는데 사용하는 회전공구를 위치결정(locating)하거나 안내(guide)하는데 사용하는 정밀한 치공구(Jig & Fixture) 요소이다.

부시는 반복 작업에 의한 재료의 마모와 가공 후 정밀도를 유지하기 위해 통상 열처리를 실시하고 정확한 치수로 연삭되어 있으며 동심도는 일반적으로 0.008 이내로 한다.

■ 여러 가지 치공구 요소의 형상

칼라없는 고정부시	칼라있는 고정부시	노치형 삽입부시	노치형 삽입부시
지그용 멈춤쇠	지그용 멈춤나사	지그용 너트	지그용 너트(평면 자리붙이형)
지그용 너트(구면 자리붙이형)	C형 와셔	구면 와셔	고리 모양 와셔
위치결정 핀	캠 스트랩 클램프	스트랩 클램프	

■ 여러 가지 부시의 조립상태

● 드릴 부시의 치수결정 순서
1. 드릴 직경 선정
2. 부시의 내경과 외경 선정
3. 부시의 길이와 부시 고정판(jig plate) 두께 결정
4. 부시의 위치결정(locating)

1. 고정 부시(press fit bush)

고정 부시는 머리가 없는 고정 부시와 머리가 있는 고정 부시의 두 가지 종류가 있으며 부시를 자주 교환할 필요가 없는 소량 생산용 지그에 사용한다.

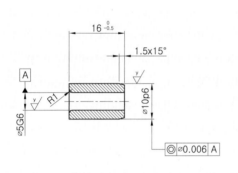

머리없는 고정부시

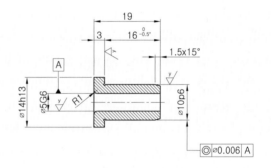

머리있는 고정부시

● 지그용 고정 부시 치수 기입 예

1. 드릴(drill)이나 리머(reamer) 가공시 공구(tool)의 안내(guide) 역할을 하는 치공구 요소이다.
2. 재질은 STC3(탄소공구강), SKS3(합금공구강) 등을 사용한다.
3. 전체 열처리를 한다. (예 : HRC 60±2)

■ 지그용 고정부시 [KS B 1030]

칼라없는 고정부시

칼라있는 고정부시

인덱스 드릴 지그

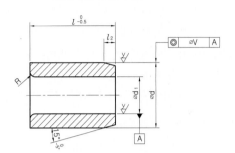

칼라 없는 고정부시

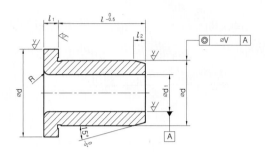

칼라 있는 고정부시

● 고정 부시

d₁ 드릴용(G6) 리머용(F7)	d		d₂		공차 ($l_{-0.5}^{0}$)	l_1	l_2	R
	기준 치수	허용차(p6)	기준치수	허용차(h13)				
1 이하	3	+ 0.012 + 0.006	7	0 − 0.220	6 8	2	1.5	0.5
1 초과 1.5 이하	4	+ 0.020 + 0.012	8					
1.5 초과 2 이하	5		9		6 8 10 12			0.8
2 초과 3 이하	7	+ 0.024 + 0.015	11	0 − 0.270	8 10 12 16	2.5		
3 초과 4 이하	8		12					1.0
4 초과 6 이하	10		14		10 12 16 20			
6 초과 8 이하	12	+ 0.029 + 0.018	16			3		
8 초과 10 이하	15		19	0 − 0.330	12 16 20 25			2.0
10 초과 12 이하	18		22			4		

2. 삽입부시(renewable bush)

삽입부시는 지그 플레이트에 라이너 부시(가이드 부시)를 설치하여 라이너 부시 내경에 삽입 부시 외경이 미끄
럼 끼워맞춤 되도록 연삭되어 있으며, 부시가 마모되면 교환을 할 수 있는 다량 생산용 지그에 적합하며, 다양한
작업을 위하여 라이너 부시에 여러 용도의 삽입 부시를 교환하여 사용된다. 삽입 부시는 회전 삽입 부시와 고정
삽입부시로 분류한다.

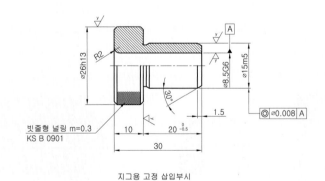

지그용 고정 삽입부시

● 지그용 고정 삽입부시 치수 기입 예

■ 지그용 고정 삽입부시 [KS B 1030]

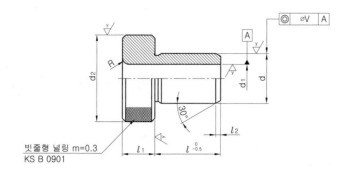

빗줄형 널링 m=0.3
KS B 0901

d₁ 드릴용(G6) 리머용(F7)	d		d₂		$l\ _{-0.5}^{\ 0}$	l_2	R
	기준 치수	허용차 (m5)	기준 치수	허용차 (h13)			
4 이하	8	+ 0.012 + 0.006	15	0 − 0.270	10 12 16	8	1
4 초과 6 이하	10		18		12 16 20 25		
6 초과 8 이하	12	+ 0.015 + 0.007	22	0 − 0.330		10	2
8 초과 10 이하	15		26		16 20 (25) 28 36		
10 초과 12 이하	18		30				
12 초과 15 이하	22	+ 0.017 + 0.008	34	0 − 0.390	20 25 (30) 36 45	12	
15 초과 18 이하	26		39			1.5	
18 초과 22 이하	30		46		25 (30) 36 45 56		3

1. 하나의 구멍에 여러 가지 작업을 할 경우 교체 및 장착이 용이한 부시로 노치형 부시라고도 한다.
2. 부시 재질은 STC3(탄소공구강), SKS3(합금공구강) 등을 사용한다.
3. 전체 열처리를 한다. (예 : HRC 60±2)

3. 라이너 부시(liner bush)

삽입 부시의 안내용 고정부시로 지그판에 영구히 설치하며, 정밀하고 높은 경도를 지니기 때문에 지그의 정밀도를 장기간 유지할 수 있다. 머리 없는 것과 머리 있는 것의 두가지가 있다.

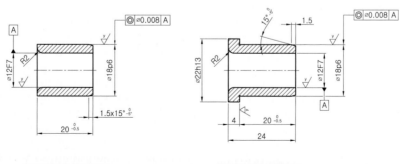

머리없는 고정 라이너부시   머리있는 고정 라이너부시

● 라이너 부시 치수 기입 예

■ 라이너 부시 [KS B 1030]

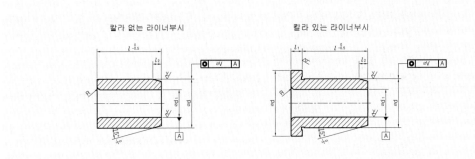

칼라 없는 라이너부시   칼라 있는 라이너부시

[단위 : mm]

d_1		d		d_2		$l_{-0.5}^{\ 0}$	l_1	l_2	R
기준 치수	허용차 (F7)	기준 치수	허용차 (p6)	기준 치수	허용차 (h13)				
8	+0.028 +0.013	12	+0.029 +0.018	16	0 − 0.270	10 12 16	3	1.5	2
10		15		19					
12	+0.034 +0.016	18		22	0 − 0.330	12 16 20 25	4		
15		22	+0.035 +0.022	26		16 20 (25) 28 36			
18		26		30					
22	+0.041 +0.020	30	+0.042 +0.026	35	0 − 0.390	20 25 (30) 36 45	5		3
26		35		40					
30		42		47		25 (30) 36 45 56			

4. 노치형 부시

회전 삽입 부시(slip renewable bush)라고도 하며, 이 부시는 한 구멍에 여러 가지 가공 작업을 할 경우 라이너 부시를 지그판에 고정시킨 후 노치형 부시를 삽입한 후 플랜지부에 잠금나사로 고정시켜 사용한다.

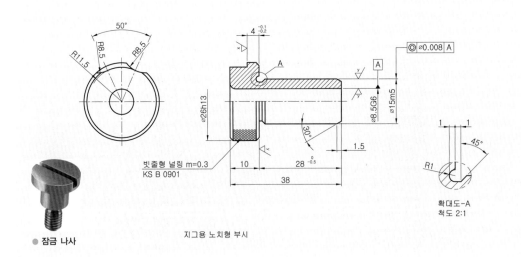

● 잠금 나사   지그용 노치형 부시   확대도-A
척도 2:1

● 노치형 부시 치수 기입 예

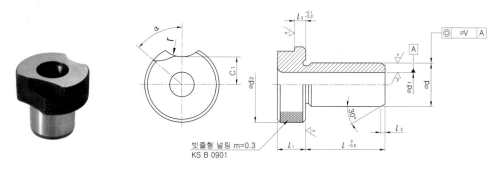

빗줄형 널링 m=0.3
KS B 0901

지그용 노치형 부시

● 노치형 부시의 주요 치수

[단위 : mm]

d_1 드릴용(G6) 리머용(F7)	d 기준치수	d 허용차 (m5)	d_2 기준치수	d_2 허용차 (h13)	$l_{-0.5}^{\ 0}$	l_1	l_2	R	l_3 기준치수	l_3 허용차	C_1	r	α (°)
4 이하	8	+ 0.012 + 0.006	15	0 − 0.270	10 12 16	8	1.5	1	3	− 0.1 − 0.2	4.5	7	65
4 초과 6 이하	10		18								6		
6 초과 8 이하	12	+ 0.015 + 0.007	22	0 − 0.330	12 16 20 25						7.5	8.5	60
8 초과 10 이하	15		26		16 20 (25) 28 36	10		2	4		9.5		50
10 초과 12 이하	18		30								11.5		
12 초과 15 이하	22	+ 0.017 + 0.008	34	0 − 0.390	20 25 (30) 36 45	12		3	5.5		13	10.5	35
15 초과 18 이하	26		39								15.5		
18 초과 22 이하	30		46		25 (30) 36 45 56						19		30

5. 드릴지그 사례

● 드릴지그-1

● 드릴지그-2

6. 지그 설계의 치수 표준

❶ 센터 구멍

선반, 밀링용 지그의 구멍은 다음의 5종류로 한다.

D = 12mm 이하 ± 0.01mm

D = 16mm 이하 ± 0.01mm

D = 20mm 이하 ± 0.01mm

D = 25mm 이하 ± 0.01mm

(선반은 가급적 이 구멍을 이용한다.)

D = 35mm 이하 ± 0.01mm

(밀링은 가급적 이 구멍을 이용한다.)

❷ 중심 맞춤 구멍

중심 맞춤 구멍(중심맞춤 센터 및 리머 볼트용 구멍)의 중심거리에 대해서는 다음의 치수공차를 적용한다.

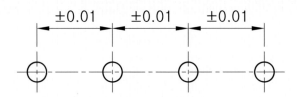

❸ 볼트 구멍의 거리

볼트 구멍 등과 같이 축과 구멍과 0.5mm 이상의 틈새를 갖는 구멍의 중심거리에 대해서는 다음의 치수공차를 적용한다.

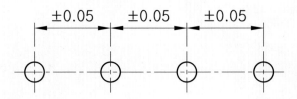

❹ 각도

특히 정밀도를 요구하지 않는 각도에는 다음의 치수공차를 적용한다. ±30′

기어는 2개 또는 그 이상의 축 사이에 회전 또는 동력을 전달하는 요소로 한 축으로 부터 다른 축으로 동력을 전달하는 데 사용되는 대표적인 동력전달용 기계요소이다. 또한 기어는 동력을 주고받는 두 축 사이의 거리가 가까운 경우에 사용되며, 동력전달이 확실하고 속도비를 일정하게 유지할 수 있는 장점이 있어 전동 장치, 변속 장치 등에 널리 이용된다. 맞물려 회전하는 한 쌍의 기어에서 잇수가 많은 쪽을 **기어**, 잇수가 적은 쪽을 **피니언**(pinion)이라 한다. 기어의 정밀도에 관한 등급 규정은 기존 **KS B 1405**는 폐지(2005-0293)되있으며 **KS B ISO 1328-1**에서 스퍼어기어 및 헬리컬기어의 등급에 관하여 규정하고 있으며 기어의 등급은 정밀도에 따라서 9등급으로 한다. (0급, 1급, 2급, 3급, 4급, 5급, 6급, 7급, 8급)

1. 기어의 종류

❶ **두 축이 평행한 기어**

■ **스퍼 기어(spur gear)** : 잇줄이 축에 평행한 직선의 원통형 기어로 평기어라고도 하며 제작하기 쉬우므로 일반적인 기구나 기계장치에 가장 널리 사용되지만 소음이 발생되는 단점이 있다.

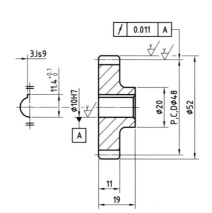

스퍼기어 요목표		
기어 치형		표준
공 구	모듈	2
	치형	보통이
	압력각	20°
전체이높이		4.5
피치원지름		ϕ48
잇수		24
다듬질 방법		호브절삭
정밀도		KS B ISO 1328-1, 4급

● 스퍼기어의 제도와 요목표

스퍼 기어 제원	스퍼 기어 주요 계산 공식	
1. 모듈(m) : 2 2. 잇수(z) : 24 3. 피치원 지름 : 48 4. 재질 : SM45C, SCM415 　대형기어의 경우 주강품 　SC420, SC450	피치원 지름(P.C.D)	P.C.D = m×z 　　　 = 2×24 = 48
	이끝원 지름(D)	외접 기어 외경 D=PCD+(2m)=48+(2×2)=52 내접 기어 D=PCD-(2m)=48-(2×2)=44
	전체 이 높이(h)	h=2.25×m=2.25×2=4.5

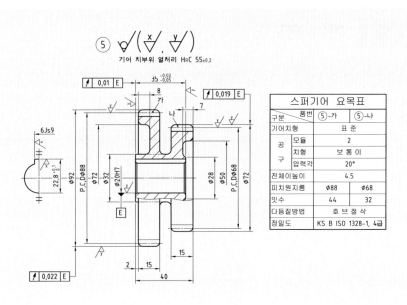

스퍼기어 요목표

구분	품번	⑤-가	⑤-나
기어치형		표 준	
공구	모듈	2	
	치형	보 통 이	
	압력각	20°	
전체이높이		4.5	
피치원지름		Φ88	Φ68
잇수		44	32
다듬질방법		호 브 절 삭	
정밀도		KS B ISO 1328-1, 4급	

● 이중 스퍼기어의 제도와 요목표

■ **래크 기어(rack gear)** : 스퍼기어와 맞물리는 래크는 직선 형태의 기어로 피치원통 반지름이 무한대 ∞ 인 기어의 일부분이다. 래크와 맞물리는 기어 짝을 피니언(pinion)이라 한다. 래크는 직선 왕복 운동을 하고 피니언은 회전 운동을 한다.

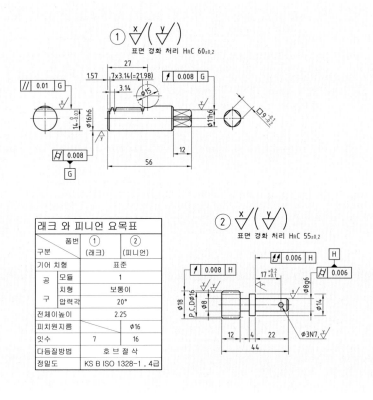

래크 와 피니언 요목표

구분	품번	① (래크)	② (피니언)
기어 치형		표 준	
공구	모듈	1	
	치형	보통이	
	압력각	20°	
전체이높이		2.25	
피치원지름			Φ16
잇수		7	16
다듬질방법		호 브 절 삭	
정밀도		KS B ISO 1328-1, 4급	

● 래크와 피니언

래크와 피니언 제원	피니언 기어 주요 계산 공식	
1. 모듈(m) : 1 2. 래크 잇수(z_1) : 7 피니언 기어 잇수(z_2) : 16 3. 피치원 지름 : 16 4. 재질 : SM45C, SCM415 SCM435 등	피니언 기어 피치원 지름(P.C.D)	P.C.D=m×z=1×16=16
	이끝원 지름(D)	피니언 기어 외경 D=PCD+(2m)=16+(2×1)=18
	전체 이 높이(h)	h=2.25×m=2.25×1=2.25

■ **내접 기어(internal gear)** : 원형의 링(ring) 안쪽에 이가 있는 원통형 기어로 공간을 적게 차지하고 원활하게 작동하며 높은 속도비를 얻을 수 있다. 일반적으로 감속기나 유성기어 장치(planetary gear system), 기어 커플링 등에 사용된다.

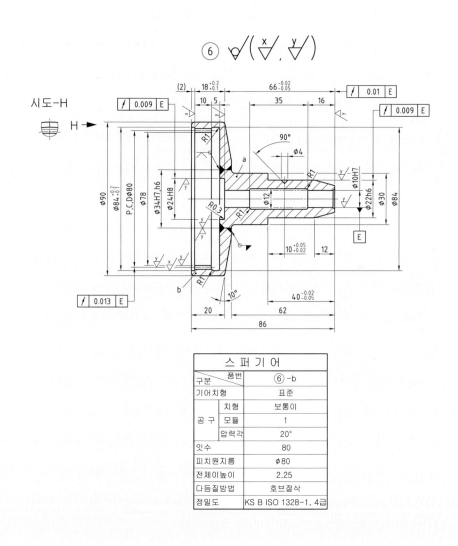

스 퍼 기 어		
구분	품번	⑥-b
기어치형		표준
공 구	치형	보통이
	모듈	1
	압력각	20°
잇수		80
피치원지름		φ80
전체이높이		2.25
다듬질방법		호브절삭
정밀도		KS B ISO 1328-1, 4급

● 내접 기어의 제도와 요목표

내접 기어 제원	내접 기어 주요 계산 공식		
1. 모듈(m) : 1 2. 잇수(z) : 80 3. 피치원 지름 : 80 4. 재질 : SM45C, SCM415 　　대형기어의 경우 주강품 　　SC420, SC450	피치원 지름(P.C.D)	$P.C.D = m \times z$ $= 1 \times 80 = 80$	
	이끝원 지름(D)	내집 기어 외경 $D = PCD - (2m) = 80 - (2 \times 1) = 78$	
	전체 이 높이(h)	$h = 2.25 \times m = 2.25 \times 1 = 2.25$	

■ **헬리컬 기어(helical gear)** : 축에 대하여 비틀린 이(나선)를 가진 원통형 기어로 스퍼 기어에 비해서 더 큰 하중에 견딜 수 있으며 소음도 적어서 정숙한 운전이 가능하여 자동차 변속기 등에 널리 사용된다. 다만, 이의 비틀림 때문에 축방향의 추력(thrust)이 발생하는 것이 단점이다. 그러나 이중 헬리컬 기어(double helical gear)나 헤링본 기어(herringbone gear)는 왼쪽 비틀림(LH) 이와 오른쪽 비틀림(RH) 이를 둘 다 가지고 있기 때문에 추력을 방지할 수 있다.

헬리컬 기어 요목표		
구분 　　　품번	④	⑤
기어 치형	표 준	
공 구　모듈	2	
치형	보 통 이	
압력각	20°	
전체 이 높이	4.5	
치형 기준면	치 직 각	
피치원지름	φ36.56	φ138.1
잇수	18	68
리드	651.38	2460.50
방향	우	좌
비틀림 각	10°	
다듬질 방법	호브 절삭	
정밀도	KS B ISO 1328-1, 4급	

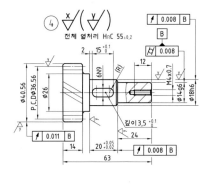

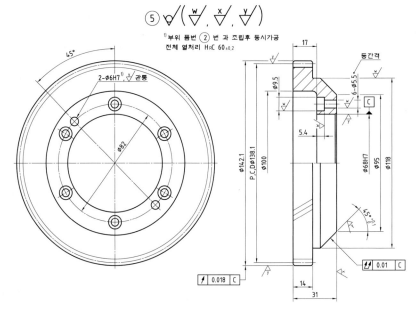

● 헬리컬기어의 제도와 요목표

헬리컬 기어 제원	표준 헬리컬 기어 주요 계산 공식			
	항 목	기호	소기어 ④	대기어 ⑤
	치직각 모듈	m_n	$m_n = m_t \cos\beta = \dfrac{d\cos\beta}{z}$	
1. 치직각 모듈 : 2 2. 잇수(z) : 18, 68 3. 피치원 지름 : 36.56, 138.1 4. 비틀림각 : 10° 5. 재질 : SM45C, SCM415 대형기어의 경우 주강품 SC420, SC450	피치원 지름	d	$d_1 = \dfrac{z_1 m_n}{\cos\beta}$ $= \dfrac{18 \times 2}{\cos 10°} = 36.56$	$d_2 = \dfrac{z_2 m_n}{\cos\beta}$ $= \dfrac{68 \times 2}{\cos 10°} = 138.10$
	비틀림각	β	$\beta = \tan^{-1}\left(\dfrac{\pi d}{p_z}\right) = \cos^{-1}\left(\dfrac{z m_n}{d}\right)$	
	리드	p_z	$p_z = \dfrac{\pi d}{\tan\beta} = \dfrac{\pi z m_n}{\sin\beta}$ $= \dfrac{\pi \times 36.56}{\tan 10°} = 651.38$	$p_z = \dfrac{\pi d}{\tan\beta} = \dfrac{\pi z m_n}{\sin\beta}$ $= \dfrac{\pi \times 138.1}{\tan 10°} = 2460.50$
	이끝 높이	h_a	$h_a = m_n = 2$	
	이뿌리 높이	h_f	$h_f = 1.25 m_n = 1.25 \times 2 = 2.5$	
	전체 이 높이	h	$h = h_a + h_f = 2.25 m_n = 4.5$	
	중심거리	a	$a = \dfrac{(d_1 + d_2)}{2} = \dfrac{(z_1 + z_2)m_n}{2\cos\beta} = \dfrac{(36.56 + 138.1)}{2\cos 10°} = 88.68$	

■ **헬리컬 랙(helical rack)** : 헬리컬기어와 맞물리는 비틀림을 가진 직선 치형의 기어로 헬리컬 기어의 피치원통 반지름이 무한대 ∞로 된 기어이다.

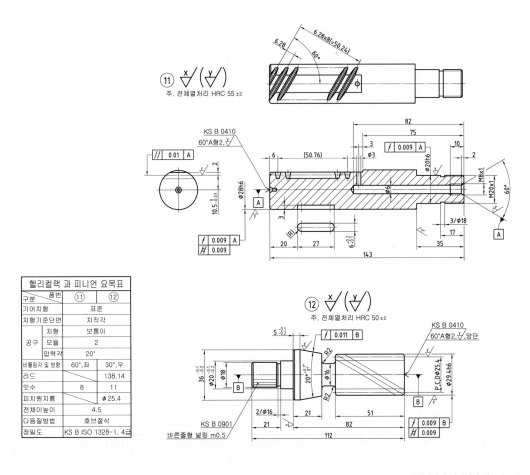

헬리컬랙 과 피니언 요목표		
구분 ＼ 품번	⑪	⑫
기어치형	표준	
치형기준단면	치직각	
공구 · 치형	보통이	
공구 · 모듈	2	
공구 · 압력각	20°	
비틀림각 및 방향	60°,좌	30°,우
리드		138.14
잇수	8	11
피치원지름		φ25.4
전체이높이	4.5	
다듬질방법	호브절삭	
정밀도	KS B ISO 1328-1, 4급	

● 헬리컬랙과 피니언의 제도와 요목표

❷ **두 축이 교차하는 기어**

■ **직선 베벨기어(straight bevel gear)** : 잇줄이 직선인 베벨기어로 피치 원뿔(pitch cone)의 모선과 같은 방향으로 경사진 원뿔형 이를 가진 기어이다. 주로 두 축이 90°로 교차하는 곳에 사용되며 동력전달용 베벨기어로 가장 널리 사용된다.

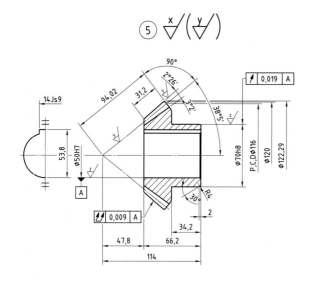

직선베벨기어 요목표		
구분　품번	⑤	⑥
기어 치형	글리슨 식	
모듈	4	
압력각	20°	
잇수	29	37
축각	90°	
피치원지름	Φ116	Φ148
원추거리	94.02	
피치원추각	38° 5′	51° 55′
다듬질방법	연　삭	
정밀도	KS B 1412, 4급	

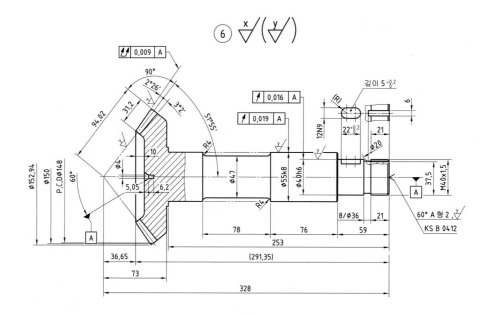

● 직선 베벨기어의 제도와 요목표

296

용어	기호	직선 베벨기어 주요 계산 공식	
		소기어 ⑤	대기어 ⑥
피치원 직경	d	$d_1 = z_1 m$	$d_2 = z_2 m$
피치원추각	δ	$\delta_1 = \tan^{-1}\dfrac{z_1}{z_2}$	$\delta_2 = 90\,^\circ - \delta_1$
원추거리	R_e	$R_e = \dfrac{d_2}{2\sin\delta_2}$	
이끝각	θ_a	$\theta_a = \tan^{-1}\dfrac{h_a}{R_e}$	
이뿌리각	θ_f	$\theta_f = \tan^{-1}\dfrac{h_f}{R_e}$	
이끝원추각	δ_a	$\delta_{a1} = \delta_1 + \theta_a$	$\delta_{a2} = \delta_2 + \theta_a$
이뿌리원추각	δ_f	$\delta_{f1} = \delta_1 - \theta_f$	$\delta_{f2} = \delta_2 - \theta_f$
이끝원직경 (바깥단)	d_a	$d_{a1} = d_1 + 2h_a\cos\delta_1$	$d_{a2} = d_2 + 2h_a\cos\delta_2$
배원추각	δ_b	$\delta_{b1} = 90\,^\circ - \delta_1$	$\delta_{b2} = 90\,^\circ - \delta_2$
이끝원추와 배원추와의 각	θ_1	$\theta_1 = 90\,^\circ - \theta_a$	
원추 정점에서 바깥단까지	R	$R_1 = \dfrac{d_2}{2} - h_a\sin\delta_1$	$R_2 = \dfrac{d_1}{2} - h_a\sin\delta_2$
이끝 사이의 축방향거리	X_b	$X_{b1} = \dfrac{b\cos\delta_{a1}}{\cos\theta_a}$	$X_{b2} = \dfrac{b\cos\delta_{a2}}{\cos\theta_a}$
축각	Σ	$\Sigma = \delta_1 + \delta_2 = 90\,^\circ$	
이폭	b	$b = \dfrac{d}{6\sin\delta}$ 또는 $b \le \dfrac{R_e}{3}$	

❸ 두 축이 어긋난 기어

■ **웜과 웜휠(worm & worm wheel)** : 웜은 수나사와 비슷하다. 웜과 짝을 이루는 웜휠은 헬리컬 기어와 비슷하지만 웜의 축 방향에서 보면 웜을 감싸듯이 맞물린다는 점이 다르다. 웜과 웜휠의 두드러진 특징은 매우 큰 속도비를 얻을 수 있다는 것이다. 그러나 미끄럼 때문에 전동 효율은 매우 낮은 편이다.

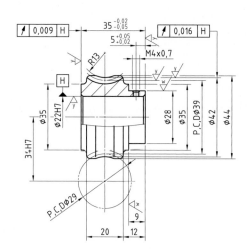

웜과 웜휠 요목표		
품번 구분	① (웜)	② (웜휠)
원주 피치	4,71	
리드	9,42	
피치원 지름	φ29	φ39
잇수	-	26
치형 기준 단면	축 직 각	
줄 수, 방향	2줄 , 우	
압력각	20°	
진행각	5°54'	
모듈	1,5	
다듬질 방법	연삭	호브절삭

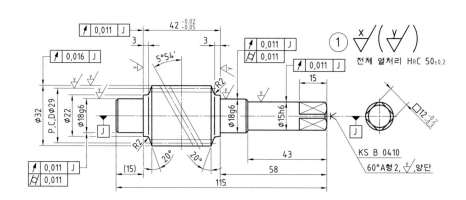

● 웜과 웜휠의 제도와 요목표

298

용어	기호	표준 웜기어 주요 계산 공식	
		웜	웜휠
중심거리	a	$a = \dfrac{d_1 + d_2}{2}$	
축방향피치	p_x	$p_x = \dfrac{p_z}{z_1} = \dfrac{p_n}{\cos\gamma} = \pi\, m_t$	−
정면피치	p_t	−	$p_t = \dfrac{\pi d_2}{z} = \dfrac{p_n}{\cos\gamma}$
치직각피치		$p_n = \pi\, m_n = p_x\cos\gamma$	
리드		$p_z = z_1 p_x = z_1 \pi\, m_t$	−
진행각		$\gamma = \tan^{-1}\left(\dfrac{p_z}{\pi d_1}\right)$	
피치원 직경	d	$d_1 = \dfrac{p_z}{\pi \tan\gamma}$	$d_2 = \dfrac{z_2 m_n}{\cos\gamma}$
이끝원직경	d_a	$d_{a1} = d_1 + 2h_a$	$d_{d2} = d_t + 2r_t\left(1 - \cos\dfrac{\theta}{2}\right)$
이뿌리원직경	d_f	$d_{f1} = d_1 - 2h_f$	$d_{f2} = d_2 - 2h_f$
목의 둥근 반지름	r_t	−	$r_t = \dfrac{d_1}{2} - h_a = a - \dfrac{d_t}{2}$
목의 직경	d_t	−	$d_t = d + 2h_a$
축평면압력각	α_a	$\alpha_a = \tan^{-1}\left(\dfrac{\tan\alpha_n}{\cos\gamma}\right)$	
치직각압력각	α_n	$\alpha_n = \tan^{-1}(\tan\alpha_a\cos\gamma)$ 또는 $20°$	
정면모듈	m_t	$m_t = \dfrac{p_x}{\pi} = \dfrac{m_n}{\cos\gamma}$	
치직각모듈	m_n	$m_n = m_t\cos\gamma = \dfrac{p_x\cos\gamma}{\pi}$	
잇수	z	$z_1 = \dfrac{p_z}{p_x}$	$z_2 = \dfrac{d_2\cos\gamma}{m_n} = \dfrac{\pi d_2}{p_t}$

Lesson 8 ┃ V-벨트 풀리

벨트 풀리는 평벨트 풀리와 이붙이 벨트 풀리(타이밍 벨트 풀리) 및 V-벨트 풀리 등으로 분류하며 이 중에서 V-벨트 풀리는 말 그대로 풀리에 V자 형태의 홈 가공을 하고 단면이 사다리꼴 모양인 벨트를 걸어 동력을 전달할 때 풀리와 벨트 사이에 발생하는 쐐기 작용에 의해 마찰력을 더욱 증대시킨 풀리로 주철제가 많지만 강판이나 경합금제의 것도 있다.

KS 규격에서는 KS B 1400, 1403에 규정되어 있으며, V-벨트 풀리의 종류로는 호칭 지름에 따라서 M형, A형, B형, C형, D형, E형 등 6종류가 있는데 M형의 호칭 지름이 가장 작으며 E형으로 갈수록 호칭 지름 및 형상 치수가 크게 된다. 타이밍 벨트는 벨트의 이와 풀리의 홈이 서로 맞물려 동력을 전달하는 것으로 벨트의 미끄러짐이 없어 벨트의 장력 조절이 필요없고 운활유 급유가 장치가 필요 없는 장점이 있으며 속도 범위와 동력전달 범위가 넓어 널리 사용되고 있다. 타이밍 풀리의 치형은 인벌류트 치형을 사용하고 있으며 인벌류트 치형은 벨트가 풀리에 맞물려 돌아갈 때 벨트 치형의 운동에 따라서 조성된 궤적을 기본으로 설계하는데 회전 중의 벨트 이와 풀리의 이의 간섭이 적고 매우 부드러운 회전을 얻을 수가 있다.

1. KS규격의 적용방법

아래 V-벨트의 KS규격에서 기준이 되는 호칭치수는 V-벨트의 형별(M,A,B,C,D,E)과 호칭지름(dp)가 된다.
일반적으로 도면에서는 형별을 표기해주는데 형별 표기가 없는 경우 조립도면에서 호칭지름(dp)과 α° 의 각도를
재서 작도하면 된다.

예를들어 V-벨트의 형별이 **A형**으로 되어있고 **호칭지름(dp)**이 **87mm**라고 한다면, 아래 규격에서 α°, l_0, k,
k_0, e, f, de 치수를 찾아 적용하고 부분확대도를 적용하는 경우 확대도를 작도한 후에 r_1, r_2, r_3의 수치를
찾아 적용해주면 된다.

■ V-벨트 풀리의 KS규격

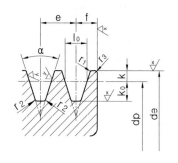

■ 홈부 각 부분의 치수허용차

V벨트의 형별	α의 허용차(°)	k의 허용차	e의 허용차	f의 허용차
M		+0.2 0	–	±1
A		+0.2 0	± 0.4	±1
B	± 0.5	+0.2 0	± 0.4	±1
C	± 0.5	+0.3 0	± 0.5	±1
D		+0.4 0	± 0.5	+2 −1
E		+0.5 0	± 0.5	+3 −1

[주] k의 허용차는 바깥지름 de를 기준으로 하여, 홈의 나비가 l_0가 되는 dp의 위치의 허용차를 나타낸다.

■ 주철제 V-벨트 풀리 홈부분의 모양 및 치수 [KS B 1400]

V벨트 형 별	호칭지름 (dp)	α°	l_0	k	k_0	e	f	r_1	r_2	r_3	(참 고) V 벨트의 두께	비고
M	50 이상 71 이하 71 초과 90 이하 90 초과	34 36 38	8.0	2.7	6.3	–	9.5	0.2~0.5	0.5~1.0	1~2	5.5	M형은 원칙적 으로 한 줄만 걸친다.(e)
A	71 이상 100 이하 100 초과 125 이하 125 초과	34 36 38	9.2	4.5	8.0	15.0	10.0	0.2~0.5	0.5~1.0	1~2	9	
B	125 이상 160 이하 160 초과 200 이하 200 초과	34 36 38	12.5	5.5	9.5	19.0	12.5	0.2~0.5	0.5~1.0	1~2	11	
C	200 이상 250 이하 250 초과 315 이하 315 초과	34 36 38	16.9	7.0	12.0	25.5	17.0	0.2~0.5	1.0~1.6	2~3	14	
D	355 이상 450 이하 450 초과	36 38	24.6	9.5	15.5	37.0	24.0	0.2~0.5	1.6~2.0	3~4	19	
E	500 이상 630 이하 630 초과	36 38	28.7	12.7	19.3	44.5	29.0	0.2~0.5	1.6~2.0	4~5	25.5	

■ V-벨트 풀리의 바깥둘레 흔들림 및 림 측면 흔들림의 허용값

호칭지름	바깥둘레 흔들림의 허용값	림 측면 흔들림의 허용값	바깥지름 d_e의 허용값
75 이상 118 이하	± 0.3	± 0.3	± 0.6
125 이상 300 이하	± 0.4	± 0.4	± 0.8
315 이상 630 이하	± 0.6	± 0.6	± 1.2
710 이상 900 이하	± 0.8	± 0.8	± 1.6

1. 호칭치수는 형별(예 : M형)과 호칭지름(dp)이 된다.
2. 풀리의 재질은 보통 회주철(GC250)을 적용한다.
3. 형별 중 M형은 원칙적으로 한줄만 걸친다.(기호 : e)
4. 크기는 형별에 따라 M, A, B, C, D, E형으로 분류하고, 폭이 가장 좁은 것은 M형, 가장 넓은 것은 E형이다.

2. V-벨트풀리 치수 기입 예

■ 아래 편심구동장치에서 품번 ② M형, dp=60mm 일 때 작도 및 치수 기입 적용 예

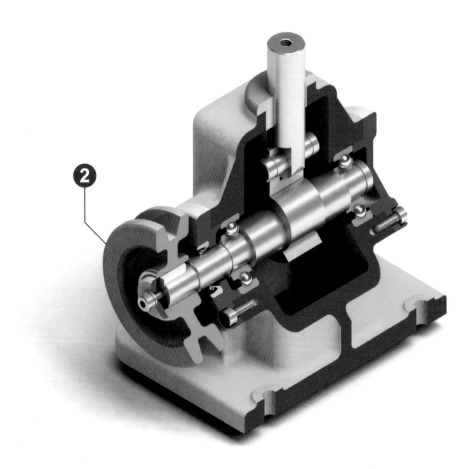

● 편심구동장치 등각도

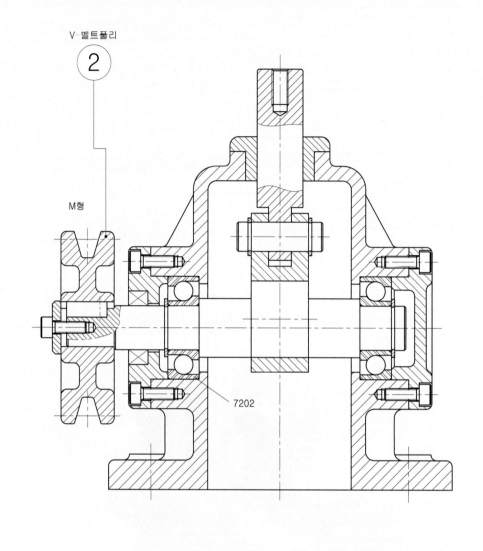

V 벨트풀리

② M형

7202

● 편심구동장치 조립도

[참고]

주철제 V 벨트 풀리(KS B 1400) 규격은 KS M 6535에 규정하는 V 벨트를 사용하는 주철제 V 벨트 풀리에 대하여 규정한다. 다만, KS M 6535에 규정하는 M형, D형 및 E형의 V 벨트를 사용하는 것에 대하여는 홈 부분의 모양 및 치수만을 규정한다.

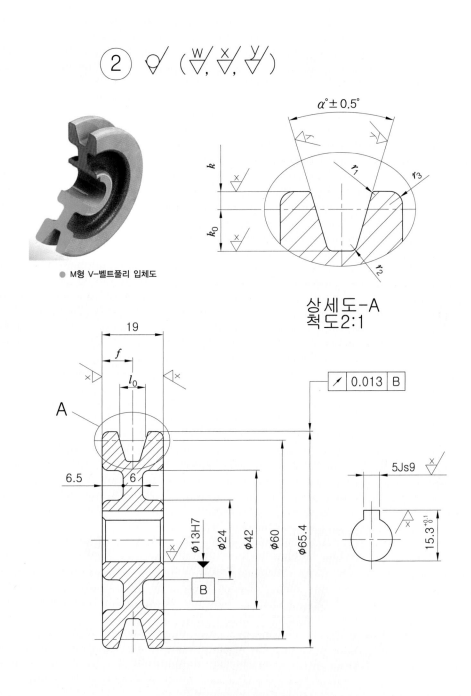

② ⌀ ($\frac{W}{\nabla}$, $\frac{X}{\nabla}$, $\frac{Y}{\nabla}$)

$\alpha° \pm 0.5°$

● M형 V-벨트풀리 입체도

상세도-A
척도2:1

19

f

l_0

A

6.5

6

$\phi 13H7$

$\phi 24$

$\phi 42$

$\phi 60$

$\phi 65.4$

0.013 B

B

5Js9

$15.3^{+0.1}_{0}$

● M형 V-벨트풀리 주요부 치수

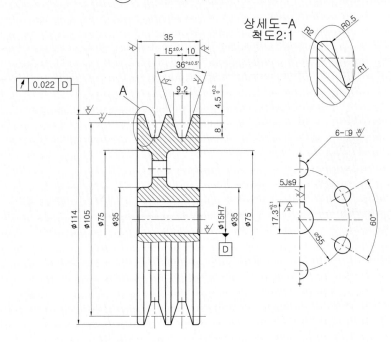

● A형 V-벨트풀리

3. 평벨트 풀리 치수 기입 예 [참고 : 평벨트 풀리 KS B 1402 폐지]

■ 아래 벨트전동장치에서 품번 ③의 평벨트 풀리 치수 기입을 예로 들었다.

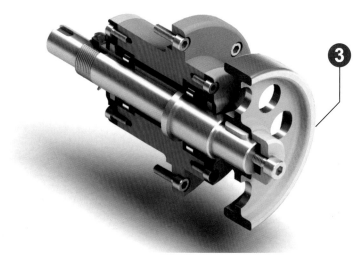

● 벨트전동장치 입체도

평벨트 풀리

③

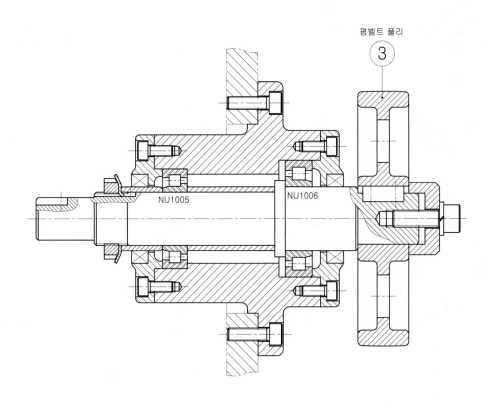

NU1005

NU1006

● 벨트전동장치 조립도

● 평벨트 풀리 입체도

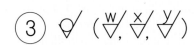

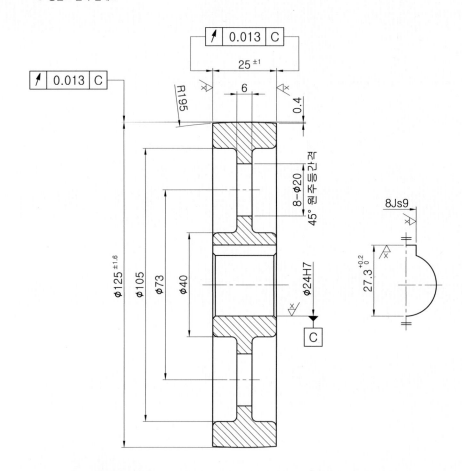

● 평벨트 풀리 주요부 치수

나사는 우리 주변에서도 쉽게 찾아볼 수 있는 기계요소로서 암나사와 수나사가 있으며 수나사를 회전시켜 암나사의 내부에 직선적으로 이동하면서 체결이 된다. 즉 회전운동을 직선운동으로 바꾸어 주는 것이다. 이때 회전운동은 적은 힘으로 움직여도 직선운동으로 바뀌면 큰 힘을 발휘할 수 있다. 나사는 2개 이상의 부품을 작은 힘으로 조이거나 푸는 고착나사, 2개 부품 사이의 거리나 높이를 조절하는 조정(조절)나사, 부품에 회전운동을 주어 동력을 전달시키거나 이동시키는 운동 또는 동력전달나사, 파이프를 연결시키는 접합용 나사 등 아주 다양한 종류가 있으며 쓰이지 않는 곳이 없을 정도로 작지만 중요한 기계요소이다.

나사는 KS B ISO 6410에 의거하여 약도법으로 제도하는 것을 원칙으로 한다.

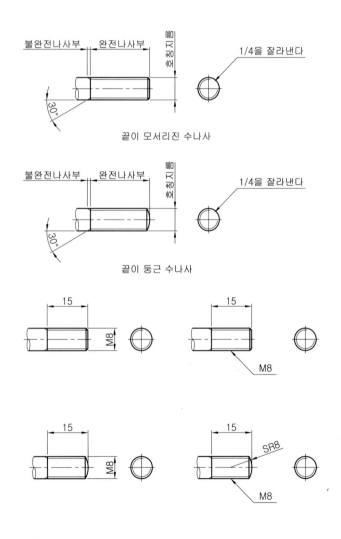

● 수나사의 제도법

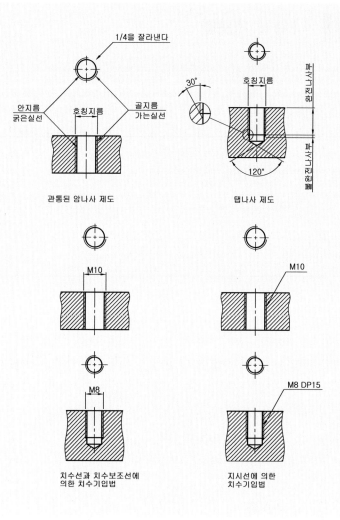

관통된 암나사 제도

탭나사 제도

치수선과 치수보조선에
의한 치수기입법

지시선에 의한
치수기입법

● 암나사의 제도법

● 탭용 공구

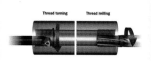

● 선반과 밀링에서 나사내기
[이미지 제공 : SANDBIK]

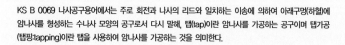

KS B 0069 나사공구용어에서는 주로 회전과 나사의 리드와 일치하는 이송에 의하여 아래구멍(하혈)에 암나사를 형성하는 수나사 모양의 공구로서 다시 말해, 탭(tap)이란 암나사를 가공하는 공구이며 탭가공(탭핑:tapping)이란 탭을 사용하여 암나사를 가공하는 것을 의미한다.

● 수나사 및 암나사 작업
[이미지 제공 : SANDBIK]

■ 나사의 종류를 표시하는 기호 및 나사의 호칭에 대한 표시 방법의 보기 [KS B 0200]

구 분		나사의 종류	나사의 종류를 표시하는 기호	나사의 호칭에 대한 표시 방법의 보기	관련 표준
일반용	ISO표준에 있는것	미터보통나사	M	M8	KS B 0201
		미터가는나사		M8x1	KS B 0204
		미니츄어나사	S	S0.5	KS B 0228
		유니파이 보통 나사	UNC	3/8–16UNC	KS B 0203
		유니파이 가는 나사	UNF	No.8–36UNF	KS B 0206
		미터사다리꼴나사	Tr	Tr10x2	KS B 0229의 본문
		관용 테이퍼 나사 테이퍼 수나사	R	R3/4	KS B 0222의 본문
		테이퍼 암나사	Rc	Rc3/4	
		평행 암나사	Rp	Rp3/4	
		관용평행나사	G	G1/2	KS B 0221의 본문
	ISO표준에 없는것	30도 사다리꼴나사	TM	TM18	
		29도 사다리꼴나사	TW	TW20	KS B 0206
		관용 테이퍼 나사 테이퍼 나사	PT	PT7	KS B 0222의 본문
		평행 암나사	PS	PS7	
		관용 평행나사	PF	PF7	KS B 0221
특수용		후강 전선관나사	CTG	CTG16	KS B 0223
		박강 전선관나사	CTC	CTC19	
	자전거 나사	일반용	BC	BC3/4	KS B 0224
		스포크용		BC2.6	
		미싱나사	SM	SM1/4 산40	KS B 0225
		전구나사	E	E10	KS C 7702
		자동차용 타이어 밸브나사	TV	TV8	KS R 4006의 부속서
		자전거용 타이어 밸브나사	CTV	CTV8 산30	KS R 8004의 부속서

[참고]

1. 미터 보통 나사 중 M1.7, M2.3 및 M2.6은 ISO 표준에 규정되어 있지 않다.

2. 가는 나사임을 특별히 명확하게 나타낼 필요가 있을 때는 피치 다음에 '가는 나사'의 글자를 (   )안에 넣어서 기입할 수 있다.

Lesson 10 ┃ V-블록

V-블록은 90°, 120°의 각을 갖는 V형의 홈을 가진 주철제 또는 강 재질의 다이(die)로 주로 환봉을 올려놓고 클램핑(clamping)하여 구멍 가공을 하거나 금긋기 및 중심내기(centering)에 주로 사용하는 요소이다.

위치결정 V-블록은 원통형상의 공작물을 위치결정하는 데 사용하는 블록이다.

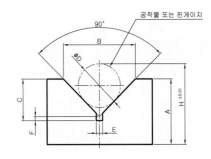

● V-블록 치수 기입

1. ØD 는 도면상에 주어진 공작물의 외경치수나 핀게이지의 치수를 재서 기입하거나 임의로 정한다.

2. A, B, C, D, E, F 의 값은 주어진 도면의 치수를 재서 기입한다.

■ H치수 구하는 계산식

❶ V−블록 각도($\theta°$)가 90°인 경우 H의 값

$$Y=\sqrt{2}\times\frac{D}{2}-\frac{B}{2}+A+\frac{D}{2}$$

❷ V−블록 각도($\theta°$)가 120°인 경우 H의 값

$$Y=\frac{D}{2}\div\cos30°-\tan30°\times\frac{B}{2}+A+\frac{D}{2}$$

● V−블록

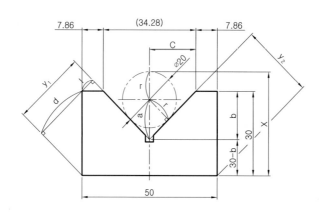

● V−블록 가공 치수 계산

■ V홈을 가공하기 위한 치수 구하는 계산식

X를 구하는 방법

$X=r+a+(30-b)$ $r=10$

$a=\dfrac{10}{\cos45°}=10\times\sec45°$

$10\times1.4142=14.142$

$b=c=17.14$

따라서 $X=10+14.142+(30-17.14)$

$\qquad\qquad=37.002≒37.0$

■ Y_1과 Y_2를 구하는 방법

$Y_1=Y_2$, $Y_1=d+l$

$=30\times\cos45°+7.86\times\cos45°$

$=30\times0.7071+7.86\times0.7071≒26.77$

● V−블록 클램프

더브테일

더브테일 홈(dovetail groove)은 주로 공작기계나 측정기계의 미끄럼 운동면에 사용되고 있으며 각도는 60 °의 것이 대부분이다. 비둘기 꼬리 모양을 한 홈을 말하며 밀링머신 등으로 가공할 때 더브테일 커터라고 하는 총형 커터를 사용한다.

1. 외측용 더브테일

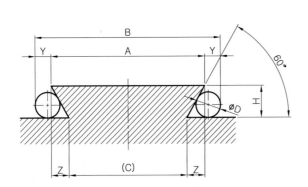

■ 설계 계산식

A, H, ØD 치수를 결정한다.

$Y=1.366D-0.577H$

$B=A+ZY$

$Z=0.577H$

$C=A-2Z$

● 더브테일 커터

● 외측용 60°블록 더브테일

2. 내측용 더브테일

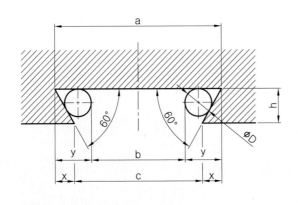

■ 설계 계산식

a, h, ØD 치수를 결정한다.

$y=1.366D$

$b=a-2y$

$x=0.577h$

$c=a-2x$

● 60°오목 더브테일

【참고】 $\cot\alpha = \dfrac{1}{\tan\alpha} = \dfrac{1}{\tan60} = 0.57735$

■ 치수기입 적용 예

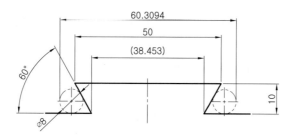

● 외측용 더브테일 치수 기입 예

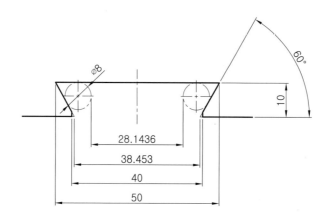

● 내측용 더브테일 치수 기입 예

● 외측용 더브테일   ● 내측용 더브테일

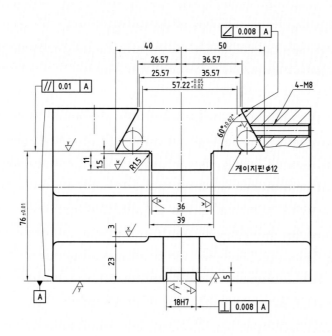

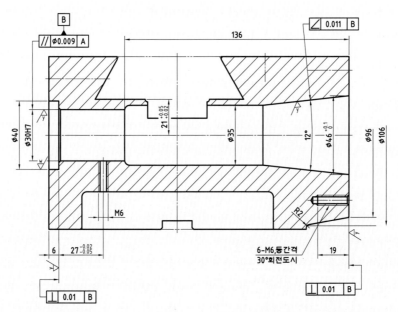

● 더브테일 홈의 도시

롤러 체인 스프로킷 [KS B 1408]

· 가로 치형 : 톱니를 스프로킷의 축을 포함하는 평면으로 절단했을 때의 단면 모양

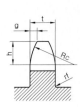

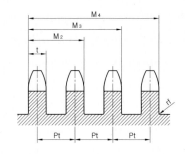

체인 호칭번호	모떼기 폭 g	모떼기 깊이 h	모떼기 반지름 Rc	둥글기 rf	롤러외경 Dr	피치 P	치폭 t (최대)			가로피치 Pt
							단열	2,3열	4열 이상	
	(약)	(약)	(최소)	(최대)	(최대)					
25	0.8	3.2	6.8	0.3	3.30	6.35	2.8	2.7	2.4	6.4
35	1.2	4.8	10.1	0.4	5.08	9.525	4.3	4.1	3.8	10.1
41	1.6	6.4	13.5	0.5	7.77	12.70	5.8	–	–	–
40					7.95		7.2	7.8	6.5	14.4
50	2.0	7.9	16.9	0.6	10.16	15.875	8.7	8.4	7.9	18.1
60	2.4	9.5	20.3	0.8	11.91	19.05	11.7	11.3	10.6	22.8
80	3.2	12.7	27.0	1.0	15.88	25.40	14.6	14.1	13.3	29.3
100	4.0	15.9	33.8	1.3	19.05	31.75	17.6	17.0	16.1	35.8

● 롤러 체인 스프로킷 KS규격

상세도-A
S=2:1

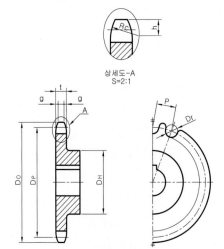

재질 : SF50(탄소강 단강품)

체인과 스프로킷 요목표			10
종 류	구분 품번 Ⓝ		8
롤러체인	호 칭		8
	원주피치		
	롤러외경		
	이모양		
스프로킷	잇 수		
	피치원지름		
30	30	20	

● 롤러 체인 스프로킷 제도와 주요 치수 기입법

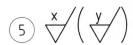

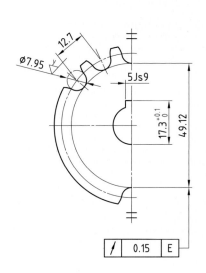

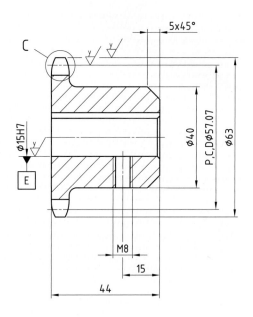

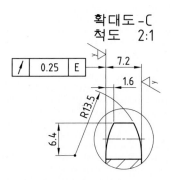

확대도 -C
척도 2:1

체인, 스프로킷 요목표		
종류	구분　　품번	⑤
체인	호칭	40
	원주 피치	12.70
	롤러 외경	Ø7.95
스프로킷	잇수	14
	치형	U형
	피치원지름	Ø57.07

● 롤러 체인 스프로킷 주요부 치수와 요목표 적용 예

■ 체인과 스프로킷 적용 예

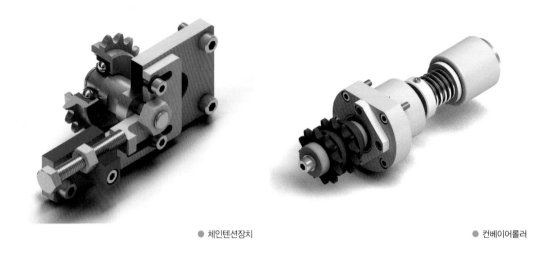

● 체인텐션장치　　　　　　　　　　　　　　　● 컨베이어롤러

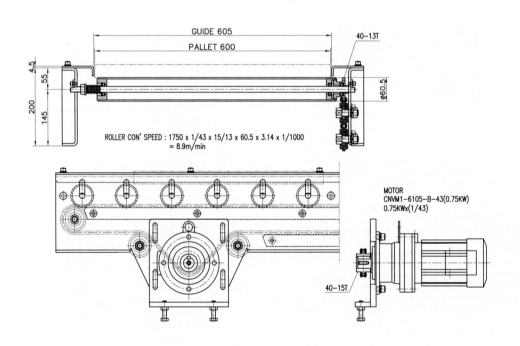

GUIDE 605
PALLET 600
40-13T
4.5
55
200
145
Ø60.5

ROLLER CON' SPEED : 1750 x 1/43 x 15/13 x 60.5 x 3.14 x 1/1000
= 8.9m/min

MOTOR
CNVM1-6105-B-43(0.75KW)
0.75KWx(1/43)

40-15T

● 파레트 이송 컨베이어

| T-홈

T홈은 보통 범용밀링이나 레이디얼 드릴링머신의 베드(bed) 면에 여러 개의 홈이 있어 공작물이나 바이스(vise)를 견고하게 고정하는 경우에 T홈 볼트로 위치를 결정한 후 너트로 죄어 사용한다.

1. T홈의 모양 및 주요 치수

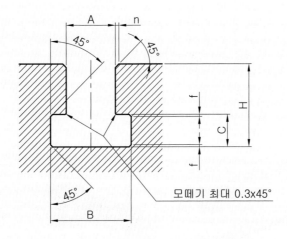

● T홈의 주요치수

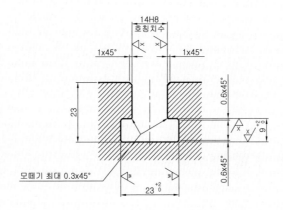

● T홈 커터

1. T홈의 호칭치수는 A로 위쪽 부분의 홈이다.
2. 치수기입이 복잡한 경우는 상세도로 도시한다.
3. T홈의 호칭치수 A의 허용차는 0급에서 4급까지 5등급이 있다.

2. T홈의 치수 기입 예

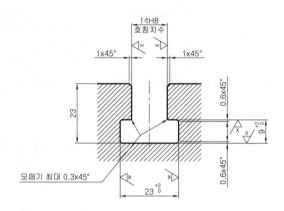

【비고】 T홈의 호칭치수 A는 1급을 기준으로 적용하였다.

| T-홈 커터 | T-홈 볼트 | T-홈 너트 |

Lesson 14 ┃ 멈춤링(스냅링)

멈춤링은 축용과 구멍용의 2종류가 있으며, 흔히 스냅링(snap ring)이라 부르는데 베어링이나 축계 기계요소들의 이탈을 방지하기 위해 축과 구멍에 홈 가공을 하여 스냅링 플라이어(snap ring plier)라고 하는 전용 조립공구를 사용하여 스냅링에 가공되어 있는 2개소의 구멍을 이용해서 스냅링을 벌리거나 오므려 조립한다.

고정링으로는 C형과 E형 멈춤링이 일반적으로 사용된다. C형은 KS 규격에서 호칭번호 10에서 125까지 규격화되어 있다. E형은 그 모양이 E자 형상의 멈춤링으로 비교적 축지름이 작은 경우에 사용하며, 축지름이 1mm 초과 38mm 이하인 축에 사용하며 탈착이 편리하도록 설계되어 있다. 또한 멈춤링은 충분한 강도를 가져야 하며, 재료의 탄성이 크기 때문에 조립 후 위치의 유지와 탈착이 쉬워야 한다.

■ 여러 가지 멈춤링의 종류 및 형상

| 축용 C형 멈춤링 | 구멍용 C형 멈춤링 | E형 멈춤링 | 축용 C형 동심 멈춤링 | 구멍용 C형 동심 멈춤링 |

1. 축용 C형 멈춤링(스냅링)

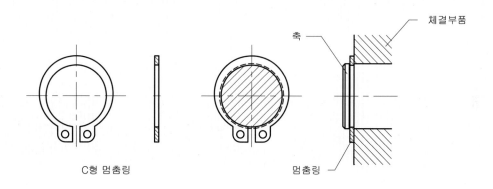

C형 멈춤링

● 축용 C형 멈춤링 설치 상태도

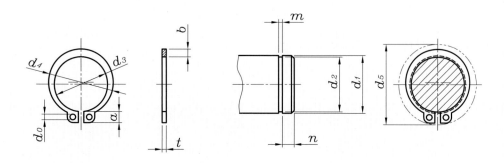

● 축용 C형 멈춤링에 적용되는 주요 KS규격 치수

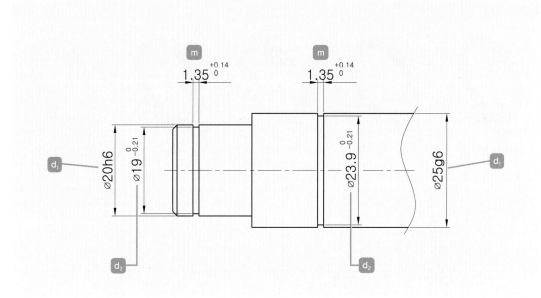

● 축용 C형 멈춤링이 치수기인

1. 멈춤링이 체결되는 축의 **지름**을 **호칭 지름** d_1으로 한다.
2. d_1을 기준으로 멈춤링이 끼워지는 d_2, 홈의 폭 m 및 각 부의 허용차를 찾아 기입한다.
3. 치수기입이 복잡한 경우는 상세도로 도시한다.

■ 축용 C형 멈춤링 [KS B 1336]

[단위 : mm]

호 칭			멈 춤 링							적용하는 축(참고)					
			d_3		t		b	a	d_0			d_2		m		n
1	2	3	기준 치수	허용차	기준 치수	허용차	약	약	최소	d_5	d_1	기준 치수	허용차	기준 치수	허용차	최소
10			9.3	±0.15			1.6	3	1.2	17	10	9.6	0 −0.09	1.15	+0.14 0	1.5
	11		10.2				1.8	3.1		18	11	10.5				
12			11.1		1	±0.05	1.8	3.2	1.5	19	12	11.5				
		13	12				1.8	3.3		20	13	12.4				
14			12.9				2	3.4		22	14	13.4	0 −0.11			
15			13.8	±0.18			2.1	3.5		23	15	14.3				
16			14.7				2.2	3.6	1.7	24	16	15.2				
17			15.7				2.2	3.7		25	17	16.2				
18			16.5				2.6	3.8		26	18	17				
	19		17.5				2.7	3.8	2	27	19	18				
20			18.5				2.7	3.9		28	20	19				
		21	19.5		1.2	±0.06	2.7	4		30	21	20		1.35		
22			20.5	±0.2			2.7	4.1		31	22	21	0 −0.21			
	24		22.2				3.1	4.2		33	24	22.9				
25			23.2				3.1	4.3		34	25	23.9				

■ 멈춤링 적용 예

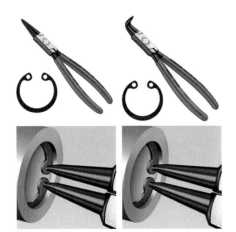

● 축용 스냅링과 스냅링 플라이어

● 구멍용 스냅링과 스냅링 플라이어

베어링의 이탈 방지를 목적으로
적용된 멈춤링

구멍용 멈춤링

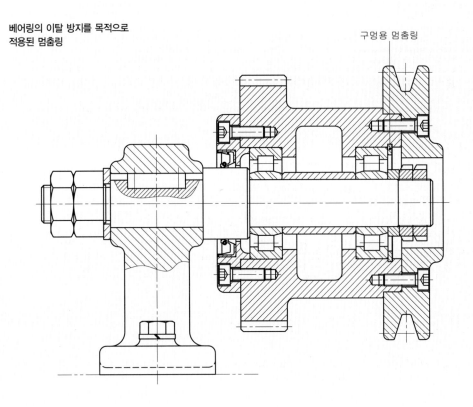

● 구멍용 멈춤링 설치 상태도

Tip

1. 멈춤링이 체결되는 **축의 지름**을 **호칭 지름** d_1으로 한다.
2. d_1을 기준으로 멈춤링이 끼워지는 d_2, 홈의 폭 m 및 각 부의 허용차를 찾아 기입한다.
3. 치수기입이 복잡한 경우는 상세도로 도시한다.

■ 구멍용 C형 멈춤링 [KS B 1336]

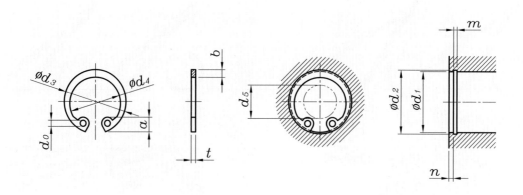

● 축용 C형 멈춤링에 적용되는 주요 KS규격 치수

[단위 : mm]

호 칭			멈 춤 링							적용하는 구멍 (참고)					
			d_3		t		b	a	d_0	d_5	d_1	d_2		m		n
1	2	3	기준치수	허용차	기준치수	허용차	약	약	최소			기준치수	허용차	기준치수	허용차	최소
10			10.7	±0.18	1	±0.05	1.8	3.1	1.2	3	10	10.4	+0.11 0	1.15	+0.14 0	1.5
11			11.8				1.8	3.2		4	11	11.4				
12			13				1.8	3.3	1.5	5	12	12.5				
	13		14.1				1.8	3.5		6	13	13.6				
14			15.1				2	3.6		7	14	14.6				
	15		16.2				2	3.6		8	15	15.7				
16			17.3				2	3.7	1.7	8	16	16.8				
	17		18.3				2	3.8		9	17	17.8				
18			19.5	±0.2			2.5	4		10	18	19				
19			20.5				2.5	4		11	19	20	+0.21 0			
20			21.5				2.5	4		12	20	21				
		21	22.5				2.5	4.1		12	21	22				
22			23.5				2.5	4.1		13	22	23				
	24		25.9		1.2	±0.06	2.5	4.3	2	15	24	25.2		1.35		
25			26.9				3	4.4		16	25	26.2				
	26		27.9				3	4.6		16	26	27.2				
28			30.1				3	4.6		18	28	29.4				
30			32.1				3	4.7		20	30	31.4				
32			34.4	±0.25			3.5	5.2		21	32	33.7				
	34		36.5				3.5	5.2		23	34	35.7				
35			37.8				3.5	5.2		24	35	37				
	36		38.8		1.6		3.5	5.2		25	36	38	+0.25 0	1.75		2
37			39.8				3.5	5.2	2.5	26	37	39				
	38		40.8				4	5.3		27	38	40				
40			43.5	±0.4	1.8	±0.07	4	5.7		28	40	42.5				
42			45.5				4	5.8		30	42	44.5		1.95		
45			48.5				4.5	5.9		33	45	47.5				
47			50.5	±0.45			4.5	6.1		34	47	49.5		1.9		

■ 스냅링 플라이어와 설치 홈 가공

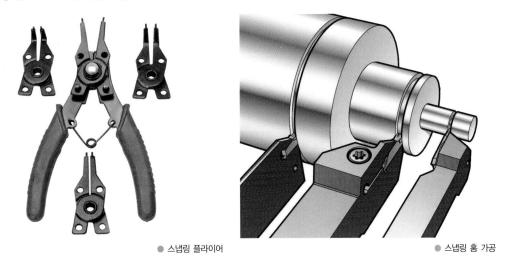

● 스냅링 플라이어   ● 스냅링 홈 가공

2. C형 동심 멈춤링의 적용 [호칭지름 Ø20mm인 경우의 축과 구멍의 적용 예]

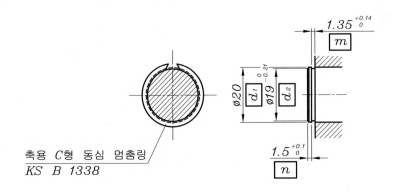

축용 C형 동심 멈춤링
KS B 1338

$1.35^{+0.14}_{0}$ m

$\varnothing 20$ $\varnothing 19^{0}_{-0.21}$ d_1 d_2

$1.5^{+0.1}_{0}$ n

● 축용 C형 동심 멈춤링 적용 치수

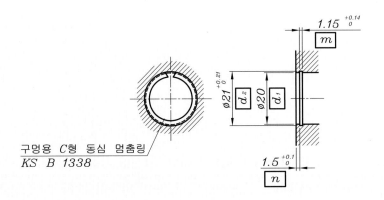

구멍용 C형 동심 멈춤링
KS B 1338

$1.15^{+0.14}_{0}$ m

$\varnothing 21^{+0.21}_{0}$ $\varnothing 20$ d_2 d_1

$1.5^{+0.1}_{0}$ n

● 구멍용 C형 동심 멈춤링 적용 치수

3. E형 멈춤링(스냅링)의 치수 적용

E형 멈춤링은 비교적 축의 지름이 작은 경우에 적용하며, 그 형상이 E자 모양의 멈춤링으로축 지름이 1~38mm 이하인 축에 적용할 수 있도록 표준 규격화되어 있으며 탈착이 편리한 형상으로 되어 있다. 호칭지름은 적용하는 축의 안지름 d_2이다.

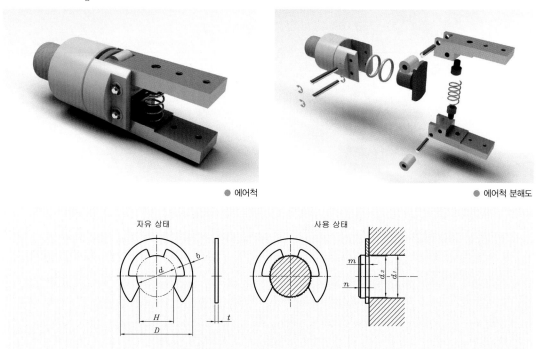

● 에어척 　　　　　　　　　　　　　　　　　● 에어척 분해도

■ E형 멈춤링 [KS B 1337]

[단위 : mm]

호칭지름	멈춤링 d 기본치수	d 허용차	D 기본치수	D 허용차	H 기본치수	H 허용차	t 기본치수	t 허용차	b 약	d₁의 구분 초과	이하	d₂ 기본치수	d₂ 허용차	m 기본치수	m 허용차	n 최소
0.8	0.8	0 −0.08	2	±0.1	0.7		0.2	±0.02	0.3	1	1.4	0.8	+0.05 0	0.3		0.4
1.2	1.2		3		1		0.3	±0.025	0.4	1.4	2	1.2		0.4	+0.05 0	0.6
1.5	1.5	0 −0.09	4		1.3	0 −0.25	0.4		0.6	2	2.5	1.5	+0.06 0			0.8
2	2		5		1.7		0.4	±0.03	0.7	2.5	3.2	2		0.5		
2.5	2.5		6		2.1		0.4		0.8	3.2	4	2.5				1
3	3		7		2.6		0.6		0.9	4	5	3				
4	4	0 −0.12	9	±0.2	3.5	0 −0.30	0.6		1.1	5	7	4	+0.075 0	0.7		
5	5		11		4.3		0.6		1.2	6	8	5			+0.1 0	1.2
6	6		12		5.2		0.8	±0.04	1.4	7	9	6				
7	7	0 −0.15	14		6.1	0 −0.35	0.8		1.6	8	11	7	+0.09 0	0.9		1.5
8	8		16		6.9		0.8		1.8	9	12	8				1.8
9	9		18		7.8		0.8		2.0	10	14	9				
10	10	0 −0.18	20		8.7		1.0	±0.05	2.2	11	15	10	+0.11 0	1.15		2
12	12		23		10.4		1.0		2.4	13	18	12				2.5
15	15		29	±0.3	13.0	0 −0.45	1.6	±0.06	2.8	16	24	15		1.75	+0.14 0	3
19	19	0 −0.21	37		16.5		1.6		4.0	20	31	19	+0.13 0			3.5
24	24		44		20.8	0 −0.50	2.0	±0.07	5.0	25	38	24		2.2		4

자유 상태 　　　사용 상태

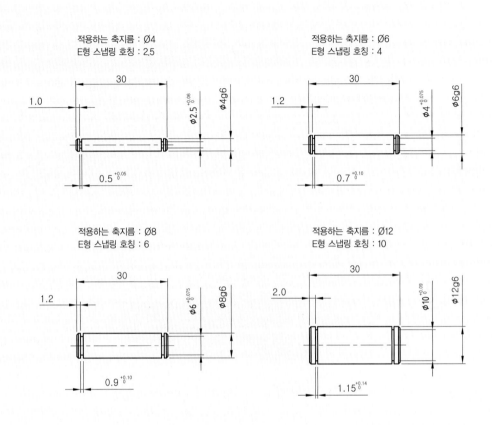

● E형 멈춤링의 치수기입 예

오일실

오일실은 회전용으로 사용하며 외부로 부터 침투되는 먼지나 오염물질 등을 내부에 있는 오일, 그리스 및 윤활제 등과 접촉하지 못하도록 하는 역할을 하는 기계요소이다.

독일에서 최초로 개발되었으며, 현재는 다양한 오일 실이 개발되어 산업 현장 곳곳에서 사용되고 있다. 특히 기계류의 회전축 베어링 부를 밀봉시키고, 윤활유를 비롯한 각종 유체의 누설을 방지하며 외부에서 이물질, 더스트(dust) 등의 침입을 막는 회전용 실로서 가장 일반적으로 사용되고 있다.

1. 오일실의 KS규격을 찾아 적용하는 방법

오일실의 KS규격을 찾아 적용하는 방법은 적용할 **축지름 d**를 기준으로 **오일실**의 **외경 D**와 오일실의 폭 **B**를 찾고 축의 경우에는 오일실이 삽입되는 축끝의 모떼기 **치수**와 **축지름**에 대한 알맞은 **공차**를 적용하고, 구멍의 경우에는 오일실이 삽입되는 구멍의 모떼기 **치수**와 공차 그리고 **하우징의 폭**에 적용되는 허용차를 찾아 적용시키면 된다. 다음의 조립도에 도시된 오일실의 표현 방법은 다르지만 둘 다 오일실이 적용된 것을 나타낸다.

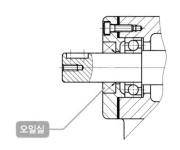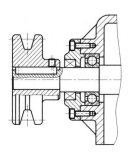

● 오일실의 도시법

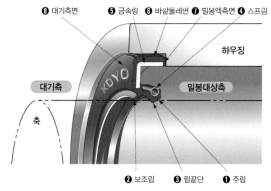

● 대표적인 오일실의 형상과 각부의 명칭

■ 축 및 하우징의 치수

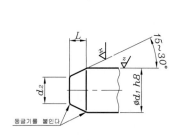

ϕD : 오일실 조립 하우징 구멍공차 $H8$
ϕd_1 : 오일실에 적합한 축의 지름공차 $h8$

축의 치수 적용

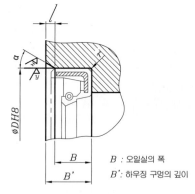

B : 오일실의 폭
B' : 하우징 구멍의 깊이

하우징 구멍의 치수 적용

● 축 및 하우징의 치수

오일실 폭	하우징 폭
B	B'
6 이하	B + 0.2
6~10	B + 0.3
10~14	B + 0.4
14~18	B + 0.5
18~25	B + 0.6

1. 축의 지름 d를 기준으로 오일실의 외경 D, 폭 B를 찾아 치수를 적용한다.
2. $\alpha = 15\sim30°$
3. $l = 0.1B\sim0.15B$
4. $r \geq 0.5\,mm$
5. D = 오일실의 외경

■ 오일실 [KS B 2804]

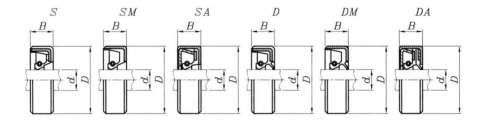

[단위 : mm]

호칭 안지름 d	바깥 지름 D	오일실 폭 B	하우징 폭 B'	호칭 안지름 d	바깥 지름 D	오일실 폭 B	하우징 폭 B'
7	18	7		20	32	8	
	20				35		
8	18	7		22	35	8	
	22				38		
9	20	7		24	38	8	
	22				40		
10	20	7		25	38	8	
	25				40		
11	22	7	7.3	★26	38	8	8.3
	25				42		
12	22	7		28	40	8	
	25				45		
★13	25	7		30	42	8	
	28				45		
14	25	7		32	52	11	
	28			35	55	11	
15	25	7		38	58	11	11.4
	30			40	62	11	

2. 축 및 구멍의 치수

■ 오일실 조립부 치수 기입예

[축의 치수] 기준 축 지름이 Ø30mm 인 경우 적용 예

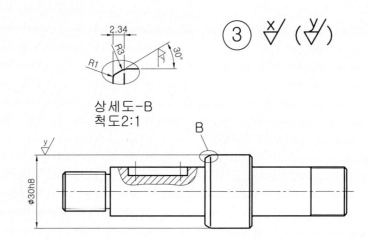

● 축의 오일실 조립부 치수 기입예

[구멍의 치수] 축 지름(기준) d=15, 바깥지름 D=25, 나비 B=7

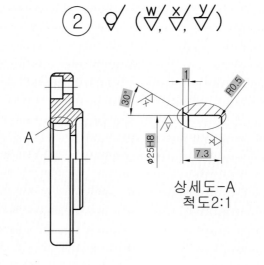

● 커버 구멍의 오일실 조립부 치수 기입예

❶ $\alpha = 30°$ 로 정한다.

❷ $l = 0.1 \times B = 0.1 \times 7 = 0.7$ 또는 $l = 0.15 \times B = 0.15 \times 7 = 1.05$

■ 축의 지름에 따른 끝단의 모떼기 치수(d_1, d_2, L)

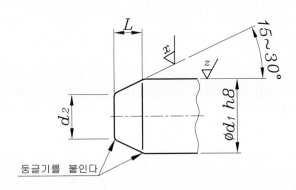

● 축끝의 모떼기 치수

축의 지름 d_1	d_2 (최대)	모떼기 L 30°	축의 지름 d_1	d_2 (최대)	모떼기 L 30°	축의 지름 d_1	d_2 (최대)	모떼기 L 30°
7	5.7	1.13	55	51.3	3.2	180	173	6.06
8	6.6	1.21	56	52.3	3.2	190	183	6.06
9	7.5	1.3	★ 58	54.2	3.2	200	193	6.06
10	8.4	1.39	60	56.1	3.38	★210	203	6.06
11	9.3	1.47	★ 62	58.1	3.38	220	213	6.06
12	10.2	1.56	63	59.1	3.38	(224)	(217)	6.06
★ 13	11.2	1.56	65	61	3.46	★230	223	6.06
14	12.1	1.65	★ 68	63.9	3.55	240	233	6.06
15	13.1	1.65	70	65.8	3.64	250	243	6.06
16	14	1.73	(71)	(66.8)	3.64	260	249	9.53
17	14.9	1.82	75	70.7	3.72	★270	259	9.53
18	15.8	1.91	80	75.5	3.9	280	268	10.39
20	17.7	1.99	85	80.4	3.98	★290	279	9.53
22	19.6	2.08	90	85.3	4.07	300	289	9.53
24	21.5	2.17	95	90.1	4.24	(315)	(304)	9.53
25	22.5	2.17	100	95	4.33	320	309	9.53
★ 26	23.4	2.25	105	99.9	4.42	340	329	9.53
28	25.3	2.34	110	104.7	4.59	(355)	(344)	9.53
30	27.3	2.34	(112)	(106.7)	4.59	360	349	9.53
32	29.2	2.42	★115	109.6	4.68	380	369	9.53
35	32	2.6	120	114.5	4.76	400	389	9.53
38	34.9	2.68	125	119.4	4.85	420	409	9.53
40	36.8	2.77	130	124.3	4.94	440	429	9.53
42	38.7	2.86	★135	129.2	5.02	(450)	(439)	9.53
45	41.6	2.94	140	133	6.06	460	449	9.53
48	44.5	3.03	★145	138	6.06	480	469	9.53
50	46.4	3.12	150	143	6.06	500	489	9.53
★ 52	48.3	3.2	160	153	6.06			
			170	163	0.06			

[비고] ★을 붙인 것은 KS B 0406에 없는 것이고, ( )를 붙인 것은 되도록 사용하지 않는다.

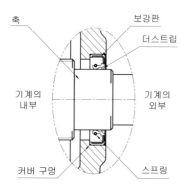

● 오일실의 조립 상태

일반적으로 오일실은 하우징 구멍에 압입시켜 고정하고 회전축과 실립(seal lip)부를 접촉시켜 밀봉효과를 낸다. 일반적으로 오일실은 축을 지지해주는 베어링보다 안측이 아닌 바깥측에 설치하는데 위의 그림과 같이 조립부를 자세히 보면 더스트립 부가 바깥쪽으로 향하도록 설치하며 즉 실립부가 구멍의 안쪽에 위치하도록 조립해야 밀봉이 원활하게 되는 것이다.

실립부에 부착된 스프링에 의해서 축에 밀착이 되어 기계내부의 유체가 바깥쪽으로 유출되는 것을 방지하고, 더스트립은 외부로부터 먼지나 이물질 등이 침입하는 것을 방지하는 역할을 한다.

실부가 접촉하는 축의 표면은 선반에서 가공한 상태로 그냥 조립하면 안되고 그라인딩이나 버핑 등의 다듬질을 하여 표면거칠기를 양호하게 해 줄 필요가 있다. 축의 재질은 기계구조용탄소강이나 저합금강, 스테인리스강 등이 추천되며 일반적으로 표면경도는 HRC30 이상이 요구된다.

따라서 열처리 또는 경질 크롬 도금 등의 후처리를 필요로 하는데 경질크롬도금을 하게 되면 축의 표면이 지나치게 매끄러워질 수 있으므로 표면을 버핑이나 연마를 실시하며 오일실은 H8의 축과 조립하여 사용하는 것을 전제로 한다. 하우징 구멍의 치수허용차는 **호칭치수 400mm 이하는** H7 또는 H8을 **400mm를 초과하는 경우**는 H7을 적용한다.

■ 오일실의 적용 예

● 동력전달장치 참고 입체도

[참 고] 펠트링의 적용 예

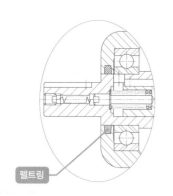

펠트링

● 동력전달장치 참고 입체도

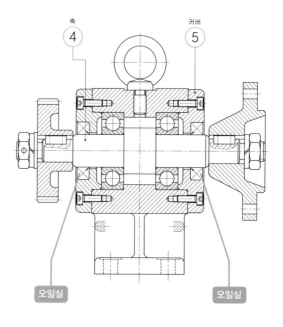

● 동력전달장치에 적용된 오일실

널링(Knurling)은 핸들, 측정 공구 및 제품의 손잡이 부분에 바른줄이나 빗줄 무늬의 홈을 만들어서 미끄럼을 방지하는 가공이다. 널링의 표시 방법은 간단하며 빗줄형의 경우 해칭각도(30°)에 주의한다.

1.널링 표시 방법

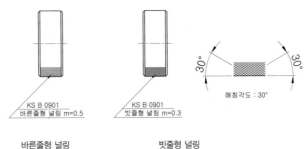

KS B 0901
바른줄형 널링 m=0.5

KS B 0901
빗줄형 널링 m=0.3

해칭각도 : 30°

바른줄형 널링

빗줄형 널링

● 널링 표시 방법

2.널링 도시 예

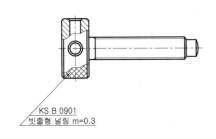

KS B 0901
빗줄형 널링 m=0.3

● 널링 도시 예

3.널링가공용 공구

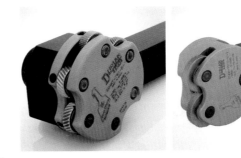

● 널링가공용 공구

4.널링 가공 부품 예

● 바른줄형 널림

● 빗줄형 널림

표면거칠기 기호의 크기 및 방향과 품번 도시법

표면거칠기 기호 및 다듬질 기호의 비교와 명칭 그리고, 표면거칠기 기호를 도면상에 도시하는 방법과 문자의 방향을 알아보도록 하자. 부품도상에 기입하는 경우와 품번 우측에 기입하는 방법에 대해서 알기 쉽도록 그림으로 나타내었다.

명칭(다듬질 정도)	다듬질 기호(구기호)	표면거칠기(신기호)	산술(중심선) 평균거칠기(Ra)값	최대높이(Ry)값	10점 평균 거칠기(Rz)값
매끄러운 생지	∼	∀	특별히 규정하지 않는다.		
거친 다듬질	▽	w∀	Ra25 Ra12.5	Ry100 Ry50	Rz100 Rz50
보통 다듬질	▽▽	x∀	Ra6.3 Ra3.2	Ry25 Ry12.5	Rz25 Rz12.5
상 다듬질	▽▽▽	y∀	Ra1.6 Ra0.8	Ry6.3 Ry3.2	Rz6.3 Rz3.2
정밀 다듬질	▽▽▽▽	z∀	Ra0.4 Ra0.2 Ra0.1 Ra0.05 Ra0.025	Ry1.6 Ry0.8 Ry0.4 Ry0.2 Ry0.1	Rz1.6 Rz0.0 Rz0.4 Rz0.2 Rz0.1

● 표면거칠기 표기법

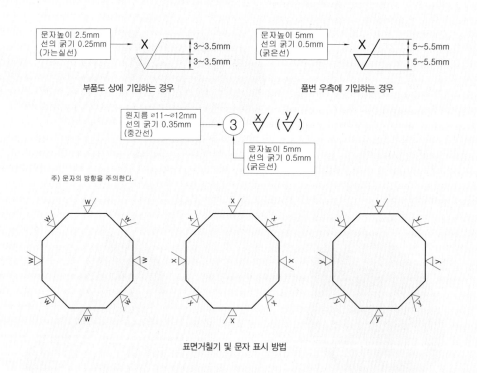

표면거칠기 및 문자 표시 방법

● 표면거칠기 기호의 크기 및 방향 도시법과 품번 도시법

구름베어링용 로크너트 및 와셔

베어링용 너트와 와셔는 축에 가는 나사 가공을 하고 키홈 모양의 홈 가공을 하여 베어링 내륜에 접촉하도록 전용 와셔를 체결한 후 로크 너트로 고정시켜 베어링의 이탈을 방지하는 목적으로 주로 사용한다. 베어링의 고정 뿐만이 아니라 칼라(collar)나 부시(bush)류를 밀착하여 고정시키는 역할을 하는 곳에도 많이 사용한다. 흔히 베어링 로크너트 및 베어링 와셔라고 부른다.

너트가 체결되는 축 부위가 가는 나사부이므로 "d"의 치수는 베어링너트와 와셔 쪽의 적용 축경을 보면 되고, 나머지 와셔가 체결되는 "M", "f_1"의 치수는 와셔 쪽에서 찾아 적용하면 된다. **너트** 계열은 **AN**, **와셔** 계열은 **AW**로 호칭하며 나사 축지름 Ø10mm 부터 규격화되어 있다.

보통 축의 한쪽에 나사가공을 하고 베어링을 끼우게 되므로 베어링이 끼워지는 축 부분에도 공차관리를 하지만 실무현장에서는 일반적으로 가는 나사 가공(피치)을 한 축 부위 외경에도 공차를 지정해 주는데 이는 베어링의 내경은 정밀하게 연삭가공이 되어 있는데 조립시 축의 나사산에 의해 흠집이 발생하지 않도록 하기 위함이다.

베어링용 너트 (AN)

베어링용 와셔 – A형 와셔(끝 부분을 구부린 형식)

동력전달장치 참고 입체도

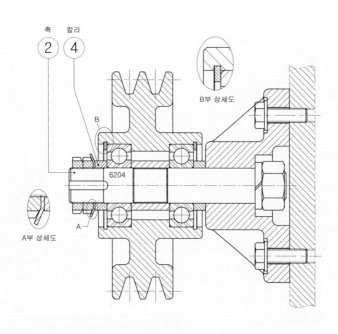

● 동력전달장치에 적용된 로크 너트 및 와셔

[적용 예] 동력전달장치에서 품번② 기준 축지름 d가 M20일 때의 적용 예이다.

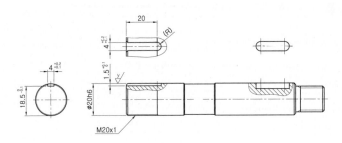

● 커버 구멍의 오일실 조립부 치수 기입예

■ **구름베어링 로크 와셔 상대 축 홈 치수 [KS 미제정]**

너트 호칭 번호	와셔 호칭 번호	호칭 치수× 피치		축홈의 가공치수 및 공차			
AN너트	AW와셔	M	F	공차	H	공차
AN02	AW02	M15× 1			13.5	
AN03	AW03	M17× 1	4		15.5	
AN04	AW04	M20× 1			18.5	
AN05	AW05	M25× 1.5			23	
AN06	AW06	M30× 1.5	5		27.5	
AN07	AW07	M35× 1.5			32.5	
AN08	AW08	M40× 1.5			37.5	
AN09	AW09	M45× 1.5	6	+0.2 +0.1	42.5	0 −0.1
AN10	AW10	M50× 1.5			47.5	
AN11	AW11	M55× 2			52.5	
AN12	AW12	M60× 2			57.5	
AN13	AW13	M65× 2	8		62.5	
AN14	AW14	M70× 2			66.5	
AN15	AW15	M75× 2			71.5	
AN16	AW16	M80× 2	10		76.5	
AN17	AW17	M85× 2			81.5	

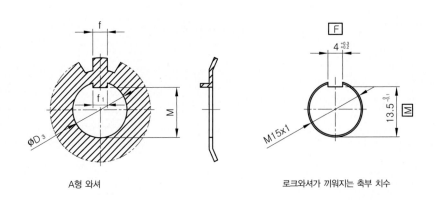

A형 와셔

로크와셔가 끼워지는 축부 치수

● 기준 축지름 d가 M15인 경우

■ 구름베어링용 너트(와셔를 사용하는 로크너트) [KS B 2004]

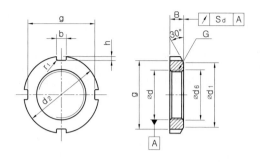

[단위 : mm]

[너트 계열 AN(어댑터, 빼냄 슬리브 및 축용)]												참 고	
호칭 번호	나사의 호칭 G	기 준 치 수										조합하는 와셔 호칭번호	축 지름 (축용)
		d	d_1	d_2	B	b	h	d_6	g	D_6	r_1 (최대)		
AN 00	M10×0.75	10	13.5	18	4	3	2	10.5	14	10.5	0.4	AW 00	10
AN 01	M12×1	12	17	22	4	3	2	12.5	18	12.5	0.4	AW 01	12
AN 02	M15×1	15	21	25	5	4	2	15.5	21	15.5	0.4	AW 02	15
AN 03	M17×1	17	24	28	5	4	2	17.5	24	17.5	0.4	AW 03	17
AN 04	M20×1	20	26	32	6	4	2	20.5	28	20.5	0.4	AW 04	20
AN 05	M25×1.5	25	32	38	7	5	2	25.8	34	25.8	0.4	AW 05	25
AN 06	M30×1.5	30	38	45	7	5	2	30.8	41	30.8	0.4	AW 06	30
AN 07	M35×1.5	35	44	52	8	5	2	35.8	48	35.8	0.4	AW 07	35

■ 구름베어링 너트용 와셔 [KS B 2004]

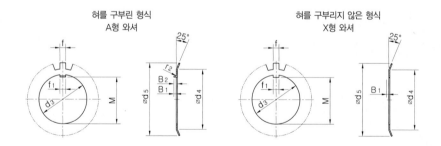

허를 구부린 형식
A형 와셔

허를 구부리지 않은 형식
X형 와셔

[단위 : mm]

호 칭 번 호			기 준 치 수								N 최소잇수	[참 고] 축 지름 (축용)
구분	허를 구부린 형식 A형 와셔	허를 구부리지 않은 형식 X형 와셔	d_3	d_4	d_5	f_1	M	f	B_1	B_2		
와 셔 계 열 AW	AW 02	AW 02	15	21	28	4	13.5	4	1	2.5	11	15
	AW 03	AW 03	17	24	32	4	15.5	4	1	2.5	11	17
	AW 04	AW 04	20	26	36	4	18.5	4	1	2.5	11	20
	AW 05	AW 05	25	32	42	5	23	5	1	2.5	13	25
	AW 06	AW 06	30	38	49	5	27.5	5	1	2.5	13	30
	AW 07	AW 07	35	44	57	6	32.5	5	1	2.5	13	35

센터(Center)는 선반(lathe) 작업에 있어서 축과 같은 공작물을 주축대와 심압대 사이에 끼워 지지하는 공구로 주축에 끼워지는 회전센터(live center)와 심압대에 삽입되는 고정센터(dead center)가 있다. 센터의 각도는 보통 60°이나 대형 공작물의 경우 75°, 90°의 것을 사용하는 경우도 있다.

선반 가공시 공작물의 양끝을 센터로 지지하기 위하여 센터드릴로 가공해두는 구멍을 센터 구멍(Center hole)이라고 한다.

센터구멍의 치수는 KS B 0410을 따르고 센터구멍의 간략 도시 방법은 KS A ISO 6411-1:2002를 따른다.

● 범용선반   ● 회전센터   ● 고정센터

1. 센터 구멍의 종류 [KS B 0410]

종 류	센터 각도	형식	비 고
제 1 종	60°	A형, B형, C형, R형	A형 : 모떼기부가 없다.
제 2 종	75°	A형, B형, C형	B, C형 : 모떼기부가 있다.
제 3 종	90°	A형, B형, C형	R형 : 곡선 부분에 곡률 반지름 r이 표시된다.

[비고] 제2종 75° 센터 구멍은 되도록 사용하지 않는다.
[참고] KS B ISO 866은 제1종 A형, KS B ISO 2540은 제1종 B형, KS B ISO 2541은 제1종 R형에 대하여 규정하고 있다.

2. 센터 구멍의 표시방법 [KS B 0618 : 2000]

센터 구멍	반드시 남겨둔다.	남아 있어도 좋다.	남아 있어서는 안된다.	기호 크기
도시 기호	<	없음(무기호)	K	기호 선 굵기 (약 0.35mm) 5 60 4
도시 방법	규격번호 호칭방법	규격번호 호칭방법	규격번호 호칭방법	

3. 센터구멍의 호칭

센터구멍의 호칭은 적용하는 드릴에 따라 다르며, 국제 규격이나 이 부분과 관계 있는 다른 규격을 참조할 수 있다.
센터구멍의 호칭은 아래를 따른다.

❶ 규격의 번호
❷ 센터구멍의 종류를 나타내는 문자(R, A 또는 B)
❸ 파일럿 구멍 지름 d
❹ 센터 구멍의 바깥지름 D(D₁~D₃)
두 값(d와 D)은 '/'로 구분지어 표시한다.

규격번호 : KS A ISO 6411-1, A형 센터구멍, 호칭지름 d = 2mm, 카운터싱크지름 D= 4.25mm인 센터 구멍
의 도면 표시법은 다음과 같다.

KS A ISO 6411 -1 A 2/4.25

4. 센터구멍의 적용예

❶ 센터구멍을 남겨놓아야 하는 경우의 치수기입 법(KS A ISO 6411-1 표시법)

센터 구멍을 남겨놓아야 하는 경우의 치수기입법 (KS A ISO 6411-1 표시법)

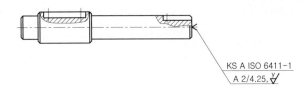

KS A ISO 6411-1
A 2/4.25,

❷ 센터구멍을 남겨놓지 말아야 하는 경우의 치수기입 법(KS A ISO 6411-1 표시법)

센터 구멍을 남겨놓지 말아야 하는 경우의 치수기입 법 (기존 표시법)

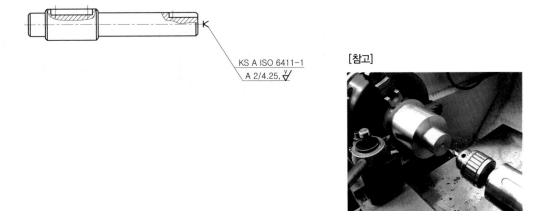

KS A ISO 6411-1
A 2/4.25,

[참고]

● 센터구멍 가공

오링(O-Ring)은 고성용 실의 대표적인 요소이며, 단면이 원형인 형상의 패킹(packing)의 하나로써, 일반적으로 축이나 구멍에 홈을 파서 끼워넣은 후 적절하게 압축시켜 기름이나 물, 공기, 가스 등 다양한 유체의 누설을 방지하는데 사용하는 기계요소로 재질은 합성고무나 합성수지 등으로 하며 밀봉부의 홈에 끼워져 기밀성 및 수밀성을 유지하는 곳에 많이 사용된다.

실 가운데 패킹과 오링이 있는데 패킹은 주로 공압이나 유압 실린더 기기와 같이 왕복 운동을 하는 곳에 주로 사용되며, 오링은 주로 고정용으로 여러 분야에 널리 사용되고 있다.

참고로 오링 중 P계열은 운동용과 고정용으로 G계열은 고정용으로만 사용한다.

● 오링이 장착된 공압실린더   ● 공압실린더 분해구조도

아래 도면의 공압실린더 조립도의 부품 중에 오링이 조립되어있는 품번② 피스톤과 품번④ 로드커버의 부품도면에서 오링과 관련된 규격을 적용해 본다.

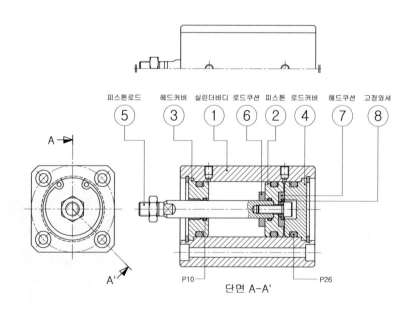

● 공압실린더 조립도

1. 오링 규격 적용 방법

품번② 피스톤에는 2개소의 오링이 부착된 것을 알 수가 있다. 먼저 호칭치수 d=10H7/10e8 내경부위에 적용된 오링의 공차를 찾아 넣어보자. 호칭치수 d10을 기준으로 오링이 끼워지는 바깥지름 D=13, 홈부의 치수 구분 중에 G의 경우는 오링을 1개만 사용했으므로 백업링 없음에서 2.5를 찾고 폭 치수 G의 공차 +0.25~0을 적용해 준다(상세도-A 참조). 또한 R은 **최대 0.4**임을 알 수가 있다.

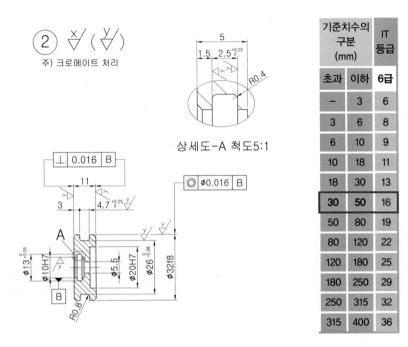

● 피스톤 부품도

다음으로 호칭치수 D=32의 외경에 적용되는 오링의 치수를 찾아보면, d=26이고 공차는 0~-0.08, 그리고 홈부 G의 치수는 역시 백업링을 사용하지 않으므로 G=4.7에 공차는 +0.25~0임을 알 수가 있다. 또한 R은 최대 0.7로 적용하면 된다.

■ 운동용 및 고정용 (원통면)의 홈 부의 모양 및 치수

O링의 호칭번호	홈 부의 치수					G+0.25 0			R 최대	E 최대
	d	참고		D	D의 허용차에 상당하는 끼워맞춤 기호	백업링 없음	백업링 1개	백업링 2개		
		d의 허용차에 상당하는 끼워맞춤 기호								
P3	3			6	H10					
P4	4		e9	7						
P5	5			8						
P6	6	0 -0.05	h9 f8	9	+0.05 0	2.5	3.9	5.4	0.4	0.05
P7	7			10	H9					
P8	8		e8	11						
P9	9			12						
P10	10			13						

다음으로 **품번④ 로드커버**의 부품도면에서 오링과 관련된 규격을 적용해 보자. 마찬가지로먼저 호칭치수 D=32, d=26을 기준으로 해서 도면에 적용하면 아래와 같이 치수 및 공차가 적용됨을 알 수가 있다.

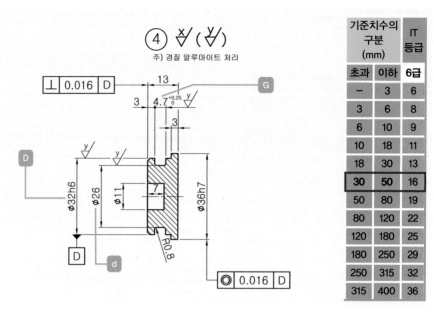

주) 경질 알루마이트 처리

기준치수의 구분 (mm)		IT 등급
초과	이하	6급
−	3	6
3	6	8
6	10	9
10	18	11
18	30	13
30	**50**	**16**
50	80	19
80	120	22
120	180	25
180	250	29
250	315	32
315	400	36

● 피스톤 부품도

O링의 호칭번호	홈 부의 치수										
	d	[참고] d의 허용차에 상당하는 끼워맞춤 기호		D	D의 허용차에 상당하는 끼워맞춤 기호	G+0.25 / 0			R 최대	E 최대
						백업링 없음	백업링 1개	백업링 2개		
P22A	22			28						
P22.4	22.4			28.4						
P24	24			30						
P25	25			31						
P25.5	25.5			31.5						
P26	26		e8	32						
P28	28			34						
P29	29			35						
P29.5	29.5			35.5						
P30	30			36						
P31	31			37						
P31.5	31.5			37.5						
P32	32			38						
P34	34	0 / −0.08		40	+0.08 / 0					
P35	35	h9	f8	41	H9	4.7	6.0	7.8	0.7	0.08
P35.5	35.5			41.5						
P36	36			42						
P38	38			44						
P39	39			45						
P40	40		e7	46						
P41	41			47						
P42	42			48						
P44	44			50						
P45	45			51						
P46	46			52						
P48	48			54						
P49	49			55						
P50	50			56						

베어링(Bearing)은 축계 기계요소의 하나로 베어링을 하우징(Housing)에 설치하고 베어링 내경에 축을 끼워맞춤하여 회전운동을 원활하게 하기 위하여 사용하며 크게 **구름베어링**과 **미끄럼베어링**으로 분류한다. 구름베어링(이하 베어링이라 함)은 일반적으로 궤도륜과 전동체 및 케이지(리테이너)로 구성되어 있는 기계요소로 주로 부하를 받는 하중의 방향에 따라 **레이디얼 베어링**과 **스러스트 베어링**으로 구분한다.

또한 전동체의 종류에 따라 볼베어링과 롤러베어링으로 나뉘어진다. 쉽게 설명하자면 동력을 전달하는 축은 나홀로 회전할 수 없기 때문에 2개 또는 그 이상의 무엇인가가 지지하고 있어야 한다. 또한 축은 회전을 하므로 축을 지지하고 있는 것과 접촉하면 열이 발생하게 되는데 이러한 열의 발생이 없이 회전이 잘 되게 하는 것이 베어링이다. 주로 사용하는 구름베어링 중 볼베어링이 적용된 도면이 많으므로 적용 빈도가 높은 볼베어링에 관한 규격을 찾는 방법과 끼워맞춤 공차적용에 관하여 알아보기로 한다.

볼베어링은 내부에 볼(Ball)이 있으며 볼베어링은 내부의 볼로 구름운동을 하므로 고속회전에는 적합하지만, 충격에 약하고, 무거운 하중이 걸리는 곳에 적합하지 않다. 베어링의 끼워맞춤 관련 공차는 현장 실무자들도 정확한 정의와 적용에 있어 혼란을 겪는 사례도 적지 않다.

1. 베어링의 호칭

베어링은 KS B 2012에서 호칭번호에 대하여 규정하고 있으며, KS B 2013에 호칭번호에 따라 **안지름(d)**, **바깥지름(D)**, **폭(B)** 등의 주요치수가 규정되어 있다. 호칭번호 중에 아래 보기와 같이 끝번호 두자리는 베어링의 안지름 번호(호칭 베어링 안지름)를 나타내는 것으로 적용하는 축지름을 쉽게 알 수가 있다. 또한 맨 앞의 숫자는 형식기호를 의미하고 2번째 기호는 치수계열 기호로 지름 계열이나 나비(또는 높이)계열 기호로 끼워맞춤 적용 시 관련이 있다. 베어링의 종류에는 베어링의 형식에 따라 깊은 홈 볼베어링, 앵귤러 볼베어링, 자동조심 볼베어링, 원통 롤러베어링, 니들 롤러베어링, 스러스트 볼베어링, 자동조심 롤러베어링 등 다양한 종류가 있다. 이 중에서 출제시험에도 자주 나오는 깊은 홈 볼베어링에 대해서 알아보기로 한다.

■ 베어링 계열기호 (깊은 홈 볼베어링의 경우)

베어링의 형식	단면도	형식기호	치수계열 기호	베어링 계열 기호
깊은 홈 볼 베어링	단열 홈없음 비분리형	6	17	67
			18	68
			19	69
			10	60
			02	62
			03	63
			04	64

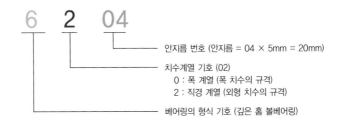

6 2 04

└─ 안지름 번호 (안지름 = 04 × 5mm = 20mm)

└─ 치수계열 기호 (02)
　　0 : 폭 계열 (폭 치수의 규격)
　　2 : 직경 계열 (외형 치수의 규격)

└─ 베어링의 형식 기호 (깊은 홈 볼베어링)

호칭베어링 안지름은 안지름 번호 중 04 이상은 5를 곱해주면 안지름치수를 알 수 있으며 규격을 찾아보지 않고도 적용 축지름이 20mm인 것을 금방 알 수가 있다. 만약 호칭베어링 안지름이 25로 되어있다면 안지름 번호가 05라는 것을 파악할 수 있는 것이다.

베어링 안지름 번호와 호칭 베어링 안지름 중 00은 10mm, 01은 12mm, 02는 15mm, 03은 17mm이며, 04부터 5를 곱하면 적용하는 축지름을 쉽게 알 수가 있다. 예외로 /22, /28, /32 등의 경우는 그 수치가 호칭 베어링 안지름(mm)치수이다.

2. 베어링의 끼워맞춤

구름베어링의 끼워맞춤을 이해하고 적용하려면 먼저 베어링이 설치되어 있는 장치나 기계에서 어떤 하중을 받고 있는지를 정확히 알아야 할 필요가 있다. 일반적으로 시험 과제도면에 나오는 동력전달장치 등의 경우 **일체 하우징 구멍**에서 하중의 종류 중 **외륜 회전하중**을 받는 **보통하중** 또는 **중하중**인 경우 N7을 적용하면 무리가 없을 것이다. 주로 볼베어링에 적용하며, **가벼운하중(경하중)** 또는 **변동하중**을 받는 경우는 M7을 적용해주면 된다. 또한 **외륜정지하중**의 조건에서 **모든 종류의 하중에 적용**할 수 있는 하우징구멍의 공차등급은 H7, **경하중** 또는 **보통하중**인 경우 H8을 적용해주면 된다.

반면 베어링에 끼워지는 축의 경우에는 **축 지름**과 **적용 하중**에 따라 축의 공차 범위 등급을 선정할 수가 있는데 예를 들어 하중의 조건이 **내륜 회전하중** 또는 **방향부정하중**이면서 **보통하중**을 받는 경우 축 지름에 따라서 js5, k5, m5, m6, n6, p6, r6를 적용하며 **경하중** 또는 **변동하중**인 경우 축 지름에 따라서 h5, js6, k6, m6를 적용하면 된다. 아래표에 나타낸 축과 구멍에 적용하는 공차 범위 등급은 KS와 JIS가 동일한 규격으로 규정하고 있는 내용이므로 참고하기 바란다.

3. 베어링 끼워맞춤 공차 선정 순서

❶ 조립도에 적용된 베어링의 규격을 보거나 규격이 없는 경우 직접 재서 안지름, 바깥지름, 폭을 보고 KS규격에서 찾아 축지름과 적용하중을 선택한다.

❷ **축**이 회전하는 경우 **내륜회전하중**, **축**은 고정이고 하우징이 회전하는 경우 **외륜회전란**을 선택하여 해당하는 공차를 선택한다.

❸ 레이디얼 베어링(0급, 6X급, 6급)에 대하여 일반적으로 사용하는 축과 하우징 구멍의 공차 범위 등급에서 해당하는 것을 선택한다.

도면에 적용한 베어링의 규격에서 적용할 하중을 선택할 수도 있다. 베어링의 호칭번호 중에 두 번째 숫자로 표기하는 베어링 계열기호(지름번호)는 예를 들어 단열 깊은 홈 볼베어링 6204에서 2는 치수계열기호 02에서 0을 뺀 것이고 이 치수계열기호가 커짐에 따라 베어링의 폭과 바깥지름이 커지므로 적용하중과 연관이 있게 되는 것이다. 0, 1의 경우 아주 가벼운 하중용, 2는 가벼운 하중용, 3은 보통 하중용, 4는 큰하중용으로 구분할 수 있다. 베어링의 치수가 나와 있는 규격을 살펴보면 금방 이해할 수 있을 것이다.(예 : 6000, 6200, 6300, 6400의 베어링의 안지름은 20mm로 동일하지만 베어링의 바깥지름과 폭의 치수는 다른 것을 알 수 있다.) 베어링이 가지고 있는 기능과 특성 등을 적절하게 이용하려면, 베어링 내륜과 축과의 끼워맞춤 및 베어링외륜과 하우징과의 끼워맞춤이 그 사용 용도에 따라 적합해야 한다. 따라서 적절한 끼워맞춤을 선정한다는 것은 용도에 적합한 베어링을 선정하는 것과 마찬가지로 중요한 사항이며, 적절하지 못한 끼워맞춤은 베어링의 조기 파손의 원인을 제공하기도 한다.

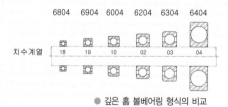

● 깊은 홈 볼베어링 형식의 비교

4. 하중 용어의 정의

❶ **내륜 회전하중** : 베어링의 내륜에 대하여 하중의 작용선이 상대적으로 회전하고 있는 하중

❷ **내륜 정지하중** : 베어링의 내륜에 대하여 하중의 작용선이 상대적으로 회전하고 있지 않은 하중

❸ **외륜 정지하중** : 베어링의 외륜에 대하여 하중의 작용선이 상대적으로 회전하고 있지 않은 하중

❹ **외륜 회전하중** : 베어링의 외륜에 대하여 하중의 작용선이 상대적으로 회전하고 있는 하중

❺ **방향 부정하중** : 하중의 방향을 확정할 수 없는 하중(하중의 방향이 양 궤도륜에 대하여 상대적으로 회전 또는 요동하고 있다고 생각되어지는 하중)

❻ **중심 축하중** : 하중의 작용선이 베어링 중심축과 일치하고 있는 하중

❼ **합성하중** : 레이디얼 하중과 축 하중이 합성되어 베어링에 작동하는 하중

5. 베어링 원통 구멍의 끼워맞춤 [KS B 2051]

■ 레이디얼 베어링의 내륜에 대한 끼워맞춤

베어링의 등급	내륜 회전 하중 또는 방향 부정 하중							내륜 정지 하중		
	축의 공차 범위 등급									
0급 6X급 6급	r6	p6	n6	m6 m5	k6 k5	js6 js5	h5	h6 h5	g6 g5	f6
5급	–	–	–	m5	k4	js4	h4	h5	–	–
끼워맞춤	억지끼워맞춤					중간끼워맞춤				헐거운 끼워맞춤

■ 레이디얼 베어링의 외륜에 대한 끼워맞춤

베어링의 등급	외륜정지하중				방향부정하중 또는 외륜회전 하중				
	구멍의 공차 범위 등급								
0급 6X급 6급	G7	H7 H6	JS7 JS6	–	JS7 JS6	K7 K6	M7 M6	N7 N6	P7
5급	–	H5	JS5	K5	–	K5	M5	–	–
끼워맞춤	억지끼워맞춤				중간끼워맞춤				헐거운 끼워맞춤

■ 스러스트 베어링의 내륜에 대한 끼워맞춤

베어링의 등급	중심 축 하중 (스러스트 베어링 전반)		합성하중 (스러스트 자동조심 롤러베어링의 경우)			
			내륜회전하중 또는 방향부정하중			내륜정지하중
	축의 공차 범위 등급					
0급,6급	js6	h6	n6	m6	k6	js6
끼워맞춤	중간끼워맞춤		억지끼워맞춤			중간끼워맞춤

■ 스러스트 베어링의 외륜에 대한 끼워맞춤

베어링의 등급	중심 축 하중 (스러스트 베어링 전반)		합성하중 (스러스트 자동조심 롤러베어링의 경우)			
			외륜정지하중 또는 방향부정하중		외륜회전하중	
	구멍의 공차 범위 등급					
0급,6급	–	H8	G7	H7	JS7	K7	M7
끼워맞춤	헐거운끼워맞춤			중간끼워맞춤		

■ 레이디얼 베어링(0급, 6X급, 6급)에 대하여 일반적으로 사용하는 축의 공차 범위 등급

운전상태 및 끼워맞춤 조건		볼베어링		원통롤러베어링 테이퍼롤러베어링		자동조심 롤러베어링		축의 공차등급	비고
		축 지름(mm)							
		초과	이하	초과	이하	초과	이하		
원통구멍 베어링(0급, 6X급, 6급)									
내륜회전 하중 또는 방향부정하중	경하중 또는 변동하중	– 18 100 –	18 100 200 –	– – 40 140	– 40 140 200	– – – –	– – – –	h5 js6 k6 m6	정밀도를 필요로 하는 경우 js6, k6, m6 대신에 js5, k5, m5를 사용한다.
	보통하중	– 18 100 140 200 – –	18 100 140 200 280 – –	– – 40 100 140 200 –	– 40 100 140 200 400 –	– – 40 65 100 140 280	– – 65 100 140 280 500	js5 k5 m5 m6 n6 p6 r6	단열 앵귤러 볼 베어링 및 원뿔롤러베어링인 경우 끼워맞춤으로 인한 내부 틈새의 변화를 고려할 필요가 없으므로 k5, m5 대신에 k6, m6를 사용할 수 있다.
	중하중 또는 충격하중	– – –	– – –	50 140 200	140 200 –	50 100 140	100 140 200	n6 p6 r6	보통 틈새의 베어링보다 큰 내부 틈새의 베어링이 필요하다.
내륜정지하중	내륜이 축 위를 쉽게 움직일 필요가 있다.	전체 축 지름						g6	정밀도를 필요로 하는 경우 g5를 사용한다. 큰 베어링에서는 쉽게 움직일 수 있도록 f6을 사용해도 된다.
	내륜이 축 위를 쉽게 움직일 필요가 없다.	전체 축 지름						h6	정밀도를 필요로 하는 경우 h5를 사용한다.
중심축하중		전체 축 지름						js6	–
테이퍼 구멍 베어링(0급) (어댑터 부착 또는 분리 슬리브 부착)									
전체하중		전체 축 지름						h9/IT5	전도축(傳導軸) 등에서는 h10/IT7로 해도 좋다.

[비고] 1. IT5 및 IT7은 축의 진원도 공차, 원통도 공차 등의 값을 표시한다. 2. 위 표는 강제 중실축에 적용한다.

■ 레이디얼 베어링(0급, 6X급, 6급)에 대하여 일반적으로 사용하는 하우징 구멍의 공차 범위 등급

하우징 (Housing)	조건			하우징 구멍의 공차범위 등급	비고
	하중의 종류		외륜의 축 방향의 이동		
일체 하우징 또는 2분할 하우징	외륜정지 하중	모든 종류의 하중		H7	대형베어링 또는 외륜과 하우징의 온도차가 큰 경우 G7을 사용해도 된다.
		경하중 또는 보통하중	쉽게 이동할 수 있다.	H8	–
		축과 내륜이 고온으로 된다.		G7	대형베어링 또는 외륜과 하우징의 온도차가 큰 경우 F7을 사용해도 된다.
일체 하우징		경하중 또는 보통하중에서 정밀 회전을 요한다.	원칙적으로 이동할 수 없다.	K6	주로 롤러베어링에 적용된다.
			이동할 수 있다.	JS6	주로 볼베어링에 적용된다.
		조용한 운전을 요한다.	쉽게 이동할 수 있다.	H6	–
	방향부정 하중	경하중 또는 보통하중	통상 이동할 수 있다.	JS7	정밀을 요하는 경우 JS7, K7 대신에 JS6, K6을 사용한다.
		보통하중 또는 중하중	이동할 수 없다.	K7	
		큰 충격하중	이동할 수 없다.	M7	–
	외륜회전 하중	경하중 또는 변동하중	이동할 수 없다.	M7	–
		보통하중 또는 중하중	이동할 수 없다.	N7	주로 볼베어링에 적용된다.
		얇은 하우징에서 중하중 또는 큰 충격하중	이동할 수 없다.	P7	주로 롤러베어링에 적용된다.

[비고] 1. 위 표는 주철제 하우징 또는 강제 하우징에 적용한다.
2. 베어링에 중심 축 하중만 걸리는 경우 외륜에 레이디얼 방향의 틈새를 주는 공차범위 등급을 선정한다.

■ 스러스트 베어링(0급, 6급)에 대하여 일반적으로 사용하는 축의 공차 범위 등급

조건		축 지름(mm)		축의 공차 범위 등급	비고
		초과	이하		
중심 축(액시얼) 하중 (스러스트 베어링 전반)		전체 축 지름		js6	h6도 사용할 수 있다.
합성하중 (스러스트 자동조심 롤러베어링)	내륜정지하중	전체 축 지름		js6	–
	내륜회전하중 또는 방향부정하중	– 200 400	200 400 –	k6 m6 n6	k6, m6, n6 대신에 각각 js6, k6, m6도 사용할 수 있다.

■ 스러스트 베어링(0급, 6급)에 대하여 일반적으로 사용하는 하우징 구멍의 공차 범위 등급

조건		하우징구멍의 공차범위 등급	비 고
중심 축 하중 (스러스트 베어링 전반)		–	외륜에 레이디얼 방향의 틈새를 주도록 적절한 공차범위 등급을 선정한다.
		H8	스러스트 볼 베어링에서 정밀을 요하는 경우
합성하중 (스러스트 자동조심 롤러베어링)	외륜정지하중	H7	–
	방향부정하중 또는 외륜회전하중	K7	보통 사용 조건인 경우
		M7	비교적 레이디얼 하중이 큰 경우

[비고] 1. 위 표는 **주철제 하우징** 또는 **강제 하우징**에 적용한다.

• 레이디얼 하중과 액시얼 하중

레이디얼 하중이라는 것은 베어링의 중심축에 대해서 **직각(수직)**으로 작용하는 하중을 말하고 **액시얼** **하중**이라는 것은 베어링의 중심축에 대해서 **평행**하게 작용하는 하중을 말한다.

덧붙여 말하면 스러스트 하중과 액시얼 하중은 동일한 것이다.

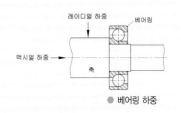

● 베어링 하중

6. 깊은 홈 볼 베어링 6204의 적용예

다음의 전동장치 본체는 축의 양쪽을 2개의 볼베어링으로 지지하고 있다. 아래 KS규격에서 도면에 적용된 6204(개방형)베어링의 d, D, B 치수를 찾아 축의 지름과 하우징 구멍의 지름 치수를 찾아보면 d=20mm, D=47mm, B=14mm 임을 알 수 있다.

이제 축과 본체 구멍에 적용될 공차를 찾아 기입해 보자. 축에 어떤´회전체가 평행키로 고정되어 동력을 전달하는 구조로 본체 양쪽의 구멍에 설치된 베어링의 외륜은 고정되고 축(내륜)이 회전하므로 **내륜회전란**을 찾고, 하중조건이 '**가벼운 하중**'으로 보고 구멍의 공차등급을 H8로 적용해 주었다.

축의 경우에는 **내륜회전하중**에 '**경하중**' 조건이므로 h5를 적용해 준다. 참고적으로 베어링의 계열번호별 베어링의 크기는 안지름은 전부 동일하지만 베어링의 폭 및 바깥지름 치수가 차이가 나는 것을 알 수가 있다. 폭이 늘어나고 바깥지름이 커질수록 부하할 수 있는 하중의 크기가 커지게 되는 것으로 일반적인 공차의 적용시 이러한 식으로 적용하면 큰 무리가 없을 것이다.

단, 베어링을 적용할 때 정밀 고속 스핀들 등 특별히 정밀도 등급을 0급, 6X급, 6급이 아닌 5급, 4급 등을 필요호 하는 경우에는 공차 적용시 세심한 주의를 필요로 한다.

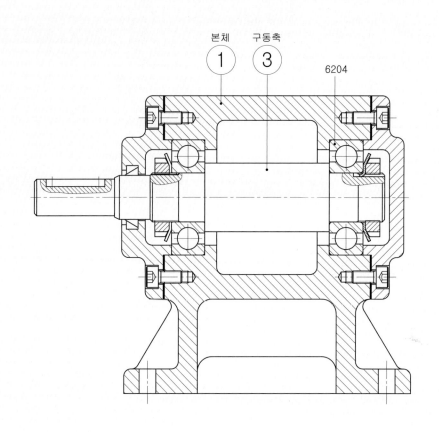

본체 구동축 6204

■ 깊은 홈 볼 베어링 62계열의 호칭번호 및 치수 [KS B 2023]

호칭 번호							치 수			
원통 구멍					테이퍼구멍	원통 구멍	d	D	B	$r_s$min
개방형	한쪽 실	양쪽 실	한쪽 실드	양쪽실드	개방형	개방형 스냅링 홈 붙이				
623	–	–	623 Z	623 ZZ	–	–	3	10	4	0.15
624	–	–	624 Z	624 ZZ	–	–	4	13	5	0.2
625	–	–	625 Z	625 ZZ	–	–	5	16	5	0.3
626	–	–	626 Z	626 ZZ	–	–	6	19	6	0.3
627	627 U	627 UU	627 Z	627 ZZ	–	–	7	22	7	0.3
628	628 U	628 UU	628 Z	628 ZZ	–	–	8	24	8	0.3
629	629 U	629 UU	629 Z	629 ZZ	–	–	9	26	8	0.3
6200	6200 U	6200 UU	6200 Z	6200 ZZ	–	6200 N	10	30	9	0.6
6201	6201 U	6201 UU	6201 Z	620 1 ZZ	–	6201 N	12	32	10	0.6
6202	6202 U	6202 UU	6202 Z	6202 ZZ	–	6202 N	15	35	11	0.6
6203	6203 U	6203 UU	6203 Z	6203 ZZ	–	6203 N	17	40	12	0.6
6204	6204 U	6204 UU	6204 Z	6204 ZZ	–	6204 N	20	47	14	1

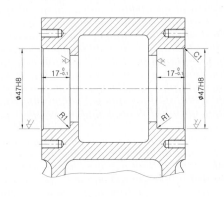

● 하우징 구멍의 치수

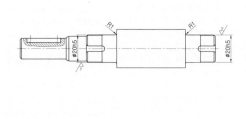

● 축의 치수

■ 베어링의 끼워맞춤 선정 기준표

베어링의 끼워맞춤 선정에 있어 반드시 고려해야 할 사항으로 베어링에 작용하는 **하중**의 **조건**이나 베어링의 **내륜** 및 **외륜**의 **회전 상태**에 따른 끼워맞춤의 관계를 나타내었다.

■ 베어링의 끼워맞춤 선정 기준표

하중의 구분	베어링의 회전		하중의 조건	끼워맞춤	
	내륜	외륜		내륜	외륜
하중 정지 정지	회전	정지	내륜회전하중 외륜정지하중	억지 끼워 맞춤	헐거운 끼워 맞춤
하중 정지	정지	회전	내륜회전하중 외륜정지하중	억지 끼워 맞춤	헐거운 끼워 맞춤
하중 정지	정지	회전	외륜회전하중 내륜정지하중	헐거운 끼워 맞춤	억지 끼워 맞춤
정지 하중	회전	정지	외륜회전하중 내륜정지하중	헐거운 끼워 맞춤	억지 끼워 맞춤
하중이 가해지는 방향이 일정하지 않은 경우	회전 또는 정지	회전 또는 정지	방향 부정 하중	억지 끼워 맞춤	억지 끼워 맞춤

● 베어링의 끼워맞춤

07

주석문의 예와 도면
검도 요령

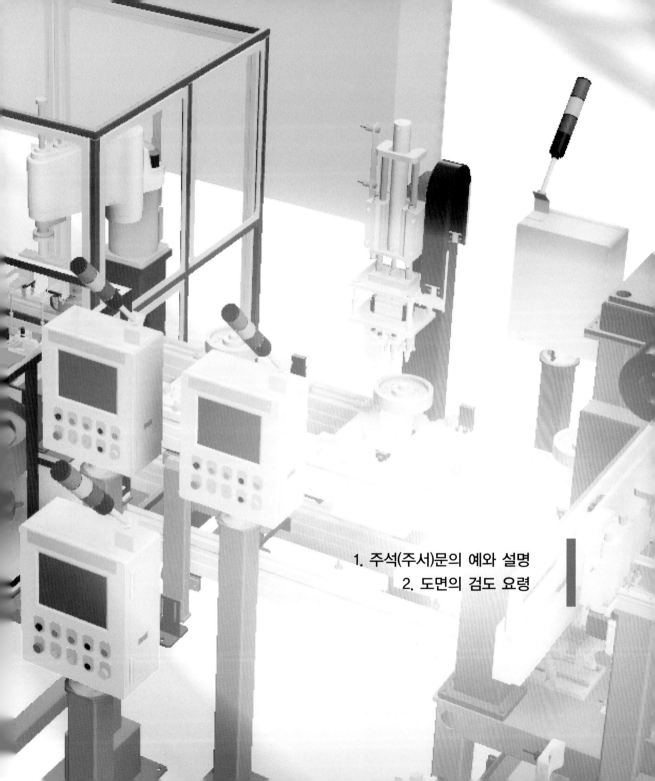

1. 주석(주서)의 의미와 예

다음 주서는 도면에 일반적으로 많이 기입하는 것을 나열한 것으로 부품의 재질이나 열처리 및 가공방법 등을 고려하여 선택적으로 기입하면 된다. 주서의 위치는 보통 도면양식에서 우측 하단부의 부품란 상단에 배치하는 것이 일반적이다.

[주석(주서)문의 예]

1. **일반공차**   가) 가공부 : KS B ISO 2768-m[f : 정밀, m : 중간, c : 거침, v : 매우거침]

                      나) 주강부 : KS B 0418 보통급

                      다) 주조부 : KS B 0250 CT-11

                      라) 프레스 가공부 : KS B 0413 보통급

                      마) 전단 가공부 : KS B 0416 보통급

                      바) 금속 소견부 : KS B 0417 보통급

                      사) 중심거리 : KS B 0420 보통급

                      아) 알루미늄 합금부 : KS B 0424 보통급

                      자) 알루미늄 합금 다이캐스팅부 : KS B 0415 보통급

                      차) 주조품 치수 공차 및 절삭여유방식 : KS B 0415 보통급

                      카) 단조부 : KS B 0426 보통급(해머, 프레스)

                      타) 단조부 : KS B 0427 보통급(업셋팅)

                      파) 가스 절단부 : KS B 0427 보통급

2. 도시되고 지시없는 모떼기는 1×45°, 필렛 및 라운드 R3
3. 일반 모떼기 0.2×45°, 필렛 R0.2
4. ∇ 부 외면 명청색, 명적색 도장(해당 품번기재)
5. 내면 광명단 도장
6. -- 부 표면 열처리 $H_R C50± 0.2$ 깊이$± 0.1$(해당 품번기재)
7. 기어치부 열처리 $H_R C40± 0.2$(해당 품번기재)
8. 전체 표면열처리 $H_R C50± 0.2$ 깊이$± 0.1$(해당 품번기재)
9. 전체 크롬 도금 처리 두께 $0.05± 0.02$(해당 품번기재)
10. 알루마이트 처리(알루미늄 재질 적용시)
11. 파커라이징 처리
12. 표면거칠기 기호

주 서

1. 일반공차-가)가공부 : KS B ISO 2768-m
                나)주조부 : KS B 0250 CT-11
                다)주강부 : KS B 0418 보통급
2. 도시되고 지시없는 모떼기 1x45°, 필렛 및 라운드 R3
3. 일반 모떼기 0.2x45°, 필렛 R0.2
4. 전체 열처리 $H_R C 50±2$(품번 3, 4)
5. ∇ 부 외면 명청색, 명회색 도장 후 가공(품번 1, 2)
6. 표면 거칠기 기호 비교표

∇ = ∇, Ry200, Rz200, N12
W/ = 12.5/∇, Ry50, Rz50, N10
X/ = 3.2/∇, Ry12.5, Rz12.5, N8
Y/ = 0.8/∇, Ry3.2, Rz3.2, N6
Z/ = 0.8/∇, Ry0.8, Rz0.8, N4

● 주석(주서)문 작성예

[주] 표면거칠기 기호 중 Ry는 **최대높이**, Rz는 **10점 평균거칠기**, N(숫자)은 **비교표준 게이지번호**를 나타낸다. 주석문에는 도면 작성시에 부품도면 상에 나타내기 곤란한 사항들이나 전체 부품도에 중복이 되는 사항들을 위의 예시와 같이 나타내는데 도면상의 부품들과 관계가 없는 내용은 빼고 반드시 필요한 부분만을 나타내준다.

[주석(주서)문의 설명]

● 일반공차의 해석

일반공차(보통공차)란 특별한 정밀도를 요구하지 않는 부분에 일일이 공차를 기입하지 않고 정해진 치수 범위내에서 일괄적으로 적용할 목적으로 규정되었다. 보통공차를 적용함으로써 설계자는 특별한 정밀도를 필요로 하지 않는 치수의 공차까지 고민하고 결정해야 하는 수고를 덜 수 있다. 또, 제도자는 모든 치수에 일일이 공차를 기입하지 않아도 되며 도면이 훨씬 간단하고 명료해진다. 뿐만 아니라 비슷한 기능을 가진 부분들의 공차 등급이 설계자에 관계없이 동일하게 적용되므로 제작자가 효율적인 부품을 생산할 수가 있다. 도면을 보면 대부분의 치수는 특별한 정밀도를 필요로 하지 않기 때문에 치수 공차가 따로 규제되어 있지 않은 경우를 흔히 볼 수가 있을 것이다.

일반공차는 KS B ISO 2768-1 : 2002(2007확인)에 따르면 이 규격은 제도 표시를 단순화하기 위한 것으로 공차 표시가 없는 선형 및 치수에 대한 일반공차를 4개의 등급(f, m, c, v)으로 나누어 규정하고, 일반공차는 금속 파편이 제거된 제품 또는 박판 금속으로 형성된 제품에 대하여 적용한다고 규정되어 있다.

❶ 일반공차

가) 가공부 : KS B ISO 2768-m   나) 주강부 : KS B 0418 보통급   다) 주조부 : KS B 0250 CT-11

일반공차의 도면 표시 및 공차등급 : KS B ISO 2768-m

m은 아래 표에서 볼 수 있듯이 공차등급을 **중간급**으로 적용하라는 지시인 것을 알 수 있다.

■ 파손된 가장자리를 제외한 선형 치수에 대한 허용 편차 KS B ISO 2768-1   [단위 : mm]

공차등급		보통치수에 대한 허용편차							
호칭	설명	0.5에서 3 이하	3 초과 6 이하	6초과 30 이하	30 초과 120 이하	120 초과 400 이하	4000 초과 1000 이하	1000 초과 2000 이하	2000 초과 4000 이하
f	정밀	±0.05	±0.05	±0.1	±0.15	±0.2	±0.3	±0.5	–
m	중간	±0.1	±0.1	±0.2	±0.3	±0.5	±0.8	±1.2	±0.2
c	거침	±0.2	±0.3	±0.5	±0.8	±1.2	±2.0	±3.0	±4.0
v	매우 거침	–	±0.5	±1.0	±1.5	±2.5	±4.0	±6.0	±8.0

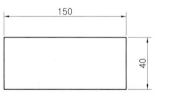

(a) 공차가 없는 치수표기

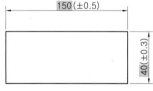

(b) 일반공차(중급)을 표기한 치수표기

● 일반공차의 적용 해석

위 표를 참고로 공차등급을 m(중간)급으로 선정했을 경우의 보통허용차가 적용된 상태의 치수표기를 윗 그림에 표시하였다. 일반공차는 공차가 별도로 붙어 있지 않은 치수수치에 대해서 어느 지정된 범위안에서 +측으로 만들어지든 –측으로 만들어지든 관계없는 공차범위를 의미한다.

■ 주조부 : KS B 0250 CT-11에 대한 해석

이 규격은 금속 및 합금주조품에 관련한 치수공차 및 절삭 여유 방식에 관한 사항인데 여기서는 시험에 나오는 주서문의 예를 보고 주조품의 치수공차에 관한 사항만 해석해보기로 한다. 주조품의 치수공차는 CT1~CT16의 16개 등급으로 나누어 규정하고 있으며 위의 주서 예에 CT-11은 11등급을 적용하면 된다.

■ 주조품의 치수공차 KS B 0250

[단위 : mm]

주조한 대로의 주조품의 기준치수		전체 주조 공차																
		주조 공차 등급 CT																
초과	이하	1	2	3	4	5	6	7	8	9	10	11	12	13	14	15	16
–	10	0.09	0.13	0.18	0.26	0.36	0.52	0.74	1	1.5	2	2.8	4.2	–	–	–	–
10	16	0.1	0.14	0.2	0.28	0.38	0.54	0.78	1.1	1.6	2.2	3	4.4	–	–	–	–
16	25	0.11	0.15	0.22	0.3	0.42	0.58	0.82	1.2	1.7	2.4	3.2	4.6	6	8	10	12
25	40	0.12	0.17	0.24	0.32	0.46	0.64	0.9	1.3	1.8	2.6	3.6	5	7	9	11	14
40	63	0.13	0.18	0.26	0.36	0.5	0.7	1	1.4	2	2.8	4	5.6	8	10	12	16
63	100	0.14	0.2	0.28	0.4	0.56	0.78	1.1	1.6	2.2	3.2	4.4	6	9	100	14	18
100	160	0.15	0.22	0.3	0.44	0.62	0.88	1.2	1.8	2.5	3.6	5	7	10	12	16	20
160	250	–	0.24	0.34	0.5	0.7	1	1.4	2	2.8	4	5.6	8	11	14	18	22
250	400	–	–	0.4	0.56	0.78	1.1	1.6	2.2	3.2	4.4	6.2	9	12	16	20	25
400	630	–	–	–	0.64	0.9	1.2	1.8	2.6	3.6	5	7	10	14	18	22	28
630	1000	–	–	–	–	1	1.4	2	2.8	4	6	8	11	16	20	25	32
1000	1600	–	–	–	–	–	1.6	2.2	3.2	4.6	7	9	13	18	23	29	37
1600	2500	–	–	–	–	–	–	2.6	3.8	5.4	8	10	15	21	26	33	42
2500	4000	–	–	–	–	–	–	–	4.4	6.2	9	12	17	24	30	38	49
4000	6300	–	–	–	–	–	–	–	–	7	10	14	20	28	35	44	56
6300	10000	–	–	–	–	–	–	–	–	–	11	16	23	32	40	50	64

■ 주강부 : KS B 0418 보통급에 대한 해석

주강품의 보통공차에 대한 KS B 0418의 대응국제규격 ISO 8062이며 KS B 0418에서는 보통 공차의 등급을 3개 등급(정밀급, 중급, 보통급)으로 나누고 있지만, ISO 8062에서는 공차등급을 CT1~CT16의 16개 등급으로 나누어 규정하고 있다.

■ 주강품의 길이 보통 공차 KS B 0418:2001

[단위 : mm]

치수의 구분	공차 등급 및 허용차		
	A급 (정밀급)	B급 (중급)	C급 (보통급)
120 이하	±1.8	±2.8	±4.5
120 초과 315 이하	±2.5	±4.0	±6.0
315 초과 630 이하	±3.5	±5.5	±9.0
630 초과 1250 이하	±5.0	±8.0	±12.0
1250 초과 2500 이하	±9.0	±14.0	±22.0
2500 초과 5000 이하	–	±20.0	±35.0
5000 초과 10000 이하	–	–	±63.0

❷ 도시되고 지시없는 모떼기 1×45°, 필렛 및 라운드 R3

모떼기(chamfering)는 모따기 혹은 모서리 면취작업이라고 하며 공작물이나 부품을 기계절삭 가공하고 나면 날카로운 모서리들이 발생하는데 이런 경우 일일이 도면의 모서리부분에 모떼기표시를 하게 되면 도면도 복잡해지고 시간도 허비하게 된다. 특별한 끼워맞춤이 있거나 기능상 반드시 모떼기나 둥글게 라운드 가공을 지시해주어야 하는 곳 외에는 일괄적으로 모떼기 할 부분은 C1(1x45°)로 다듬질하고 필렛 및 라운드는 R3 정도로 하라는 의미이다. 즉, 도면에 아래와 같이 모떼기나 라운드 표시가 되어있지만 별도로 지시가 없는 경우에 적용하라는 주서이다.

동일한 모떼기 치수의 지시가 반복되어 도면이 복잡해진다.

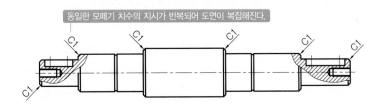

● 모떼기의 도시

동일한 라운드 지시가 반복되어 치수기입 시 불편하고 도면 또한 복잡해 보인다.

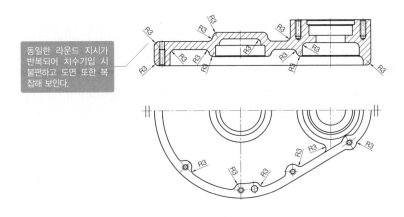

● 라운드의 도시

❸ 일반 모떼기 0.2×45°, 필렛 R0.2

일반 모떼기나 필렛은 도면에 별도로 표시가 되어 있지 않은 모서리진 부분을 일괄적으로 일반 모떼기 0.2~0.5x45°, 필렛 R0.2 정도로 다듬질하라는 의미이다.

● 일반모떼기

❹ ▽ 부 외면 명청색, 명적색 도장 (해당 품번기재)

일반적으로 본체나 하우징 및 커버의 경우 회주철(Gray Casting)을 사용하는 경우가 많은데 회주철은 말 그대로 주물을 하고 나면 주물면이 회색에 가깝다. 기계가공을 한 부분과 주물면의 색상이 유사하여 쉽게 가공면의 구분이 되지 않는 경우가 있는데 이런 경우 주물면과 가공면을 쉽게 구별할 수 있도록 밝은 청색이나 밝은 적색의 도장을 하는 경우가 있다. 주물은 회주철 외에도 주강품이나 알루미늄, 황동, 아연, 인청동 등 비철금속에도 많이 사용하는 공정이다. 쉽게 생각해 가마솥이나 형상이 복잡한 자동차의 실린더블록 및 헤드, 캠샤프트, 가공기 베드, 모터 하우징, 밸브의 바디 등이 대부분 주물품이라고 보면 된다.

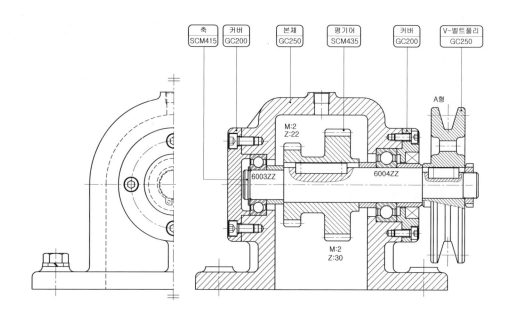

● 주물품

● 외면 명청색 도장 예

● 외면 명적색 도장 예

❺ 내면 광명단 도장 (해당 품번기재)

광명단은 방청페인트라고도 하는데 이는 철강의 녹 및 부식을 방지하기 위해서 실시하는 도장(페인팅)작업 중의 하나이다.

참고로 도장에는 분체도장과 소부도장이라는 것이 있는데 분체도장은 액체도장과 달리 200°C 이상의 고온에서 분말도료를 녹여서 철재에 도장하는 방법으로 내식성, 내구성, 내약품성이 우수하고 쉽게 손상이 되지 않으며 모서리 부분에 대한 깔끔한 마무리, 먼지 등에 오염되지 않는 깨끗한 도막을 얻을 수 있는 장점이 있고, 소부도장은 열경화성수지를 사용하여 도장 후 가열하여 건조시키는 공정으로 방청능력이 우수하고 단단하고 균일한 도막 형성으로 아름다운 외관을 갖게 하는 도장이다.

❻ ─·─ 표면 열처리 $H_RC50\pm0.2$ 깊이 ±0.1 (해당 품번기재)

열처리에 관련한 사항은 Chapter 6에서 별도로 다루고 있으니 참고하기 바라며 여기서는 주서에 표기된 내용만을 가지고 간략하게 그 의미를 해석해보기로 한다. 기어가 맞물려 돌아가는 이(tooth)나 스프로킷의 치형부, 마찰이 발생하는 축의 표면 등은 해당 표면부위에만 열처리를 지시해 준다. 불필요한 부분까지 전체 열처리를 해주는 것은 좋지 않다.

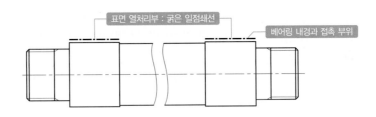

● 축의 표면 열처리 지시 예

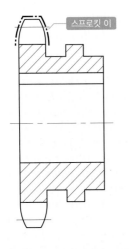

● 스프로킷 치부의 표면 열처리 지시 예

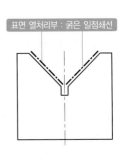

● V–블록의 표면 열처리 지시 예

● 로크웰경도(Rockwell Hardness)

H_RC는 경도를 측정하는 시험법 중에 로크웰경도 C 스케일을 말하는데 이는 꼭지각이 120°이고 선단의 반지름이 0.2mm인 원뿔형 다이아몬드를 이용하여 누르는 방법으로 열처리된 합금강, 공구강, 금형강 등의 단단한 재료에 주로 사용된다. B 스케일은 지름이 1.588mm인 강구를 눌러 동합금, 연강, 알루미늄합금 등 연하고 얇은 재료에 주로 사용하며 금속재료의 경도 시험에서 가장 널리 사용된다고 한다.

● 브리넬경도(Brinell Hardness)

브리넬경도는 강구(볼)의 압자를 재료에 일정한 시험하중으로 시편에 압입시켜 이때 생긴 압입자국의 표면적으로 시편에 가한 하중을 나눈 값을 브리넬 경도 값으로 정의하며 기호로는 H_B를 사용하고 주로 주물, 주강품, 금속소재, 비철금속 등의 경도 시험에 편리하게 사용한다.

● 쇼어경도(Shore Hardness)

쇼어경도는 끝에 다이아몬드가 부착된 중추가 유리관 속에 있으며 이 중추를 일정한 높이에서 시편의 표면에 낙하시켜 반발되는 높이를 측정할 수 있다. 경도 값은 중추의 낙하높이와 반발높이로 구해진다. 기호는 H_S로 표기한다.

● 비커스경도(Vickers Hardness)

비커스경도는 꼭지각이 136°인 다이아몬드 사각뿔의 피라미드 모양의 압자를 이용하여 시편의 표면에 일정 시간 힘을 가한 다음 시편의 표면에 생긴 자국(압흔)의 표면적을 계산하여 경도를 산출한다. 기호는 H_V로 표기한다.

❼ 기어치부 열처리 $H_RC40±0.2$ (해당 품번기재)

시험에 자주 나오는 평기어는 일반적으로 대형기어는 재질을 주강품 (예:SC480)으로 하고, 소형기어는 재질을 SCM415, SCM440, SNC415 정도를 사용한다. 열처리의 경도를 표기할 때 **$H_RC40±0.2$** 로 지정하는 이유로는 대부분의 경우 기어 이빨의 크기가 작기 때문에 $H_RC55±0.2$으로 열처리를 했을 경우 강도가 강하여 맞물려 회전시 깨질 우려가 있으므로 이빨의 파손을 방지하기 위하여 사용한다. 기어 의 치부나 스프로킷의 치부 표면 열처리는 일반적으로 $H_RC40±0.2$ 정도로 지정하면 무리가 없다.

기어치면 표면 열처리

● 평기어의 표면 열처리 지시 예

❽ 전체 표면 열처리 $H_RC50±0.2$ 깊이 ±0.1 (해당 품번기재)

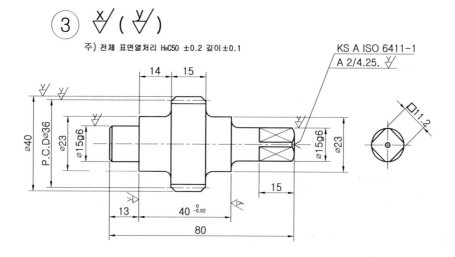

주) 전체 표면열처리 H_RC50 ±0.2 깊이 ±0.1

KS A ISO 6411-1
A 2/4.25,

● 전체 표면 열처리 지시 예

❾ 전체 크롬 도금 처리 두께 0.05±0.02 (해당 품번기재)

크롬도금은 높은 내마모성, 내식성, 윤활성, 내열성 등을 요구하는 곳에 사용되며 표면이 아름답다. 실린더의 피스톤로드 같은 열처리된 강에 경질 크롬도금 처리를 한 후에 연마처리하여 사용하는 것이 일반적이다.

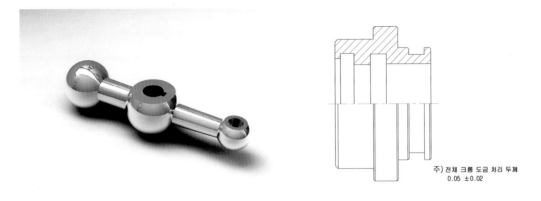

주) 전체 크롬 도금 처리 두께
0.05 ±0.02

● 핸들   ● 크롬 도금 처리 지시 예

❿ 알루마이트 처리(알루미늄 재질 적용시)

알루마이트(allumite)는 흔히 '방식화학 피막처리' 라고 한다. 알루마이트처리를 하고 나면 노란색으로 보이지만 무지개 빛깔이 난다(조개껍질 내부가 반사되어 보이는 것과 비슷함).

● 레이디얼 빔 커플링   ● 리지드 커플링   ● 죠 커플링

⓫ 파커라이징 처리

파커라이징(parkerizing)은 흔히 '인산염 피막처리' 라고 하며 자동차부품 중에 검은색을 띤 흑갈색의 부품들이 인산염 피막처리를 한 것이다. '흑착색' 은 알카리염처리를 말한다.

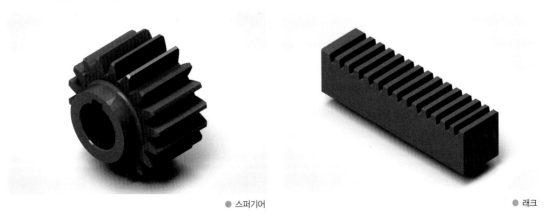

● 스퍼기어   ● 래크

⑫ 표면거칠기 기호

주서의 하단에 나타내는 표면거칠기 기호 비교표들이다.

$$\stackrel{\bigtriangledown}{} = \stackrel{\bigtriangledown}{} \; , \; \text{Ry200} \; , \; \text{Rz200} \; , \; \text{N12}$$

$$\stackrel{W}{\bigtriangledown} = \stackrel{12.5}{\bigtriangledown} \; , \; \text{Ry50} \; , \; \text{Rz50} \; , \; \text{N10}$$

$$\stackrel{X}{\bigtriangledown} = \stackrel{3.2}{\bigtriangledown} \; , \; \text{Ry12.5} \; , \; \text{Rz12.5} \; , \; \text{N8}$$

$$\stackrel{y}{\bigtriangledown} = \stackrel{0.8}{\bigtriangledown} \; , \; \text{Ry3.2} \; , \; \text{Rz3.2} \; , \; \text{N6}$$

$$\stackrel{Z}{\bigtriangledown} = \stackrel{0.2}{\bigtriangledown} \; , \; \text{Ry0.8} \; , \; \text{Rz0.8} \; , \; \text{N4}$$

● 표면거칠기 기호 비교

Tip

지금까지 주석문에 대해서 각 항목별로 의미하는 바를 알아보았다. 앞의 내용은 하나의 예로써 그 순서와 내용의 적용에 있어서는 주어진 상황에 맞게 표기하면 되고, 다만 도면을 보는 제3자가 이해하기 쉽도록 기입해 주고 도면과 관련있는 사항들만 간단명료하게 표기해주는 것이 바람직하다. 또한 시험에서 사용하는 주석문과 실제 산업 현장에서 사용하는 주석문은 다를 수가 있으며 각 기업의 사정에 맞는 주석문을 적용하고 있는 것이 일반적인 사항이다.

NOTE
1. 날카로운 모서리 C0.5로 면취할 것.
2. 지시없는 BOLT & TAP HOLE간 거리 공차는 ±0.1이내일 것.
3. 인산염 피막처리 할 것.

NOTE
1. 날카로운 모서리 C0.5로 면취할 것.
2. BOLT HOLE및 TAP HOLE간 거리 공차는 ±0.1 이내일것.
3. 용접부 각장 크기는 2.3√‾t‾로 연속 용접할 것.
4. 용접후 응력 제거할 것.
5. 백색아연 도금 할것.(두께 : 3~5um)
6. TAP 부는 도금하지말 것.

NOTE
1. 날카로운 모서리 C0.5로 면취할 것.
2. 지시없는 BOLT & TAP HOLE간 거리 공차는 ±0.1이내일 것.
3. 백색아연 도금 처리 할 것.(두께:3~5um)
4. (‒·‒··‒·)부 고주파 열처리할 것. (H_RC 45~50).

NOTE
1. 날카로운 모서리 C0.5로 면취할 것.
2. BOLT HOLE및 TAP HOLE간 거리 공차는±0.1 이내일 것.
3. 용접부 각장 크기는 2.3√‾t‾로 연속 용접할 것.
4. 용접후 응력 제거할 것.
5. 지정색 (NO. 5Y 8.5/1) 페인팅할 것. (기계 가공부 제외)
6. 전체 침탄열처리할 것. (단, 나사부 침탄방지할 것)

● 현장용 주서의 일례

도면의 검도 요령

실기시험 과제도면을 완성하였다면 이제 마지막으로 요구사항에 맞게 제대로 작도하였는지 검도를 하는 과정이 필요하다. 많은 수검자들이 주어진 시간내에 도면을 완성하고 여유있게 검도를 하는 시간을 갖지는 못하는 경우가 있을 것이다. 시간이 촉박하다고 당황하지 말고 절대로 미완성 상태의 도면을 제출하기 전에 약간의 시간을 할애해서 최종적으로 검도를 실시하고 제출하는 것이 좋다. 검도는 보통 아래와 같은 요령으로 실시한다면 시험에서나 실무에서도 도움이 될 것이다.

1. 도면 작성에 관한 검도 항목

❶ 도면 양식은 **KS규격**에 준했는가? (A4, A3, A2, A1, A0)

❷ 조립도는 도면을 보고 이해하기 쉽게 나타내었는가?

❸ 정면도, 평면도, 측면도 등 **3각법**에 의한 투상으로 적절히 배치했는가?

❹ 부품이나 제품의 형상에 따라 **보조투상도**나 **특수투상도**의 사용은 적절한가?

❺ 단면도에서 **단면의 표시**는 적절하게 나타냈는가?

❻ 선의 용도에 따른 **종류**와 **굵기**는 적절하게 했는가? (CAD 지정 LAYER 구분)

2. 치수기입 검도 항목

❶ **누락**된 **치수**나 **중복**된 **치수**, **계산**을 **해야 하는 치수**는 없는가?

❷ 기계가공에 따른 **기준면 치수 기입**을 했는가?

❸ **치수보조선, 치수선, 지시선, 문자**는 적절하게 도시했는가?

❹ 소재 선정이 용이하도록 **전체길이, 전체높이, 전체 폭**에 관한 **치수누락**은 없는가?

❺ **연관 치수**는 해독이 쉽도록 **한 곳에 모아 쉽게 기입**했는가?

3. 공차 기입 검도 항목

❶ 상대 부품과의 **조립** 및 **작동 기능**에 필요한 **공차**의 기입을 적절히 했는가?

❷ 기능상에 필요한 **치수공차**와 **끼워맞춤 공차**의 적용을 올바르게 했는가?

❸ 제품과 각 구성 부품이 결합되는 조건에 따른 **끼워맞춤 기호**와 **표면거칠기 기호**의 선택은 올바른가?

❹ 키, 베어링, 스플라인, 오링, 오일실, 스냅링 등 기계요소 부품들의 공차적용은 **KS규격**을 찾아 올바르게 적용했는가?

❺ 동일 축선에 베어링이 2개 이상인 경우 동심도 기하공차를 기입하였는가?

4. 요목표, 표제란, 부품란, 일반 주서 기입 내용 검도 항목

❶ 기어나 스프링 등 기계요소 부품들의 **요목표** 및 **내용의 누락**은 없는가?

❷ **표제란**과 **부품란**에 기입하는 **내용의 누락**은 없는가?

❸ 구매부품의 경우 정확한 모델사양과 메이커, 수량 표기 등은 조립도와 비교해 올바른가?

❹ 가공이나 조립 및 제작에 필요한 **주서** 기입 내용이나 **지시사항**은 적절하고 누락된 것은 없는가?

5. 제품 및 부품 설계에 관한 검도 항목

❶ 부품 구조의 **상호 조립 관계, 작동, 간섭여부, 기능** 검도

❷ 적절한 **재료** 및 **열처리 선정**으로 수명에 이상이 없고 **가공성**이 좋은가?

❸ 각 부품의 기공괴 기능에 알맞은 **표면거칠기**를 지정했는가?

❹ 제품 및 부품에 공차 적용시 **올바른 공차** 적용을 했는가?

❺ 각 **재질별 열처리 방법의 선택**과 **기호 표시**가 적절한가?

❻ **표면처리**(도금, 도장 등)는 적절하고 타 부품들과 조화를 이루는가?

❼ 부품의 가공성이 좋고 일반적인 기계 가공에 무리는 없는가?

6. 도면의 외관

❶ 주어진 과제도면 양식에 알맞게 **선의 종류**와 **색상** 및 **문자크기** 등을 설정했는가?

　(오토캐드 레이어의 외형선, 숨은선, 중심선, 가상선, TEXT 크기, 화살표 크기 등)

❷ 표준 **3각법**에 따라 투상을 하고 도면안에 투상도는 **균형있게 배치**하였는가?

❸ 도면의 크기는 **표준 도면양식**에 따라 올바르게 그렸는가?

　(A2 : 594×420, A3 : 420×297)

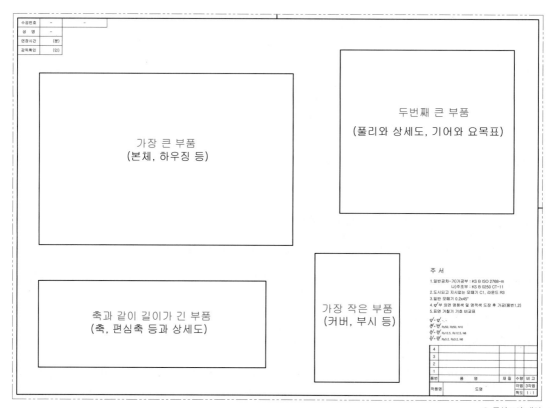

● 투상도의 배치

[참고] 기계 부품과 재료의 적용 예

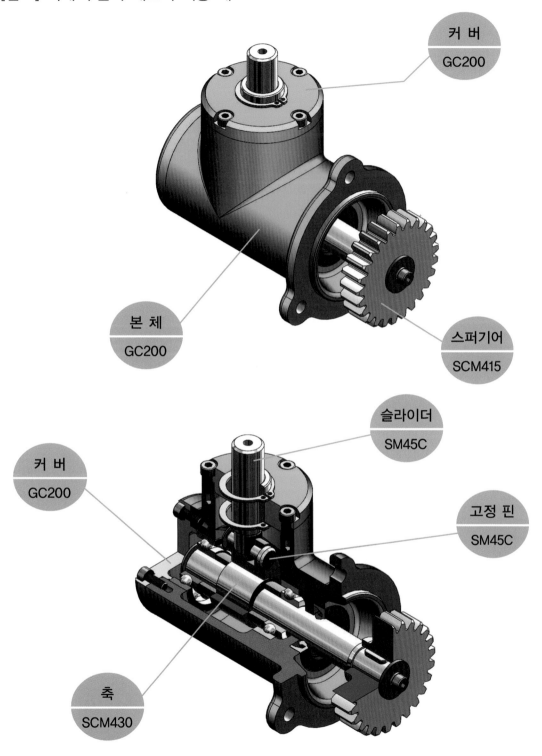

커 버
GC200

본 체
GC200

스퍼기어
SCM415

슬라이더
SM45C

커 버
GC200

고정 핀
SM45C

축
SCM430

08
기계재료 규격 및 기호표

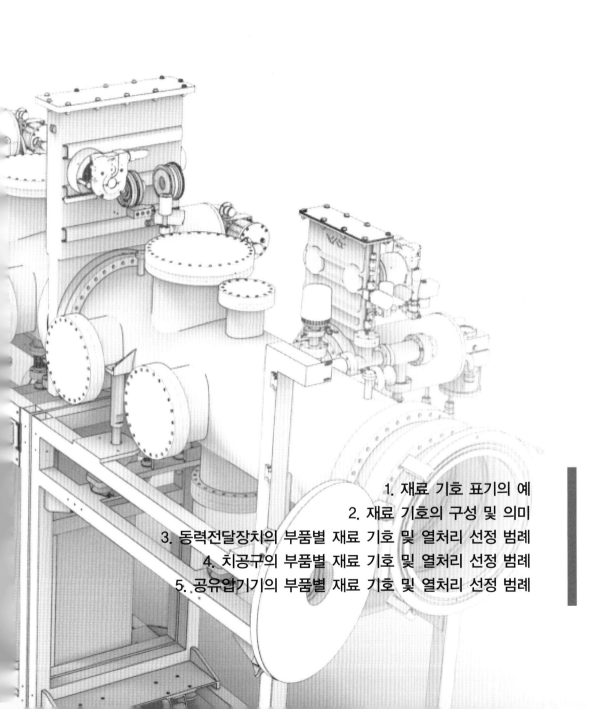

| Lesson 1 | 재료 기호 표기의 예 |

재료를 나타내는 기호는 영문자와 숫자로 구성되며 주로 3부분으로 표시한다. 아래에 재료기호 별 구성의미를 나타냈다.

• 일반구조용 압연강재의 경우

• 기계구조용 탄소강재의 경우

• 회주철의 경우

• 크롬몰리브덴 강재의 경우

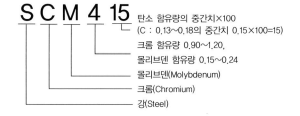

| Lesson 2 | 재료 기호의 구성 및 의미 |

❶ 첫 번째 부분의 기호 : 재질

재질을 나타내는 기호로 재질의 영문 표기 머리문자나 원소기호를 사용하여 나타낸다.

▶ 제 1위 기호의 재료명

기호	재질명	영문명	기호	재질명	영문명
Al	알루미늄	aluminum	F	철	Ferrum
AlBr	알루미늄청동	aluminum bronze	GC	회주철	Gray casting
Br	청동	bronze	MS	연강	Mild steel
Bs	황동	brass	NiCu	니켈구리합금	Nickel copper alloy
Cu	구리	copper	PB	인청동	Phosphor bronze
Cr	크롬	chrome	S	강	steel
HBs	고강도 황동	high strength brass	SM	기계구조용강	Machine structure steel
HMn	고망간	high magnanese	WM	화이트메탈	White Metal

❷ 두 번째 부분의 기호 : 제품명 또는 규격명

제품명이나 규격명을 나타내는 기호로서 봉, 판, 주조품, 단조품, 관, 선재 등의 제품을 형상별 종류나 용도를 표시하며 영어 또는 로마 글자의 머리글자를 사용하여 나타낸다.

364

▶ 제 2위 기호의 재품명 또는 규격명

기 호	제품명 또는 규격명	기 호	제품명 또는 규격명
B	봉 (Bar)	MC	가단 주철품
BC	청동 주물	NC	니켈크롬강
BsC	황동 주물	NCM	니켈크롬 몰리브덴강
C	주조품 (Casting)	P	판 (Plate)
CD	구상흑연주철 (Spheroidal graphite iron castings)	FS	일반 구조용강 (Steels for general structure)
CP	냉간압연 연강판	PW	피아노선 (Piano wire)
Cr	크롬강 (Chromium)	S	일반 구조용 압연재 (Rolled steels for general structure)
CS	냉간압연강대	SW	강선 (Steel wire)
DC	다이캐스팅 (Die casting)	T	관 (Tube)
F	단조품 (Foring)	TB	고탄소크롬 베어링강
G	고압가스 용기	TC	탄소공구강
HP	열간압연 연강판 (Hot-rolled mild steel plates)	TKM	기계구조용 탄소강관 (Carbon steel tubes for machine structural purposes)
HR	열간압연 (Hot-rolled)	THG	고압가스 용기용 이음매 없는 강관
HS	열간압연강대 (Hot-rolled mild steel strip)	W	선 (Wire)
K	공구강 (Tool steels)	WR	선재 (Wire rod)
KH	고속도 공구강 (High speed tool steel)	WS	용접구조용 압연강

❸ 세 번째 부분의 기호

재료의 종류를 나타내는 기호로 재료의 최저인장강도, 재료의 종별 번호, 탄소함유량을 나타내는 숫자로 표시한다.

▶ 제 3위 기호의 의미

기 호	기호의 의미	보 기	기 호	기호의 의미	보 기
1	1종	SCPH 1	11 A	11종 A	STKM 11 A
2	2종	SCPH 2	12 B	12종 B	STKM 11 B
A	A종	SWO 50A	400	최저인장강도	SS 400
B	B종	SWO 50B	C	탄소함유량	SM 25C

❹ 네 번째 부분의 기호

필요에 따라서 재료 기호의 끝 부분에는 열처리 기호나 제조법, 표면마무리 기호, 조질도 기호 등을 첨가하여 표시할 수도 있다.

▶ 제 4위 기호의 의미

구 분	기 호	기호의 의미	구 분	기 호	기호의 의미
조질도 기호	A	어닐링한 상태	열처리 기호	N	노멀라이징
	H	경질		Q	퀜칭 템퍼링
	1/2H	1/2 경질		SR	시험편에만 노멀라이징
	S	표준 조질		TN	시험편에 용접 후 열처리
표면마무리 기호	D	무광택 마무리	기타	CF	원심력 주강관
	B	광택 마무리		K	킬드강

[참고] 전동장치 부품의 재료 적용 예

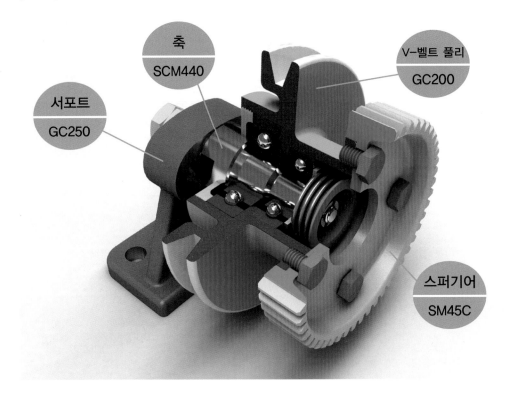

서포트
GC250

축
SCM440

V-벨트 풀리
GC200

스퍼기어
SM45C

동력전달장치의 부품별 재료 기호 및 열처리 선정 범례

부품의 명칭	재료의 기호	재료의 종류	특 징	열처리 및 도금, 도장
본체 또는 몸체 (BASE or BODY)	GC200	회주철	주조성 양호, 절삭성 우수 복잡한 본체나 하우징, 공작기계 베드, 내연기관 실린더, 피스톤 등 펄라이트+페라이트+흑연	외면 명청, 명적색 도장
	GC250 GC300	회주철		
	SC480	주강	강도를 필요로 하는 대형 부품, 대형 기어	$H_RC50\pm2$ 외면 명회색 도장
축 (SHAFT)	SM45C	기계구조용 탄소강	탄소함유량 0.42~0.48	고주파 열처리, 표면경도 H_RC50~
	SM15CK	기계구조용 탄소강	탄소함유량 0.13~0.18(침탄 열처리)	침탄용으로 사용
	SCM415 SCM435 SCM440	크롬 몰리브덴강	구조용 합금강으로 SCM415~SCM822 까지 10종이 있다.	사삼산화철 피막, 무전해 니켈 도금 전체열처리 $H_RC50\pm2$ H_RC35~40 (SCM435) H_RC30~35 (SCM435)
커버 (COVER)	GC200	회주철	본체와 동일한 재질 사용	외면 명청, 명적색 도장
	GC250	회주철		
	SC480	주강	본체와 동일한 재질 사용	외면 명청, 명적색 도장
V벨트 풀리 (V-BELT PULLEY)	GC200 GC250	회주철	고무벨트를 사용하는 주철제 V-벨트 풀리	외면 명청, 명적색 도장
스프로킷 (SPROCKET)	SCM440	크롬 몰리브덴강	용접형은 보스(허브)부 일반구조용 압연강재, 치형부 기계구조용 탄소강재	치부 열처리 $H_RC50\pm2$ 사삼산화철 피막
	SCM45C	기계구조용 탄소강		
스퍼 기어 (SPUR GEAR)	SNC415	니켈 크롬강		기어치부 열처리 $H_RC50\pm2$ 전체열처리 $H_RC50\pm2$
	SCM435	크롬 몰리브덴강		
	SC480	주강	대형 기어 제작	
	SM45C	기계구조용 탄소강	압력각 20°, 모듈 0.5~3.0	사삼산화철 피막, 무전해 니켈 도금 기어치부 고주파 열처리, H_RC50~55
래크 (RACK)	SNC415	니켈 크롬강		전체열처리 $H_RC50\pm2$
	SCM435	크롬 몰리브덴강		
피니언 (PINION)	SNC415	니켈 크롬강		전체열처리 $H_RC50\pm2$
웜 샤프트 (WORM SHAFT)	SCM435	크롬 몰리브덴강		전체열처리 $H_RC50\pm2$
래칫 (RATCH)	SM15CK	기계구조용 탄소강		침탄열처리
로프 풀리 (ROPE PULLEY)	SC480	주강		
링크 (LINK)	SM45C	주강		
칼라 (COLLAR)	SM45C	기계구조용 탄소강	베어링 간격유지용 링	
스프링 (SPRING)	PW1	피아노선		
베어링용 부시	CAC502A	인청동주물	구기호 : PBC2	
핸들 (HANDLE)	SS400	일반구조용 압연강		인산염피막, 사삼산화철 피막
평벨트 풀리	GC250 SF340A	회주철 탄소강 단강품		외면 명청, 명적색 도장
스프링	PW1	피아노선		
편심축	SCM415	크롬 몰리브덴강		전체열처리 $H_RC50\pm2$
힌지핀 (HINGE PIN)	SM45C SUS440C	기계구조용 탄소강 스테인레스강		사삼산화철 피막, 무전해 니켈도금 H_RC40~45 (SM45C) H_RC45~50 (SUS440C) 경질크롬도금, 도금 두께 3μ m 이상
볼스크류 너트	SCM420	크롬몰리브덴강	저온 흑색 크롬 도금	침탄열처리 H_RC58~62
전조 볼스크류	SM55C	기계구조용 탄소강	인산염 피막처리	고주파 열처리 H_RC58~62
LM 가이드 본체, 레일	STS304	스테인레스강	열간 가공 스테인레스강, 오스테나이트계	열처리 H_RC56~
사다리꼴 나사	SM45C	기계구조용 탄소강	30도 사다리꼴나사(왼, 오른나사)	사삼산화철 피막, 저온 흑색 크롬 도금

치공구의 부품별 재료 기호 및 열처리 선정 범례

부품의 명칭	재료의 기호	재료의 종류	특 징	열처리, 도장
지그 베이스 (JIG Base)	SCM415	크롬 몰리브덴강	기계 가공용	
	SM45C	기계구조용강		
하우징, 몸체 (Housing, Body)	SC480	주강	중대형 지그 바디 주물용	
위치결정 핀 (Locating Pin)	STS3	합금공구강	주로 냉간 금형용 STD는 열간 금형용	$H_RC60{\sim}63$ 경질 크롬 도금, 버핑연마 경질 크롬 도금 + 버핑 연마
지그 부시 (Jig Bush)	SCM415	크롬 몰리브덴강	구기호 : SCM21	드릴, 엔드밀 등 공구 안내용 전체 열처리 $H_RC65{\pm}2$
	STC105	탄소공구강	구기호 : STC3	
	STS3 / STS21	탄소공구강	STS3 : 주로 냉간 금형용 STS21 : 주로 절삭 공구강용	
플레이트 (Plate)	SM45C	기계구조용 탄소강		
스프링 (Spring)	SPS3	실리콘 망간강재	겹판, 코일, 비틀림막대 스프링	
	SPS6	크롬 바나듐강재	코일, 비틀림막대 스프링	
	SPS8	실리콘 크롬강재	코일 스프링	
	PW1	피아노선	스프링용	
가이드블록 (Guide Block)	SCM430	크롬 몰리브덴강		
베어링부시 (Bearing Bush)	CAC502A	인청동주물	구기호 : PBC2	
	WM3	화이트 메탈		
브이블록 (V-Block)	STC105 SM45C	탄소공구강 기계구조용 탄소강	지그 고정구용, 브이블록, 클램핑 죠	$H_RC\ 58{\sim}62$ $H_RC\ 40{\sim}50$
클램프죠 (Clamping Jaw)				
로케이터 (Locator)	SCM430	크롬 몰리브덴강	위치결정구, 로케이팅 핀	$H_RC50{\pm}2$
메저링핀 (Measuring Pin)			측정 핀	$H_RC50{\pm}2$
슬라이더 (Slider)			정밀 슬라이더	$H_RC50{\pm}2$
고정다이 (Fixed Die)			고정대	
힌지핀 (Hinge Pin)	SM45C	기계구조용 탄소강		$H_RC40{\sim}45$
C와셔 (C-Washer)	SS400	일반구조용 압연강재	인장강도 41~50 kg/mm	인장강도 400~510 N/㎟
지그용 고리모양 와셔	SS400	일반구조용 압연강재	인장강도 41~50 kg/mm	인장강도 400~510 N/㎟
지그용 구면 와셔	STC105	탄소공구강	구기호 : STC7	$H_RC\ 30{\sim}40$
지그용 육각볼트, 너트	SM45C	기계구조용 탄소강		
핸들(Handle)	SM35C		큰 힘 필요시 SF40 적용	
클램프(Clamp)	SM45C	기계구조용 탄소강		마모부 $H_RC\ 40{\sim}50$
캠(Cam)	SM45C SM15CK		SM15CK 는 침탄열처리용	마모부 $H_RC\ 40{\sim}50$
텅(Tonge)	STC105	탄소공구강	T홈에 공구 위치결정시 사용	
쐐기 (Wedge)	STC85 SM45C	탄소공구강 기계구조용 탄소강	구기호 : STC5	열처리해서 사용
필러 게이지	STC85 SM45C	탄소공구강 기계구조용 탄소강	구기호 : STC5	$H_RC\ 58{\sim}62$
세트 블록 (Set Block)	STC105	탄소공구강	두께 1.5~3mm	$H_RC\ 58{\sim}62$

공유압기기의 부품별 재료 기호 및 열처리 선정 범례

부품의 명칭	재료의 기호	재료의 종류	특 징	열처리, 도장
실린더 튜브 (Cylinder Tube)	ALDC10	다이캐스팅용 알루미늄 합금	피스톤의 미끄럼 운동을 안내하며 압축공기의 압력실 역할, 실린더튜브 내면은 경질 크롬도금	백색 알루마이트
피스톤 (Piston)	ALDC10	알루미늄 합금	공기압력을 받는 실린더 튜브내에서 미끄럼 운동	크로메이트
피스톤 로드 (Piston Rod)	SCM415 SM45C	크롬 몰리브덴강 기계구조용 탄소강	부하의 작용에 의해 가해지는 압축, 인장, 굽힘, 진동 등의 하중에 견딜 수 있는 충분한 강도와 내마모성 요구, 합금강 사용시 표면 경질크롬도금	전체열처리 H$_R$C50±2 경질 크롬 도금
핑거 (Finger)	SCM430	크롬 몰리브덴강	집게역할을 하며 핑거에 별도로 죠(JAW)를 부착 사용	전체열처리 H$_R$C50±2
로드부시 (Rod Bush)	CAC502A	인청동주물	왕복운동을 하는 피스톤 로드를 안내 및 지지하는 부분으로 피스톤 로드가 이동시 베어링 역할 수행	구기호 : PBC2
실린더헤드 (Cylinder Head)	ALDC10	다이캐스팅용 알루미늄 합금	원통형 실린더 로드측 커버나 에어척의 헤드측 커버를 의미	알루마이트 주철 사용시 흑색 도장
링크 (Link)	SCM415	크롬 몰리브덴강	링크 레버 방식의 각도 개폐형	전체열처리 H$_R$C50±2
커버 (Cover)	ALDC10	다이캐스팅용 알루미늄 합금	실린더 튜브 양끝단에 설치 피스톤 행정거리 결정	주철 사용시 흑색 도장
힌지핀 (Hinge Pin)	SCM435 SM45C	크롬 몰리브덴강 기계구조용 탄소강	레버 방식의 공압척에 사용하는 지점 핀	H$_R$C40~45
롤러 (Roller)	SCM440	크롬 몰리브덴강		전체열처리 H$_R$C50±2
타이 로드 (Tie Rod)	SM45C	기계구조용 탄소강	실린더 튜브 양끝단에 있는 헤드커버와 로드커버를 체결	아연 도금
플로팅 조인트 (Floating Joint)	SM45C	기계구조용 탄소강	실린더 로드 나사부와 연결 운동 전달요소	사삼산화철 피막 터프트라이드
실린더 튜브 (Cylinder Tube)	ALDC10	알루미늄 합금		경질 알루마이트
	STKM13C	기계 구조용 탄소강관	중대형 실린더용의 튜브, 기계 구조용 탄소강관 13종	내면 경질크롬도금 외면 백금 도금 중회색 소부 도장
피스톤 랙 (Piston Rack)	STS304	스테인레스강	로타리 액츄에이터 용	
피니언 샤프트 (Pinion Shaft)	SCM435 STS304 SM45C	크롬 몰리브덴강 스테인레스강 기계구조용 탄소강	로타리 액츄에이터 용	전체열처리 H$_R$C50±2

09
2D 도면작도 및
등각투상도 작도 실습

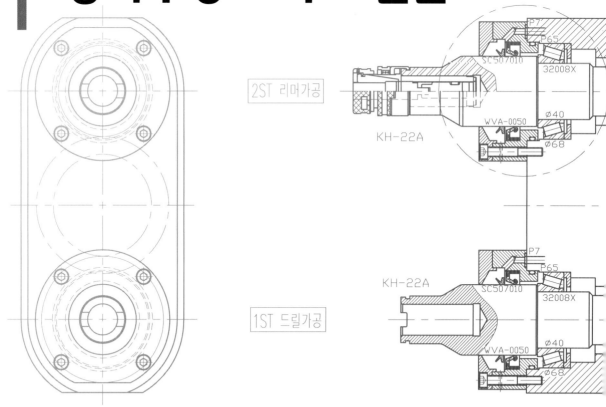

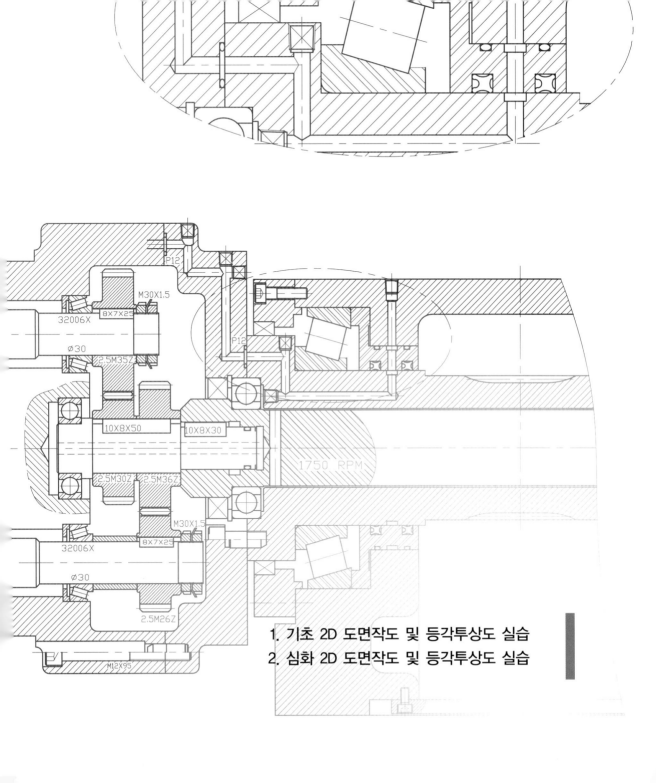

P12
M30X1.5
32006X
8X7X25
Ø30
2.5M35Z
P12
10X8X50
10X8X30
1750 RPM
2.5M30Z
2.5M36Z
M30X1.5
8X7X25
32006X
Ø30
2.5M26Z
M12X95

1. 기초 2D 도면작도 및 등각투상도 실습
2. 심화 2D 도면작도 및 등각투상도 실습

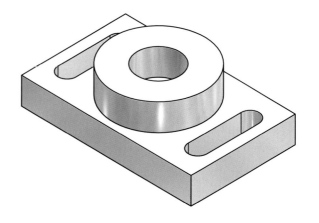

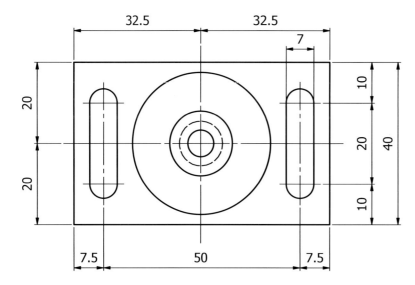

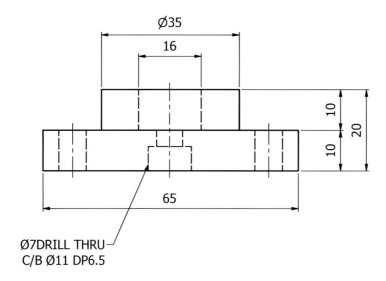

∅7DRILL THRU
C/B ∅11 DP6.5

2-Ø7DRILL THRU

C20

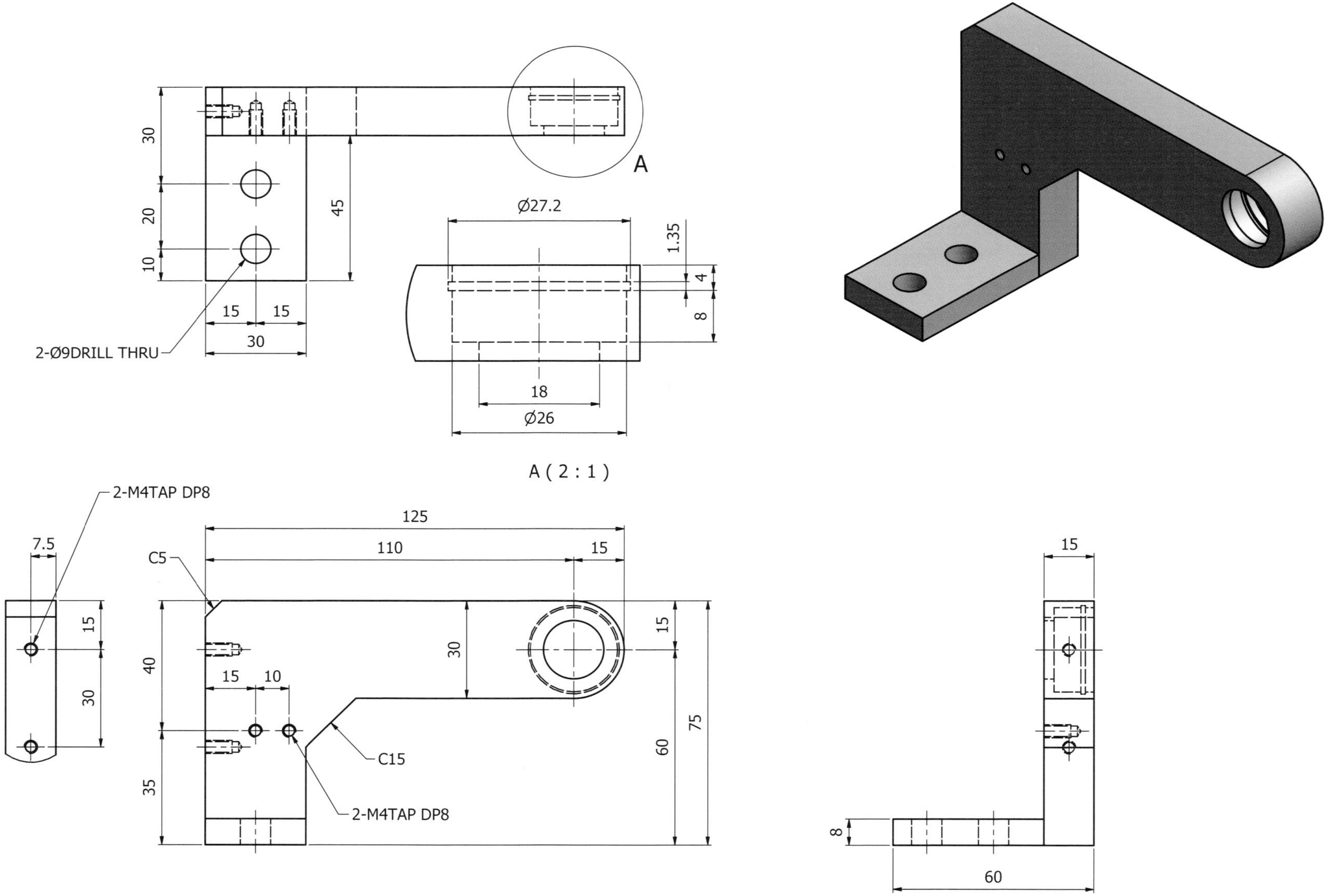

A (2 : 1)

Ø27.2

Ø26

18

1.35

4

8

A

2-Ø9DRILL THRU

45

30

15

15

30

20

10

2-M4TAP DP8

2-M4TAP DP8

C15

C5

125

110

15

30

40

35

75

15

60

15

10

15

7.5

15

30

15

60

8

374

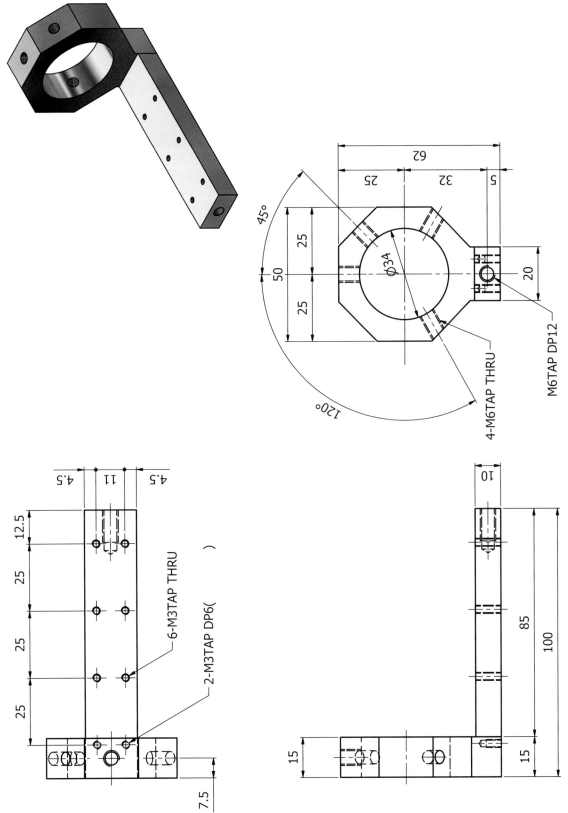

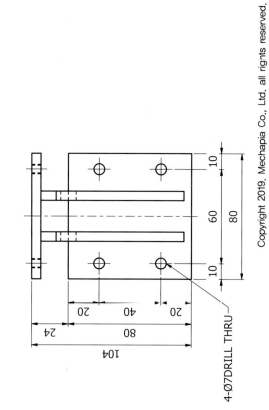

4-Ø7DRILL THRU

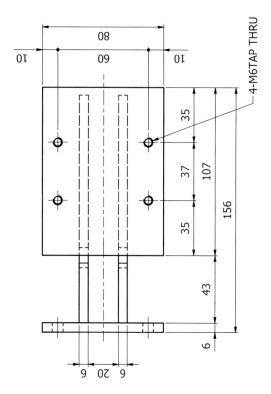

4-M6TAP THRU

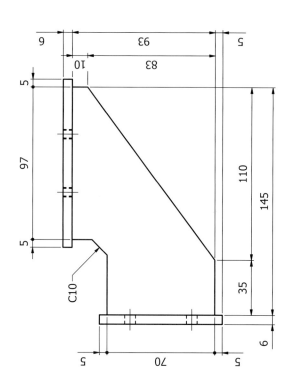

C10

376

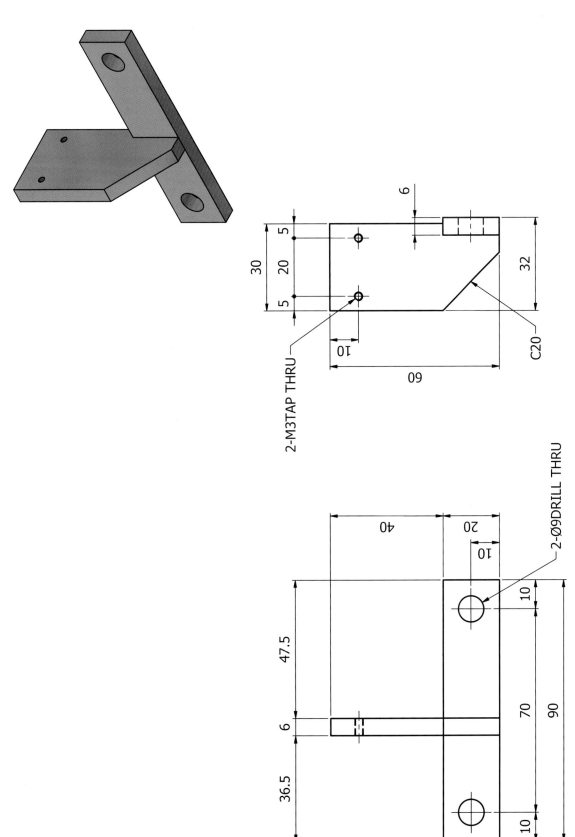

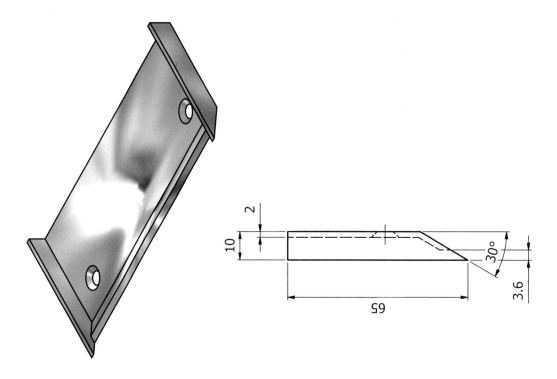

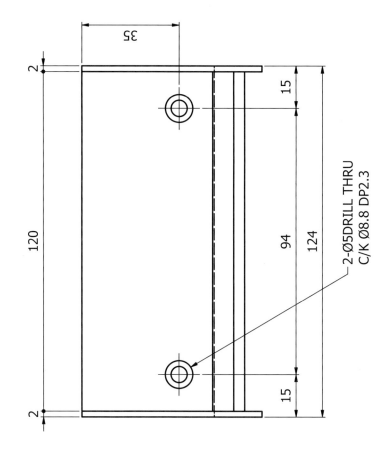

2-Ø5DRILL THRU
C/K Ø8.8 DP2.3

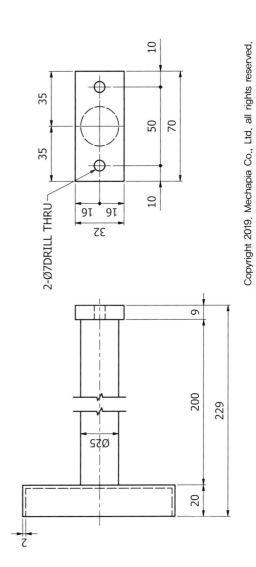

2-Ø7DRILL THRU

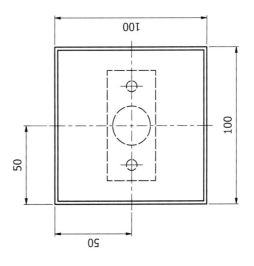

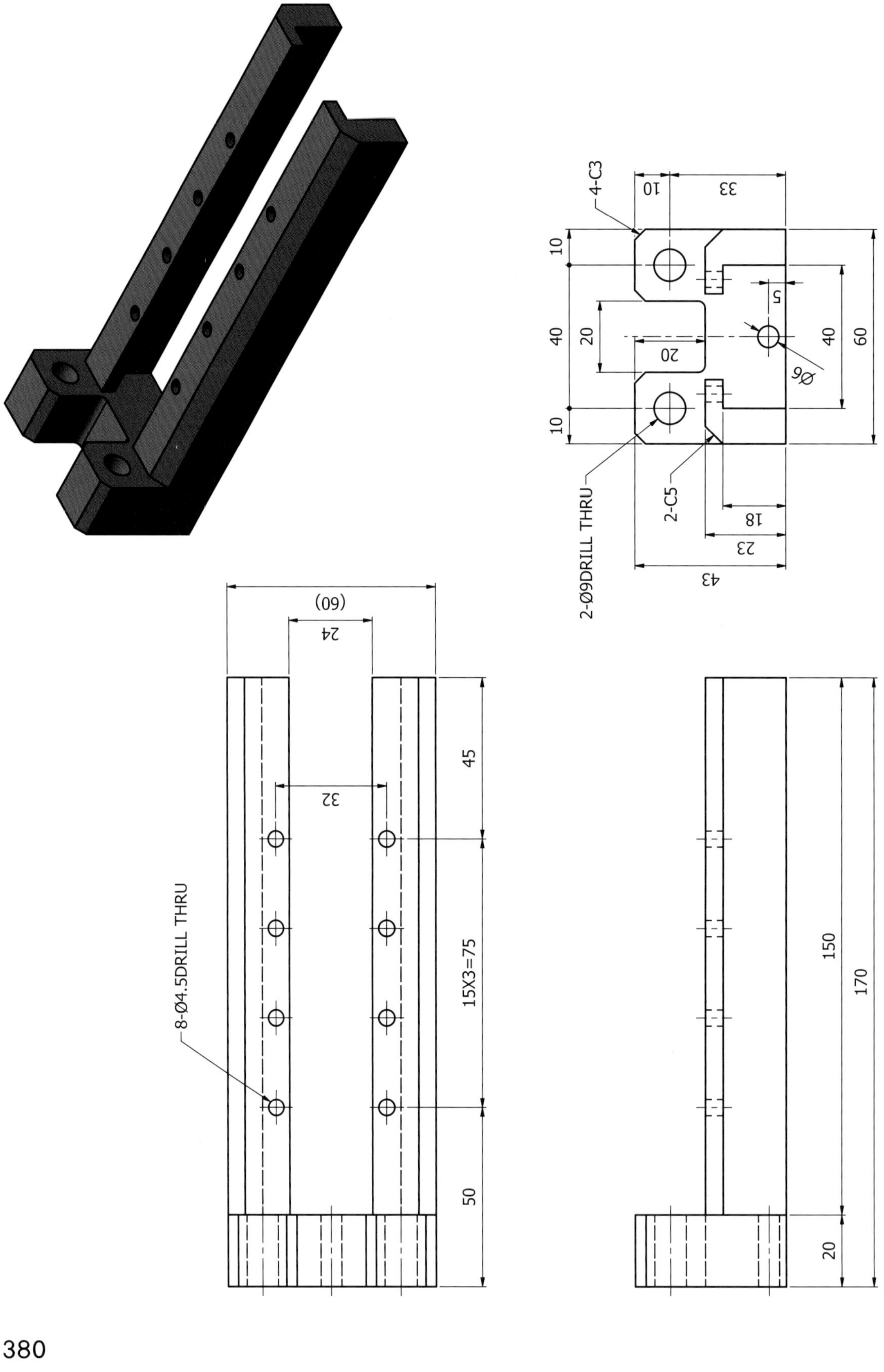

4-C3

10

33

10

40

20

20

5

40

Ø6

18

23

43

2-Ø9DRILL THRU

2-C5

(60)

24

45

32

15X3=75

8-Ø4.5DRILL THRU

50

150

170

20

380

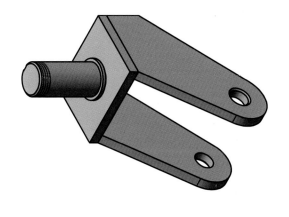

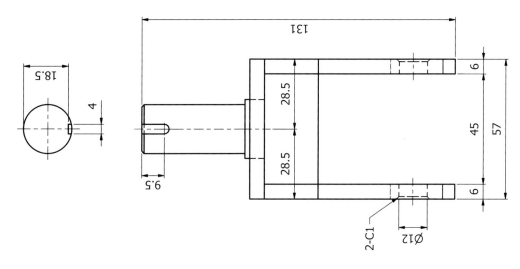

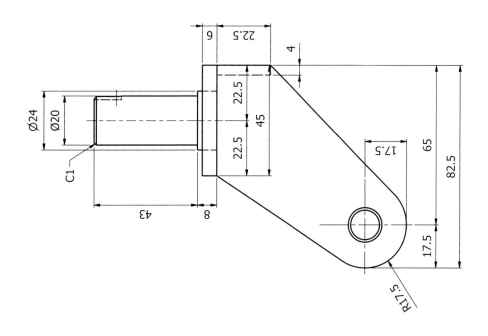

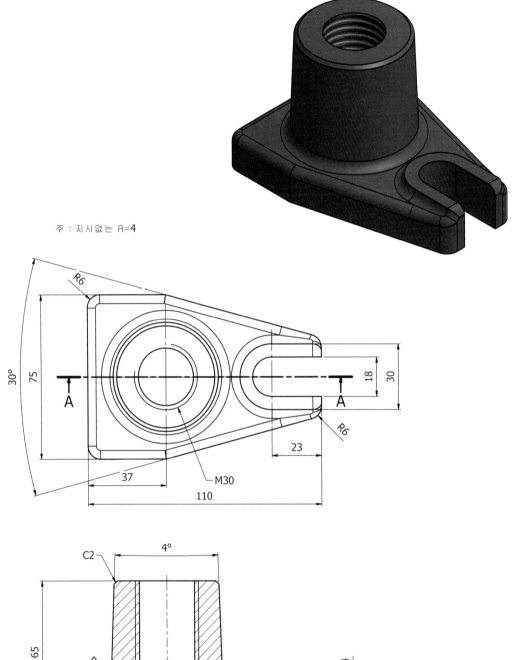

주 : 지시없는 R=4

A-A

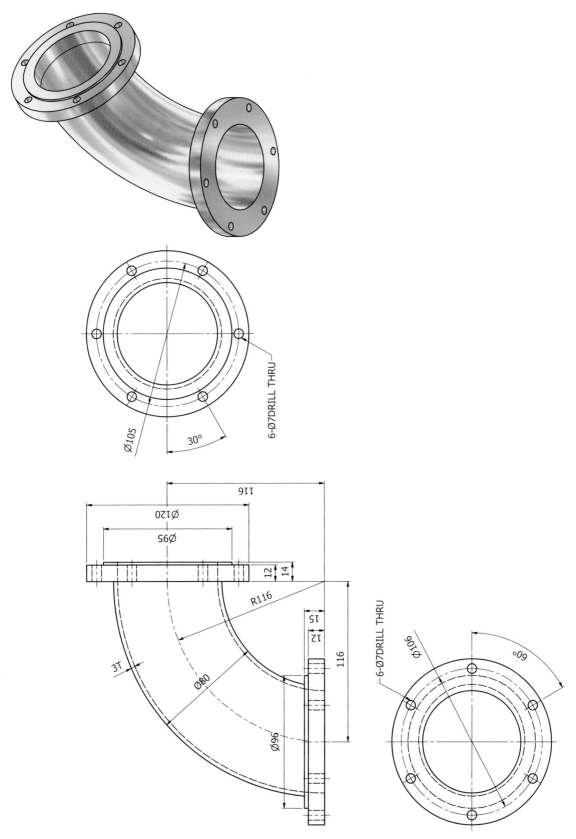

Ø105

30°

6-Ø7DRILL THRU

116

Ø120

Ø95

12

14

R116

15

12

116

3T

Ø80

Ø96

6-Ø7DRILL THRU

Ø106

60°

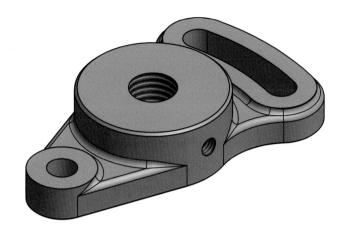

주 : 지시없는 R=2

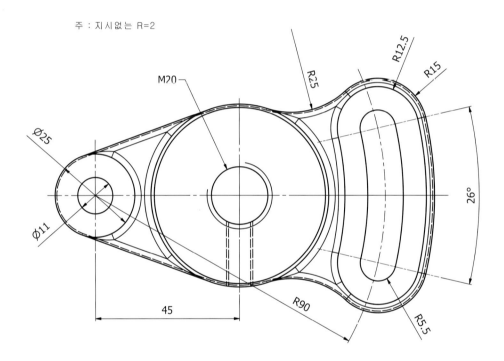

M20

Ø25

Ø11

R25

R12.5

R15

R5.5

R90

26°

45

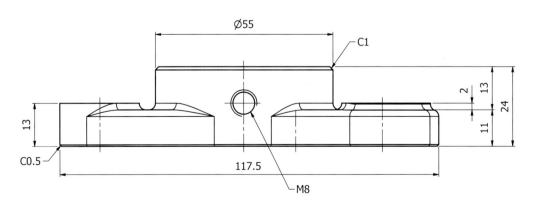

Ø55

C1

M8

117.5

C0.5

13

13

24

11

2

384

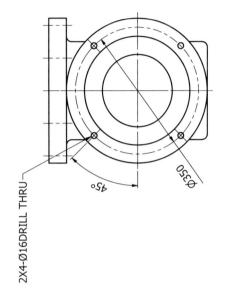

2X4-Ø16DRILL THRU

45°

Ø350

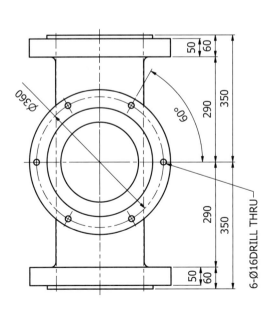

Ø360

60°

6-Ø16DRILL THRU

50
60
350
290
290
350
50
60

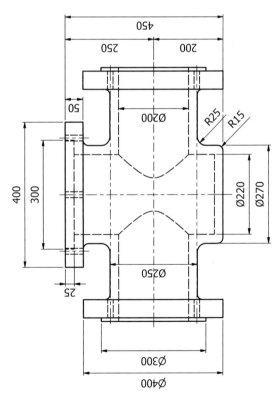

450
250
200
50
Ø200
R25
R15
400
300
Ø220
Ø270
25
Ø250
Ø300
Ø400

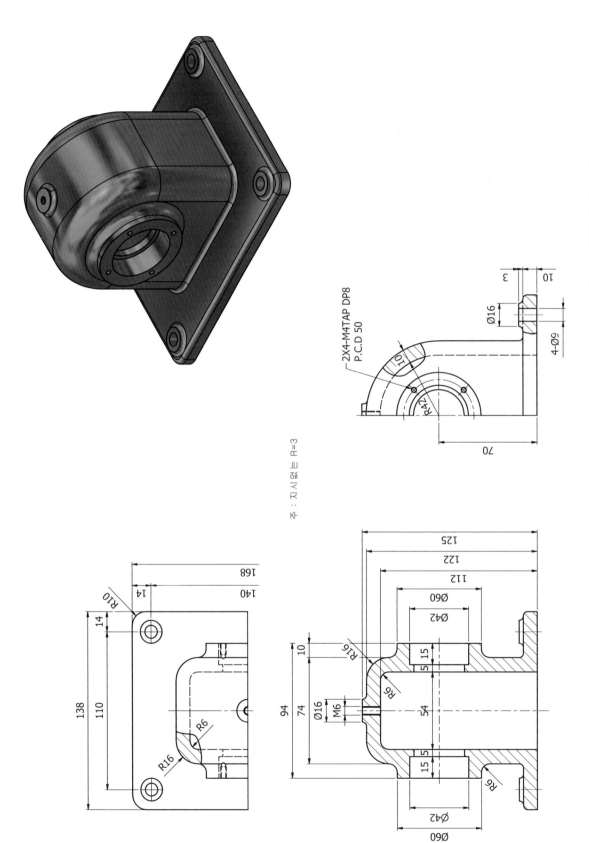

2X4-M4TAP DP8
P.C.D 50

주 : 지시없는 R=3

386

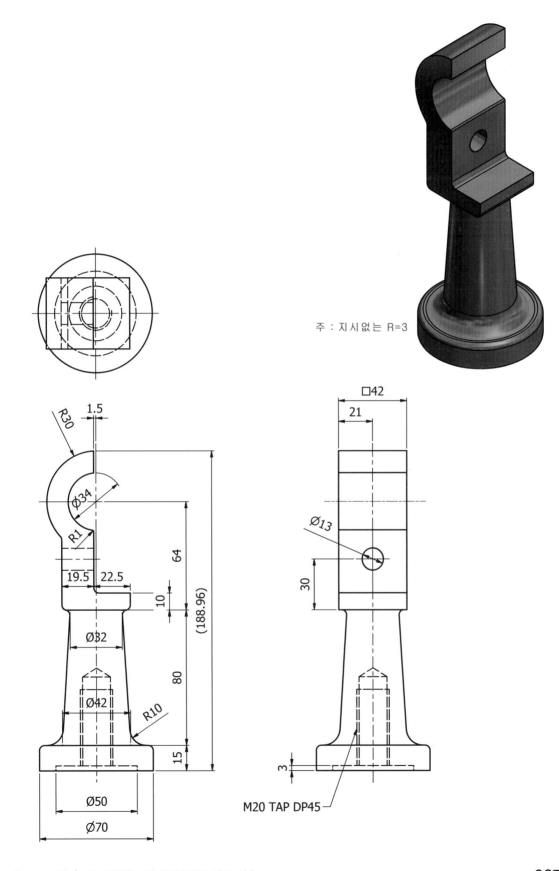

주 : 지시없는 R=3

R30
1.5
Ø34
R1
19.5 22.5
64
10
Ø32
(188.96)
Ø42
R10
80
15
Ø50
Ø70

□42
21
Ø13
30
3
M20 TAP DP45

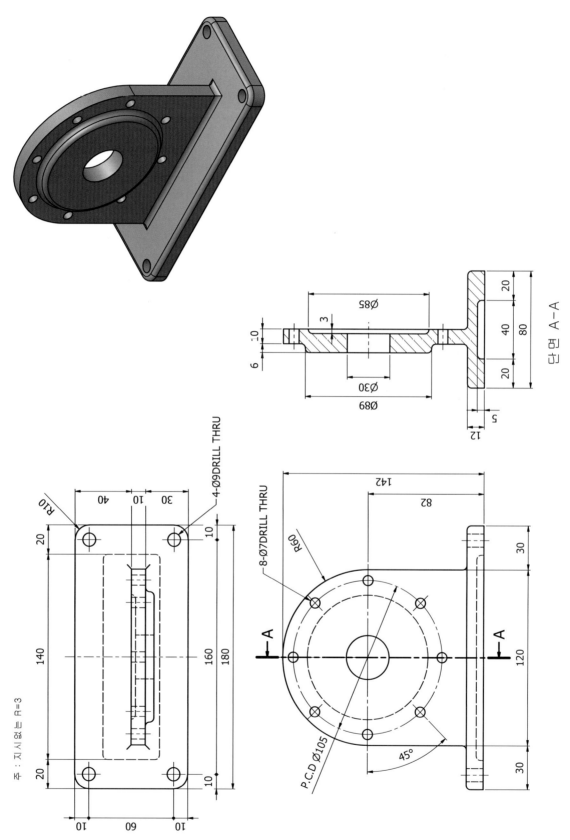

단면 A-A

Ø85
Ø89
Ø30
3
10
6
20
40
80
20
5
12

4-Ø9DRILL THRU
R10
40
10
10
30
20
10
140
160
180
20
10
60
10

주 : 지시없는 R=3

8-Ø7DRILL THRU
R60
142
82
30
120
30
A
A
P.C.D Ø105
45°

388

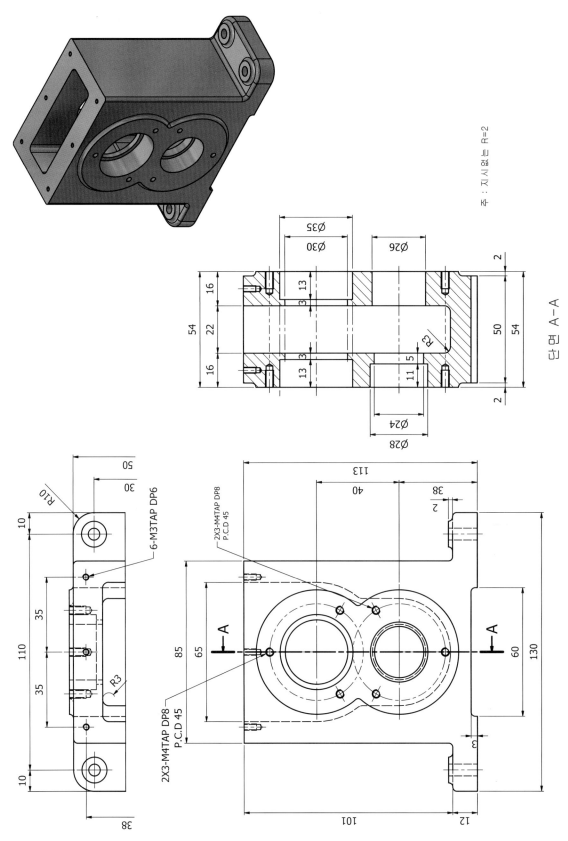

주 : 지시없는 R=2

단면 A-A

6-M3TAP DP6

2X3-M4TAP DP8
P.C.D 45

2X3-M4TAP DP8
P.C.D 45

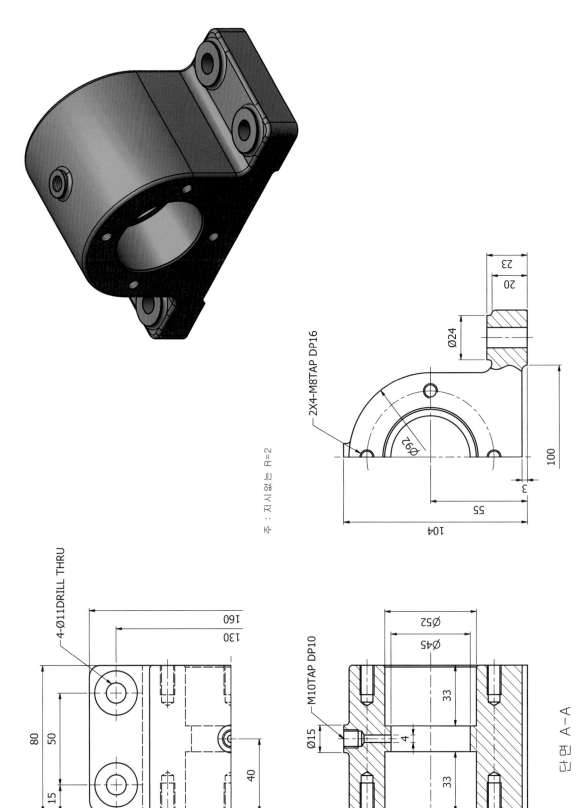

주 : 지시없는 R=2

2X4-M8TAP DP16

Ø24

Ø92

23

20

100

3

55

104

4-Ø11DRILL THRU

160

130

80

50

15

40

R6

M10TAP DP10

Ø52

Ø45

Ø15

33

4

33

단면 A-A

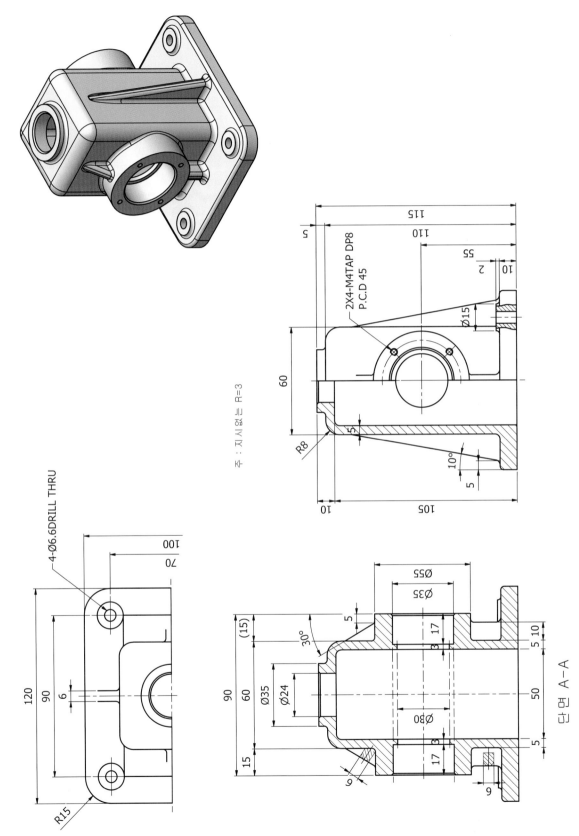

주 : 지시없는 R=3

2X4-M4TAP DP8
P.C.D 45

4-Ø6.6DRILL THRU

단면 A-A

10
도면해독 능력 향상을 위한
투상도 실습 과제

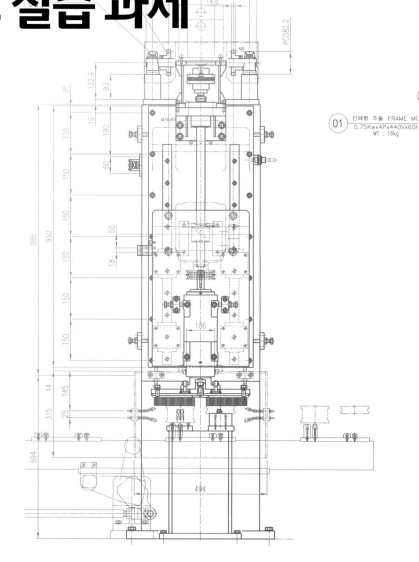

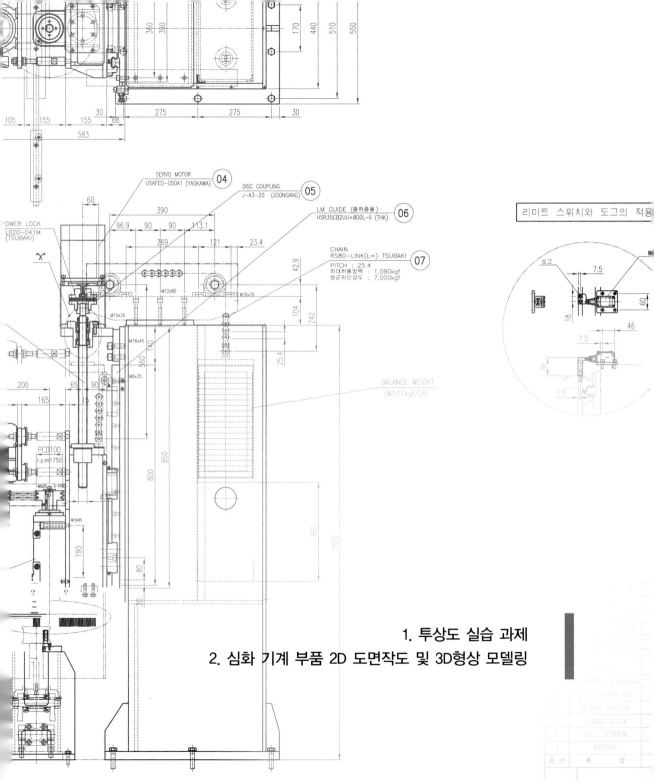

리미트 스위치와 도그의 적용

SERVO MOTOR
USAFED-05DA1 (YASKAWA) ④

DISC COUPLING
J-A3-20 (JOONGANG) ⑤

LM GUIDE (중하중용)
HSR35CB2UU+800L-II (THK) ⑥

POWER LOCK
L020-041M
(TSUBAKI)

CHAIN
RS80-LINK(L=) TSUBAKI ⑦
PITCH : 25.4
최대허용장력 : 1,090kgf
평균파단강도 : 7,000kgf

BALANCE WEIGHT
(WT:11kgf/EA)

PCD100
r.p.m1750

1. 투상도 실습 과제
2. 심화 기계 부품 2D 도면작도 및 3D형상 모델링

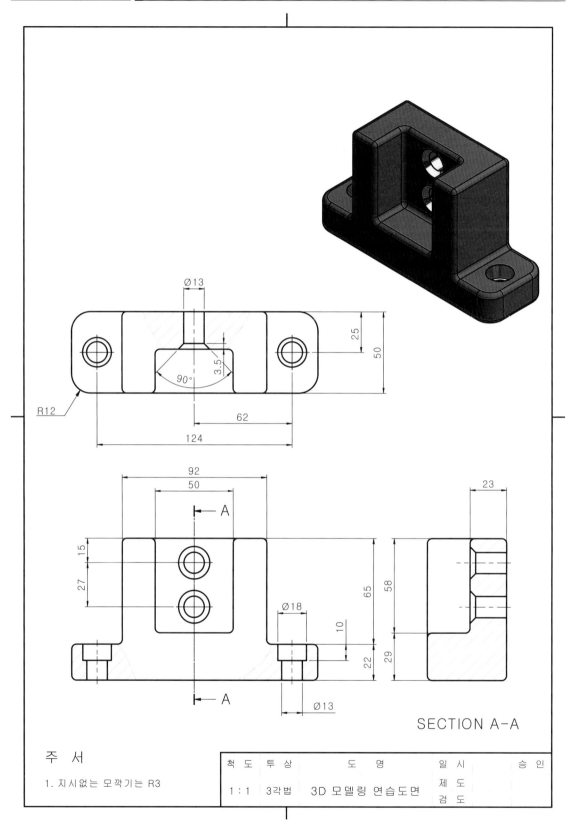

SECTION A-A

주 서

1. 지시없는 모깎기는 R3

척 도	투 상	도 명	일 시		승 인
1 : 1	3각법	3D 모델링 연습도면	제 도검 도		

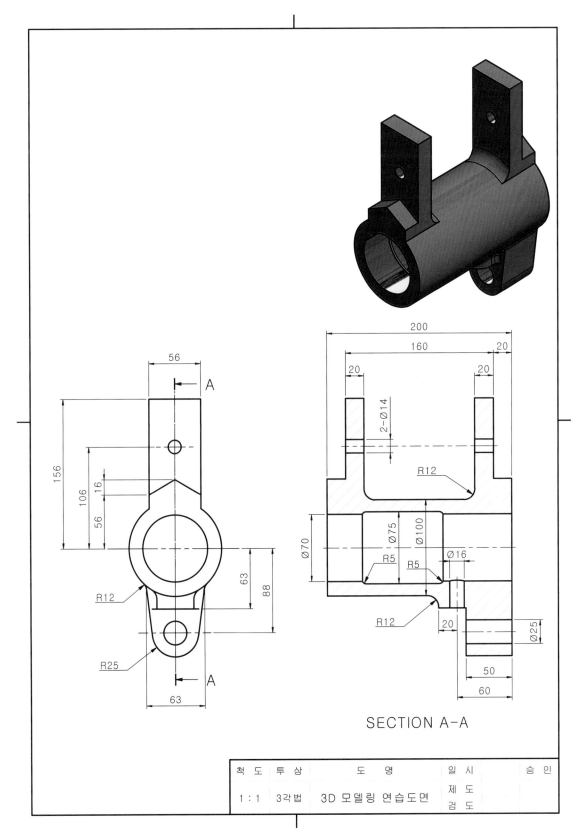

SECTION A-A

척 도	투 상	도 명	일 시		승 인
1 : 1	3각법	3D 모델링 연습도면	제 도		
			검 도		

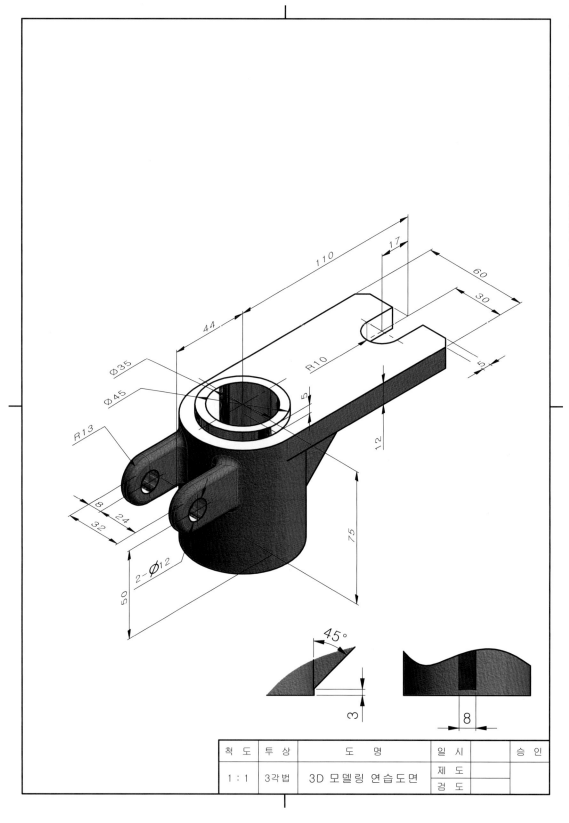

척 도	투 상	도 명	일 시		승 인
1 : 1	3각법	3D 모델링 연습도면	제 도		
			검 도		

396

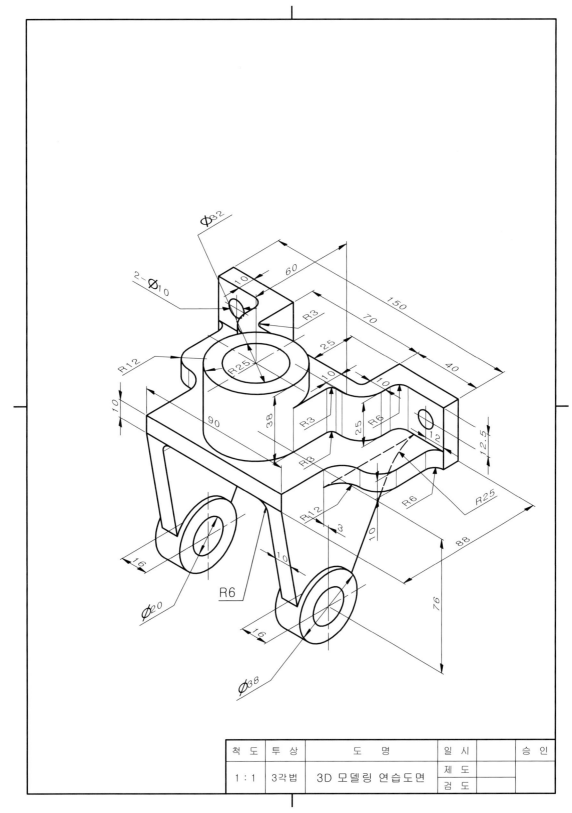

척 도	투 상	도 명	일 시		승 인	
			제 도			
1 : 1	3각법	3D 모델링 연습도면	검 도			

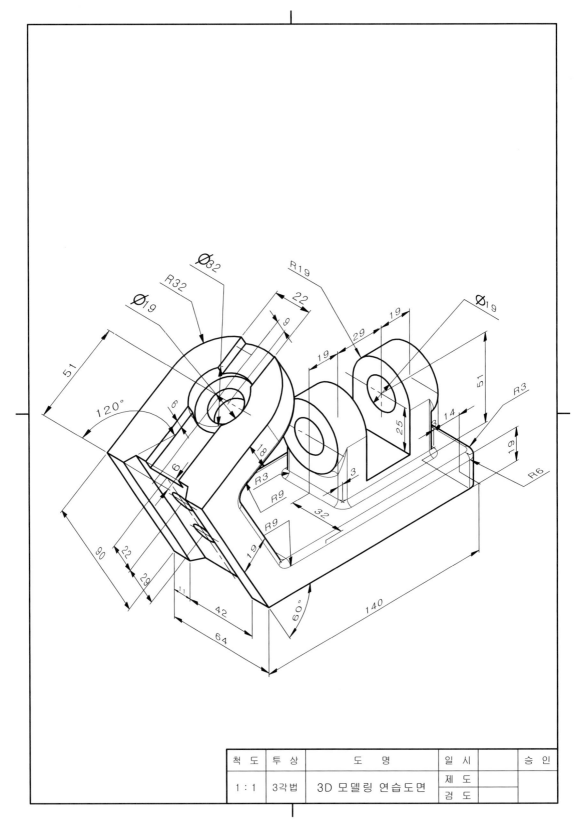

척 도	투 상	도 명	일 시		승 인
			제 도		
1 : 1	3각법	3D 모델링 연습도면	검 도		

398

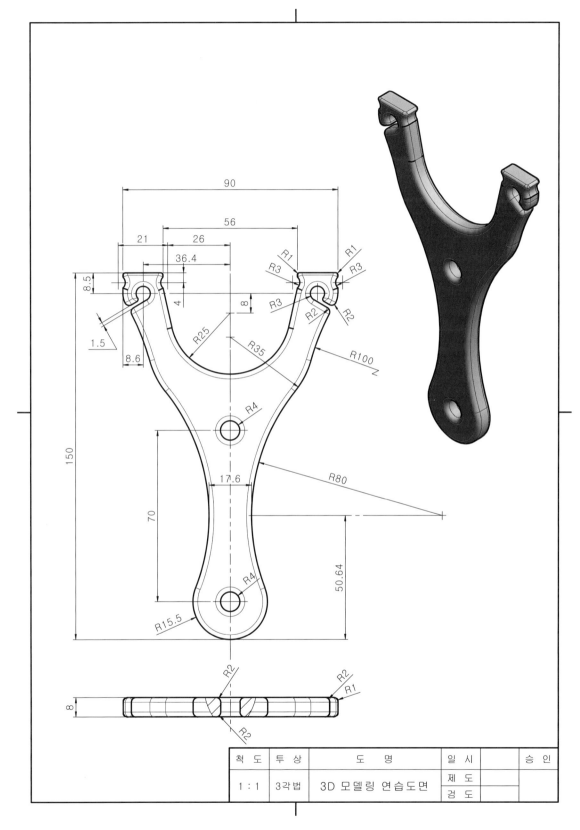

척 도	투 상	도 명	일 시		승 인
1 : 1	3각법	3D 모델링 연습도면	제 도		
			검 도		

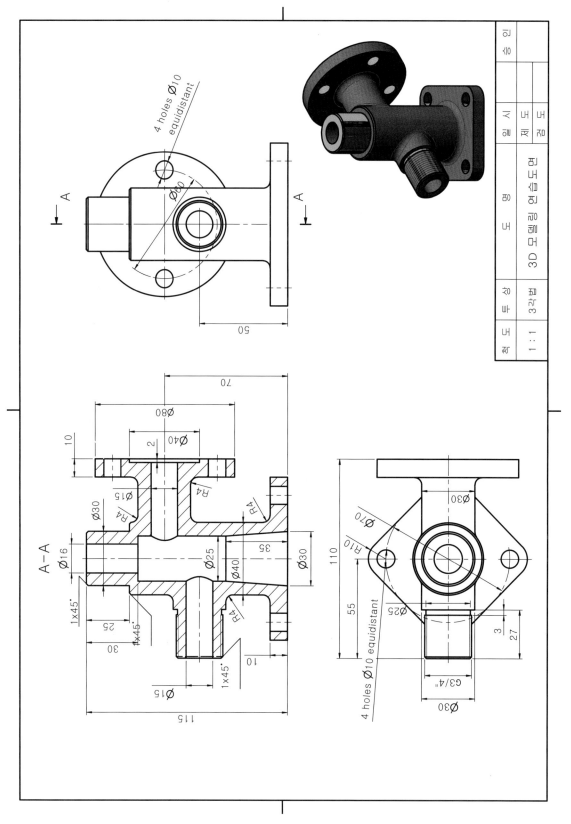

4 holes Ø10 equidistant

A

A

Ø80

50

A–A

70

Ø80

Ø40

10

2

R4

Ø15

R4

Ø30

Ø16

R4

Ø25

35

Ø40

Ø30

1×45°

25

1×45°

30

1×45°

10

Ø15

115

110

Ø70

R10

Ø30

55

Ø25

27

3

Ø30

G3/4"

4 holes Ø10 equidistant

척 도	1 : 1
투 상 법	3각법
도 명	3D 모델링 연습도면
일 시	재 도 / 검 도
승 인	

400

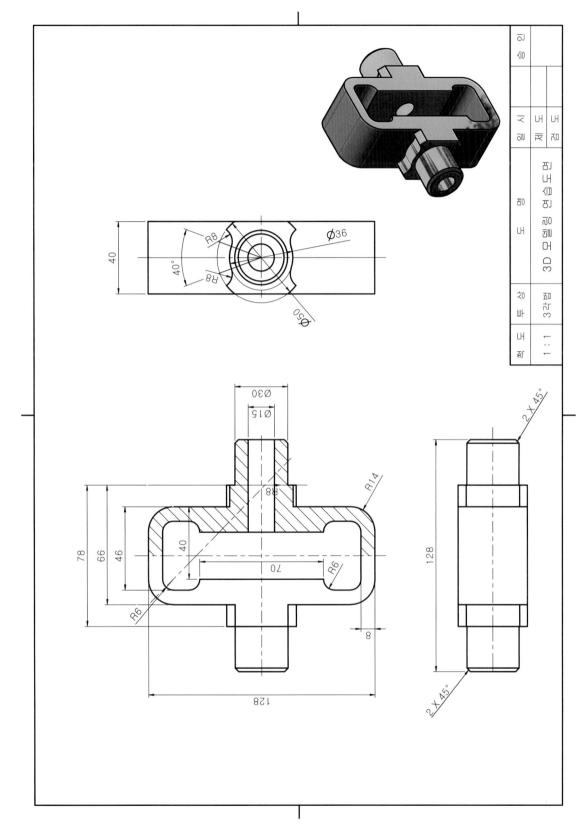

척 도	투 상 법	도 명	실 일 자	인 승
1 : 1	3각법	3D 모델링 연습도면	재 도	
			검 도	

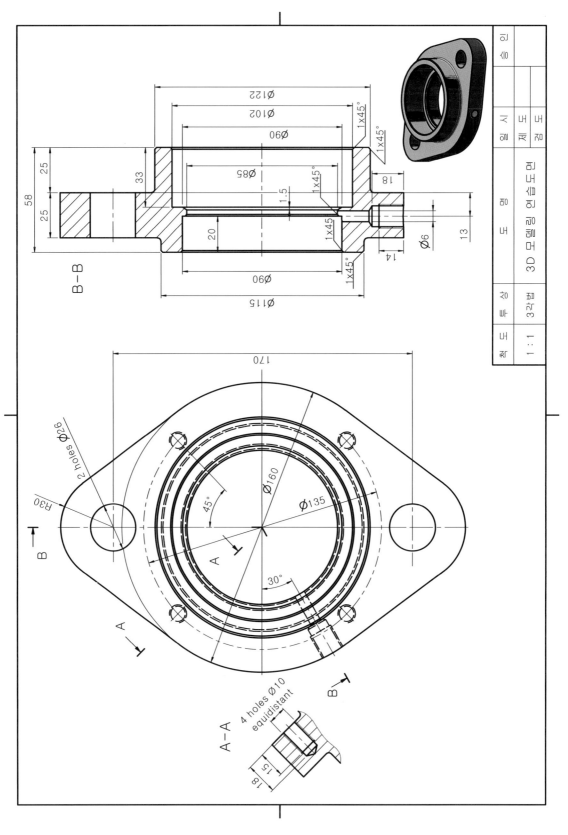

402

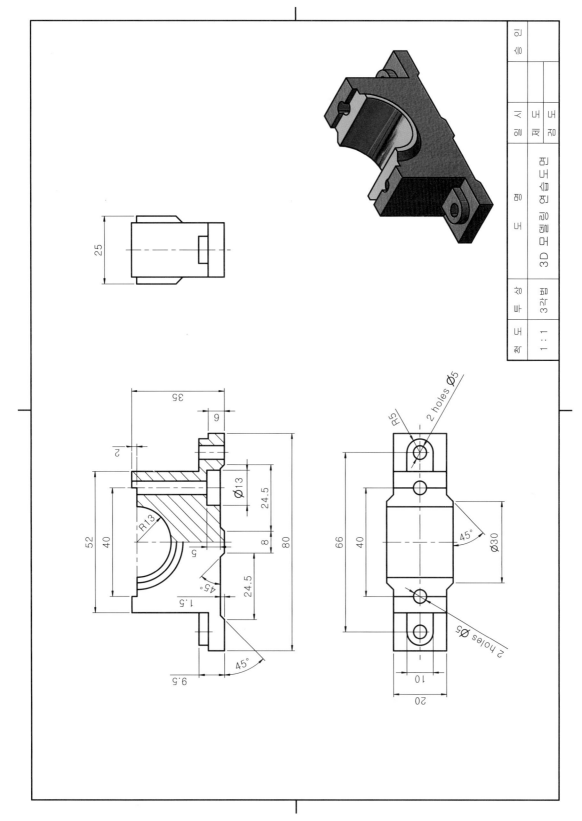

척 도	투 상 법	도 명	도 번	검 도	승 인
1 : 1	3각법	3D 모델링 연습도면	제 도	작 도	

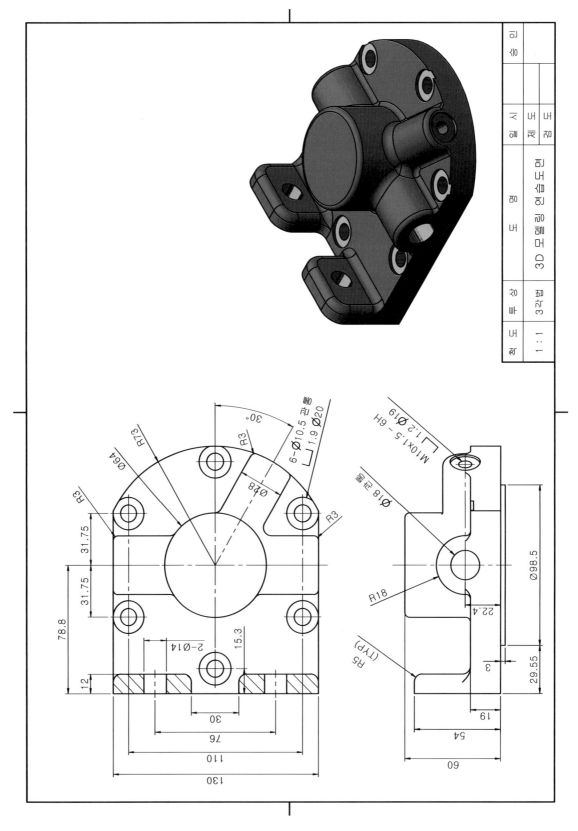

척 도	상 품	도 명	품 명	재 질	수 량
1 : 1	3각법	3D 모델링 연습도면			

30°

6-Ø10.5 관통
⌴ 1.9 Ø20

R73

Ø64

R3

R3

31.75

31.75

78.8

12

2-Ø14

15.3

30

76

110

130

Ø87

R3

M10x1.5 - 6H
⌴ 1:2 Ø19

Ø18 관통

R18

22.4

Ø98.5

R5
(TYP)

3

29.55

19

54

60

404

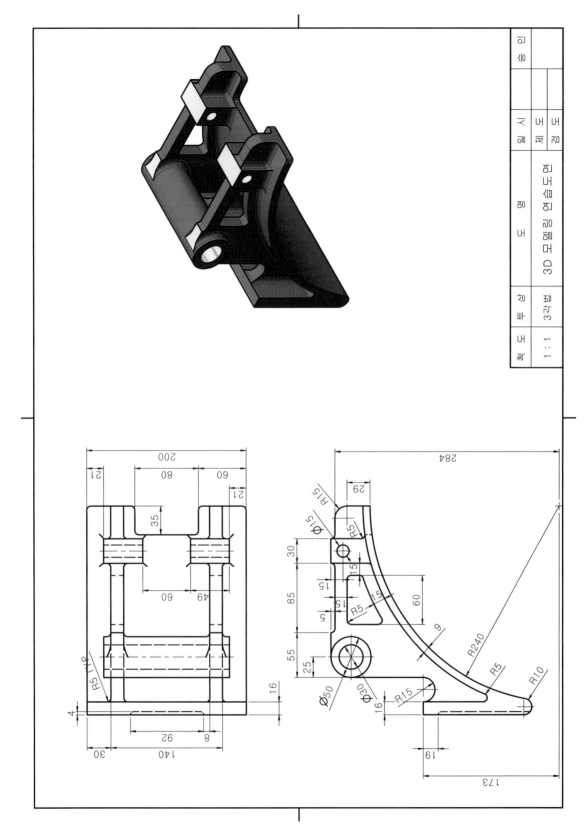

척 도	투 상 법	도 명	시 도	승 인
1 : 1	3각법	3D 모델링 연습도면	지 도 / 검 정	

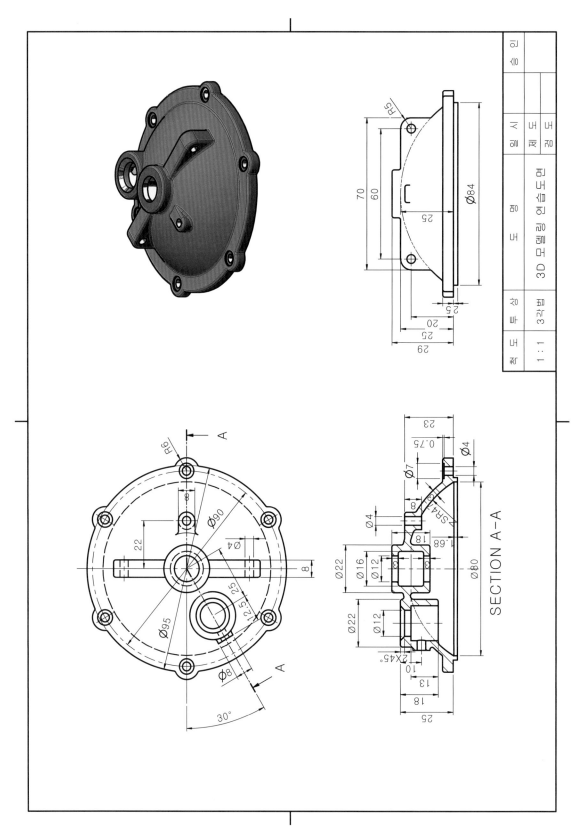

SECTION A–A

척 도	투 상	도 명	도 번	
1 : 1	3각법	3D 모델링 연습도면	제	검 도
			도	면
			시	일
			승	인

406

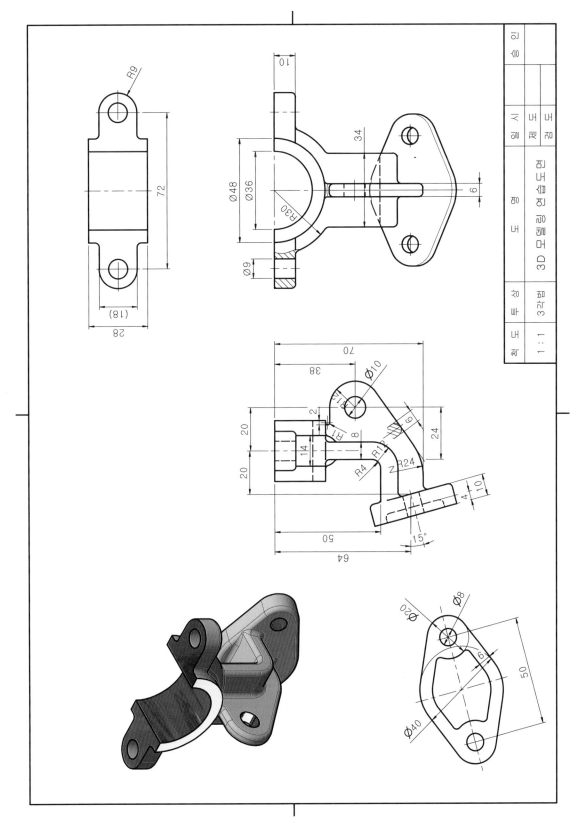

척 도	투 상 법		도 명	재 질	검 도	실 시		승 인
1 : 1	3각법		3D 모델링 연습도면					

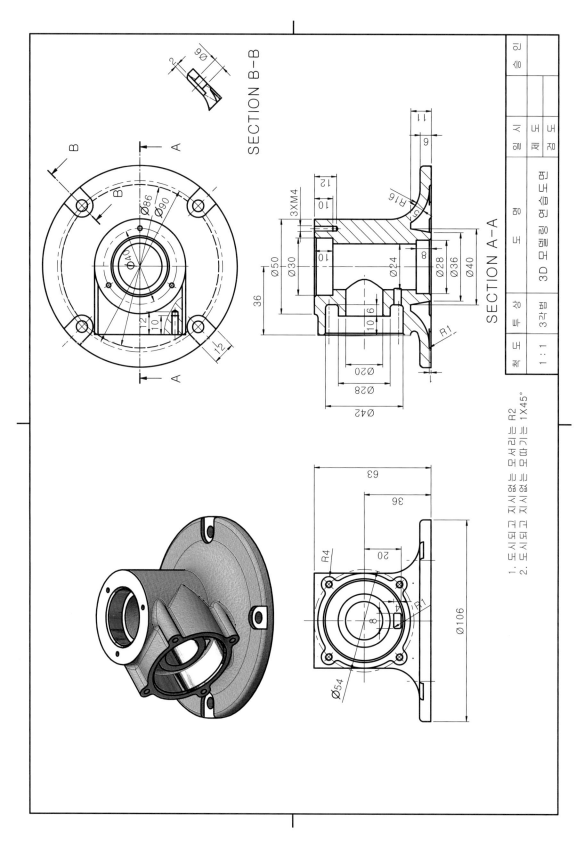

SECTION B-B

SECTION A-A

3XM4

R16

R1

Ø86
Ø90
ØA0

Ø50
Ø30
Ø24
Ø28
Ø36
Ø40
Ø20
Ø28
Ø42

36

12
10
12

2
Ø9

11
9
12
10
10
8
6
10

R4
R1
Ø8
Ø54
Ø106

63
36
20

1. 도시되고 지시없는 모서리는 R2
2. 도시되고 지시없는 모따기는 1X45°

척도	투상	도 명	도	도	일 시	인
1:1	3각법	3D 모델링 연습도면	재 도	검 도	재 도	승 인

408

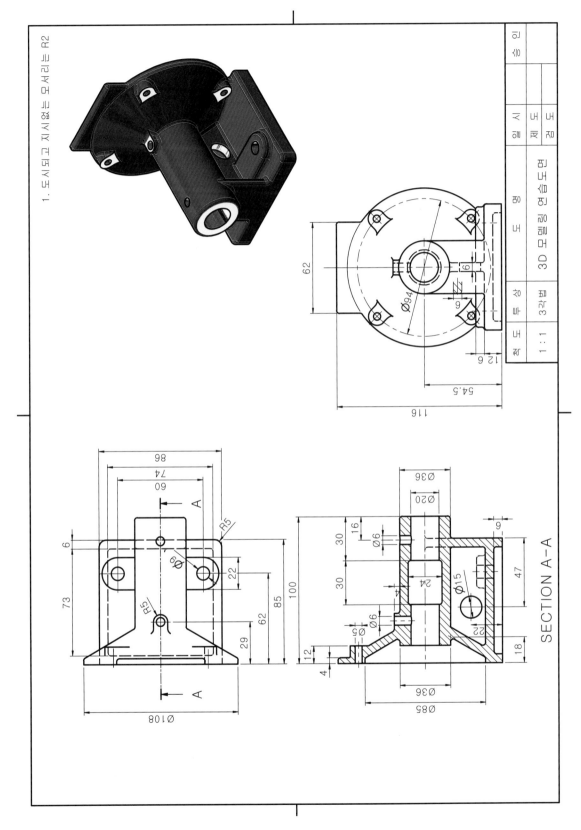

SECTION A-A

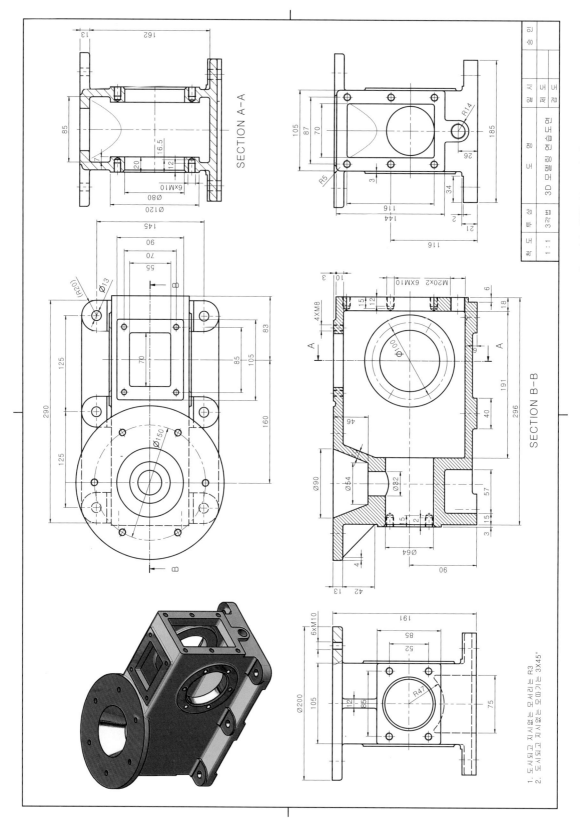

SECTION A-A

SECTION B-B

1. 도시되고 지시없는 모서리는 R3
2. 도시되고 지시없는 모따기는 3X45°

작도	품상	도 명	열 시	승 인
1 : 1	32주철	3D 모델링 연습도면	도 재	도 정

410

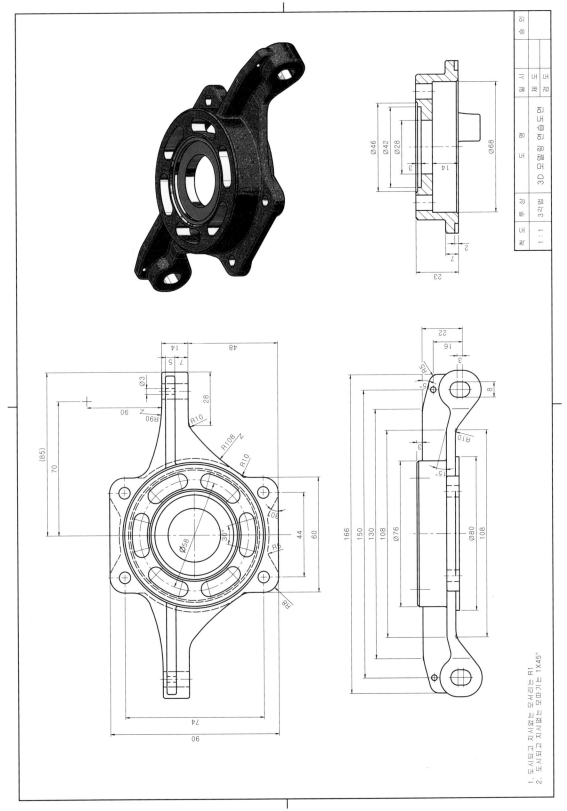

1. 도시되고 지시없는 모서리는 R1
2. 도시되고 지시없는 모따기는 1X45°

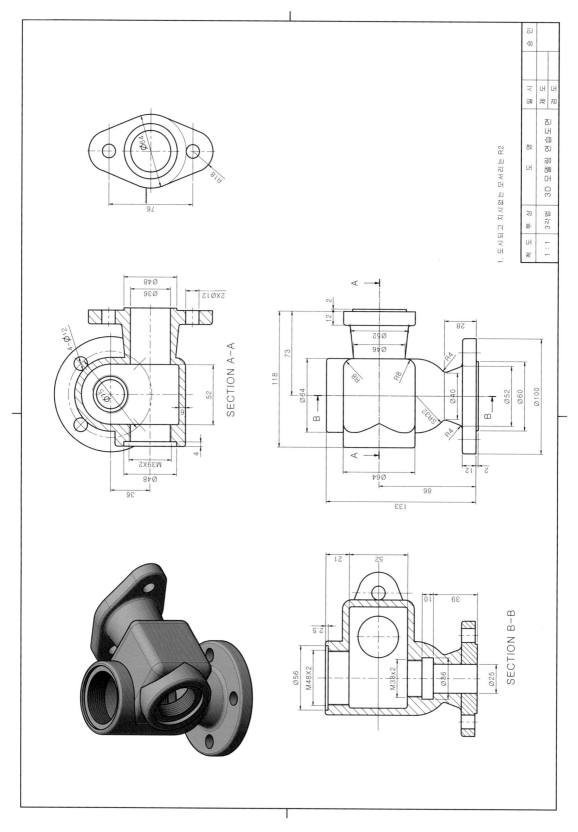

SECTION A-A

SECTION B-B

1. 도시되고 지시없는 모서리는 R2

| 척 도 | 1 : 1 | 품 명 | 32칼 | 도 명 | 3D 모델링 연습도면 | 각 법 | 투 상 법 | 수 량 | 인 승 |

412

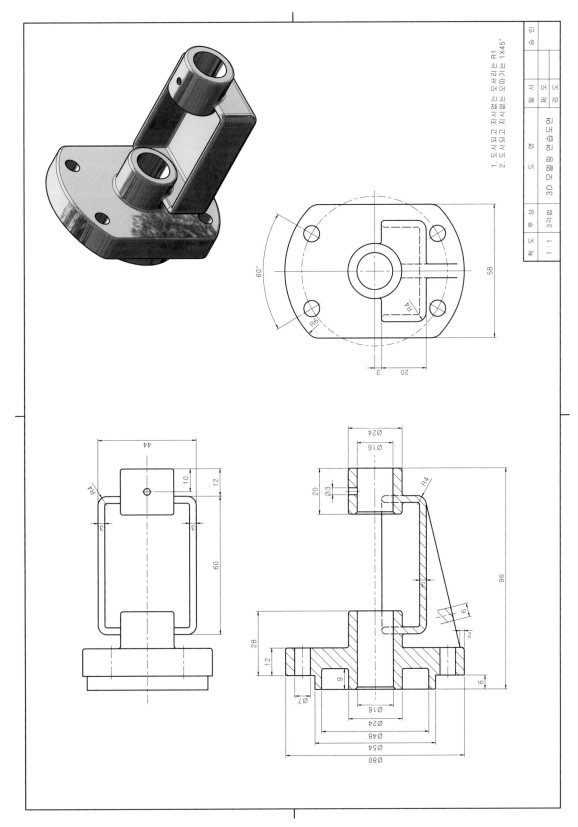

1. 도시되고 지시없는 모서리는 R1
2. 도시되고 지시없는 모따기는 1X45°

척도	상호	도명	재질	시험	승인
1 : 1	3각법	3D 모델링 연습도연	도정	도	인

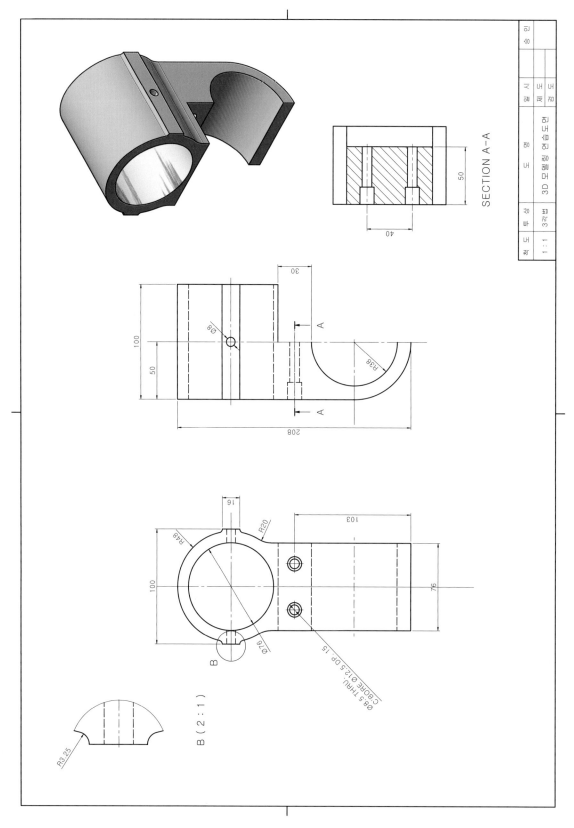

SECTION A-A

50

40

30

Ø8

100

50

R38

A

A

208

16

R48

R20

100

103

76

Ø76

B

B (2 : 1)

R3.25

Ø8.5 THRU,
C.BORE Ø12.5 DP 15

척 도	투 상 법	도 명	각 법	일 시	승 인
1 : 1	3각법	3D 모델링 연습도면	도재	도전	

414

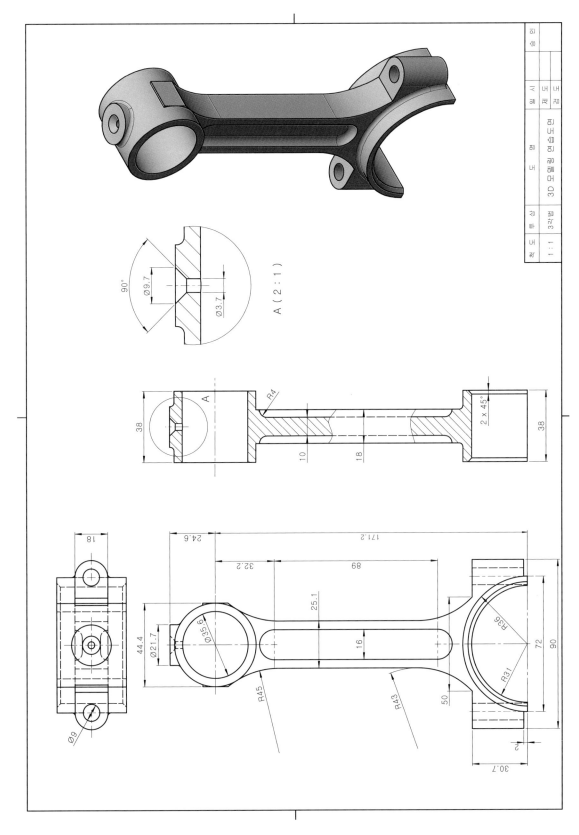

A (2 : 1)

Ø9.7
Ø3.7
90°

38
R4
A
2 x 45°
38
10
18

18
24.6
32.2
171.2
89
25.1
44.4
Ø35.6
Ø21.7
16
R45
R43
50
R36
R31
72
90
30.7
2
Ø9

척도	1 : 1	각법	3각법	품명	3D 모델링 연습도면	재질			수량		부품번호

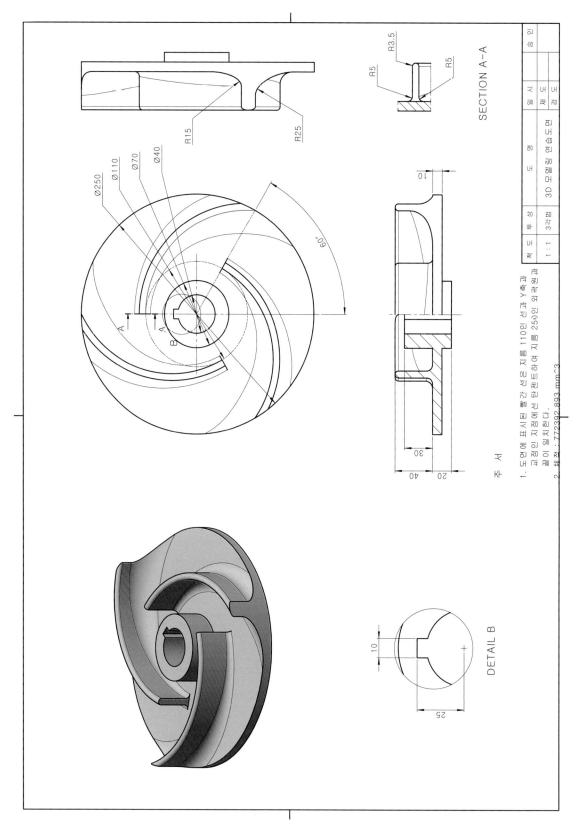

SECTION A-A

R3.5
R5
R5

R15
R25

Ø250
Ø110
Ø70
Ø40

60°

A
A
B
B

10

30
40
20

주 서

1. 도면에 표시된 빨간 선은 지름 110인 선과 Y축과
교점인 지점에서 탄젠트하여 지름 250인 외곽원과
풀이 일치한다.
2. 체적 : 772392.893 mm^3

DETAIL B

10

25

척 도	투 상 법	도 명	승 인
1 : 1	3각법	3D 모델링 연습도연	
		도 면	예 시 도
			재 도
			검 도

416

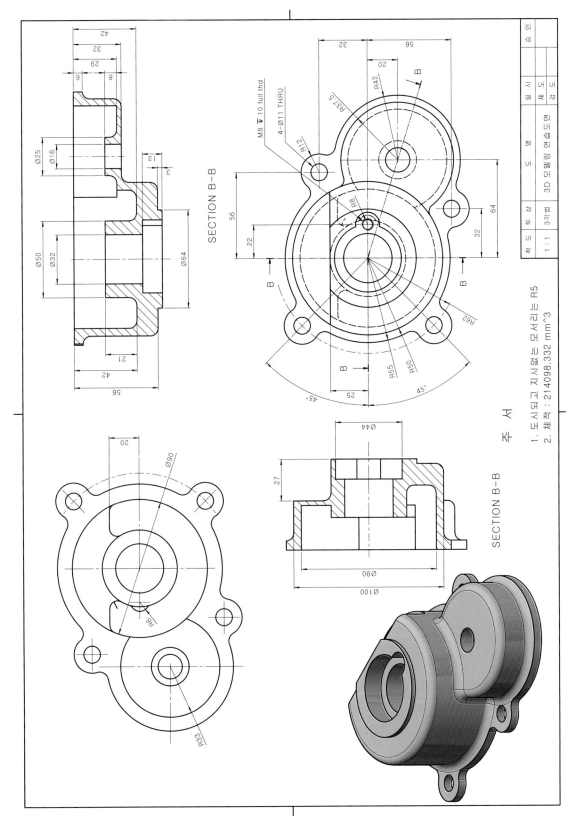

SECTION B-B

SECTION B-B

M8 ▽ 10 full thd
4-Ø11 THRU

주 서
1. 도시되고 지시없는 모서리는 R5
2. 체적 : 214098.332 mm^3

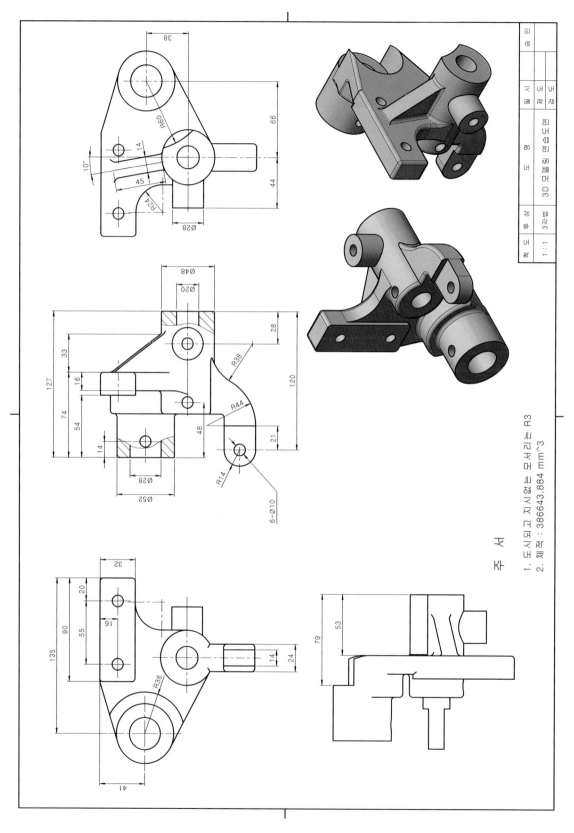

주 서

1. 도시되고 지시없는 모서리는 R3
2. 체적 : 386643.884 mm^3

418

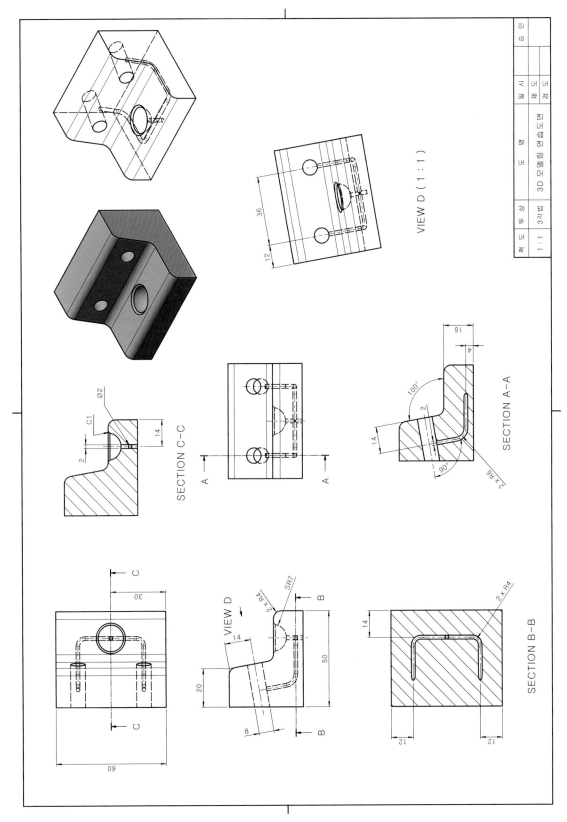

VIEW D (1 : 1)

SECTION A-A

SECTION C-C

SECTION B-B

VIEW D

척 도	투 상 법	도 명	재 질	시 작	인 승
1 : 1	3각법	3D 모델링 연습도면			

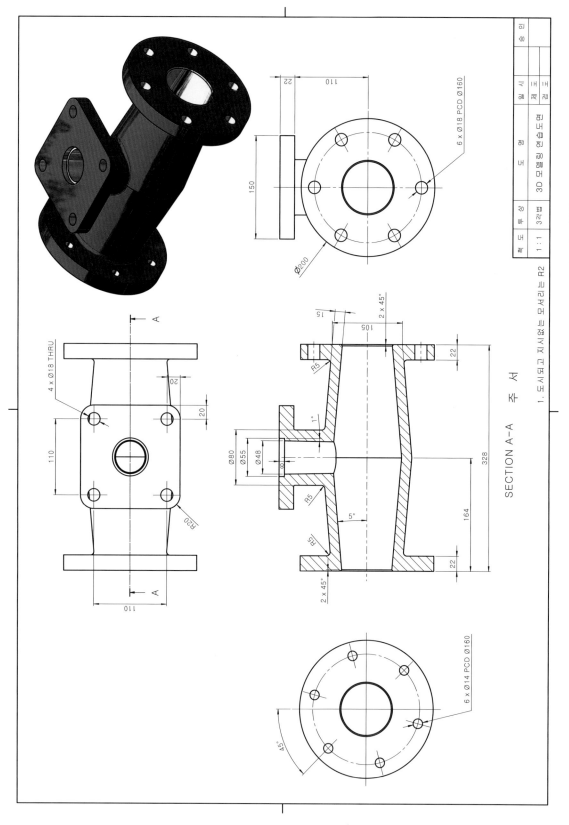

SECTION A-A   주 서

1. 도시되고 지시없는 모서리는 R2

4 x Ø18 THRU

110

110

20

20

R20

6 x Ø18 PCD Ø160

Ø200

22

110

150

22

105

15

2 x 45°

R5

1°

Ø80

Ø55

Ø48

Ø8

R5

5°

R5

2 x 45°

328

164

22

6 x Ø14 PCD Ø160

45°

척 도	투 상	도 명	승 인
1:1	3각법	3D 모델링 연습도연	검 토
			설 계

420

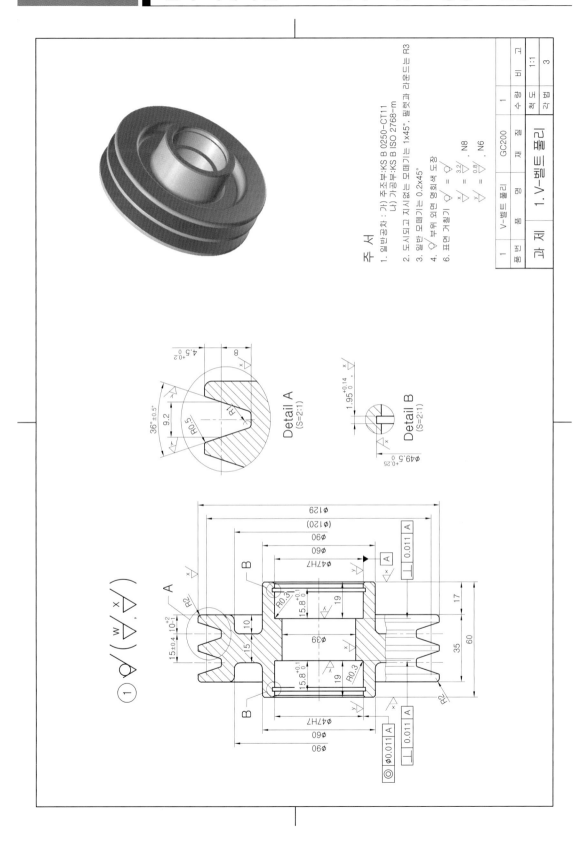

주 서

1. 일반공차 : 가) 주조부:KS B 0250-CT11
　　　　　　　 나) 가공부:KS B ISO 2768-m
2. 도시되고 지시없는 모떼기는 1x45°, 필렛과 라운드는 R3
3. 일반 모떼기는 0.2x45°
4. ▽ 부위 외면 명회색 도장
6. ▽ 표면 거칠기

Detail A
(S=2:1)

Detail B
(S=2:1)

1	V-벨트풀리		GC200	1	
품번	품명		재질	수량	비고
과제		1. V-벨트 풀리		척도	1:1
				각법	3

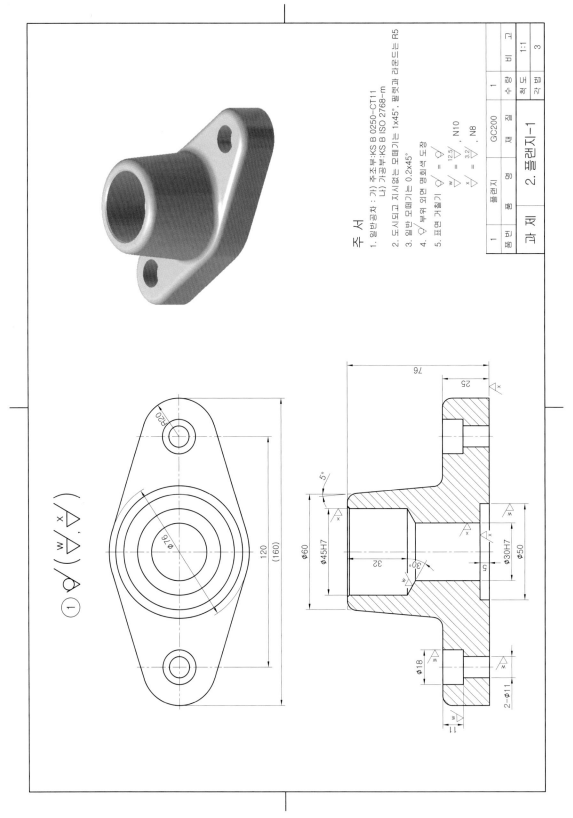

주 서

1. 일반공차 : 가) 주조부:KS B 0250-CT11
　　　　　　　나) 가공부:KS B ISO 2768-m
2. 도시되고 지시없는 모떼기는 1x45°, 필렛과 라운드는 R5
3. 일반 모떼기는 0.2x45°
4. 부위 외면 명회색 도장
5. 표면 거칠기

품번	품 명	재 질	수량	비 고
1	플랜지	GC200	1

척 도	1:1
각 법	3

과 제 | 2. 플랜지-1

422

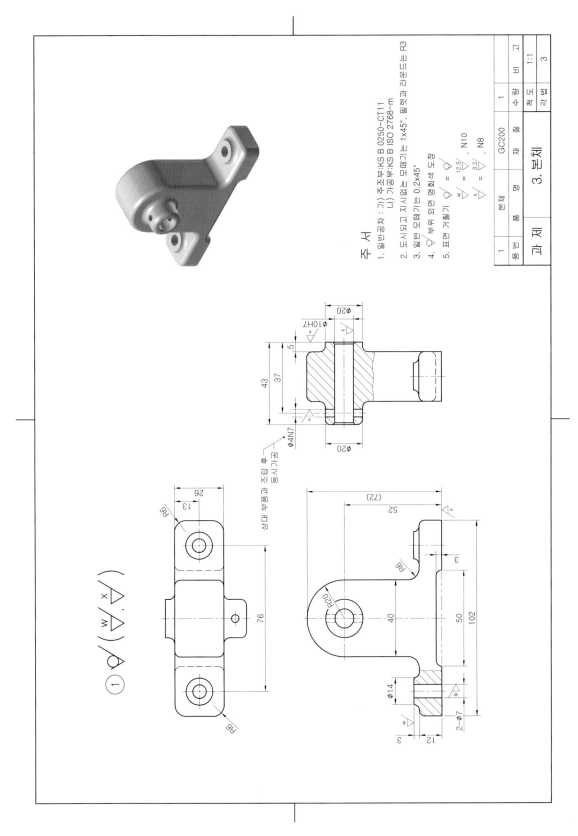

주 서

1. 일반공차 : 가) 주조부:KS B 0250-CT11
   나) 가공부:KS B ISO 2768-m
2. 도시되고 지시없는 모떼기는 1x45°, 필렛과 라운드는 R3
3. 일반 모떼기는 0.2x45°
4. ▽부위 외면 명회색 도장
5. 표면 거칠기 ▽ = ▽

$\frac{w}{▽}$ = $\frac{12.5}{▽}$, N10

$\frac{x}{▽}$ = $\frac{3.2}{▽}$, N8

1	본체	GC200	1	척도	1:1
품번	품 명	재 질	수량	각도	3

과 제 | 3. 본체

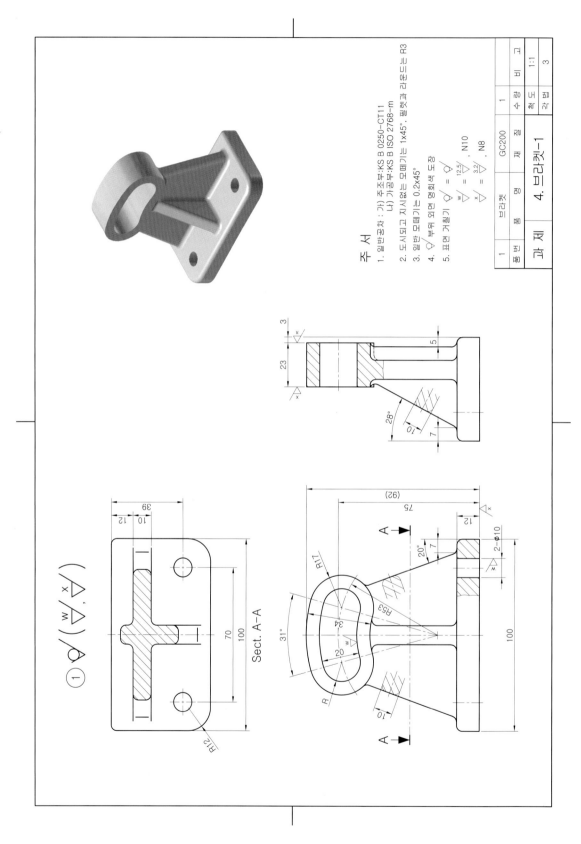

주 서

1. 일반공차 : 가) 주조부:KS B 0250-CT11
　　　　　　 나) 가공부:KS B ISO 2768-m
2. 도시되고 지시없는 모떼기는 1x45°, 필렛과 라운드는 R3
3. 일반 모떼기는 0.2x45°
4. ▽ 부위 외면 명회색 도장
5. 표면 거칠기 ▽

$\frac{w}{=} = \frac{12.5}{\nabla}$, N10

$\frac{x}{=} = \frac{3.2}{\nabla}$, N8

Sect. A-A

품번	품명	재질	수량	비고
1	브라켓	GC200	1	

과제 4. 브라켓-1

척도 1:1
각법 3

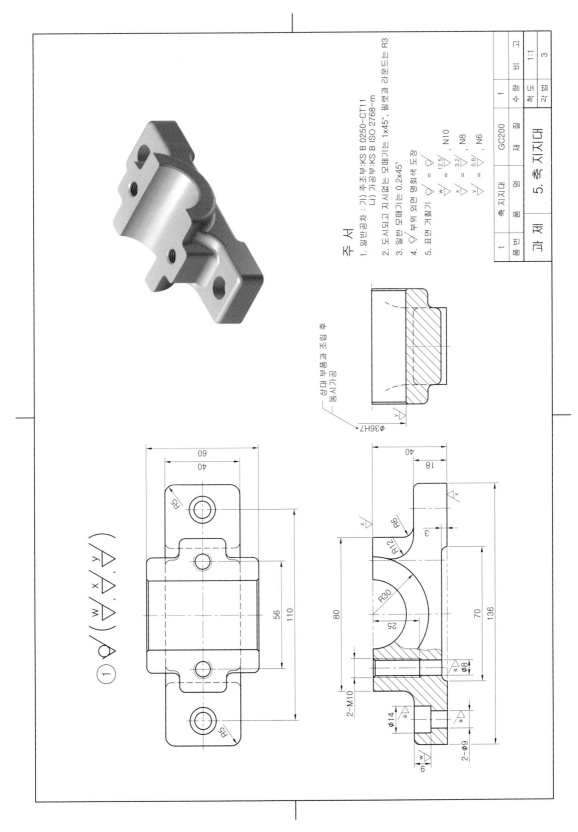

주 서
1. 일반공차 : 가) 주조부 : KS B 0250-CT11
           나) 가공부 : KS B ISO 2768-m
2. 도시되고 지시없는 모떼기는 1x45°, 필렛과 라운드는 R3
3. 일반 모떼기는 0.2x45°
4. ▽부위 외면 명회색 도장
5. 표면 거칠기 ▽ = ▽

   $\overset{w}{\nabla} = \overset{12.5}{\nabla}$, N10
   $\overset{x}{\nabla} = \overset{3.2}{\nabla}$, N8
   $\overset{y}{\nabla} = \overset{0.8}{\nabla}$, N6

1	축지지대	GC200	1	비 고
품 번	품 명	재 질	수 량	

	척 도	1:1
과 제	5. 축 지 지 대	각 법	3

φ36H7

상대 부품과 조립 후
동시가공

2-M10

φ14

2-φ9

φ8

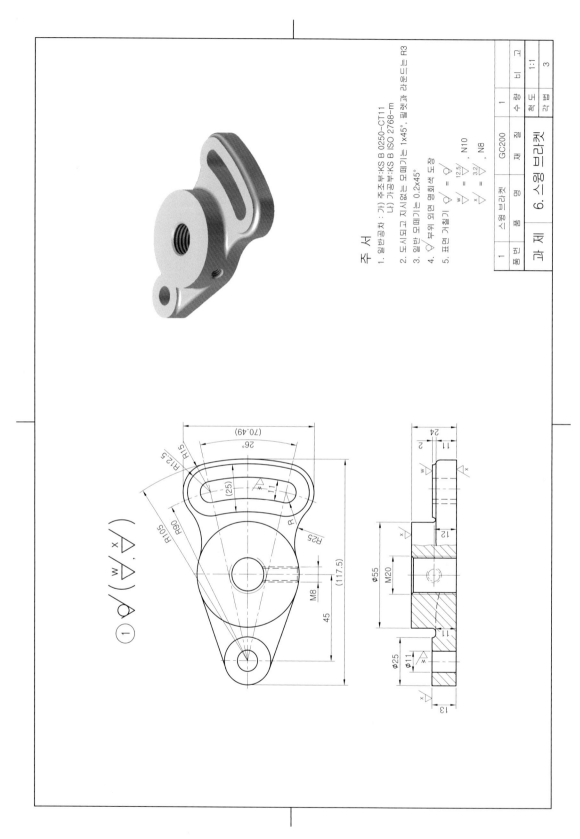

주 서

1. 일반공차 : 가) 주조부:KS B 0250-CT11
　　　　　　　나) 가공부:KS B ISO 2768-m
2. 도시되고 지시없는 모떼기는 1x45°, 필렛과 라운드는 R3
3. 일반 모떼기는 0.2x45°
4. ▽ 부위 외면 명회색 도장
5. 표면 거칠기 ▽ = ▽
　　　　　　 ▽ᵂ = ¹²˙⁵/▽ , N10
　　　　　　 ▽ˣ = ³˙²/▽ , N8

품 번	품 명	재 질	수 량	비 고
1	스윙 브라켓	GC200	1	

과 제	6. 스윙 브라켓	척 도	1:1
		각 법	3

426

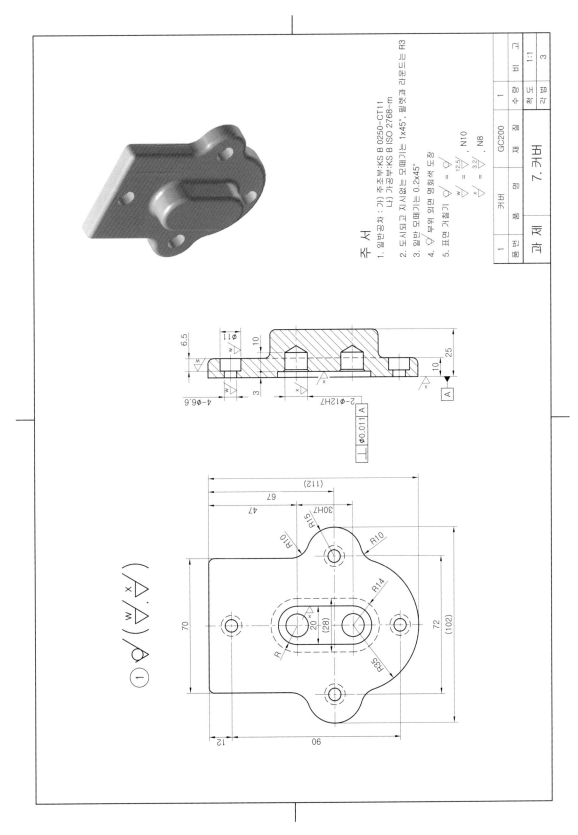

주 서

1. 일반공차 : 가) 주조부:KS B 0250-CT11
   나) 가공부:KS B ISO 2768-m
2. 도시되고 지시없는 모떼기는 1x45°, 필렛과 라운드는 R3
3. 일반 모떼기는 0.2x45°
4. ▽부위 외면 명회색 도장
5. 표면 거칠기 ▽ = ▽

   ▽ w / = ▽ 12.5/ , N10

   ▽ x / = 3.2/ , N8

1	커버	GC200	1	비 고
품번	품 명	재 질	수량	척도 1:1
과 제	7. 커버			각법 3

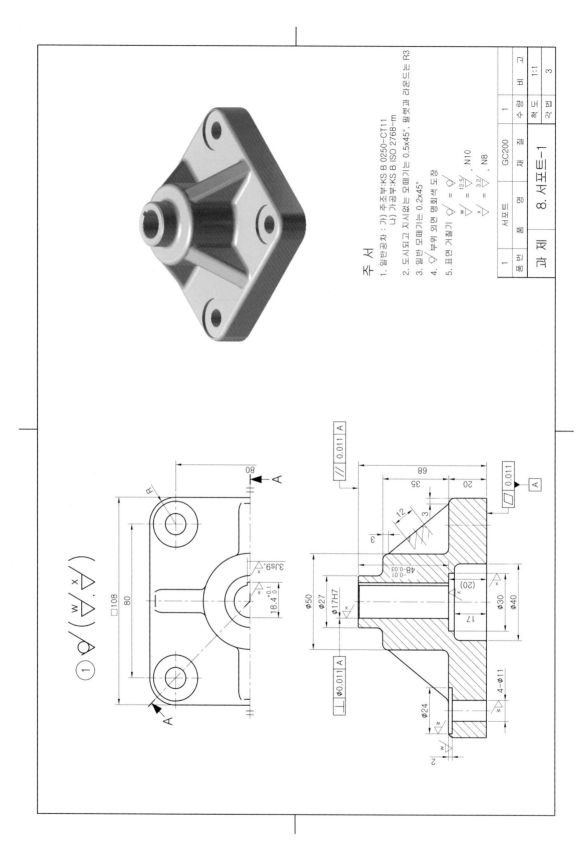

주 서
1. 일반공차 : 가) 주조부:KS B 0250-CT11
              나) 가공부:KS B ISO 2768-m
2. 도시되고 지시없는 모떼기는 0.5x45°, 필렛과 라운드는 R3
3. 일반 모떼기는 0.2x45°
4. ◇부위 외면 명회색 도장
5. 표면 거칠기 ◇ = ∇
             $\frac{w}{\sqrt{}}$ = $\frac{12.5}{\sqrt{}}$, N10
             $\frac{x}{\sqrt{}}$ = $\frac{3.2}{\sqrt{}}$, N8

1	서포트	GC200	1	척도	1:1
품번	품명	재질	수량	각법	3
				비고	

과제   8. 서포트-1

80
A

R

□108
80

3Js9,

18.4 $^{+0.1}_{0}$

① ◇ ∇ ($\frac{w}{∇}$, $\frac{x}{∇}$)

⊥ φ0.011 A

// 0.011 A

68
35
20

12
3
3

φ50
φ27
φ17H7

48 $^{-0.01}_{-0.03}$

(20)
φ30
φ40

17

□ 0.011
A

4-φ11

φ24
2

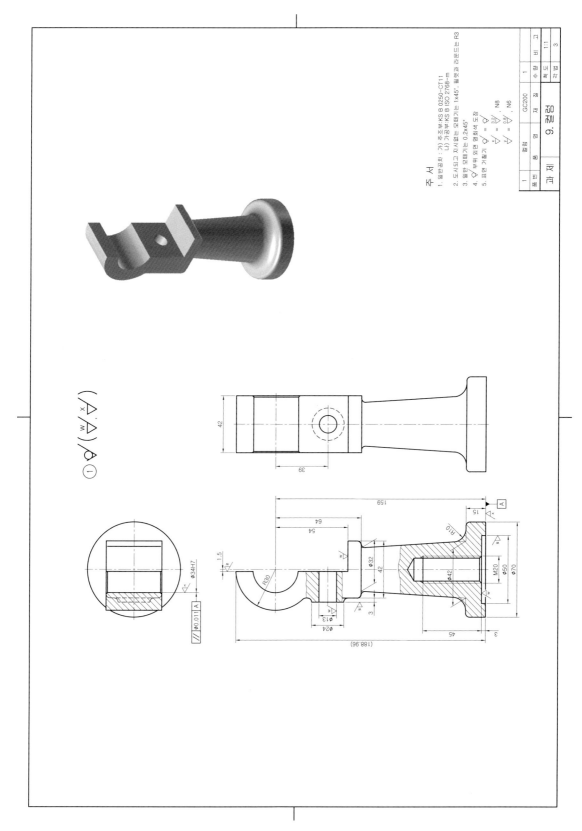

주 서

1. 일반공차 : 가) 주조부-KS B 0250-CT11
   나) 기계부-KS B ISO 2768-m
2. 도시되고 지시없는 모떼기는 1x45°, 필렛과 라운드는 R3
3. 일반모떼기는 0.2x45°
4. ▽부위 외면 명회하여 도장
5. 표면 거칠기

9. 컬럼

	품명	재질	수량	비 고
정밀		GC200	1	
			척 도	1:1
			각 법	3

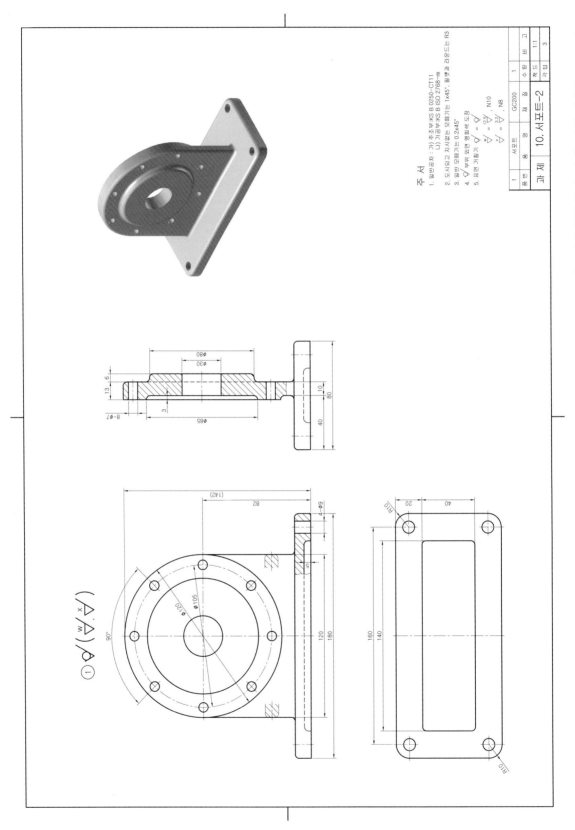

주 서
1. 일반공차 : 가) 주조부 KS B 0250-CT11
             나) 가공부 KS B ISO 2768-m
2. 도시되고 지시없는 모떼기는 1x45°, 필렛과 라운드는 R3
3. 일반 모떼기는 0.2x45°
4. ▽부위 외면 명청색 도장
5. 표면 거칠기 ▽ = ▽, N10
         ▽▽ = 12.5/, N10
         ▽▽▽ = 3.2/, N8
         ▽ , N8

품번	품 명	재 질	수 량	비 고
1	서포트	GC200	1	
과 제	10. 서포트-2		척 도	1:1
			각 법	3

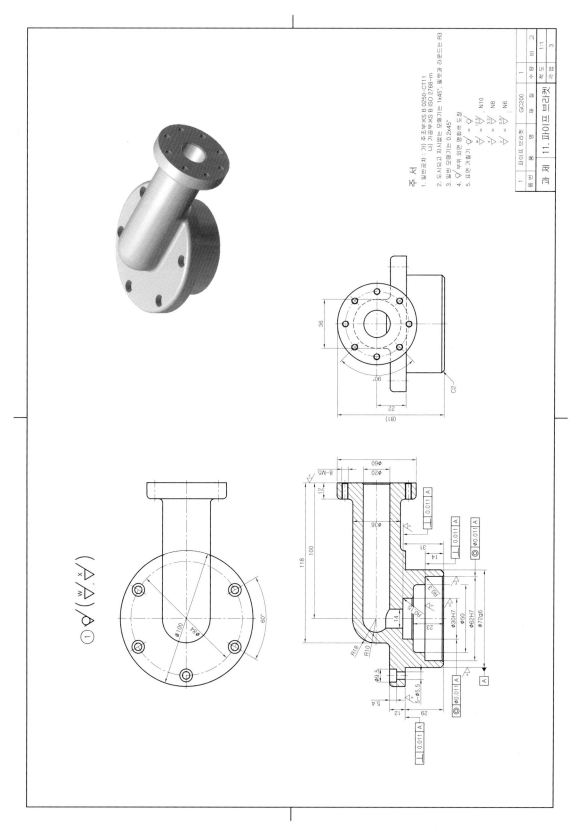

주 서

1. 일반공차 : 가) 주조부:KS B 0250-CT11
              나) 가공부:KS B ISO 2768-m
2. 도시되고 지시없는 모떼기는 1x45°, 필렛과 라운드는 R3
3. 일반 모떼기는 0.2x45°
4. ▽부위 외면 명회색 도장
5. 표면 거칠기 ▽ = ▽

      $\overset{w}{\nabla}$ = $\frac{12.5}{\nabla}$, N10
      $\overset{x}{\nabla}$ = $\frac{3.2}{\nabla}$, N8
      $\overset{y}{\nabla}$ = $\frac{0.8}{\nabla}$, N6

1	파이프 브라켓		GC200	1		
품번	품 명		재 질	수량	비 고	

과 제	11. 파이프 브라켓	척 도	1:1
		각 법	3

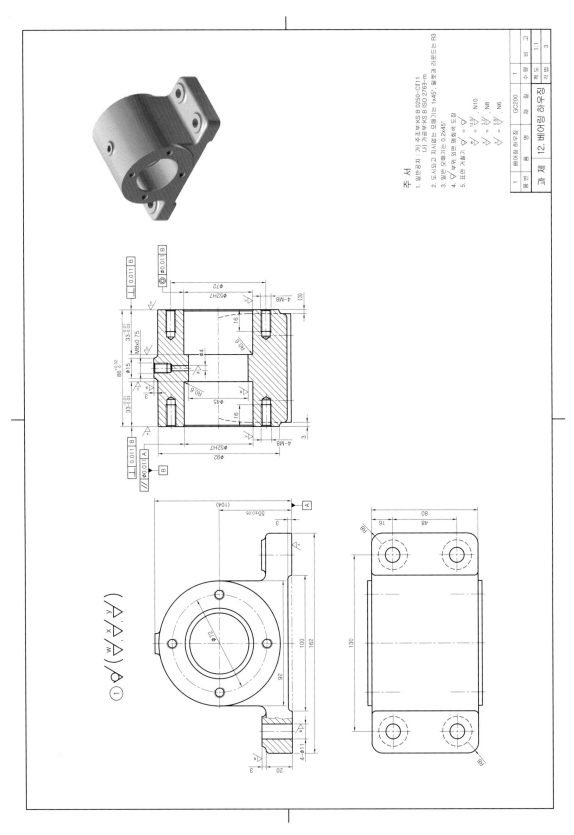

주 서

1. 일반공차 : 가) 주조부:KS B 0250-CT11
   나) 가공부:KS B ISO 2763-m
2. 도시되고 지시없는 모떼기는 1x45°, 필렛과 라운드는 R3
3. 일반 모떼기는 0.2x45°
4. ▽ 부위 외면 명회색 도장
5. 표면 거칠기 ▽

12.5	N10
3.2	N8
0.8	N6

과 제 12. 베어링 하우징

| 1 | 베어링 하우징 | GC200 | 1 |

432

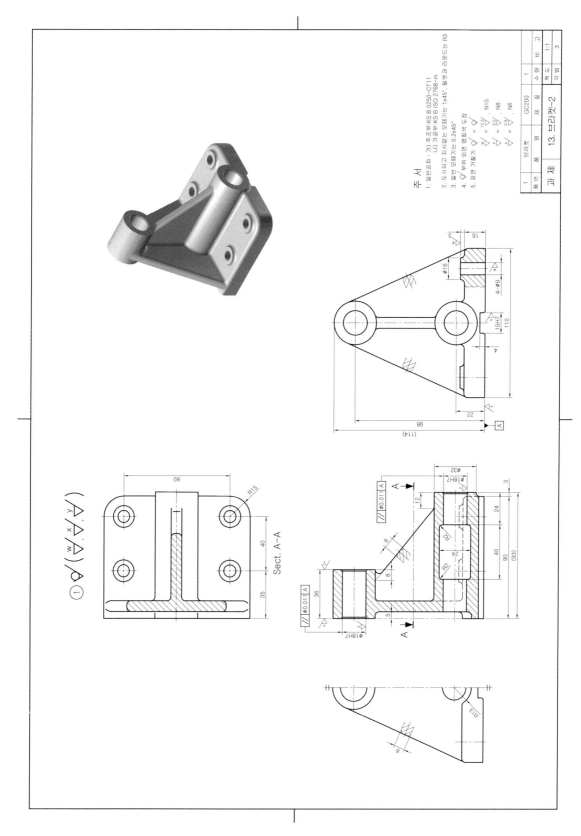

주 서

1. 일반공차 : 가) 주조부:KS B 0250-CT11
            나) 가공부:KS B ISO 2768-m
2. 도시되고 지시없는 모깎기는 1x45°, 필렛과 라운드는 R3
3. 일반 모떼기는 0.2x45°
4. ◇부위 외면 명청색 도장
5. 표면 거칠기 ◇ = ▽

▽ = $\frac{w}{25}$, N10

▽ = $\frac{x}{3.2}$, N8

▽ = $\frac{y}{0.8}$, N6

1		브라켓				
품 번	품 명		재 질	GC200	수 량	1
과 제	13. 브라켓-2				척 도	1:1
					각 법	3

① ◇(▽w ▽x ▽y)

Sect. A-A

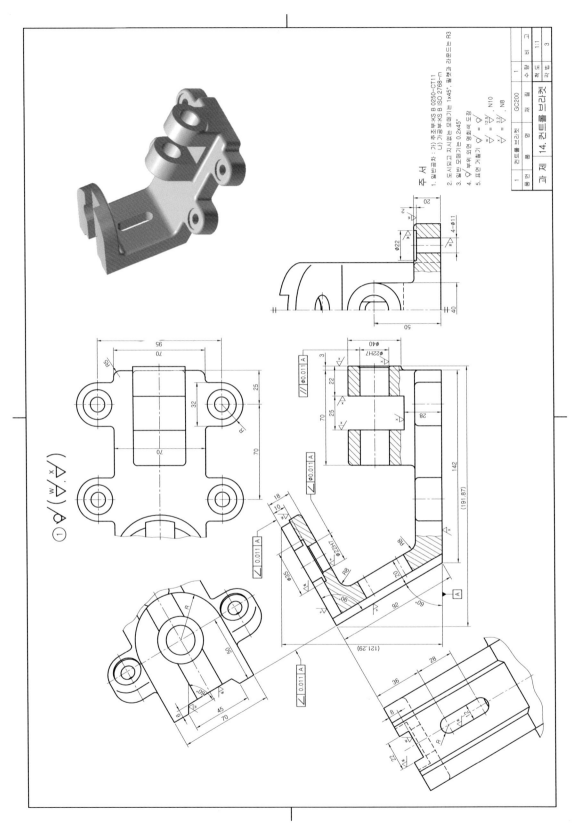

주서
1. 일반공차 : 가) 주조부-KS B 0250-CT11
            나) 가공부-KS B ISO 2768-m
2. 도시되고 지시없는 모떼기는 1x45°, 필렛과 라운드는 R3
3. 일반 모떼기는 0.2x45°
4. ▽부위 외면 명회색 도장
5. 표면 거칠기 : ▽ =

$\frac{w}{}$ = 12.5 , N10

$\frac{x}{}$ = 3.2 , N8

(▽ ▽)▽ 1

| 1 | 컨트롤 브라킷 | | GC200 | 1 | | |
| 품 번 | 품 명 | 재 질 | 수 량 | 비 고 |

| 과 제 | 14. 컨트롤 브라킷 | 척 도 | 1:1 |
| | | 각 법 | 3 |

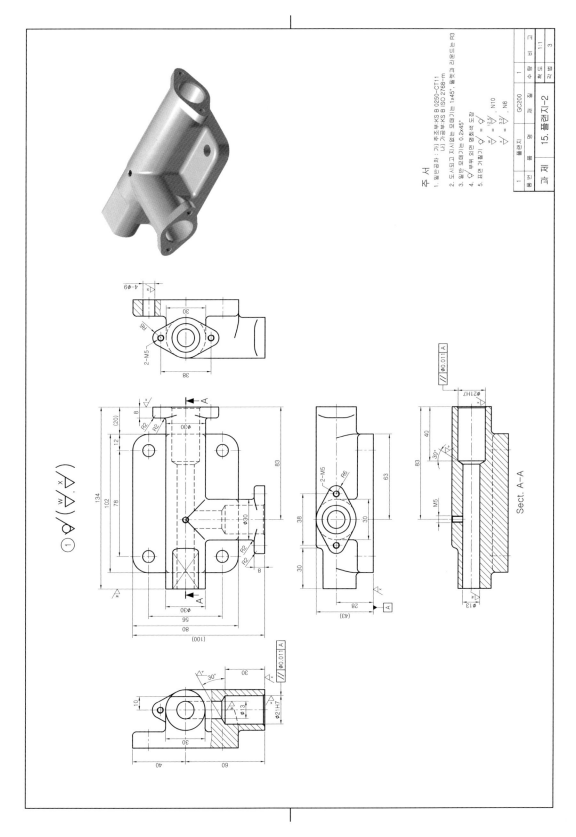

주 서

1. 일반공차 : 가) 주조부:KS B 0250-CT11
　　　　　　　나) 가공부:KS B ISO 2768-m
2. 도시되고 지시없는 모떼기는 1x45°, 필렛과 라운드는 R3
3. 일반 모떼기는 0.2x45°
4. 🔲부위 외면 명회색 도장
5. 표면 거칠기

$\frac{w}{\triangledown} = \frac{21.5}{\triangledown}$, N10

$\frac{x}{\triangledown} = \frac{3.2}{\triangledown}$, N8

Sect. A-A

	1	플런지		GC200	1		비	고
품 번		품	명	재 질	수 량	척 도	1:1
과 제		15. 플런지-2				각 법	3

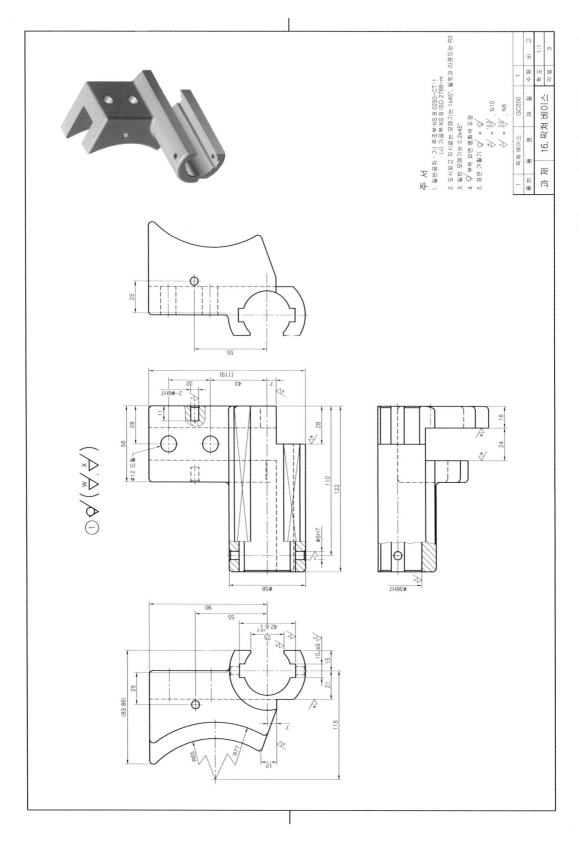

1. 일반공차 : 가) 주조부-KS B 0250-CT11
             나) 가공부-KS B ISO 2768-m
2. 도시되고 지시없는 모떼기는 1x45°, 필렛과 라운드는 R3
3. 일반 모떼기는 0.2x45°
4. ▽부위 외면 명회색 도장
5. 표면 거칠기 ▽ = ▽

피쳐 베이스 | GC200
16. 피쳐 베이스

Copyright 2019. Mechapia Co., Ltd. all rights reserved.

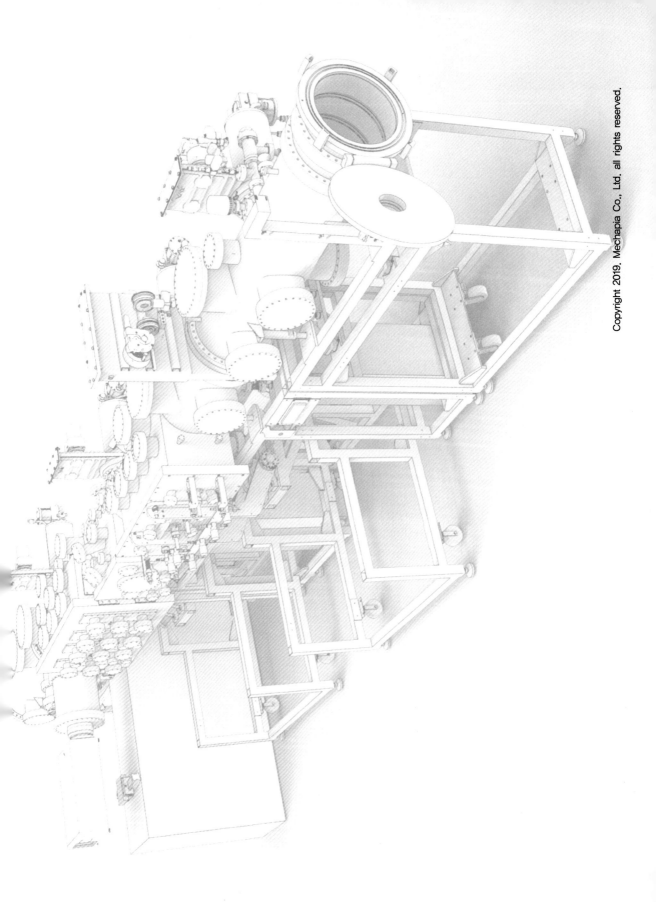

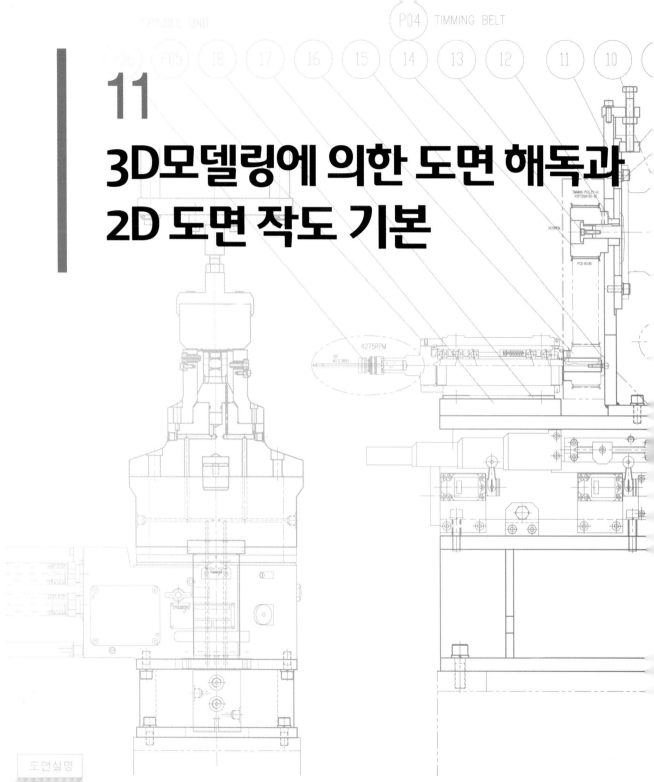

11

3D모델링에 의한 도면 해독과 2D 도면 작도 기본

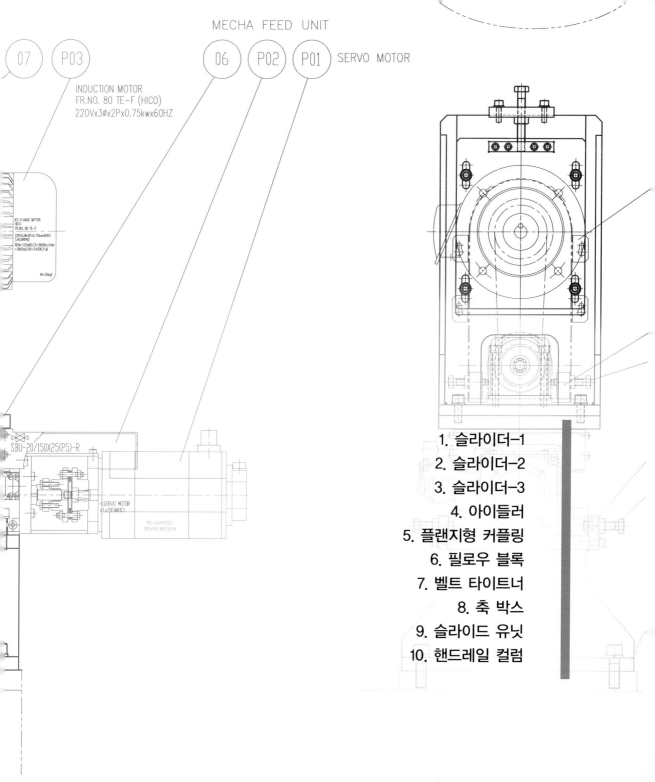

MECHA FEED UNIT

07 P03 06 P02 P01 SERVO MOTOR

INDUCTION MOTOR
FR.NO. 80 TE-F (HICO)
220Vx3Øx2Px0.75kwx60HZ

SBU-20/150X25(P5)-R

1. 슬라이더-1
2. 슬라이더-2
3. 슬라이더-3
4. 아이들러
5. 플랜지형 커플링
6. 필로우 블록
7. 벨트 타이트너
8. 축 박스
9. 슬라이드 유닛
10. 핸드레일 컬럼

Lesson 1 ▎ 슬라이더-1

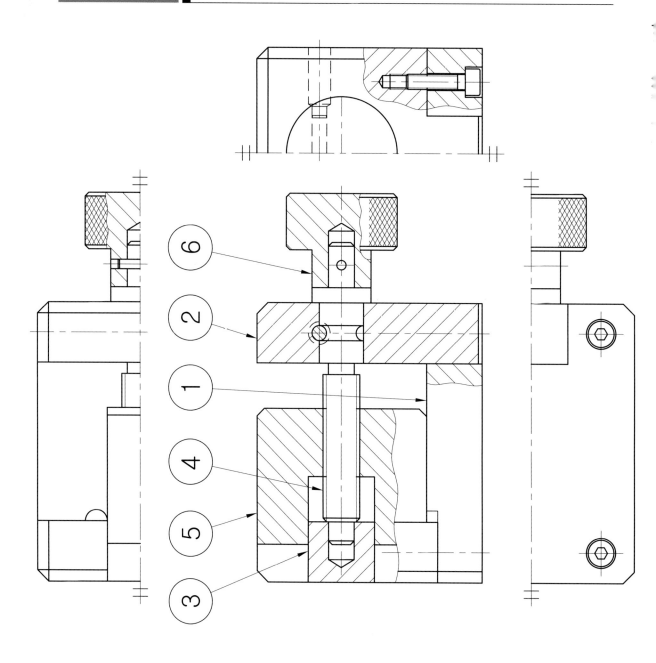

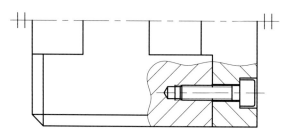

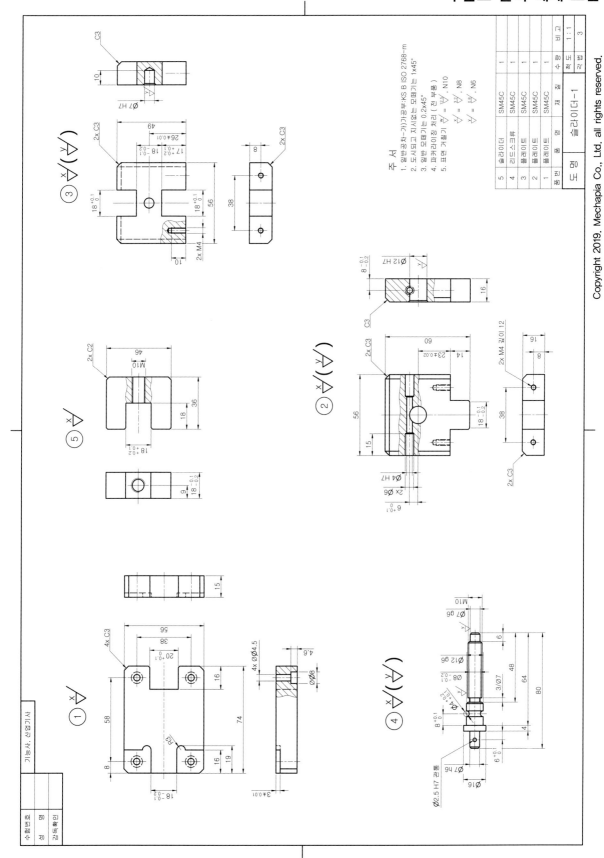

주서
1. 일반공차-가) 가공부 : KS B ISO 2768-m
2. 도시되고 지시없는 모떼기는 1x45°
3. 일반 모떼기는 0.2x45°
4. 파커라이징 처리 (전 부품)
5. 표면 거칠기 $\frac{x}{\sqrt{}}$ = $\frac{y}{\sqrt{}}$, N10
   $\frac{x}{\sqrt{}}$ = $\frac{25}{\sqrt{}}$, N8
   $\frac{y}{\sqrt{}}$ = $\frac{6.3}{\sqrt{}}$, N6

품 번	품 명	재 질	수 량	비 고
5	슬라이더	SM45C	1	
4	리드스크루	SM45C	1	
3	플레이트	SM45C	1	
2	플레이트	SM45C	1	
1	플레이트	SM45C	1	

도 명	슬라이더-1	척 도	1 : 1
		각 법	3

기능사, 산업기사

수험번호		
성 명		
감독확인		

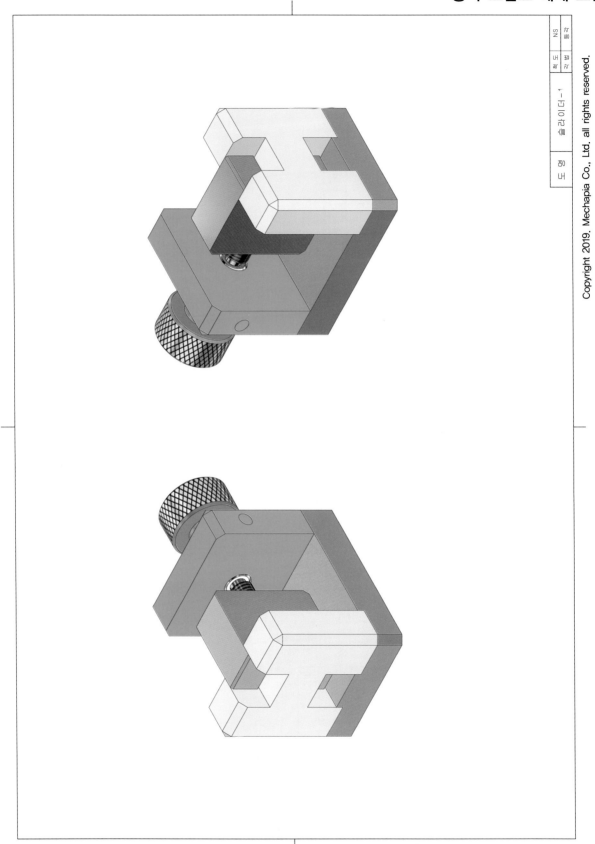

도 명	슬라이더 − 1	척 도	NS
		각 법	3각

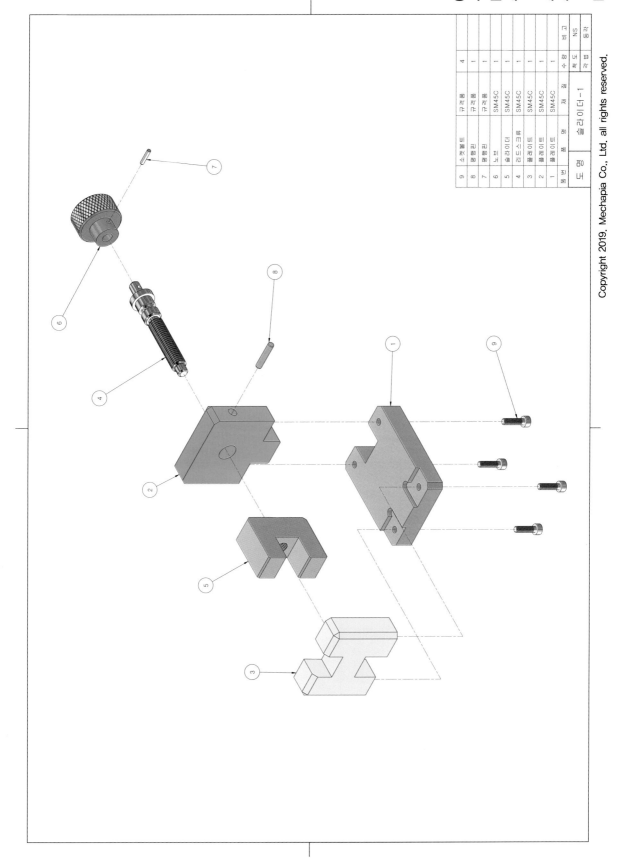

품 번	품 명	재 질	수 량	비 고
9	소켓볼트	규격품	4	
8	평행핀	규격품	1	
7	평행핀	규격품	1	
6	노브	SM45C	1	
5	슬라이더	SM45C	1	
4	리드스크류	SM45C	1	
3	플레이트	SM45C	1	
2	플레이트	SM45C	1	
1	플레이트	SM45C	1	
품 번	품 명	재 질	수 량	비 고
도 명	슬라이더-1		척 도	NS
			각 법	삼각법

Lesson 2　슬라이더-2

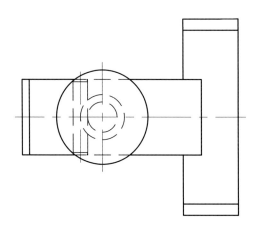

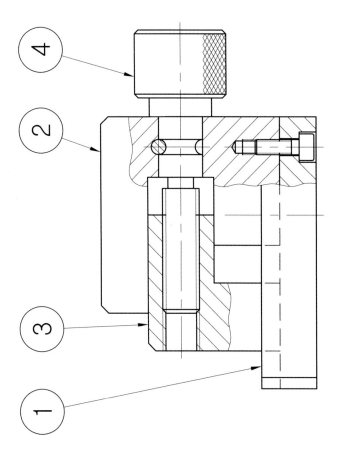

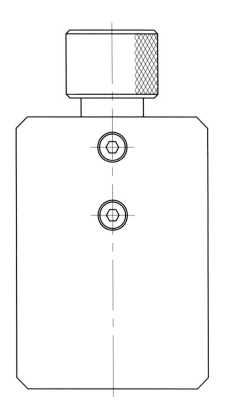

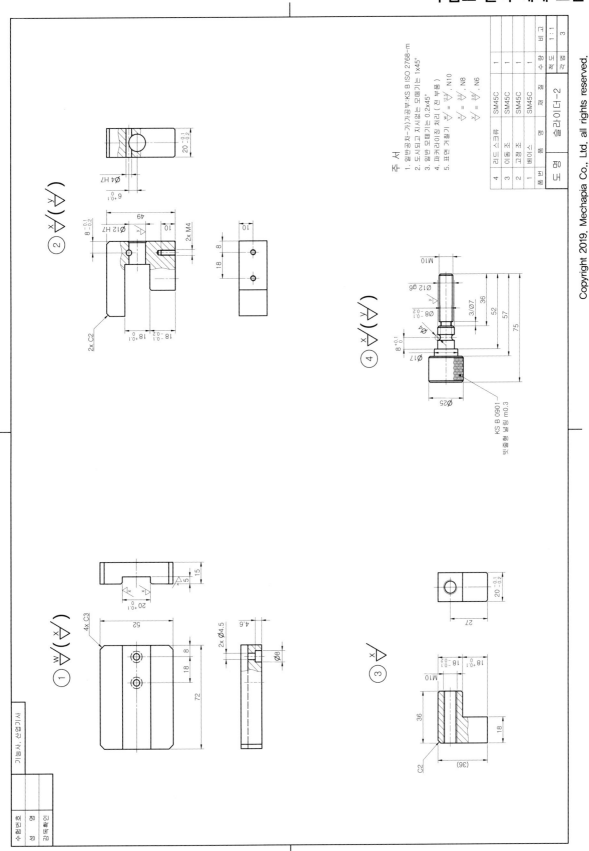

주 서

1. 일반공차-가)가공부:KS B ISO 2768-m
2. 도시되고 지시없는 모떼기는 1×45°
3. 일반 모떼기는 0.2×45°
4. 파커라이징 처리 (전부품)
5. 표면 거칠기 : $\frac{y}{} = \frac{32}{}$, N10
   $\frac{x}{} = \frac{3.2}{}$, N8
   $\frac{w}{} = \frac{0.8}{}$, N6

4	리드 스크류	SM45C	1	
3	이동 조	SM45C	1	
2	고정 조	SM45C	1	
1	베이스	SM45C	1	
품번	품 명	재 질	수량	비 고
도 명	슬라이더-2			척도 1:1
				각법 3

KS B 0901 빗줄형 널링 m0.3

기능사, 산업기사		
수험번호		
성 명		
감독확인		

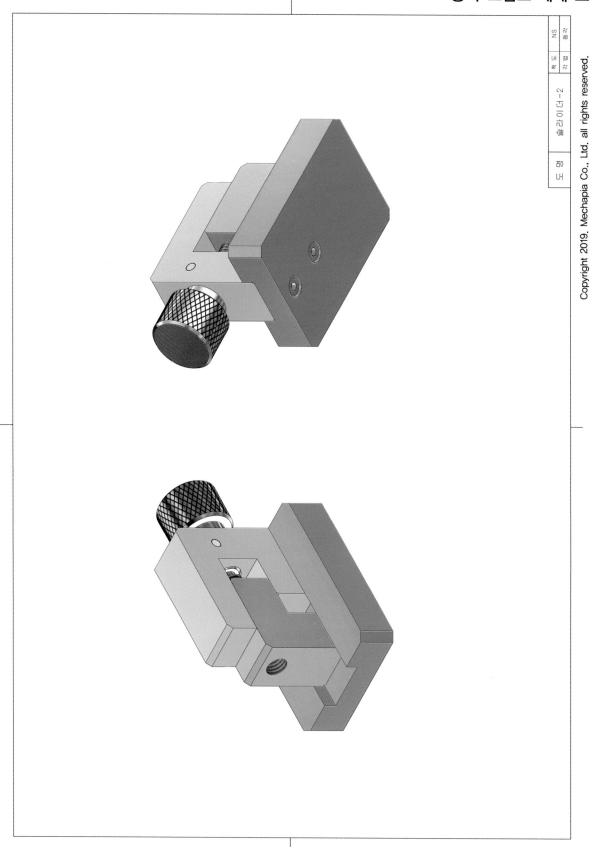

Copyright 2019. Mechapia Co., Ltd. all rights reserved.

도 명	슬라이더-2	척 도	NS
		각 법	3각

446

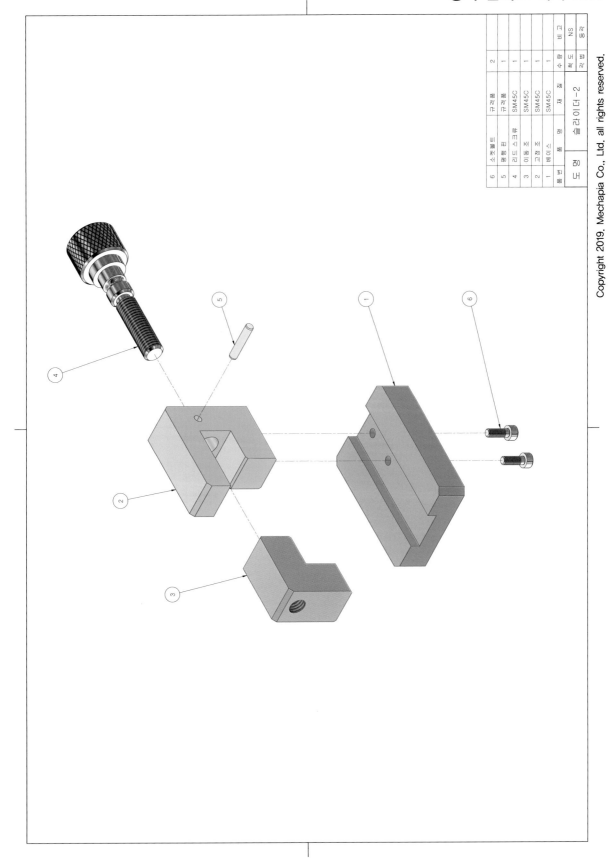

품 번	품 명	재 질	수 량	비 고
6	소켓볼트	규격품	2	
5	평행핀	규격품	1	
4	리드스크류	SM45C	1	
3	이동조	SM45C	1	
2	고정조	SM45C	1	
1	베이스	SM45C	1	
품 번	품 명	재 질	수 량	비 고

도 명 : 슬라이더-2   척 도 : NS   각 법 : 3각

Lesson 3 | 슬라이더-3

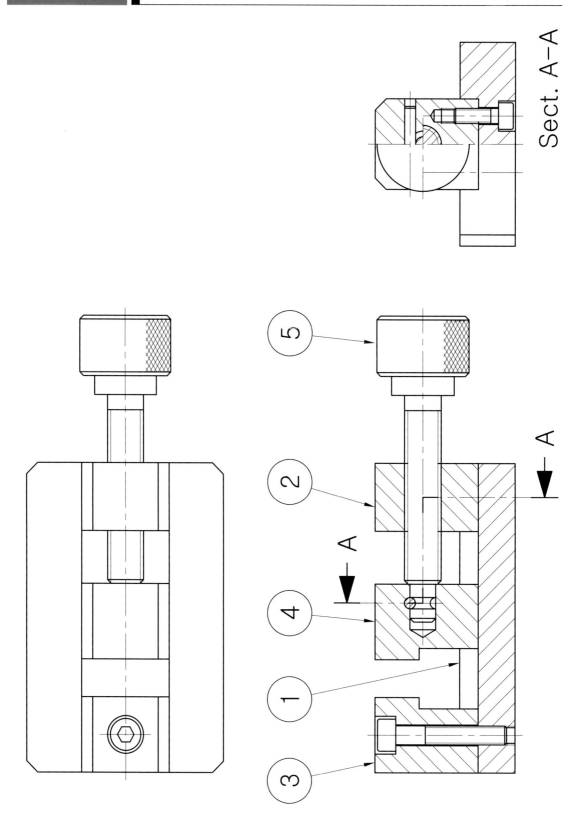

Sect. A-A

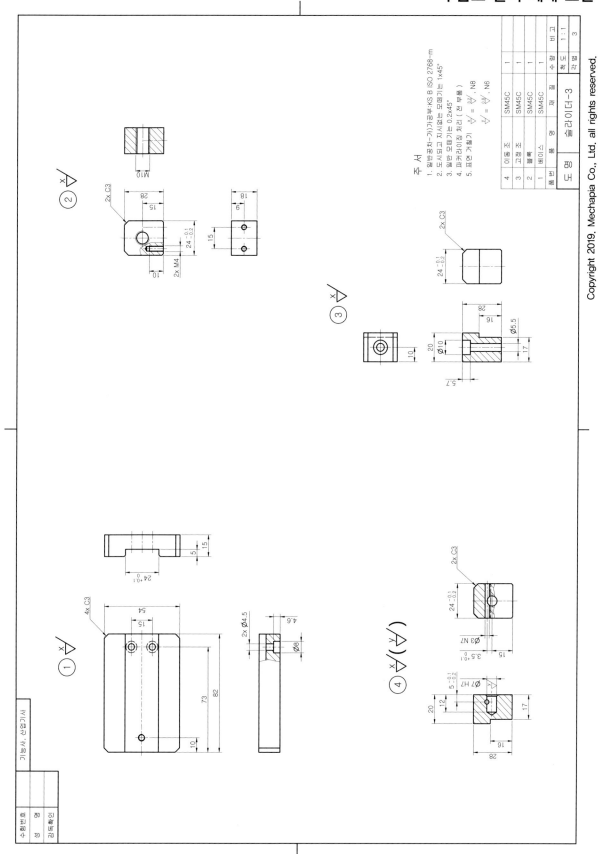

주 서
1. 일반공차-가)가공부:KS B ISO 2768-m
2. 도시되고 지시없는 모떼기는 1x45°
3. 일반 모떼기는 0.2x45°
4. 파커라이징 처리 (전 부품)
5. 표면 거칠기 ∇ = ∇ , N8
            ∇∇ = ∇ , N6

4	이동 조	SM45C	1
3	고정 조	SM45C	1
2	볼트	SM45C	1
1	베이스	SM45C	1
품 번	품 명	재 질	수 량
도 명	슬라이더-3	척 도	1 : 1
		각 법	3

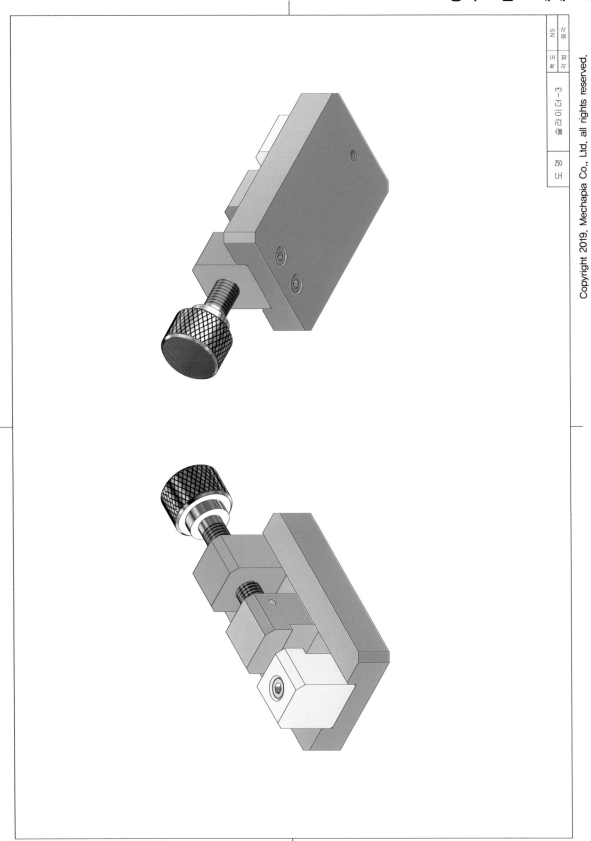

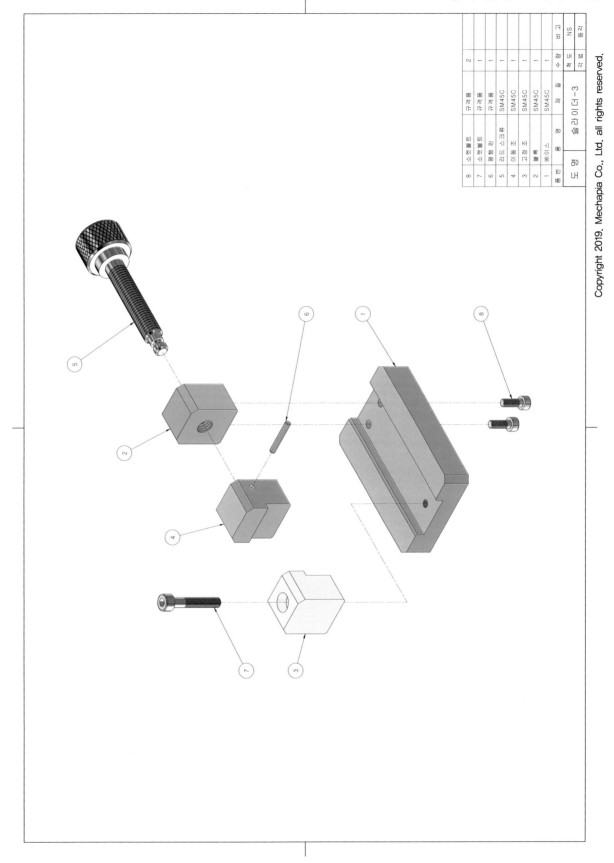

품번	품 명	재 질	수 량	비 고
8	소켓볼트	규격품	2	
7	소켓볼트	규격품	1	
6	평행핀	규격품	1	
5	리드스크류	SM45C	1	
4	이동조	SM45C	1	
3	고정조	SM45C	1	
2	누름쇠	SM45C	1	
1	베이스	재 질	1	
도 명	슬라이더-3		척도	NS
			각법	3각

Lesson 4 아이들러

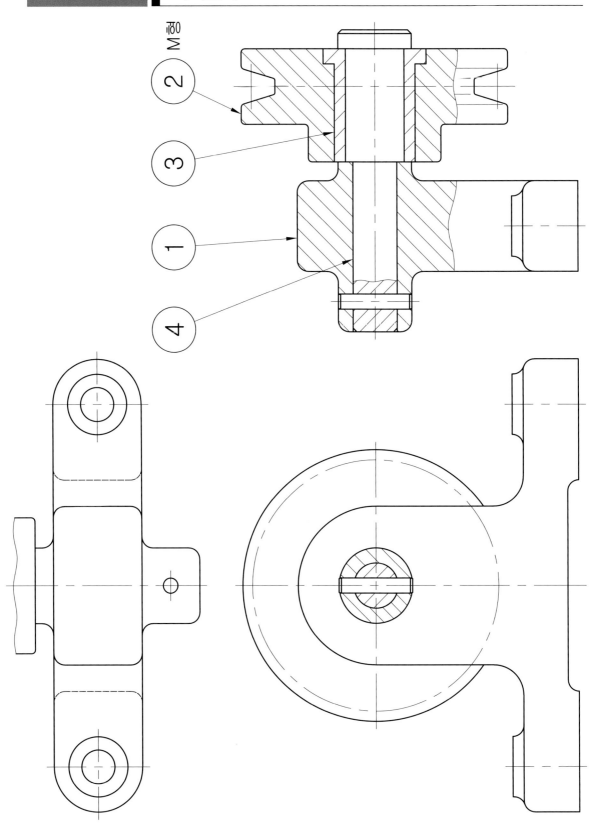

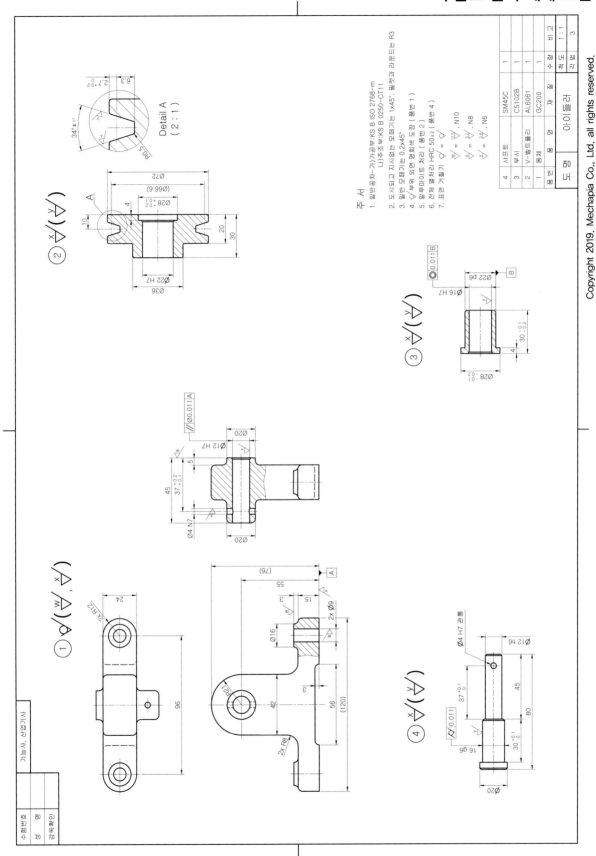

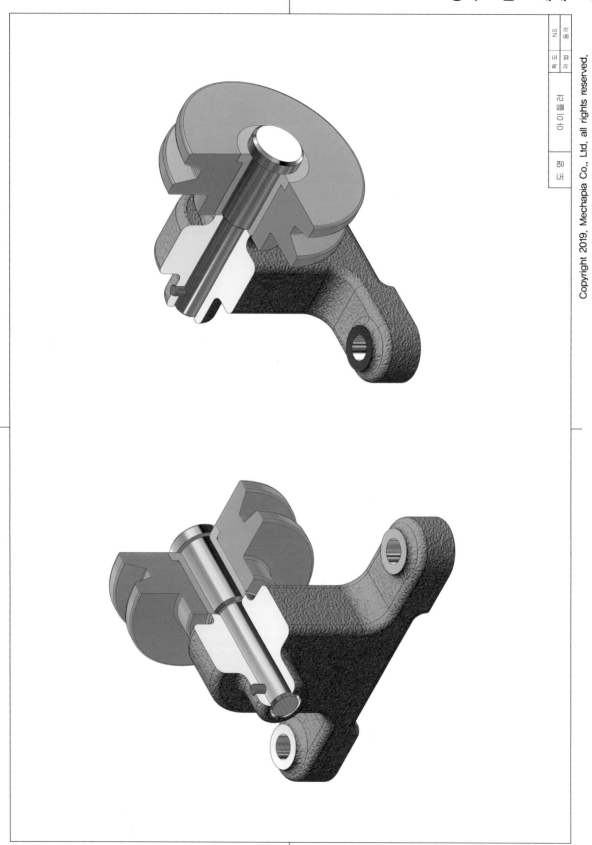

품번	품명	재질	수량	비고
5	평형핀	구리봉	1	
4	샤프트	SM45C	1	
3	부시	C5102B	1	
2	V-벨트풀리	AL6061	1	
1	베어	GC200	1	
도번		아이들러		척도 NS

Lesson 5 플랜지형 커플링

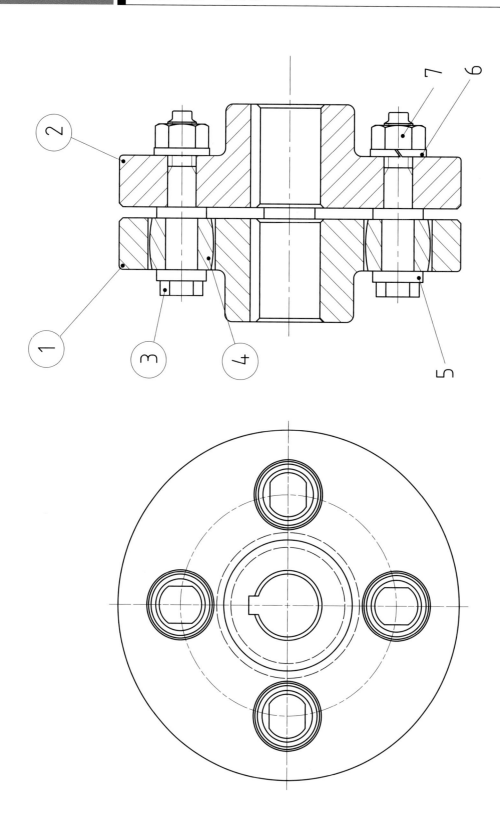

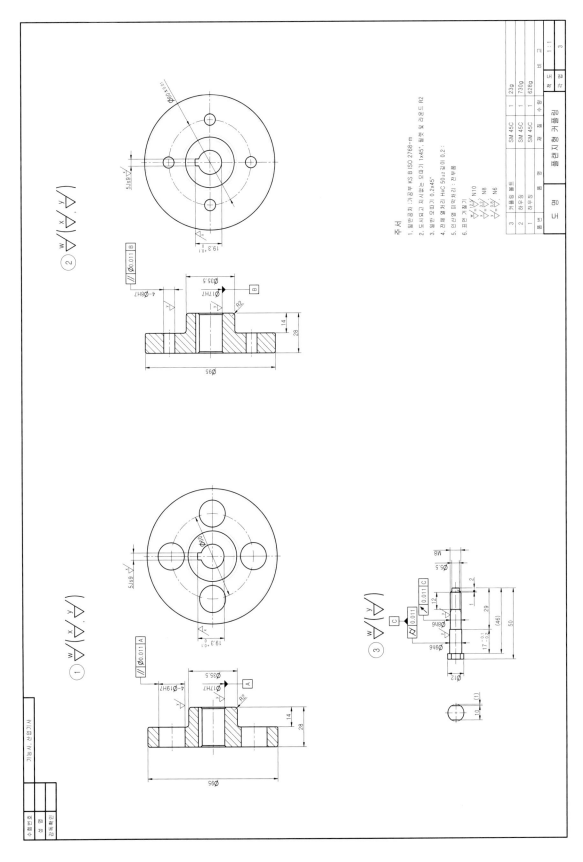

주서

1. 일반공차 - 가공부 KS B ISO 2768-m
2. 도시되고 지시없는 모떼기 1x45°, 필렛 및 라운드 R2
3. 필렛 모떼기 0.2x45°
4. 전체 열처리 HrC 50±2 깊이 0.2 :
5. 내산화 피막처리 : 전부품
6. 표면 거칠기 :
   $\sqrt{}=12.5\sqrt{}$ N10
   $\sqrt{}=3.2\sqrt{}$ N8
   $\sqrt{}=0.8\sqrt{}$ N6

3	커플링 볼트	SM 45C	1	23g	
2	하우징	SM 45C	1	730g	
1	하우징	SM 45C	1	628g	
품번	품명	재질	수량	중량	비고

플랜지형 커플링

| 도명 | | | | 척도 | 1:1 |
| | | | | 도번 | 3 |

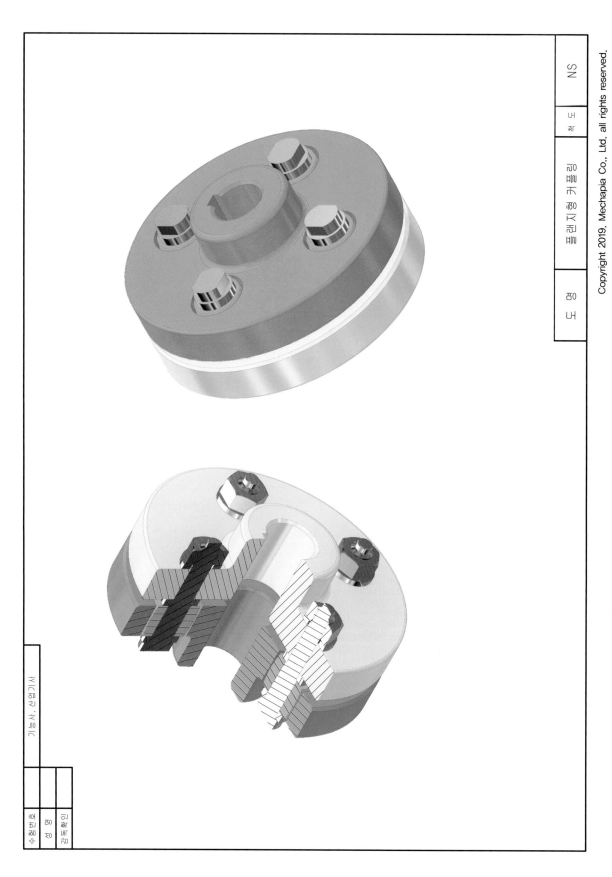

NS

척 도

플랜지형 커플링

품 명

기능사, 산업기사

수험번호

성명

감독확인

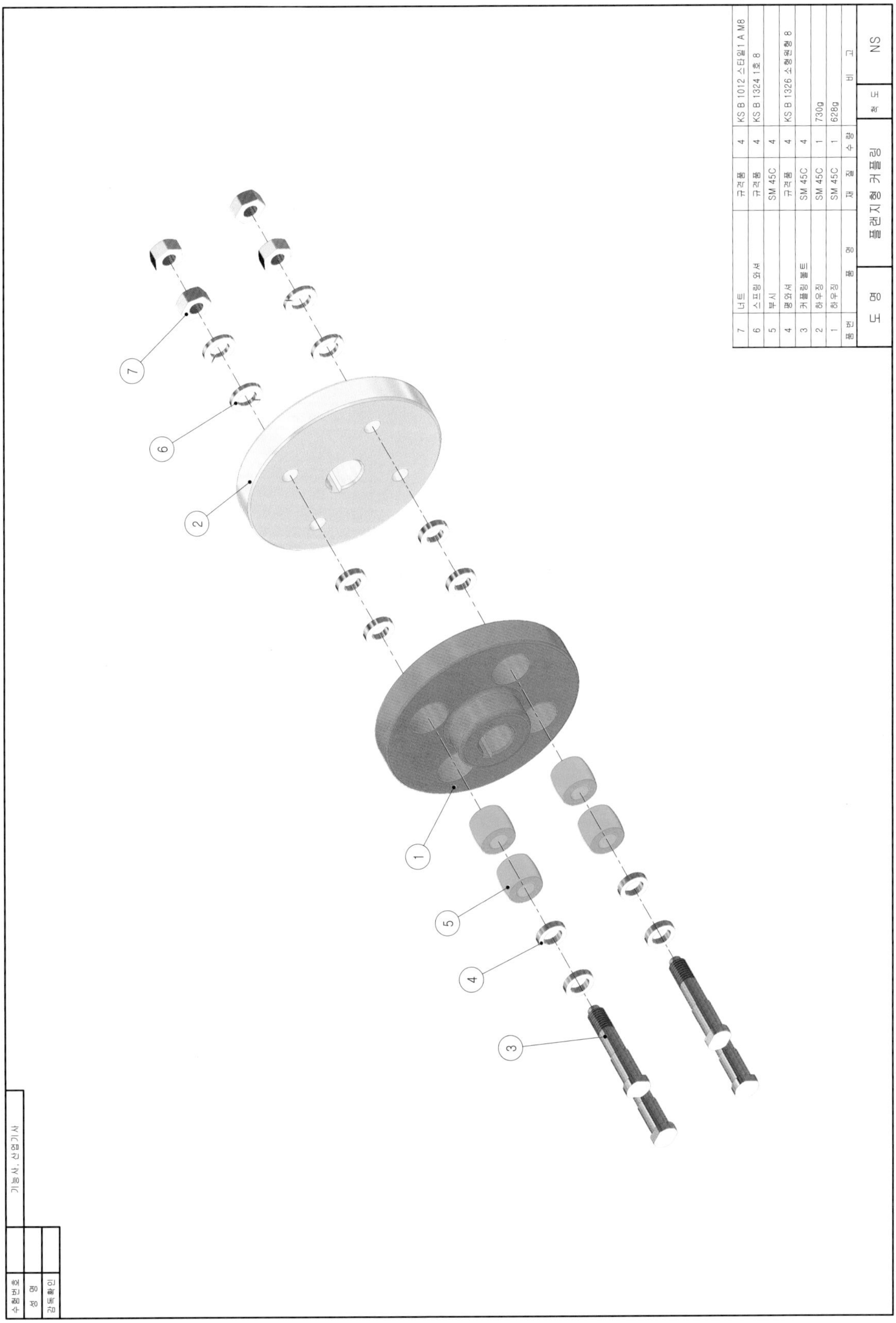

품번	품명	재질	수량	비고
7	너트	규격품	4	KS B 1012 스타일 1 A M8
6	스프링와셔	규격품	4	KS B 1324 1종 8
5	부시	SM 45C	4	
4	평와셔	규격품	4	KS B 1326 소형원형 8
3	볼트	SM 45C	4	
2	하우징	SM 45C	1	730g
1	하우징	SM 45C	1	628g
품번	품명	재질	수량	비고

플렉시블 커플링

NS

기어 전동 장치

Lesson 6 ▌ 필로우 블록

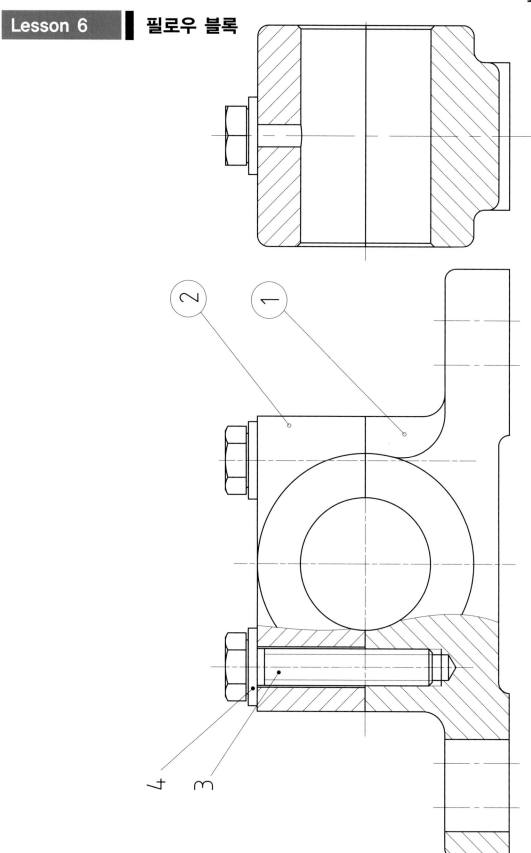

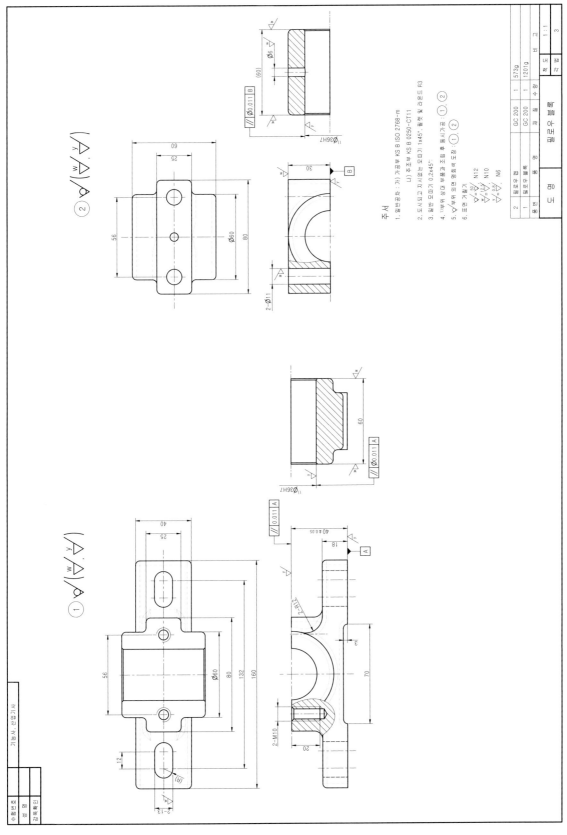

주서

1. 일반공차 : 가) 가공부 KS B ISO 2768-m
              나) 주조부 KS B 0250-CT11
2. 도시되고 지시없는 모떼기 1x45°, 필렛 및 라운드 R3
3. 일반 모떼기 0.2x45°.
4. 1)부위 성대 부품과 조립 후 동시가공 : ① ②
5. ∀부위 외면 명청색 도장 : ① ②
6. 표면 거칠기

∇ = 50, N12
∇ = 12.5, N10
∇ = 0.5, N6

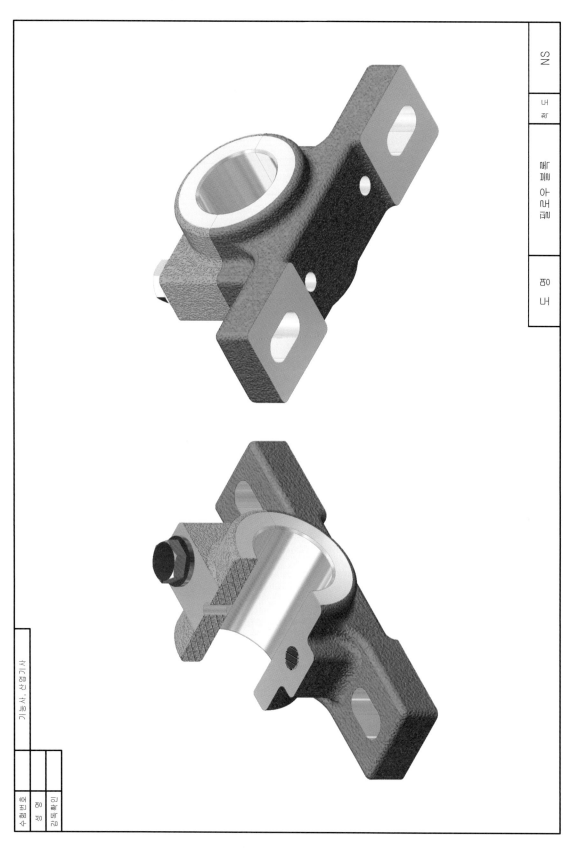

462

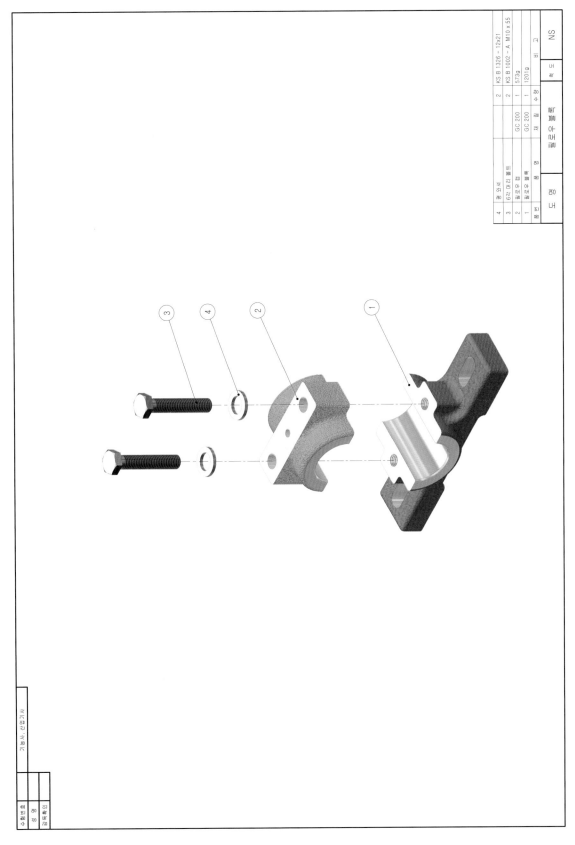

4	품 번		품 명		재 질	수 량	비 고
4	와셔					2	KS B 1326 – 12x21
3	6각 머리 볼트					2	KS B 1002 – A M10 x 55
2	칼럼 우측				GC 200	1	573g
1	칼럼 좌측				GC 200	1	1201g

NS

기붕세사/신영기술

Lesson 7 벨트 타이트너

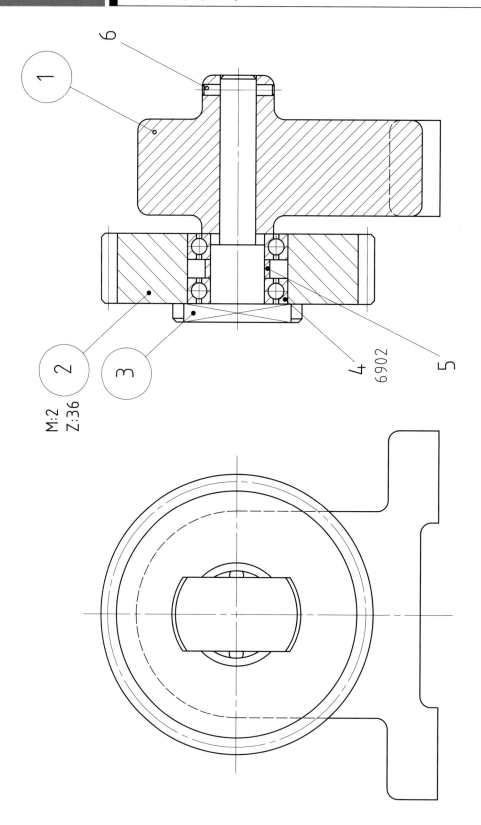

M:2
Z:36

6902

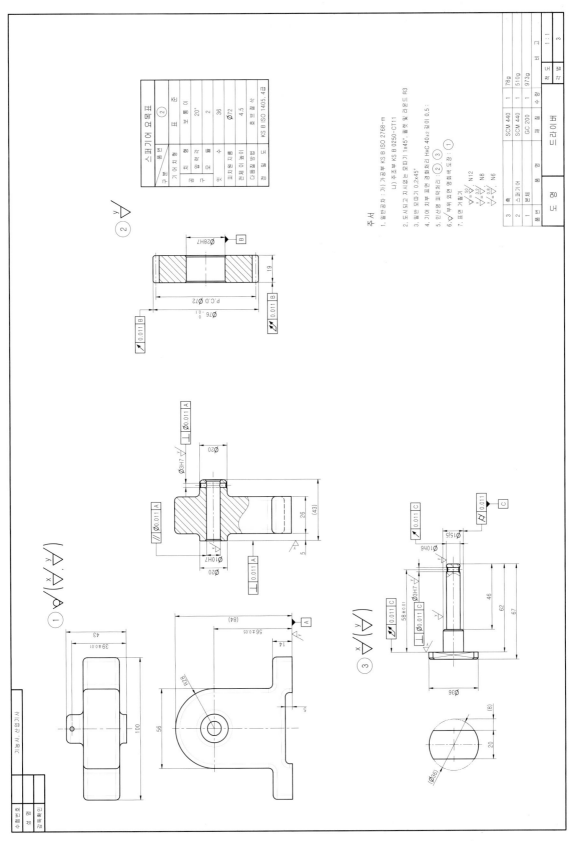

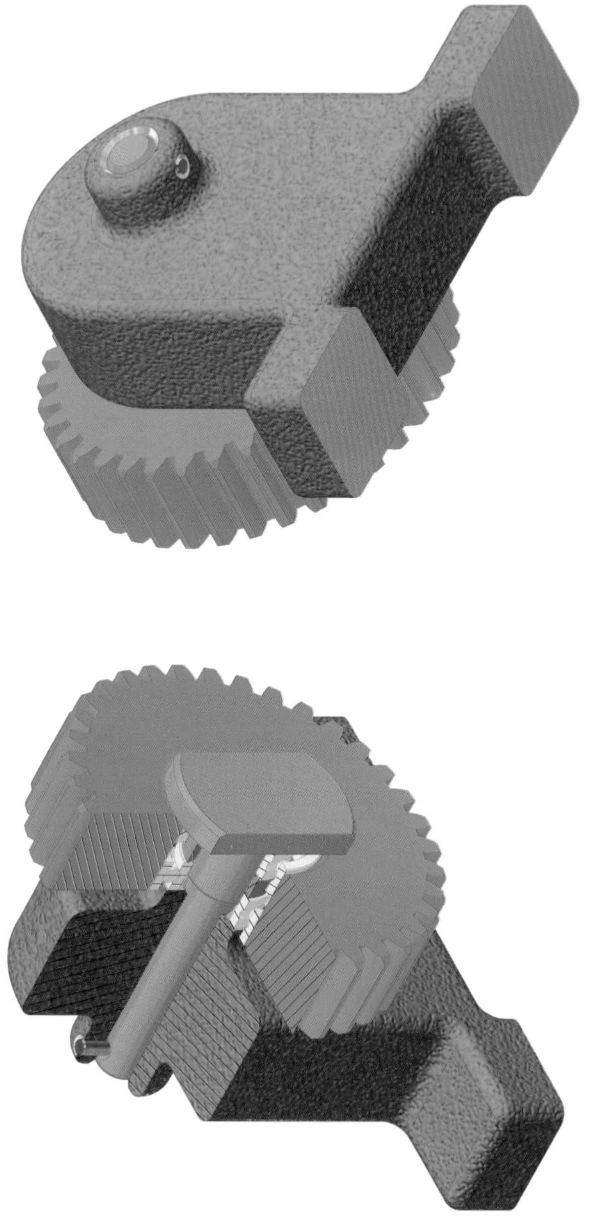

도명	드라이버
척도	NS

수험번호	
성명	
감독확인	

기능사, 산업기사

6	평행키		규격품	1	KS B 1320 - B 3 x 20
5	부시		SM 45C	1	
4	볼베어링		규격품	2	KS B 2023 - 6902
3	축		SCM 440	1	78g
2	스퍼기어		SCM 440	1	510g
1	본체		GC 200	1	973g
품번	품명		재 질	수량	비 고

		드라이버	척 도	NS
각법				

기능사, 산업기사

수험번호	
성명	
감독위원	

Lesson 8 　 축 박스

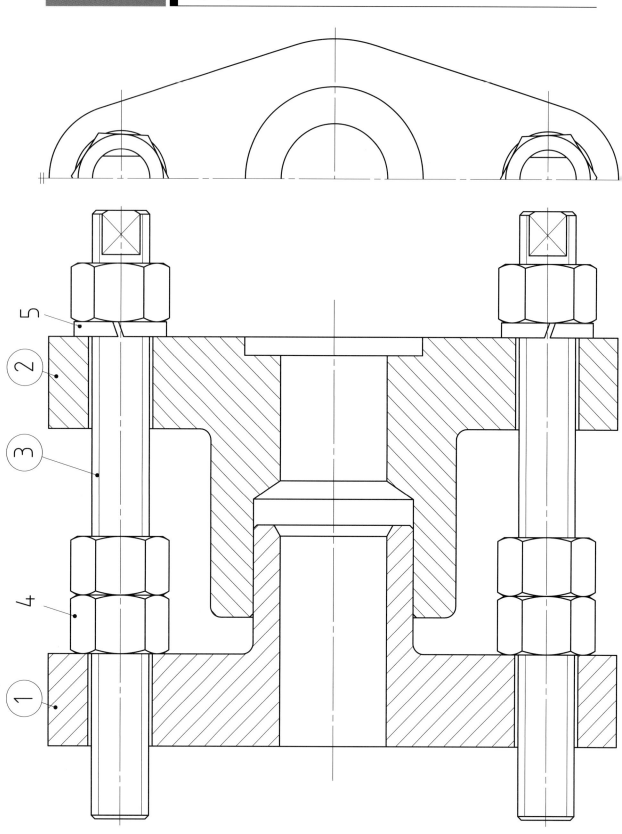

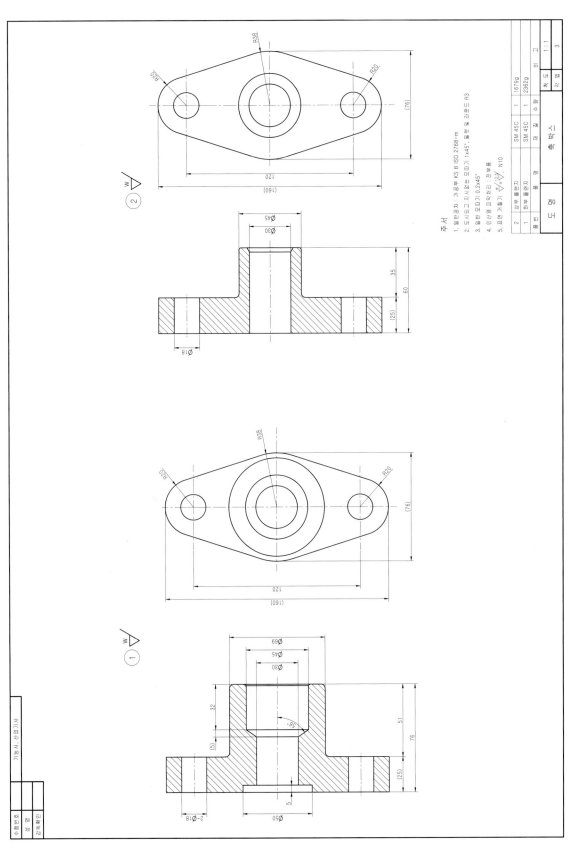

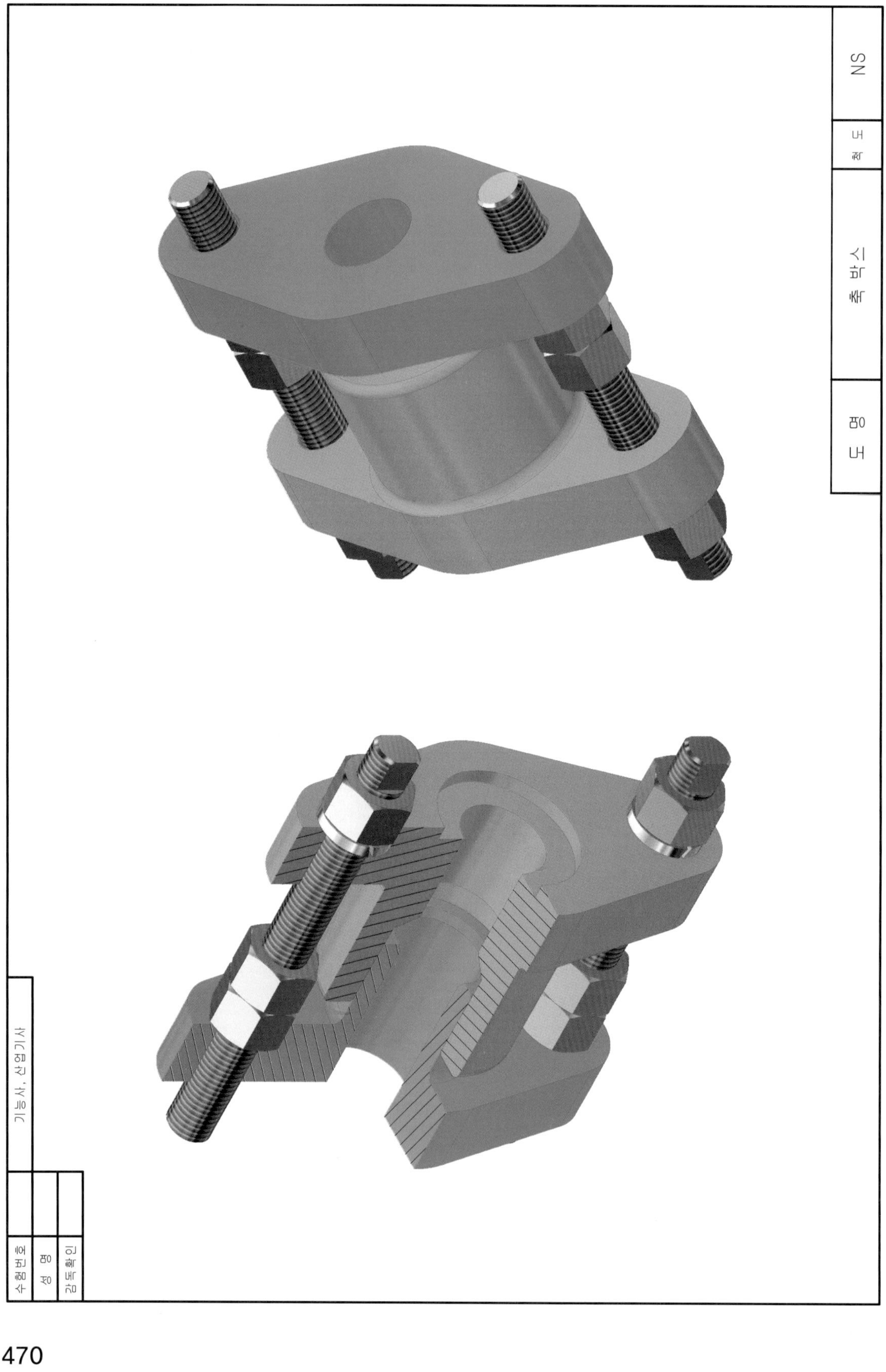

NS 도 명 축 박 스 명 도

기능사, 산업기사

470

품 번	품 명	규 격	재 질	수 량	비 고
5	스프링 와셔	규격품		1	KS B 1324 – 번호 2 – 16
4	6각 너트	규격품		3	KS B 1012 – C M16
3	스터드 볼트	SM 45C		1	259g
2	상부 클램프	SM 45C		1	1679g
1	하부 클램프	SM 45C		1	2362g
품 번	품 명	규 격	재 질	수 량	비 고

축 받 침

NS

기능사 산업기사

Lesson 9 슬라이드 유닛

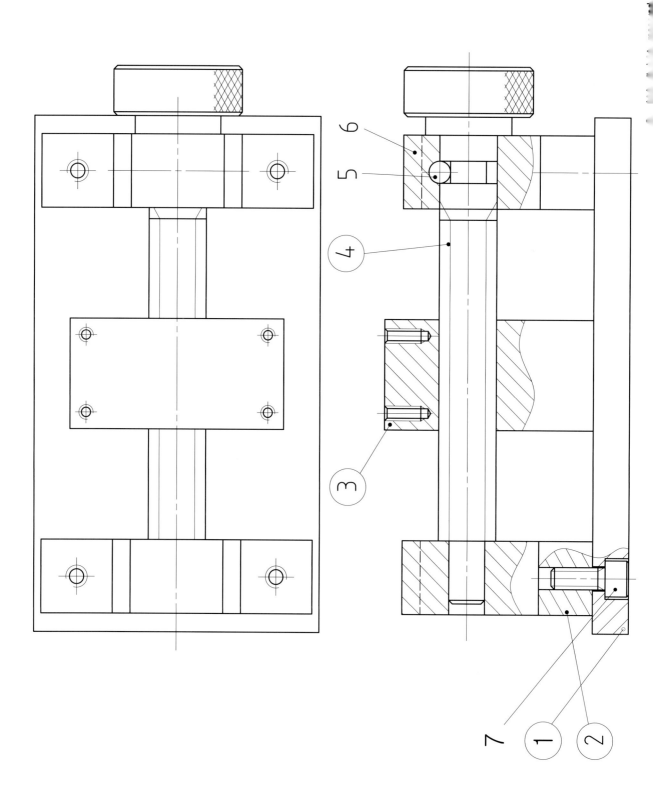

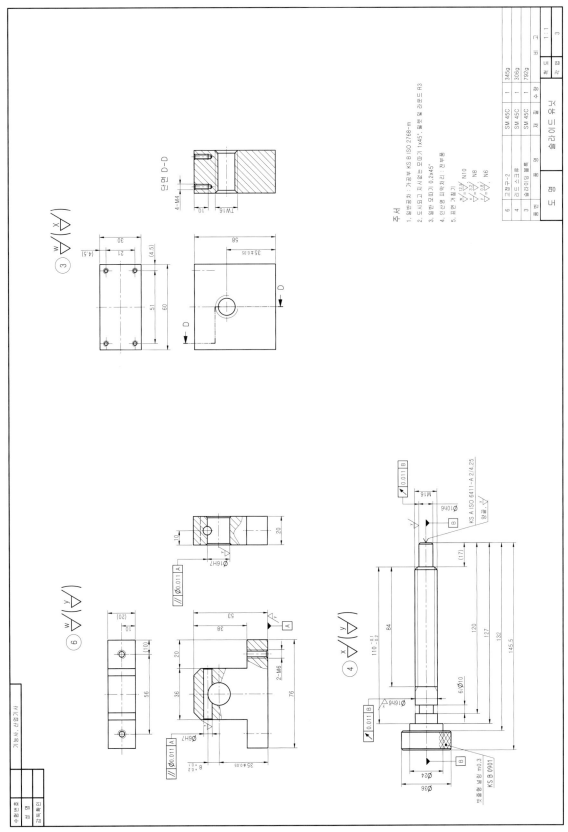

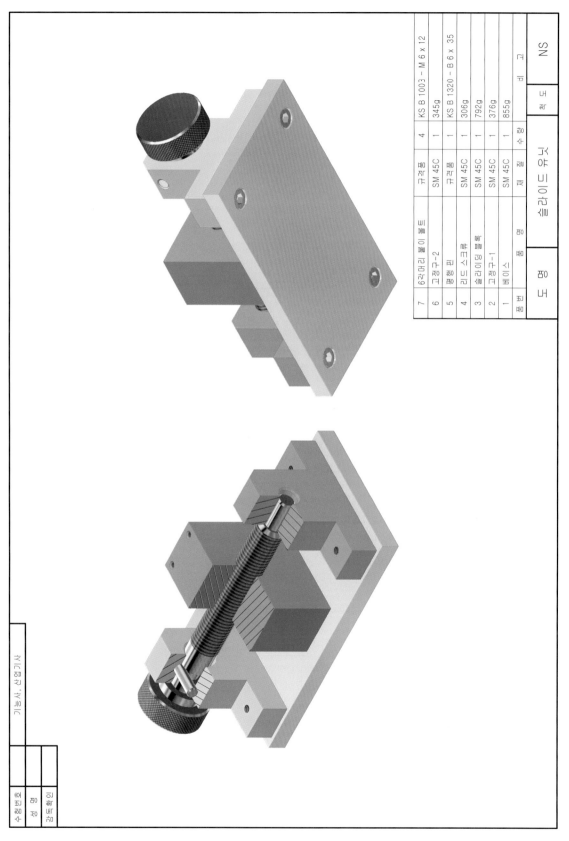

7	6각머리 볼이 볼트		4	KS B 1003 – M 6 x 12	
6	고정구-2	SM 45C	1	345g	
5	평행핀	규격품	1	KS B 1320 – B 6 x 35	
4	리드 스크루	SM 45C	1	306g	
3	슬라이딩 블록	SM 45C	1	792g	
2	고정구-1	SM 45C	1	376g	
1	베이스	SM 45C	1	855g	
품번	품 명	재 질	수량	비 고	

도명	슬라이드 유닛	척도	NS

기능사, 산업기사

수험번호	
성명	
감독확인	

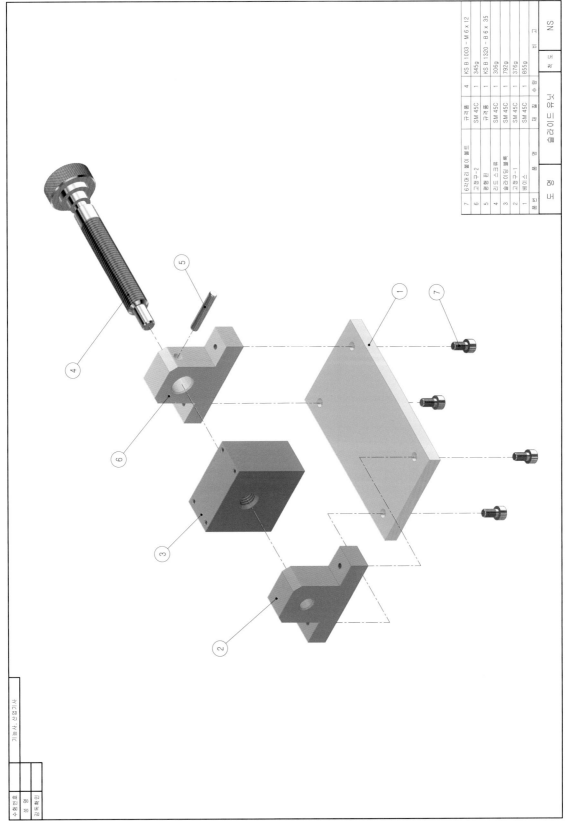

7	6각머리 멈춤볼트	규격품	4	KS B 1003 - M 6 x 12		NS
6	고정구-2	SM 45C	1	345g	척 도	
5	평행핀	규격품	1	KS B 1320 - B 6 x 35		
4	리드스크류	SM 45C	1	306g	수량	슬라이드 유닛
3	슬라이딩블록	SM 45C	1	792g		
2	고정구-1	SM 45C	1	376g	재질	품명 척 도
1	베이스	SM 45C	1	855g		
품번	품명	재질	수량	비고		

Lesson 10 | 핸드레일 컬럼

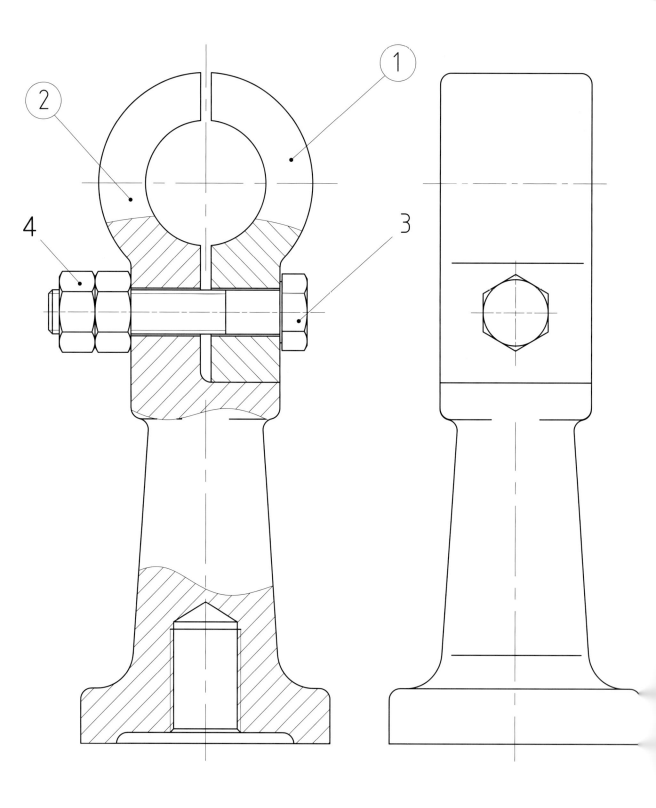

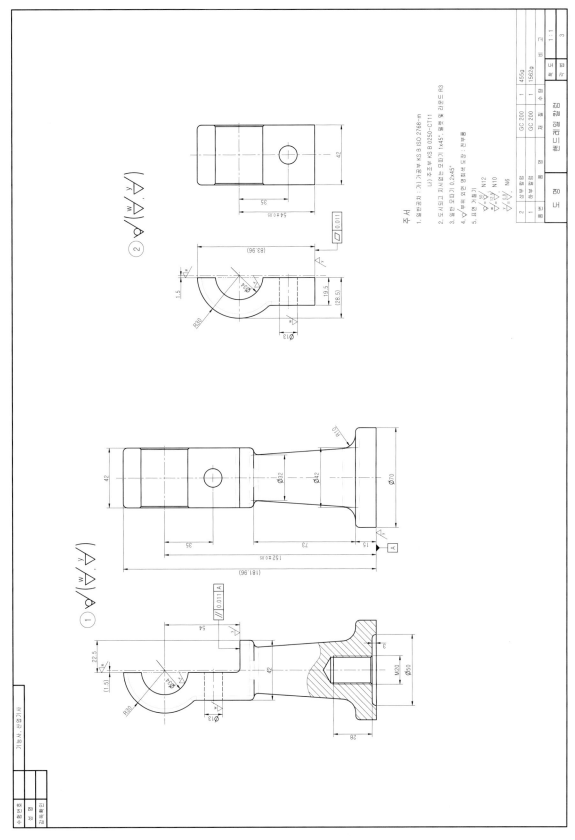

주서
1. 일반공차 : 가) 가공부 KS B ISO 2768-m
　　　　　　나) 주조부 KS B 0250-CT11
2. 도시되고 지시없는 모떼기 1x45°, 필렛 및 라운드 R3
3. 일반 모떼기 0.2x45°
4. ◇부위 외면 명화색 도장 : 전착도장
5. 표면 거칠기
　　　∇ = w
　　　∇∇ = x
　　　∇∇∇ = y
　　　∇∇∇∇ = z

4	6각 너트			구리봉	2	KS B 1012 - M 12		
3	6각 머리 볼트			구리봉	1	KS B 1002 - A M12 x 65		
2	상부 굴림			GC 200	2	455g		
1	하부 굴림			GC 200	1	1562g		
품번	품명			재질	수량	비고		NS

메카피아드립해체

기록자, 산업기사

12

3D 모델링에 의한 도면 해독과 2D 도면 작도 심화

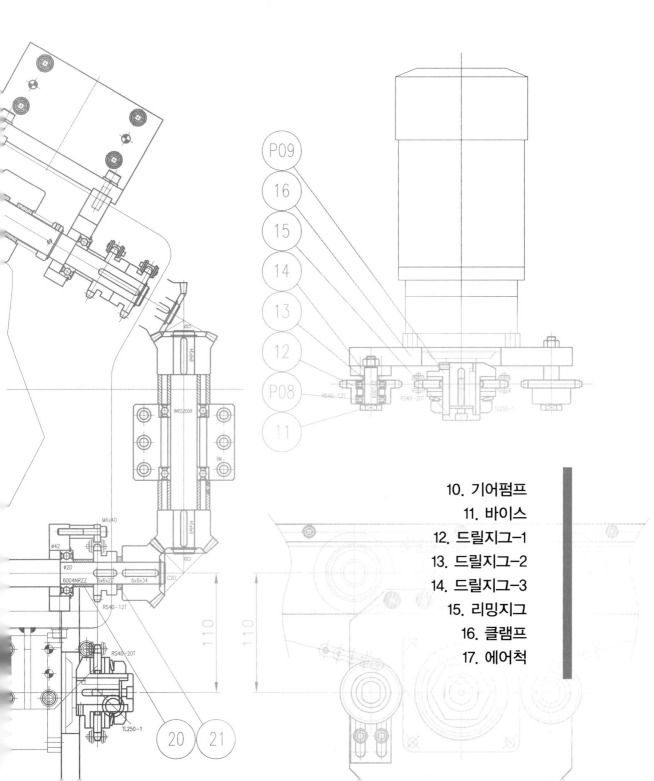

P09
16
15
14
13
12
P08
11

20 21

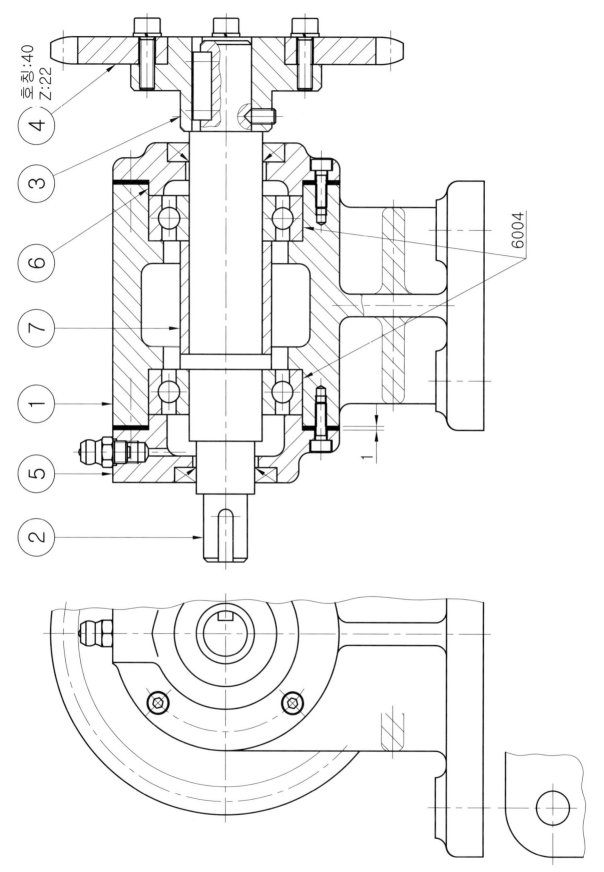

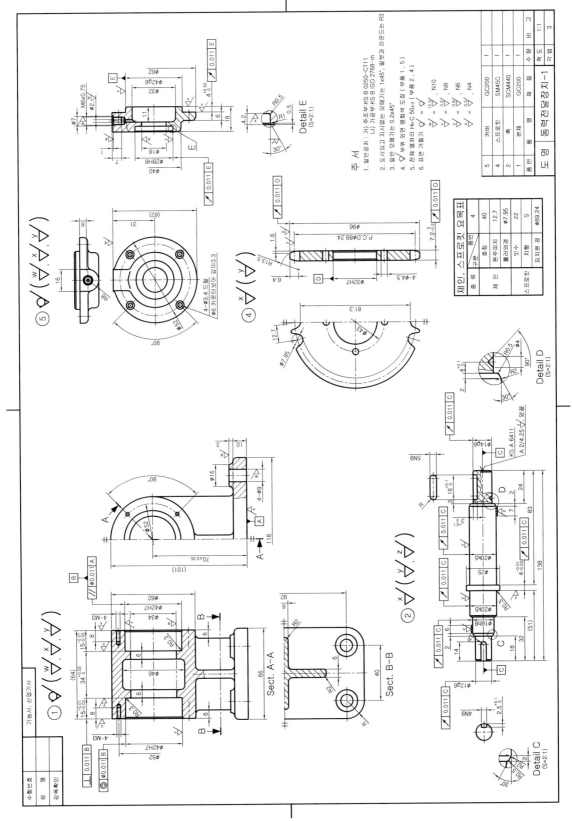

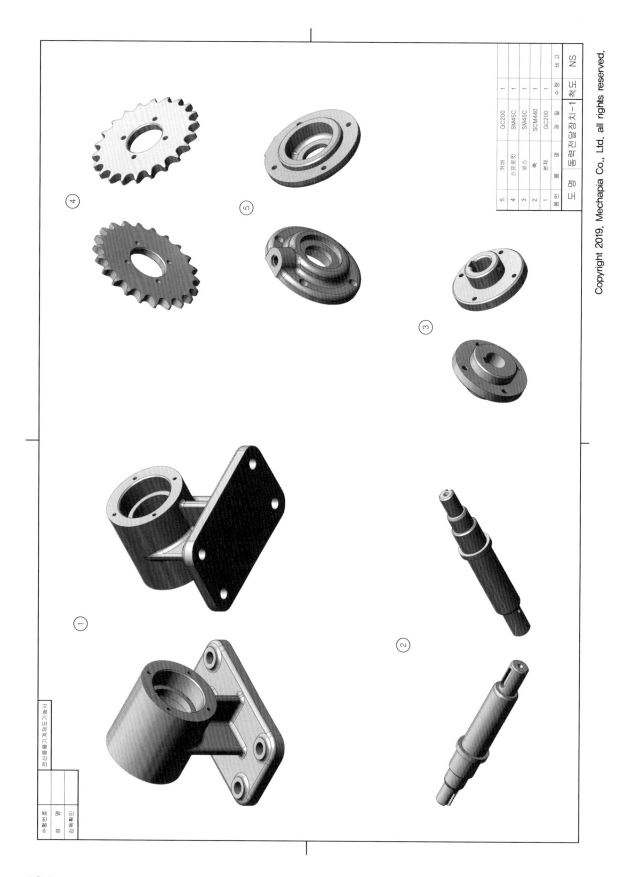

품번	품 명	재 질	수 량	비 고
5	커버	GC200	1	
4	스프로킷	SM45C	1	
3	보스	SM45C	1	
2	축	SCM440	1	
1	본체	GC200	1	

도 명 | 동력전달장치-1 | 척도 | NS

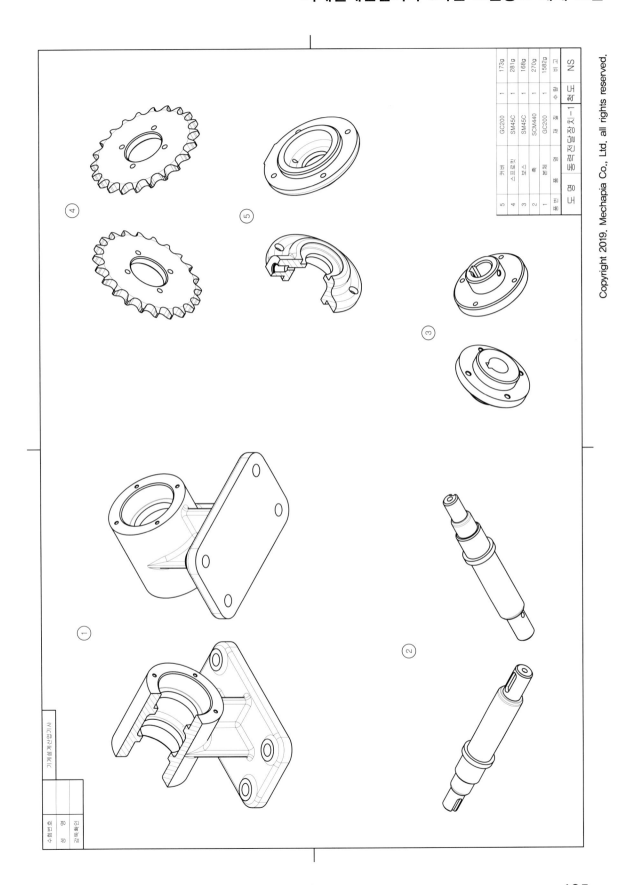

품번	품 명	재 질	수량	비 고
5	커버	GC200	1	173g
4	스프로킷	SM45C	1	281g
3	보스	SM45C	1	168g
2	축	SCM440	1	270g
1	본체	GC200	1	1582g

동력전달장치-1척도 NS

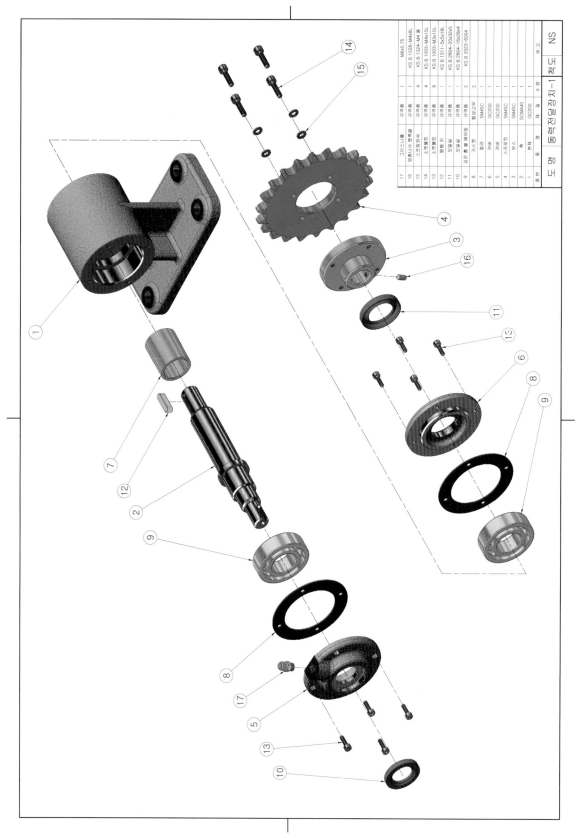

품번	품 명	재 질	수 량	비 고
17	그리스니플	규격품	1	M6×0.75
16	멈춤나사 분동붙이	규격품	1	KS B 1028-M4×8L
15	스프링와셔	규격품	4	KS B 1324-M4 용
14	소켓볼트	규격품	4	KS B 1003-M4×15L
13	소켓볼트	규격품	8	KS B 1003-M3×10L
12	평행키	규격품	1	KS B 1311-5×5×18L
11	오일실	규격품	1	KS B 2804-20×32×5
10	오일실	규격품	1	KS B 2804-16×28×4
9	레이디얼 볼 베어링	규격품	2	KS B 2023-6004
8	가스켓	합성고무	2	
7	칼라	SM45C	1	
6	커버	GC200	1	
5	커버	GC200	1	
4	스프로킷	SM45C	1	
3	보스	SCM440	1	
2	축	SM45C	1	
1	본체	GC200	1	

도 명	동력전달장치-1	척 도	NS

도 명 | 동력전달장치-1 척도 | NS

Copyright 2019. Mechapia Co., Ltd. all rights reserved.

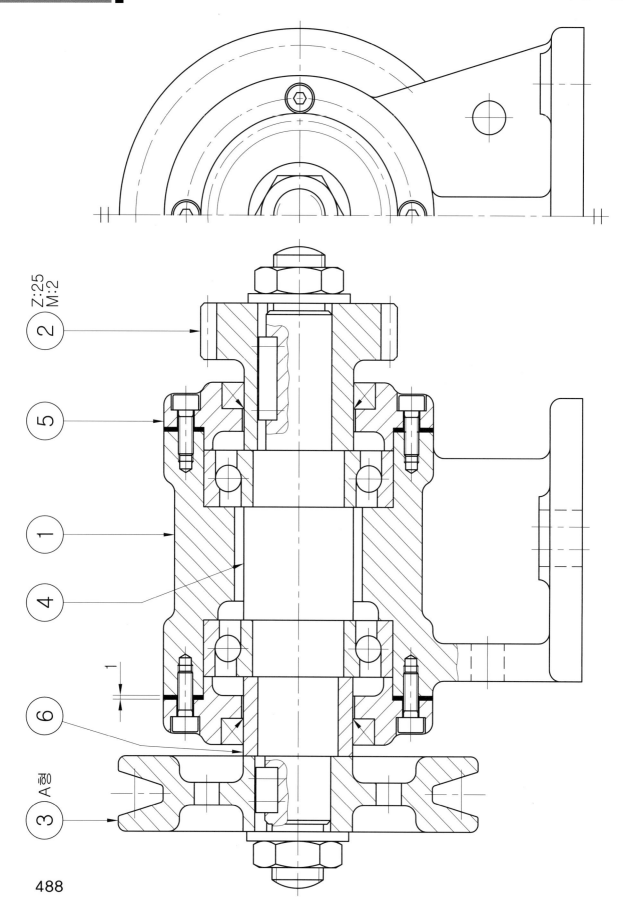

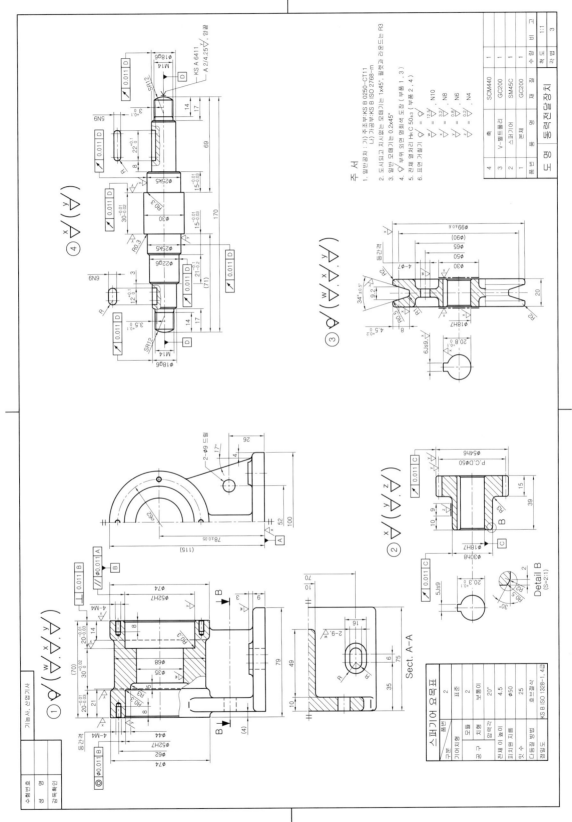

품번	품 명	재 질	수량	비 고
5	커버	GC200	2	
4	축	SCM440	1	
3	V-벨트풀리	GC200	1	
2	스퍼기어	SM45C	1	
1	본체	GC200	1	

도 명	동력전달장치-2	척 도	NS

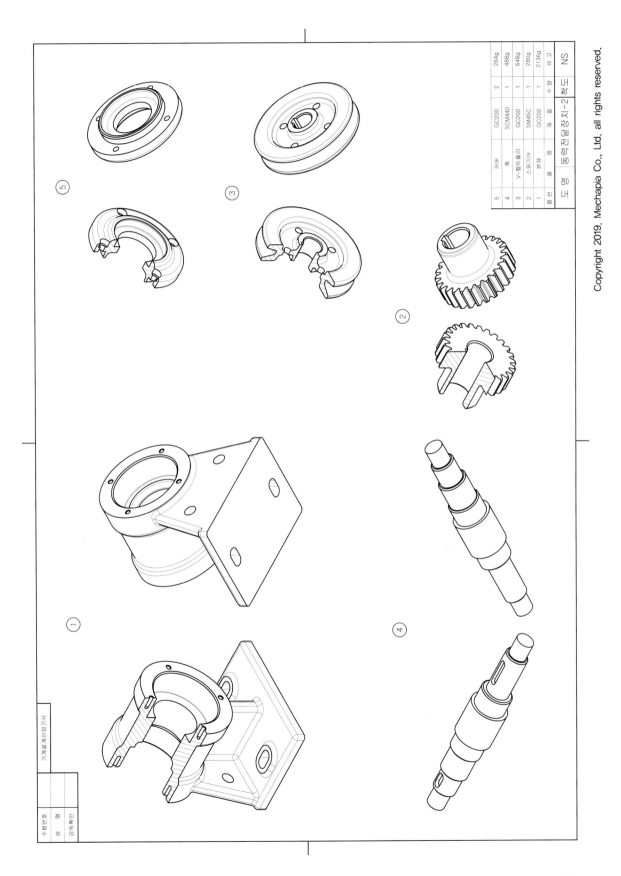

품번	품 명	재 질	수 량	비 고
5	커버	GC200	2	264g
4	축	SCM440	1	488g
3	V-벨트풀리	GC200	1	648g
2	스퍼기어	SM45C	1	280g
1	본체	GC200	1	2136g

동력전달장치-2

도명 / 도번 / 척도 NS

⑤ ③ ② ① ④

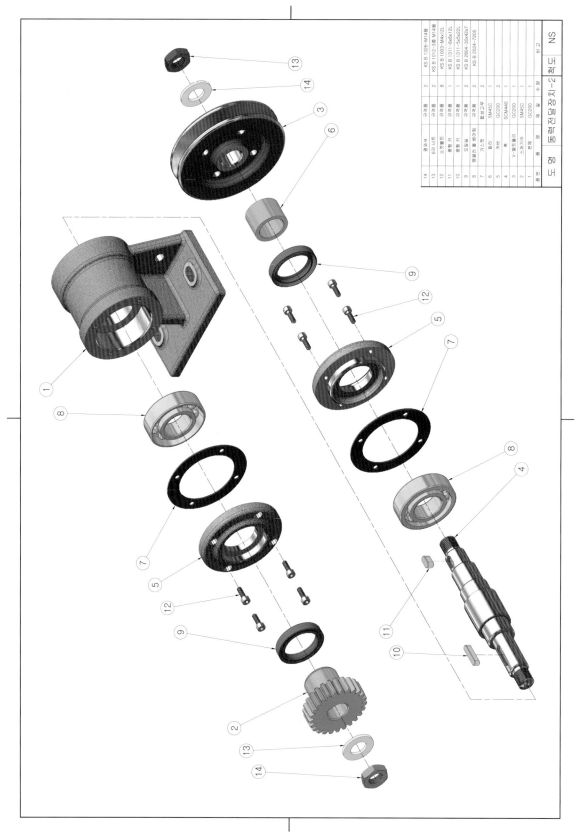

품 번	품 명	재 질	수 량	비 고
14	너트	재질	2	KS B 1326-M14용
13	6각 너트	규격품	2	KS B 1012-3종 M14용
12	소켓볼트	규격품	8	KS B 1003-M4x12L
11	평행핀	규격품	1	KS B 1311-6x6x12L
10	평행키	규격품	1	KS B 1311-5x5x22L
9	오일실	규격품	2	KS B 2804-30x42x7
8	볼 베어링	규격품	2	KS B 2024-7205
7	커버가스켓	종이(오일지)	2	
6	칼라	SM45C	1	
5	커버	GC200	2	
4	축	SCM440	1	
3	V-벨트풀리	GC200	1	
2	스퍼기어	SM45C	1	
1	본체	GC200	1	

도 명	동력전달장치-2	척도	NS

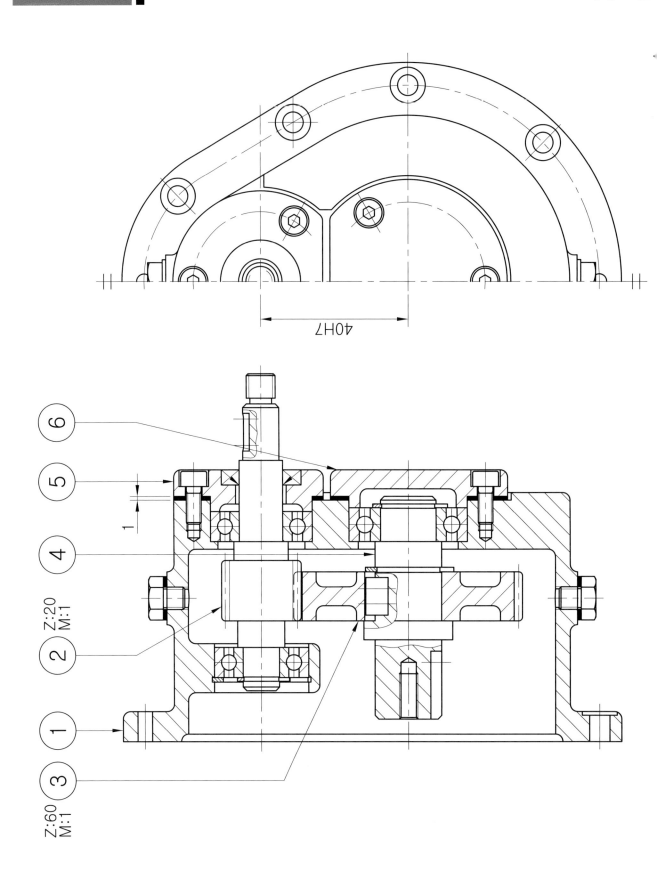

40H7

6

5

1

Z:20
M:1

4

2

3

Z:60
M:1

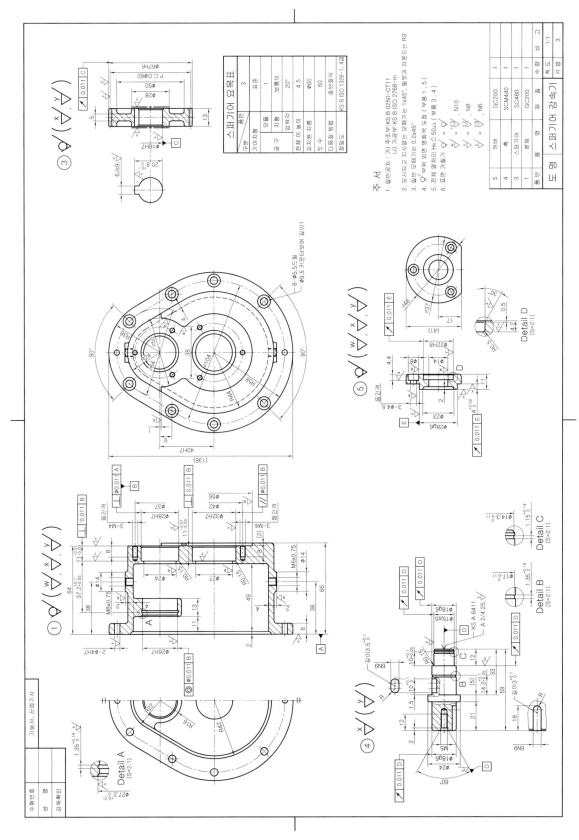

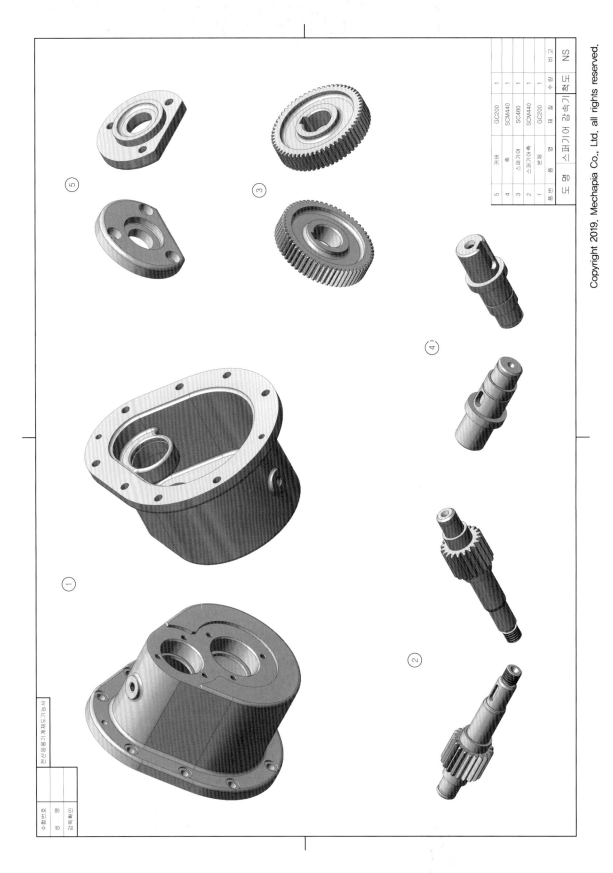

5	커버	GC200	1	
4	축	SCM440	1	
3	스퍼기어	SC480	1	
2	스퍼기어축	SCM440	1	
1	본체	GC200	1	
품번	품명	재질	수량	비고

도명 스퍼기어 감속기 척도 NS

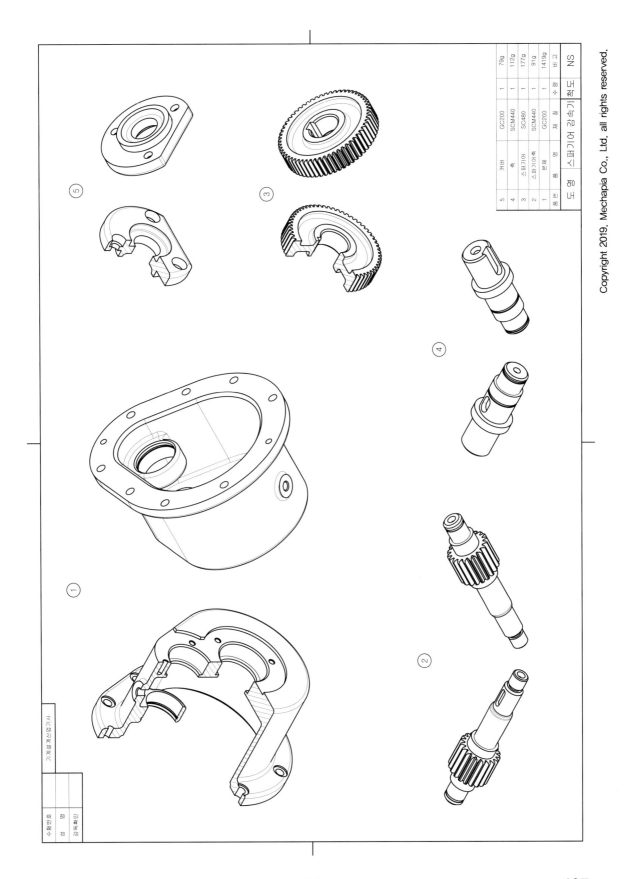

번 호	품 명	재 질	수 량	비 고
5	커버	GC200	1	79g
4	축	SCM440	1	112g
3	스퍼기어	SC480	1	177g
2	스퍼기어축	SCM440	1	91g
1	본체	GC200	1	1419g
도 명	스퍼기어 감속기 척도			NS

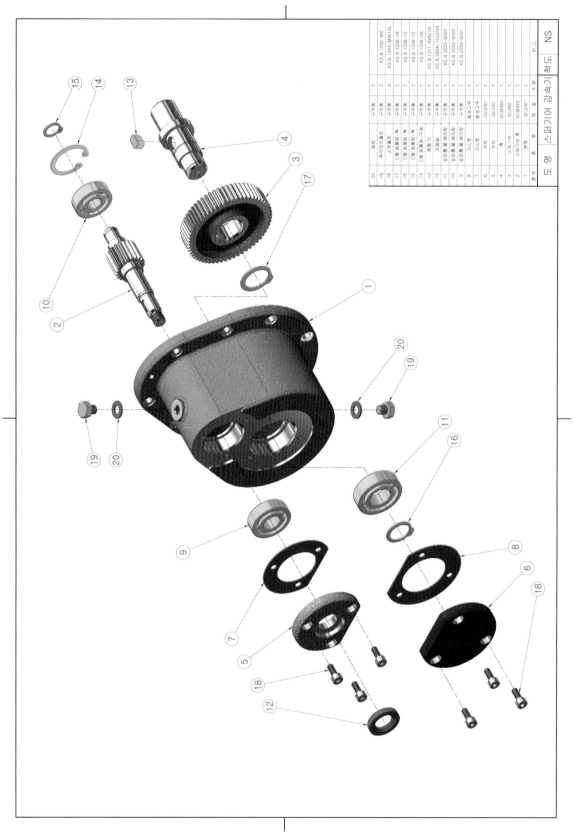

품번	품 명	재 질	수 량	비 고
20	볼트	규격품	2	KS B 1002-M6
19	육각머리볼트	규격품	2	KS B 1003-M4x10L
18	소켓볼트	규격품	6	KS B 1336-18
17	C형 멈춤링-축용	규격품	1	KS B 1336-15
16	C형 멈춤링-축용	규격품	1	KS B 1336-10
15	C형 멈춤링-축용	규격품	1	KS B 1336-26
14	C형 멈춤링-구멍용	규격품	1	
13	평행핀	규격품	1	KS B 1311-5x6x10L
12	오일실	규격품	1	KS B 2804-12x22x4
11	레이디얼 볼베어링	규격품	1	KS B 2023-6002
10	레이디얼 볼베어링	규격품	1	KS B 2023-6000
9	레이디얼 볼베어링	규격품	1	KS B 2023-6001
8	가스켓	합성고무	1	
7	가스켓	합성고무	1	
6	커버	GC200	1	
5	커버	GC200	1	
4	축	SCM440	1	
3	스퍼기어	SCM440	1	
2	스퍼기어축	SCM440	1	
1	본체	GC200	1	

도 명 | 스퍼기어 감속기 | 척도 | NS

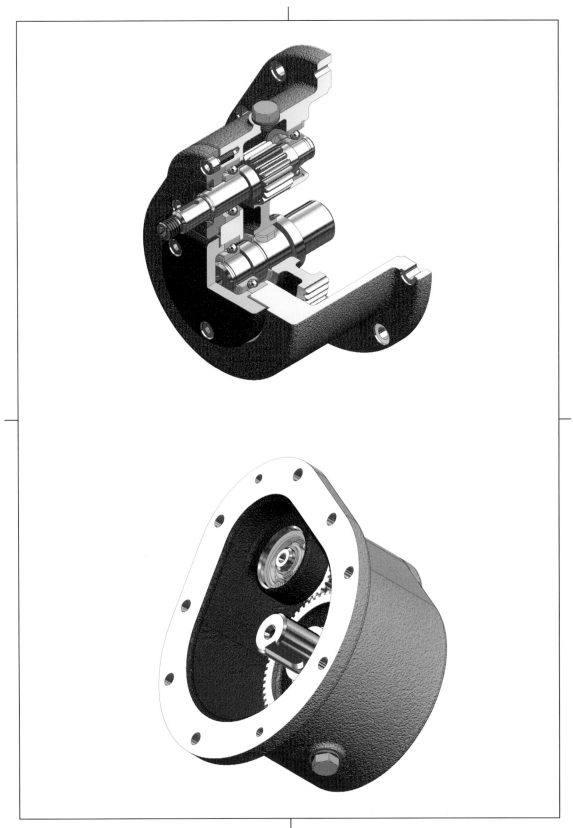

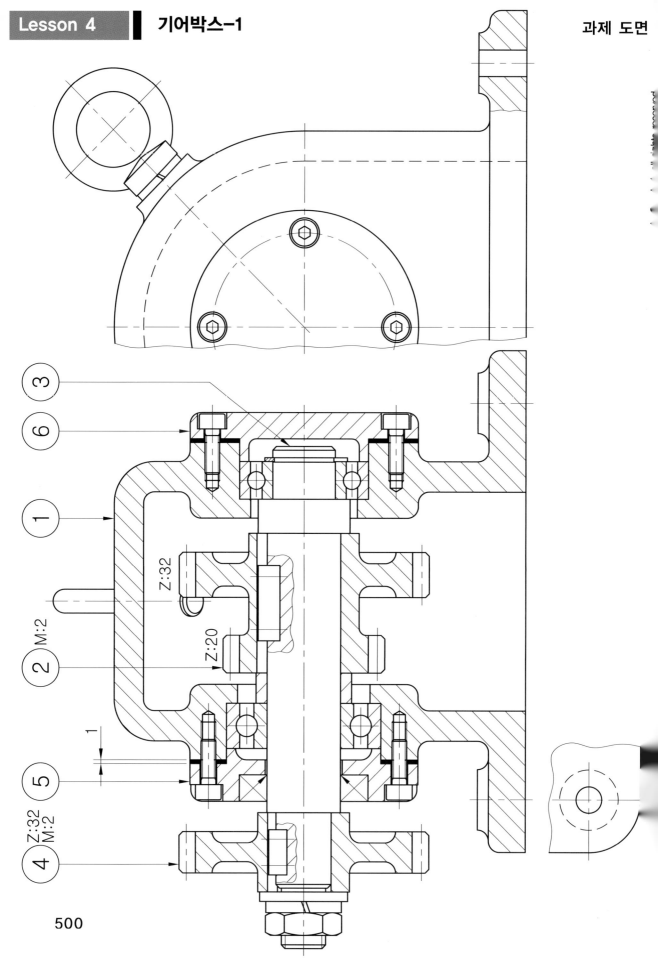

Z:32

M:2

Z:20

1

Z:32
M:2

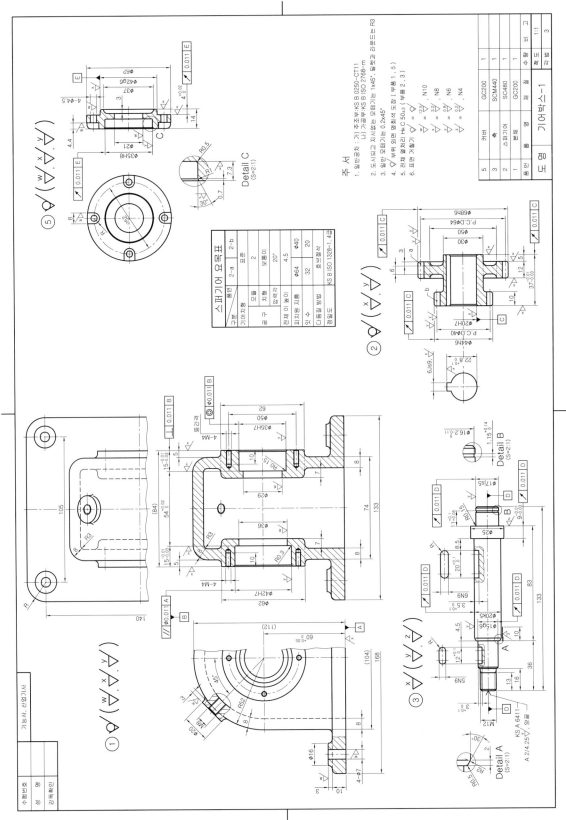

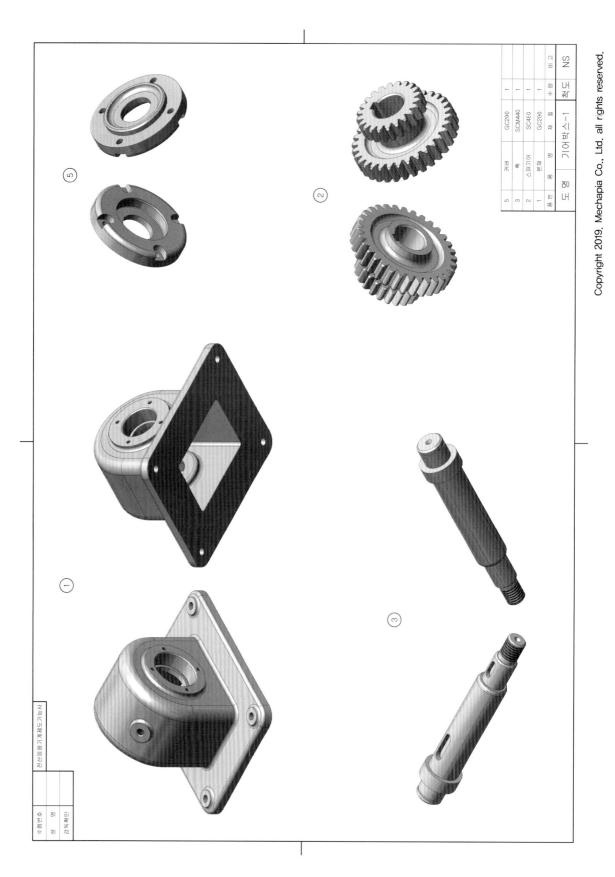

5	커버			GC200	1	
3	축			SCM440	1	
2	스퍼기어			SC4E0	1	
1	본체			GC200	1	
품번	품 명			재 질	수량	비고
도 명	기어박스-1			척도	NS	

수험번호		전산응용기계제도기능사
성 명		
감독위원		

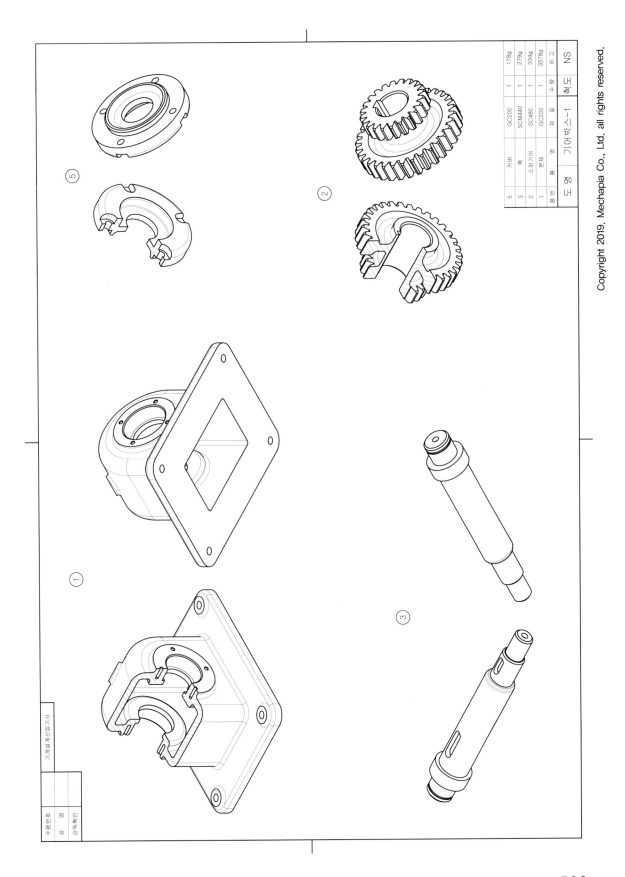

5	커버	GC200	1	178g
3	축	SCM440	1	279g
2	스퍼기어	SC480	1	334g
1	본체	GC200	1	3578g
품번	품명	재질	수량	비고

기어박스-1

도명 | 척도 NS

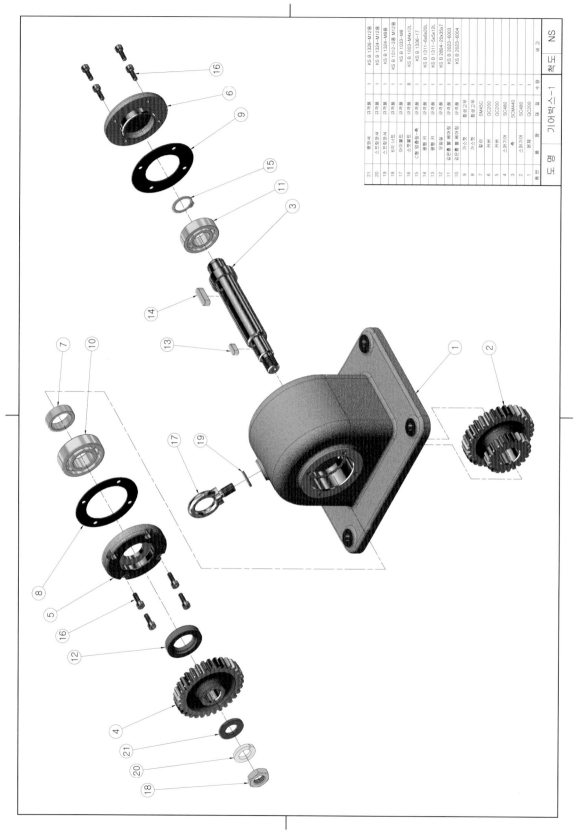

품번	품 명	재 질	수 량	비 고
21	평와셔	규격품	1	KS B 1326-M12용
20	스프링와셔	규격품	1	KS B 1324-M12용
19	스프링와셔	규격품	1	KS B 1324-M8용
18	6각 너트	규격품	1	KS B 1012-3종 M12용
17	아이볼트	규격품	1	KS B 1033-M8
16	소켓볼트	규격품	8	KS B 1003-M4x12L
15	C형 멈춤링-축	규격품	1	KS B 1336-17
14	평행 키	규격품	1	KS B 1311-6x6x20L
13	평행 키	규격품	1	KS B 1311-5x5x12L
12	래지얼 볼 베어링(오일)	규격품	1	KS B 2804-20x35x7
11	깊은 홈 볼 베어링(오일)	규격품	1	KS B 2023-6003
10	깊은 홈 볼 베어링(오일)	규격품	1	KS B 2023-6004
9	가스켓	압축고무	1	
8	가스켓	압축고무	1	
7	칼라	SM45C	1	
6	커버	GC200	1	
5	커버	GC200	1	
4	스퍼기어	SC480	1	
3	축	SCM440	1	
2	스퍼기어	SC480	1	
1	본체	GC200	1	

도 명	기어박스-1	척 도	NS

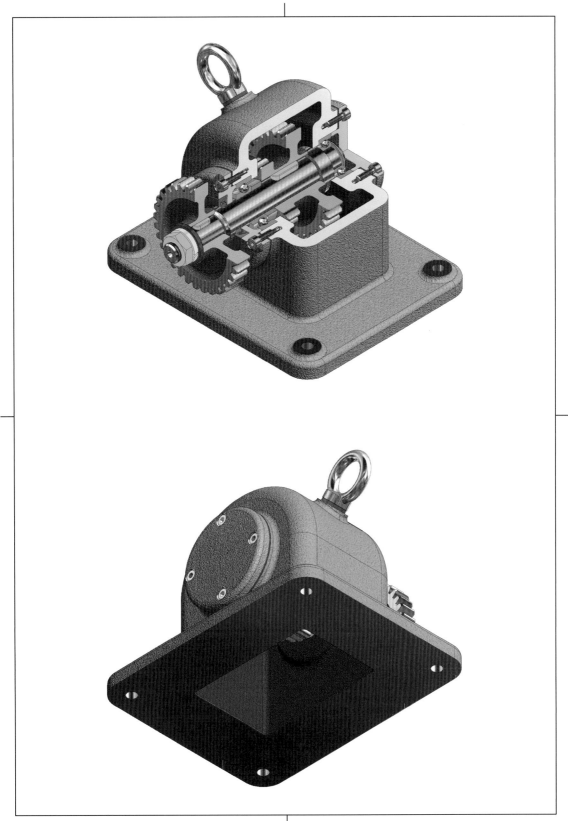

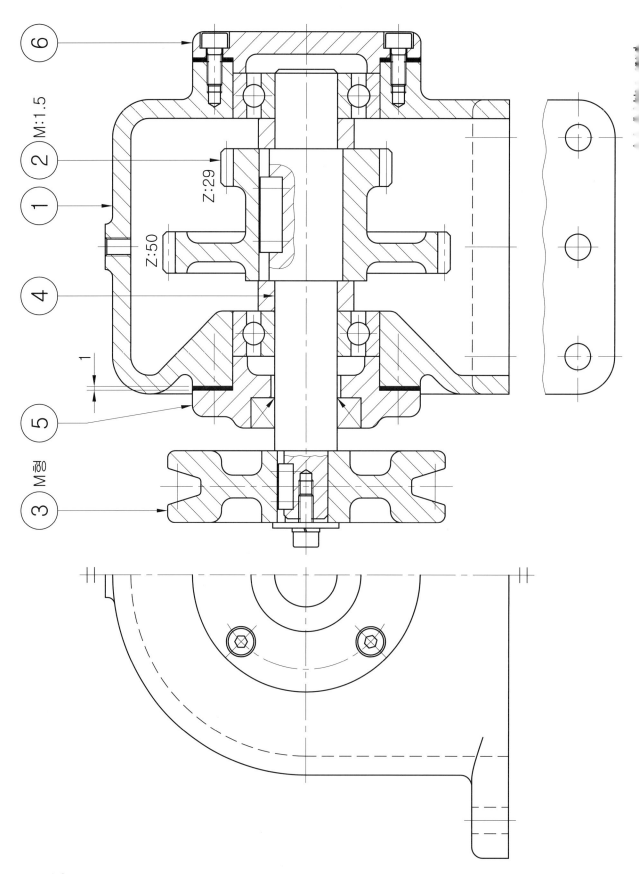

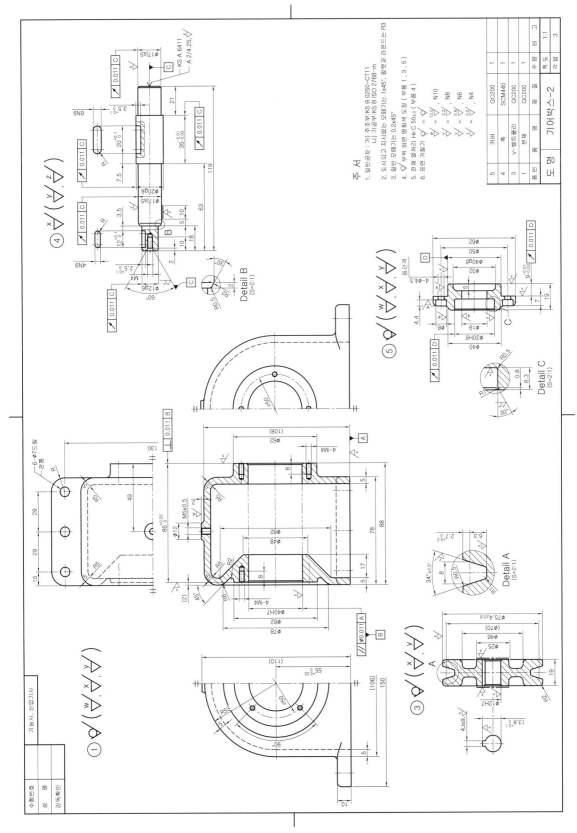

품 번	품 명	재 질	수 량	비 고
5	커버	GC200	1	
4	축	SCM440	1	
3	V-벨트풀리	GC200	1	
2	스퍼기어	SC480	1	
1	본체	GC200	1	

도 명 기어박스-2 척도 NS

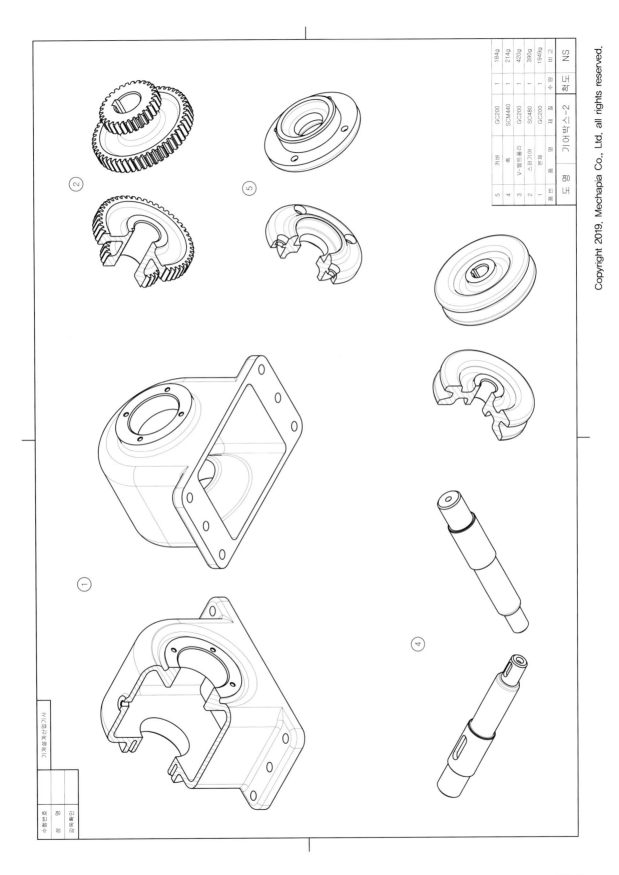

품번	품명	재질	수량	비고
5	커버	GC200	1	184g
4	축	SCM440	1	214g
3	V-벨트풀리	GC200	1	420g
2	스퍼기어	SC480	1	390g
1	본체	GC200	1	1949g

도명	기어박스-2	척도	NS

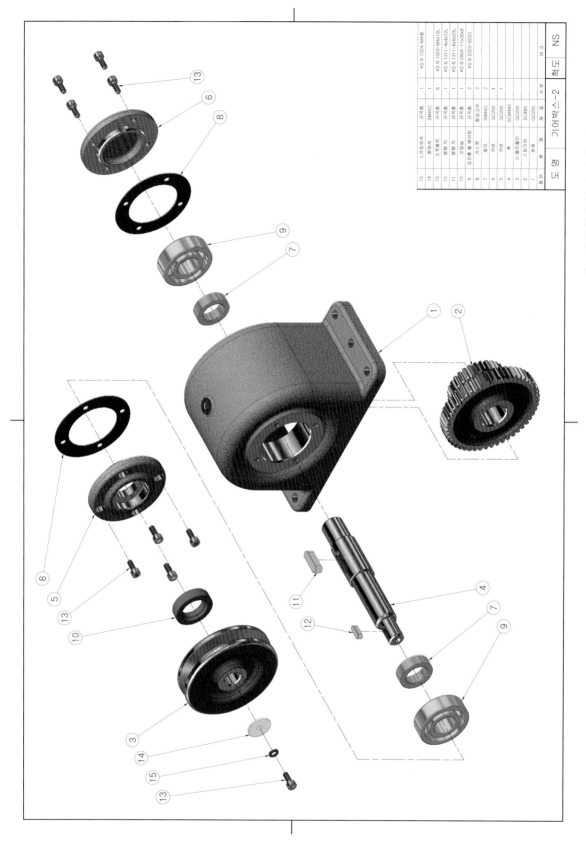

품번	품명	재질	수량	비고
15	스프링와셔	규격품	1	KS B 1324-M4용
14	평와셔	SM45C	1	
13	소켓볼트	규격품	9	KS B 1003-M4x10L
12	멈춤나사	규격품	1	KS B 1311-4x4x12L
11	키	규격품	1	KS B 1311-6x6x20L
10	오일씰	규격품	1	
9	깊은홈볼베어링	규격품	2	KS B 2804-17x20x8
8	개스킷	합성고무	2	
7	칼라	SM45C	2	
6	커버	GC200	1	
5	커버	GC200	1	
4	축	SCM440		
3	V-벨트풀리	GC200		
2	스퍼기어	SC480		
1	본체	GC200		

기어박스-2 NS

Copyright 2019. Mechapia Co., Ltd, all rights reserved.

510

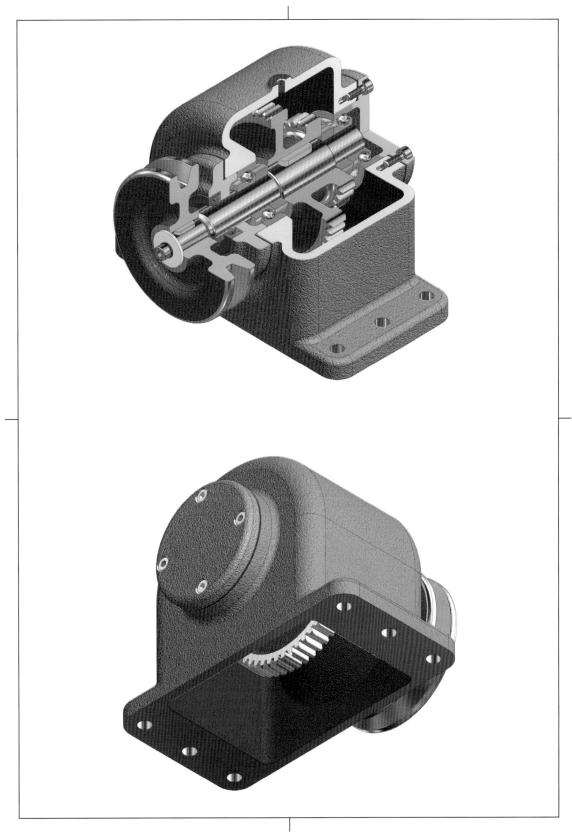

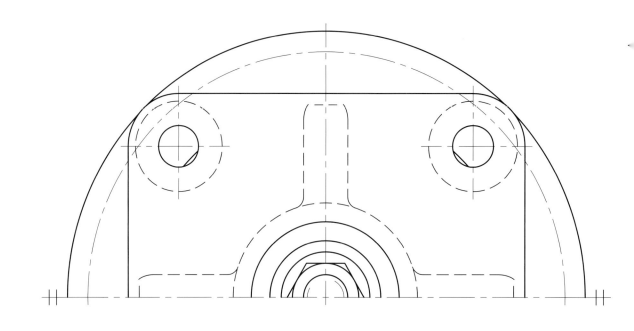

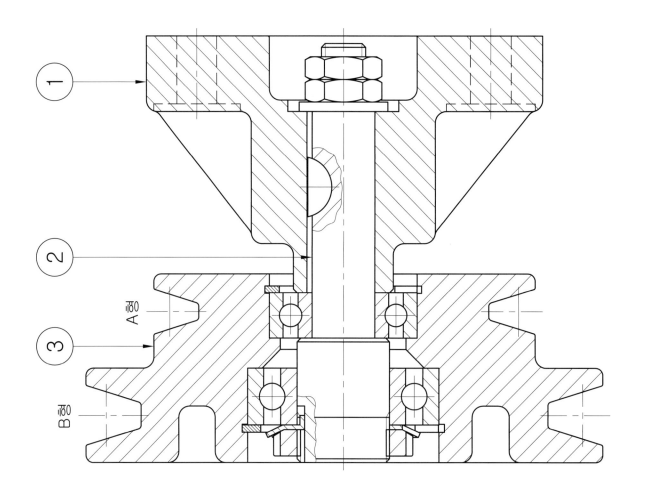

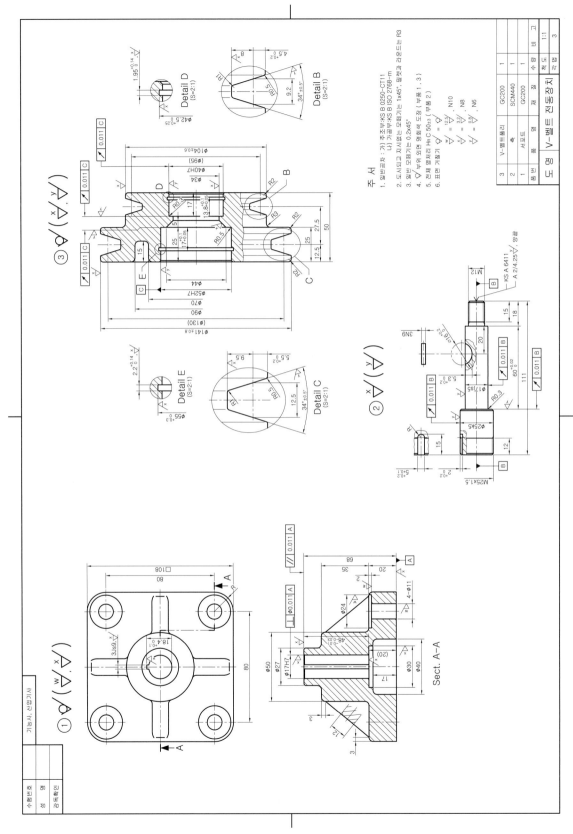

품번	품 명	재 질	수 량	비 고
3	V-벨트풀리	GC220	1	
2	축	SCM440	1	
1	서포트	GC220	1	

도 명	V-벨트 전동장치 척도	NS

3	V-벨트풀리	GC200	1	3005g
2	축	SCM440	1	247g
1	서포트	GC200	1	2204g
품번	품명	재 질	수량	비 고

도 명	V-벨트 전동장치	척 도	NS

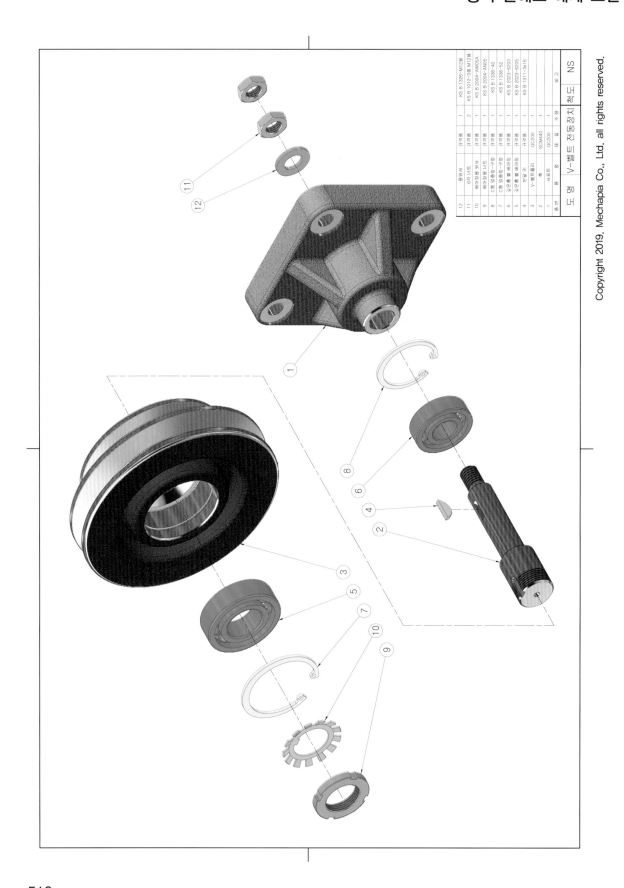

품번	품 명	재 질	수량	비 고
12	평와셔	규격품	1	KS B 1326-M12형
11	6각 너트	규격품	2	KS B 1012-3종 M12형
10	베어링용 와셔	규격품	1	KS B 2004-AW05A
9	베어링용 너트	규격품	1	KS B 2004-AN05
8	C형 멈춤링-구멍	규격품	1	KS B 1336-40
7	C형 멈춤링-구멍	규격품	1	KS B 1336-52
6	깊은홈 볼베어링	규격품	1	KS B 2023-6203
5	깊은홈 볼베어링	규격품	1	KS B 2023-6205
4	묻힘키	규격품	1	KS B 1311-3x16
3	V-벨트 풀리	GC200	1	
2	축	SCM440	1	
1	서포트	GC200	1	

도 명	V-벨트 전동장치	척도	NS

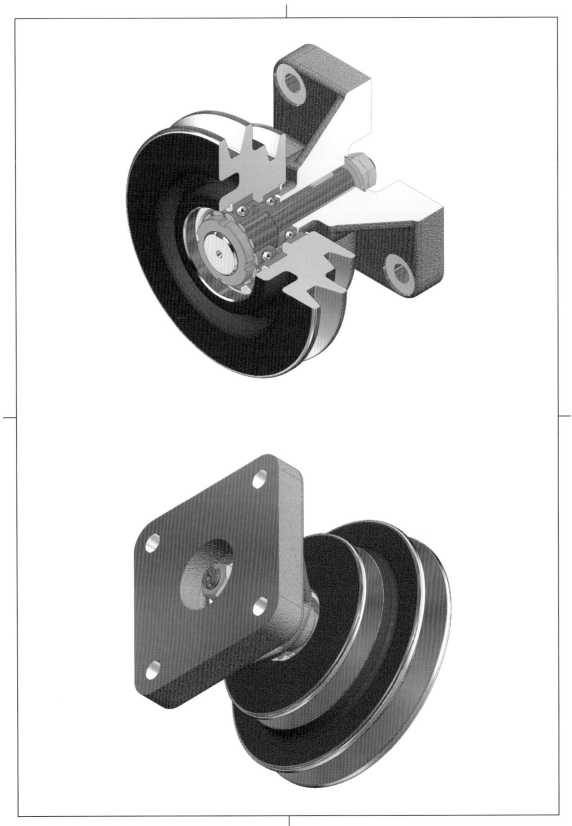

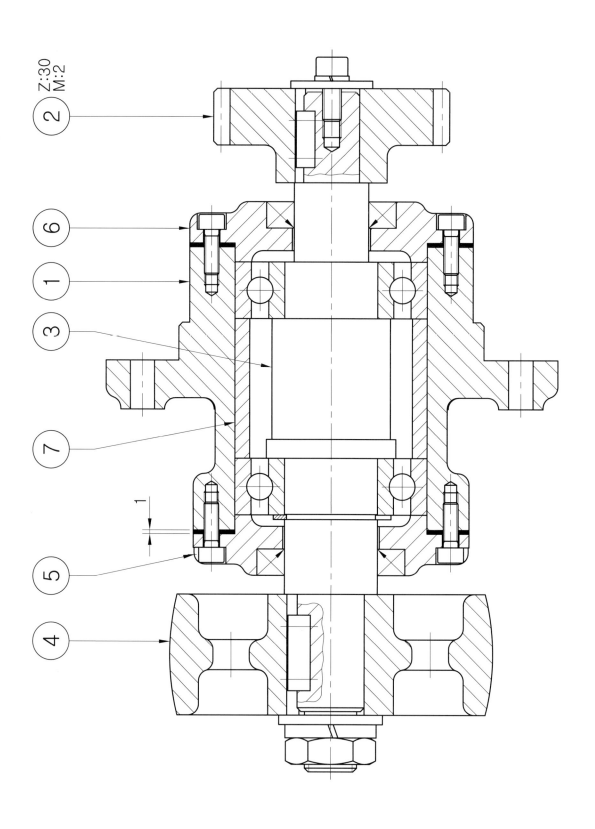

Z:30
M:2

② ⑥ ① ③ ⑦ ⑤ ④

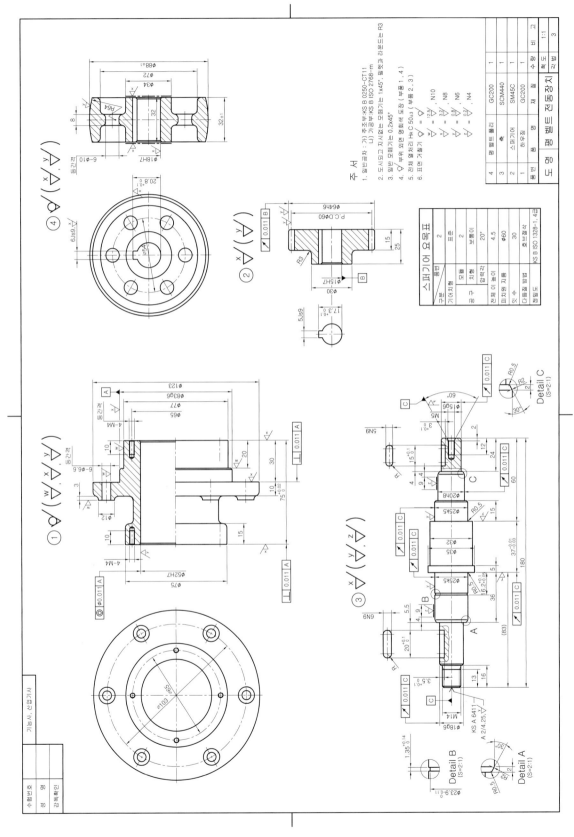

주 서
1. 일반공차 : 가) 주조부·KS B 0250-CT11
   나) 가공부·KS B ISO 2768-m
2. 도시되고 지시없는 모떼기는 1×45°, 필렛과 라운드는 R3
3. 일반 모떼기는 0.2×45°
4. ▽부위 외면 명황색 도장 (부품1, 4)
5. 전체 열처리 HℝC 50±3 (부품 2, 3)
6. 표면 거칠기

스퍼기어 요목표

구분		기어치형	표준
공구	치형	보통이
	모듈	2
	압력각	20°
전체 이 높이	4.5
피치원 지름	φ60
잇수	30
다듬질 방법	호브절삭
정밀도	KS B ISO 1328-1, 4급

품 번	품 명	재 질	수 량	비 고
4	플랜지 풀리	GC200	1	
3	축	SCM440	1	
2	스퍼기어	SM45C	1	
1	하우징	GC200	1	
도 명	평 벨트 전동장치			
척 도	1:1			
각 법	3			

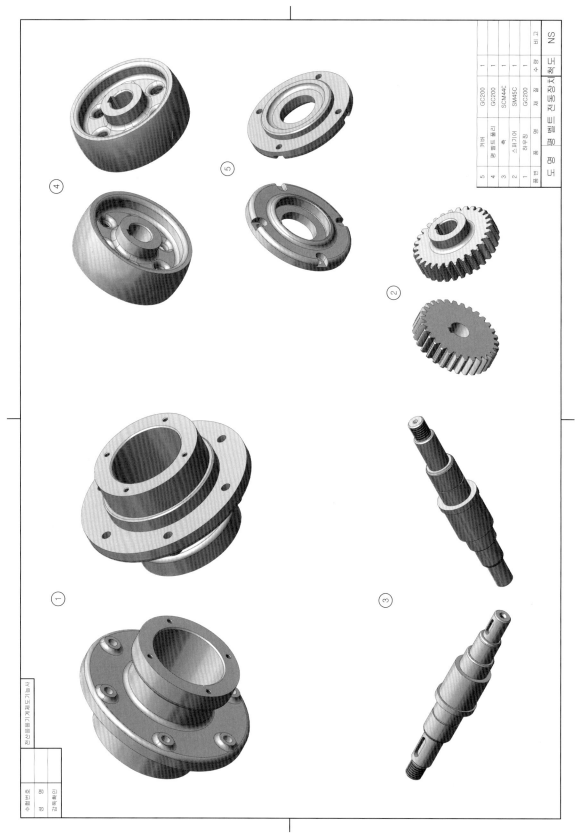

품번	품 명	재 질	수 량	비 고
5	커버	GC200	1	
4	평벨트풀리	GC200	1	
3	축	SCM44C	1	
2	스파기어	SM45C	1	
1	하우징	GC200	1	

도 면 명 **평벨트전동장치** 척 도 NS

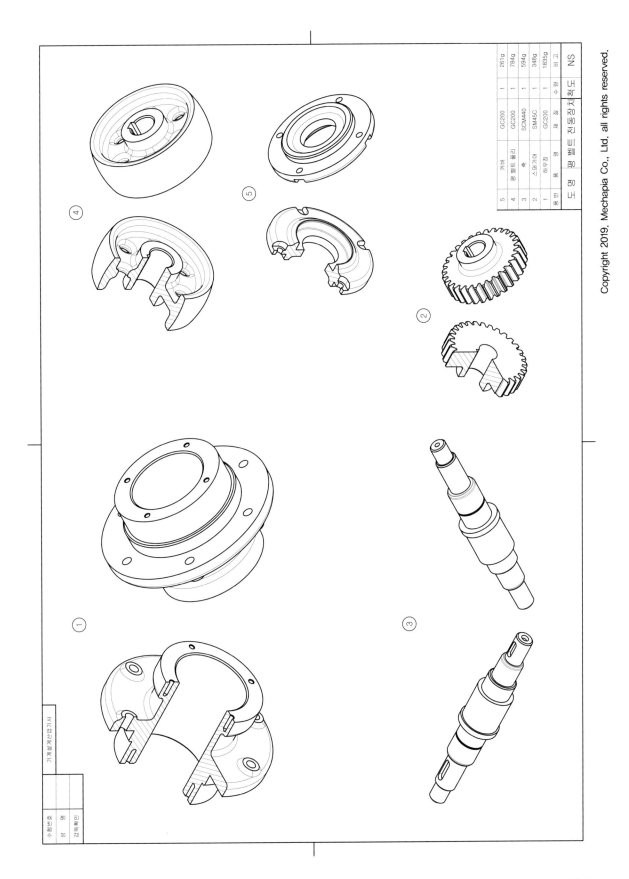

품번	품 명	재 질	수 량	비 고
5	커버	GC200	1	261g
4	평벨트 풀리	GC200	1	784g
3	축	SCM440	1	594g
2	스퍼기어	SM45C	1	348g
1	하우징	GC200	1	1835g

도 명 평벨트 전동장치 척도 NS

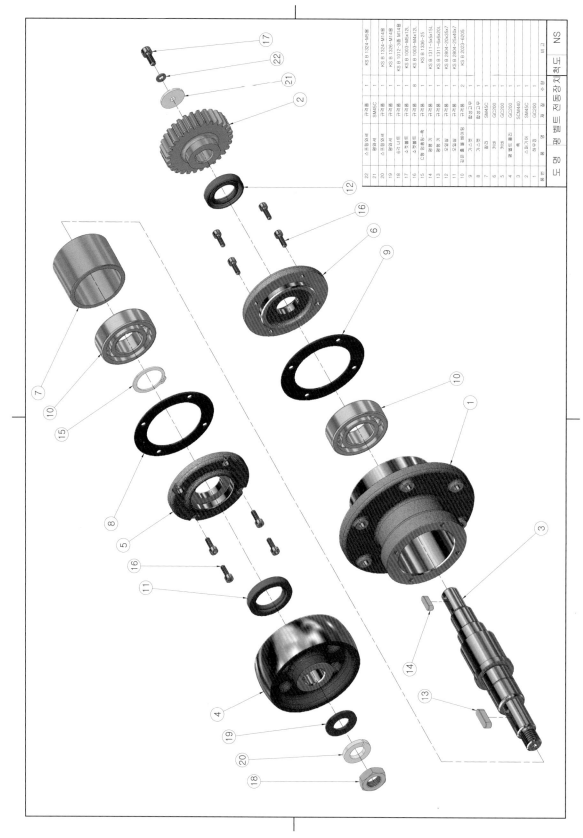

품번	품명	재 질	수량	비 고
22	스프링 와셔	규격품	1	KS B 1324-M5용
21	평 와셔	SM45C	1	
20	스프링 와셔	규격품	1	KS B 1324-M14용
19	평 와셔	규격품	1	KS B 1326-M14용
18	6각 너트	규격품	1	KS B 1012-3종 M14용
17	소켓볼트	규격품	1	KS B 1003-M5x12L
16	소켓볼트	규격품	8	KS B 1003-M4x12L
15	C형 멈춤링-축	규격품	1	KS B 1336-25
14	평행 키	규격품	1	KS B 1311-5x5x15L
13	평행 키	규격품	1	KS B 1311-6x6x20L
12	오일실	규격품	1	KS B 2804-20x35x7
11	오일실	규격품	1	KS B 2804-25x40x7
10	깊은홈 볼 베어링	규격품	2	KS B 2023-6205
9	커버	합성고무	1	
8	가스켓	합성고무	1	
7	칼라	SM45C	1	
6	커버	GC200	1	
5	커버	GC200	1	
4	평벨트 풀리	GC200	1	
3	축	SCM440	1	
2	스퍼기어	SM45C	1	
1	본체	GC200	1	

평벨트 전동장치 NS

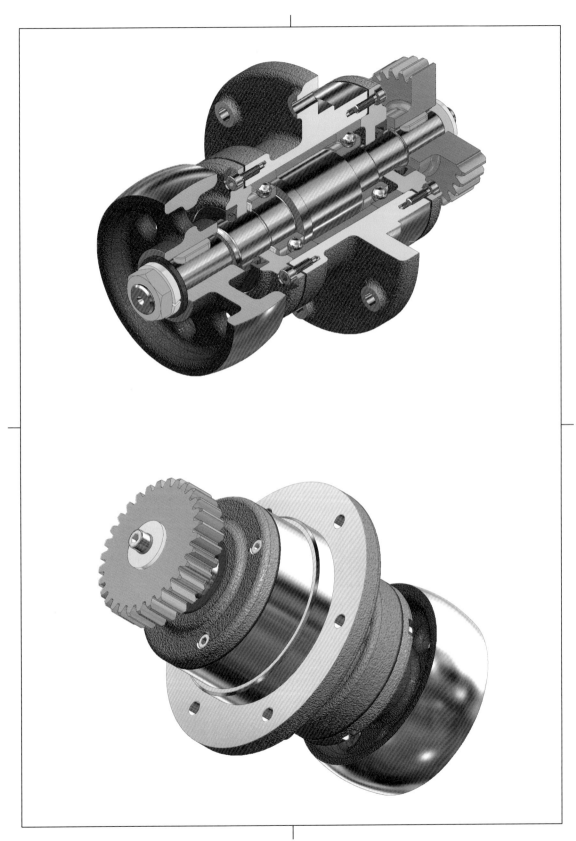

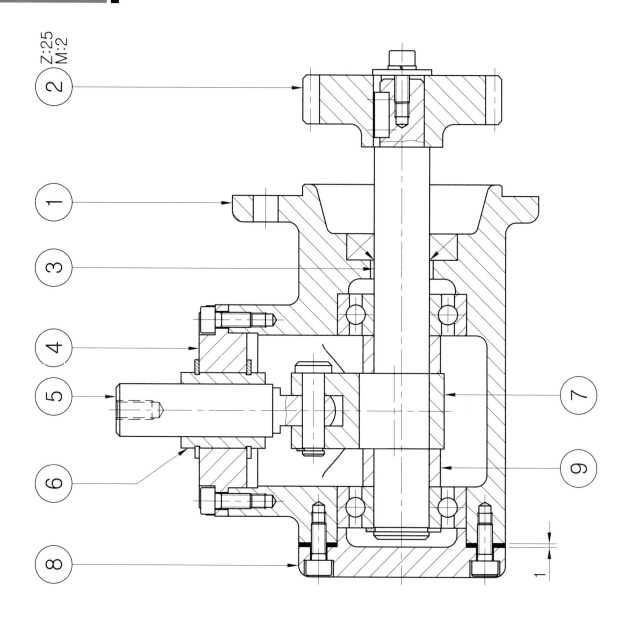

Z:25
M:2

② ① ③ ④ ⑤ ⑥ ⑧ ⑦ ⑨

1

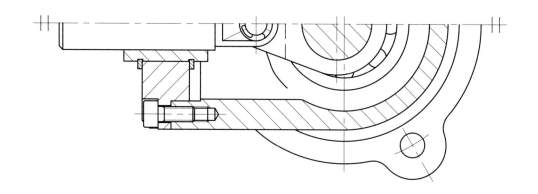

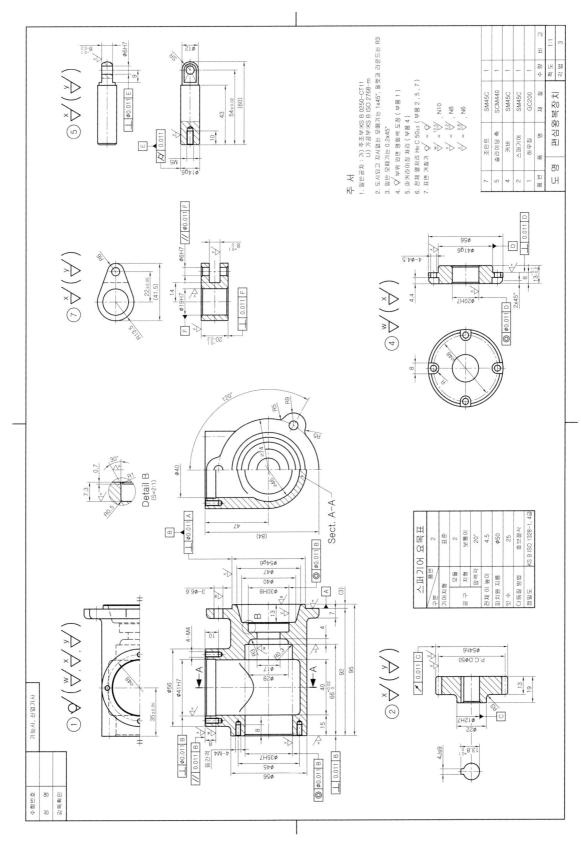

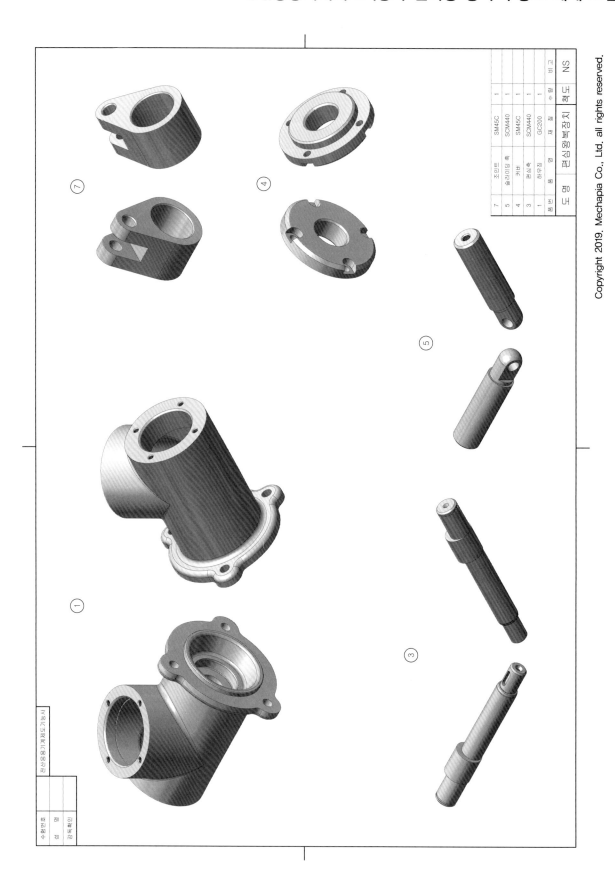

품번	품 명	재 질	수량	비 고
7	조인트	SM45C	1	
5	슬라이딩 축	SCM440	1	
4	커버	SM45C	1	
3	편심축	SCM440	1	
1	하우징	GC200	1	

편심왕복장치

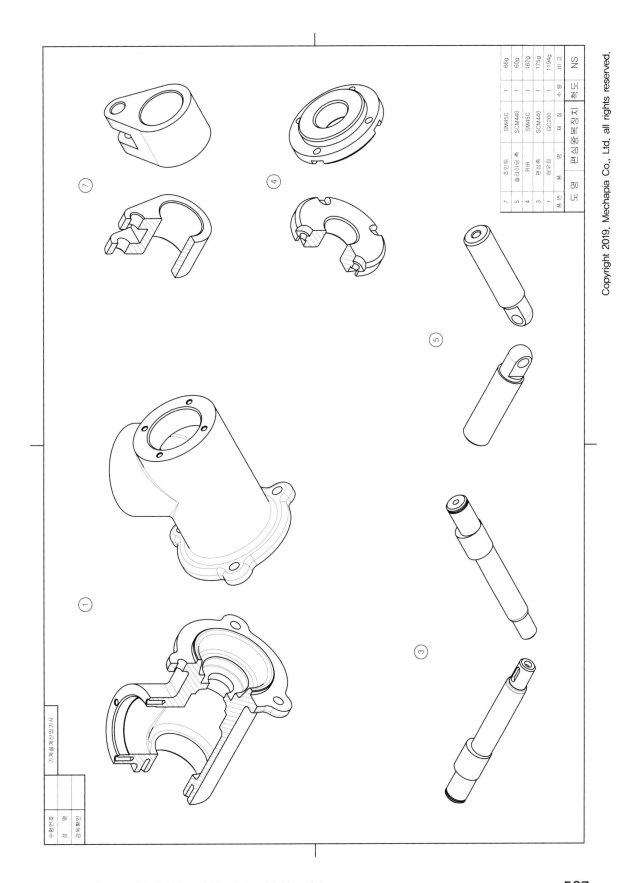

7	조인트	SM45C	1	66g
5	슬라이딩 축	SCM440	1	60g
4	커버	SM45C	1	162g
3	편심축	SCM440	1	175g
1	하우징	GC200	1	1194g
품번	품명	재질	수량	비고

도 명	편심왕복장치	척 도	NS

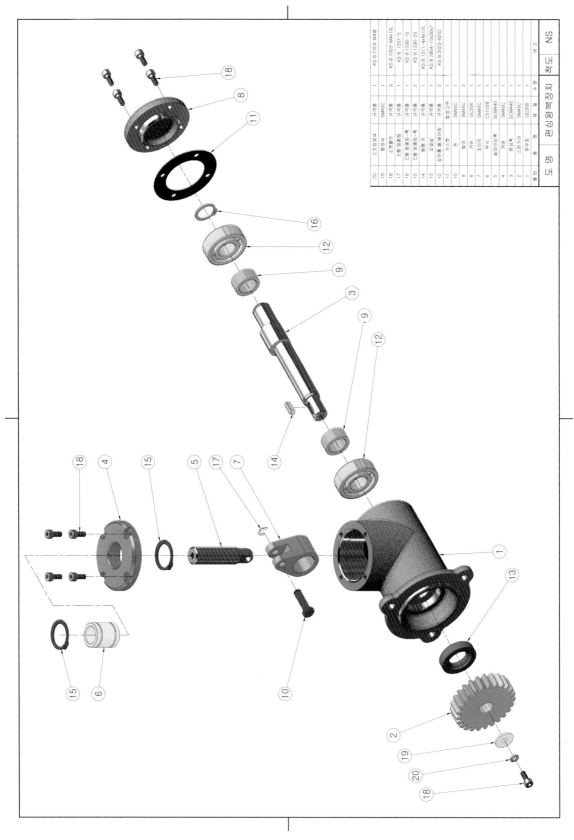

품번	품 명	재 질	수량	비 고
20	스프링와셔	규격품	1	KS B 1324-M4용
19	평와셔	SM45C	1	KS B 1003-M4x10L
18	소켓볼트	규격품	9	KS B 1337-5
17	E형 멈춤링	규격품	1	KS B 1336-15
16	C형 멈춤링-축	규격품	2	KS B 1336-20
15	C형 멈춤링-축	규격품	1	KS B 1311-4x4x12L
14	평행 키	규격품	1	
13	오일실	규격품	2	KS B 2804-15x30x7
12	깊은홈볼베어링	규격품	2	KS B 2023-6202
11	가스켓	합성고무	1	
10	핀	SM45C	1	
9	칼라	SM45C	2	
8	커버	GC200	1	
7	조인트	SM45C	1	
6	부시	C5102B	1	
5	슬라이더축	SCM440	1	
4	커버	SM45C	1	
3	편심축	SCM440	1	
2	스퍼기어	SM45C	1	
1	하우징	GC200	1	
품번	품 명	재 질	수량	비 고

편심왕복장치

척 도 NS

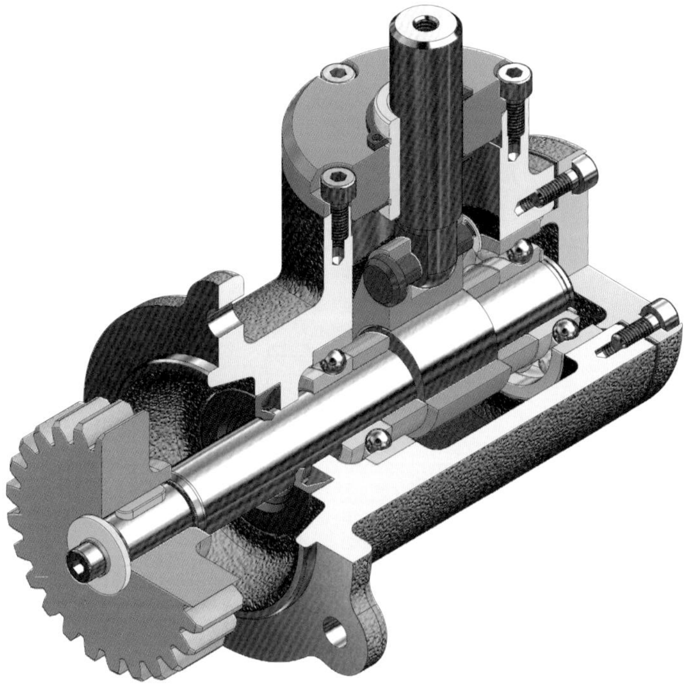

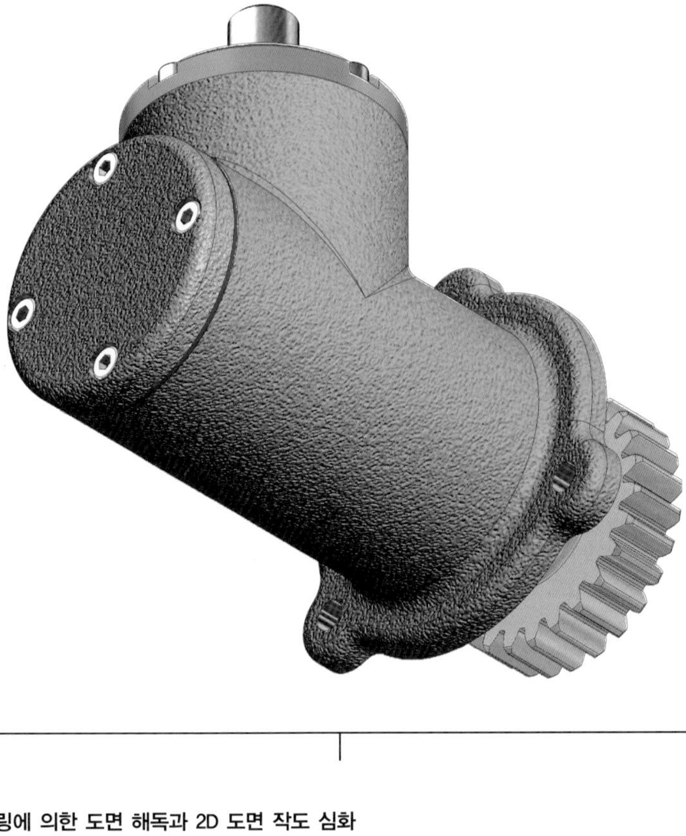

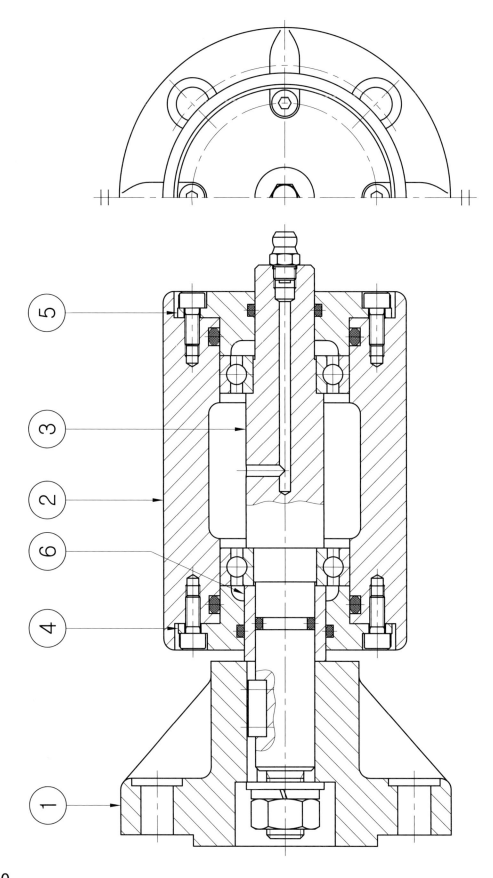

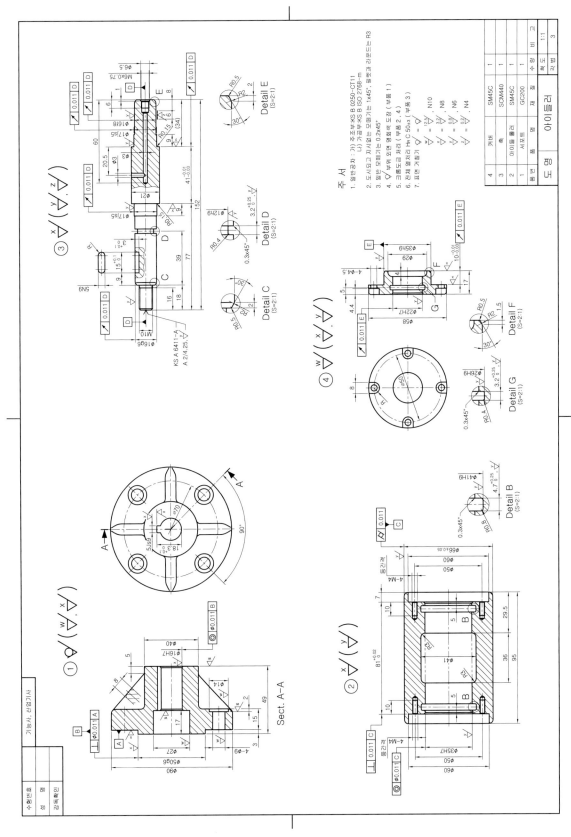

주 서
1. 일반공차 : 가) 주조부-KS B 0250-CT11
            나) 가공부-KS B ISO 2768-m
2. 도시되고 지시없는 모떼기는 1x45°, 필렛과 라운드는 R3
3. 일반 모떼기는 0.2x45°
4. ▽ 부위 외면 명회색 도장 (부품 1)
5. 크롬도금 처리 (부품 2 , 4)
6. 전체 열처리 HRC 50±3 (부품 3)
7. 표면 거칠기 ▽

품번	품 명	재 질	수 량	비 고
4	커버	SM45C	1	
3	축	SCM440	1	
2	아이들러 풀러	SM45C	1	
1	서포트	GC200	1	
도 명	아이들러		척 도	1:1
			각 법	3

4	3	2	1	품번		
커버	축	아이들러	서포트	품 명	도 명	아이들러
SM45C	SCM440	SM45C	GC200	재 질		
1	1	1	1	수량	척 도	NS
				비 고		

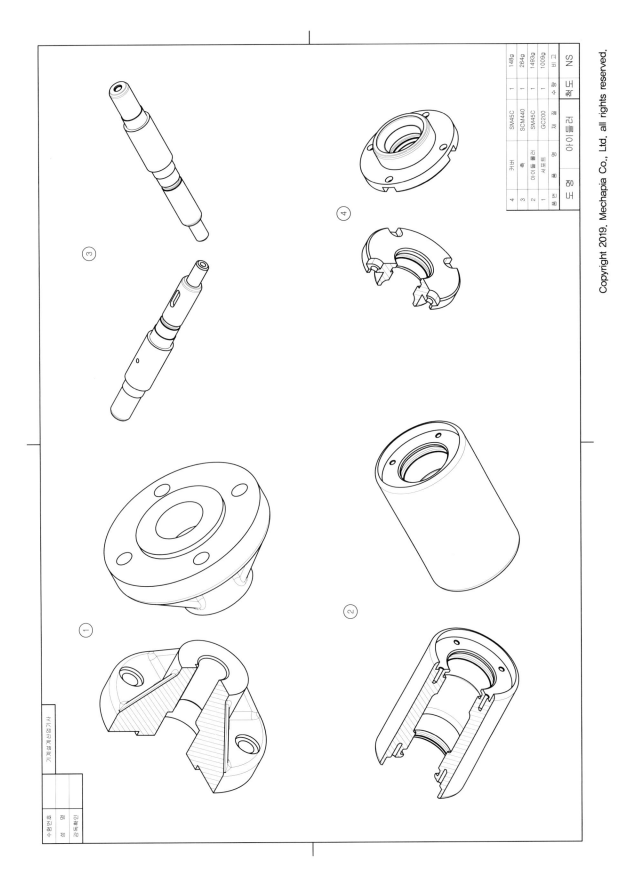

4	커버	SM45C	1	148g
3	축	SCM440	1	264g
2	아이들러	SM45C	1	1493g
1	서포트	GC200	1	1009g
품번	품명	재질	수량	비고
	아이들러		척도	NS
	명칭			도명

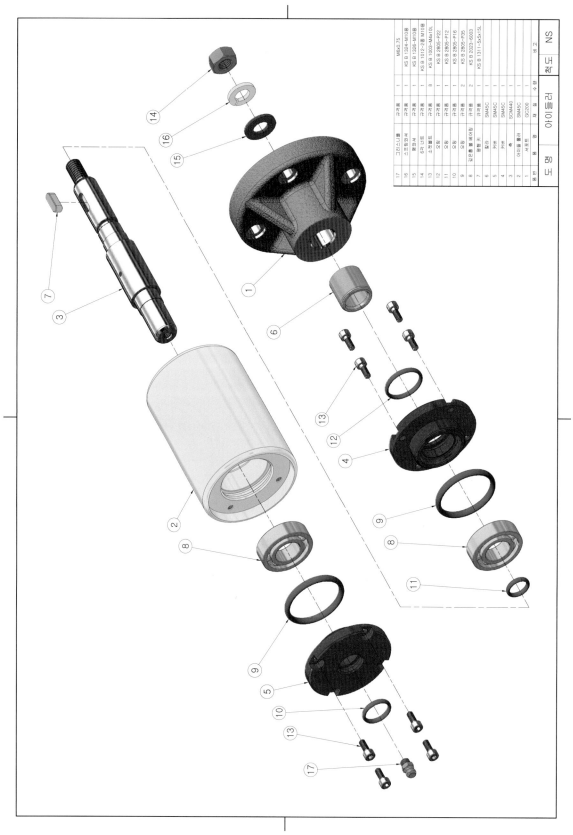

품번	품 명	재 질	수량	비 고
17	마개	규격품	1	M6x0.75
16	스프링와셔	규격품	1	KS B 1324-M10용
15	평와셔	규격품	1	KS B 1326-M10용
14	6각 너트	규격품	1	KS B 1012-2종 M10용
13	소켓볼트	규격품	8	KS B 1003-M4x10L
12	오링	규격품	1	KS B 2805-P22
11	오링	규격품	1	KS B 2805-P12
10	오링	규격품	1	KS B 2805-P16
9	오링	규격품	2	KS B 2805-P35
8	깊은홈볼베어링	규격품	2	KS B 2023-6003
7	평행키	규격품	1	KS B 1311-5x5x15L
6	칼라	SM45C	1	
5	커버	SM45C	1	
4	축	SCM440	3	
3	아이들러	SM45C	1	
2	서포트	GC200	1	
1	본체			

도 명	아이들러	척 도	NS

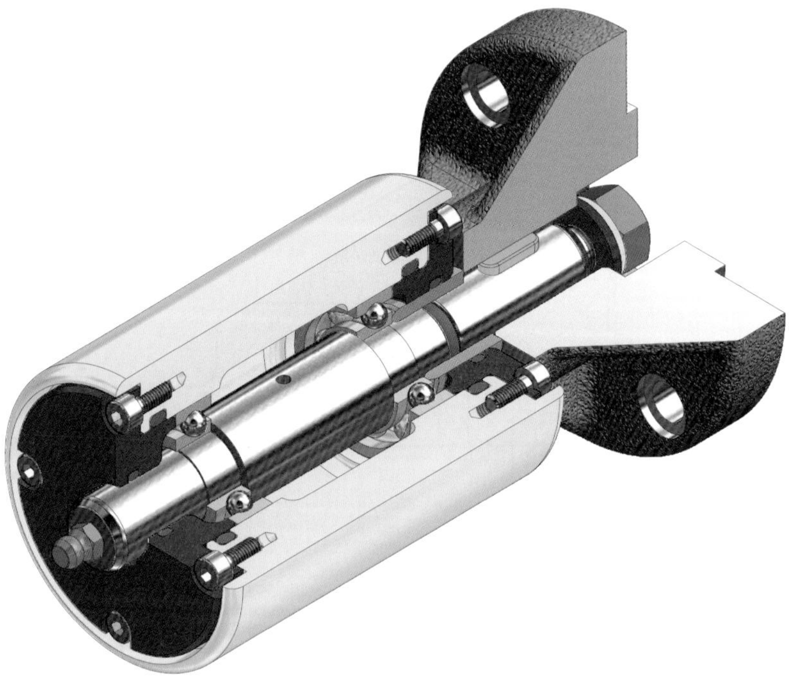

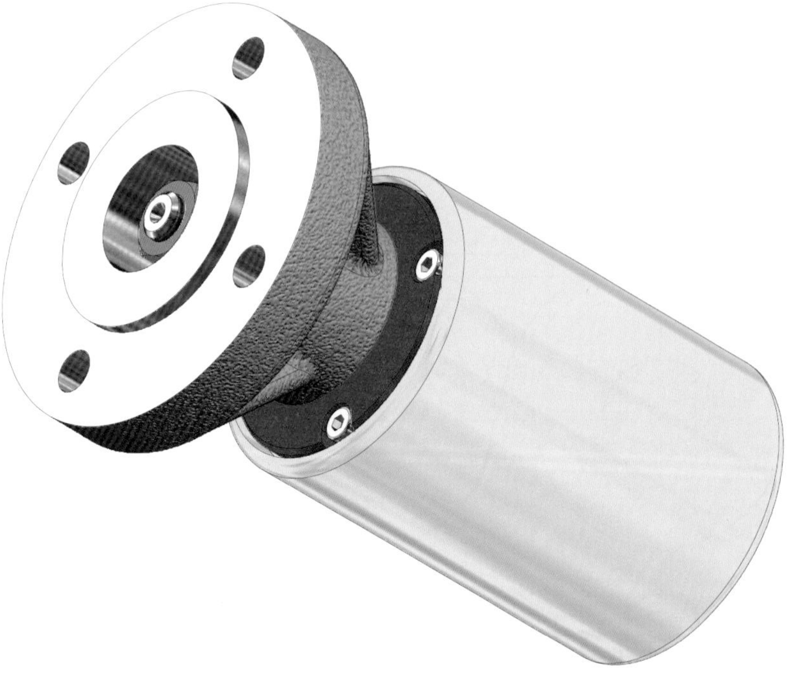

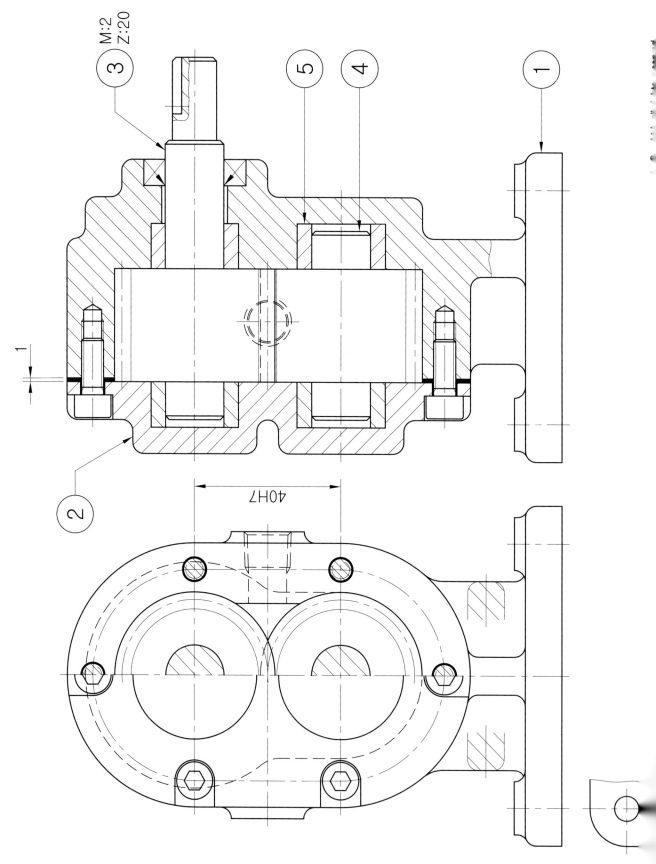

M:2
Z:20

③

⑤

④

①

②

40H7

1

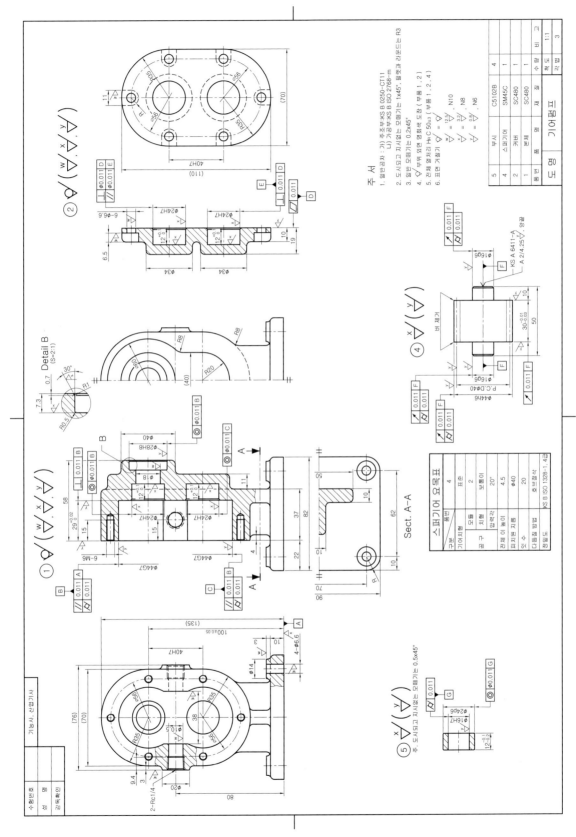

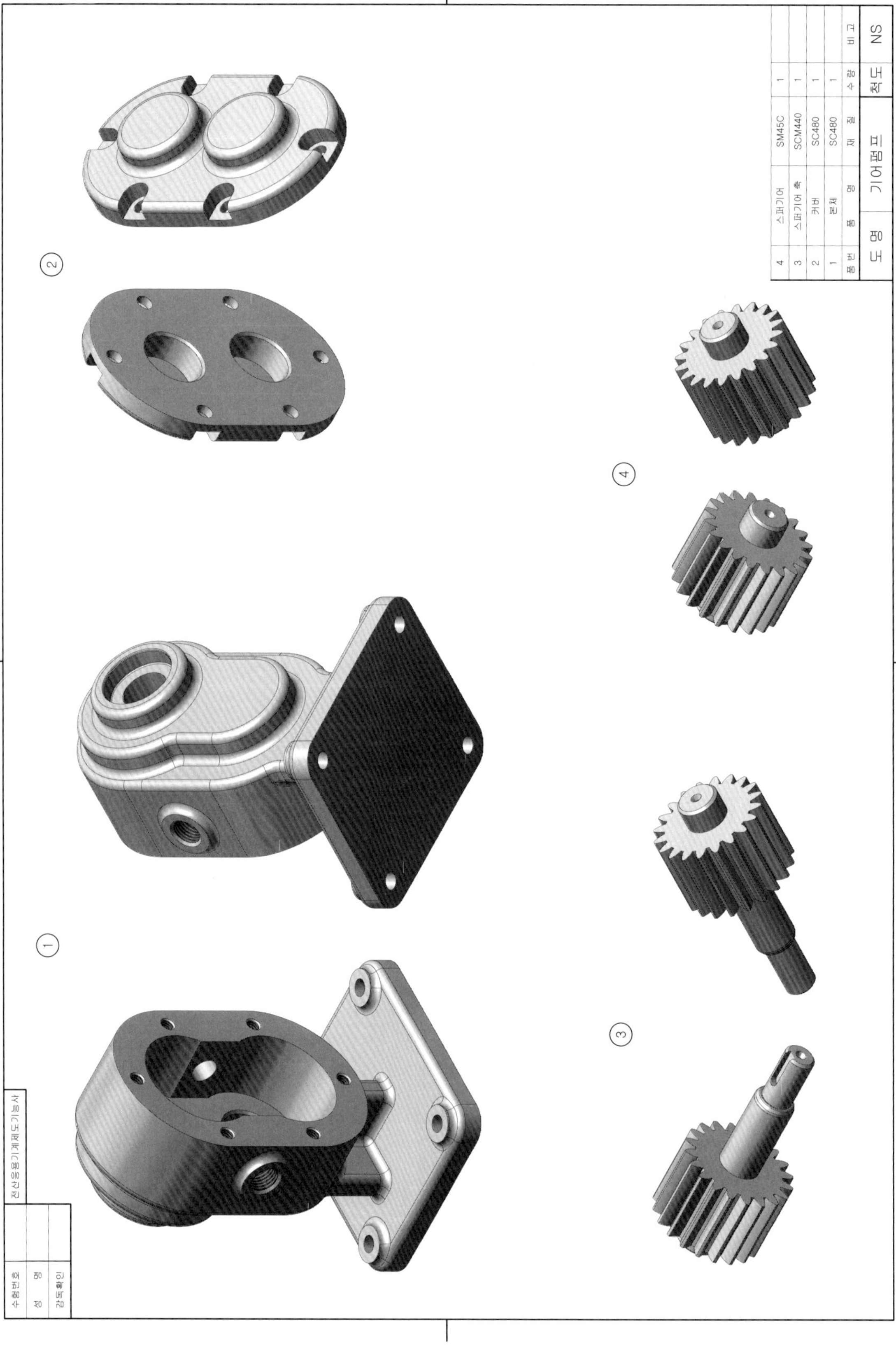

4	스퍼기어	SM45C	1	
3	스퍼기어 축	SCM440	1	
2	커버	SC480	1	
1	본체	SC480	1	
품번	품 명	재 질	수량	비 고

도 명 기어펌프 척도 NS

② ④ ① ③

전산응용기계제도기능사

수험번호	
성 명	
감독확인	

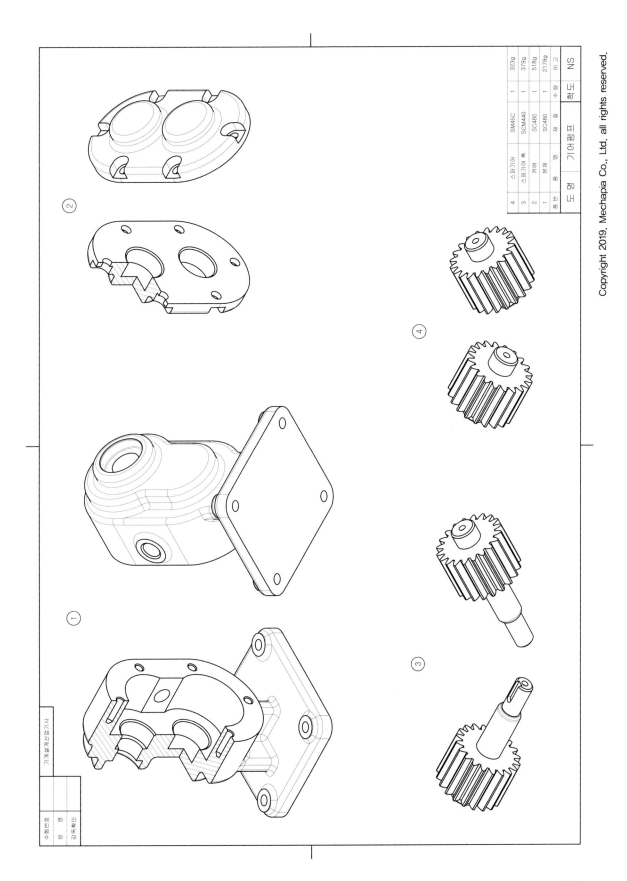

품 번	품 명	재 질	수 량	비 고
1	본체	SC480	1	2178g
2	커버	SC480	1	518g
3	스퍼기어축	SCM440	1	379g
4	스퍼기어	SM45C	1	323g

척도 : NS
도명 : 기어펌프

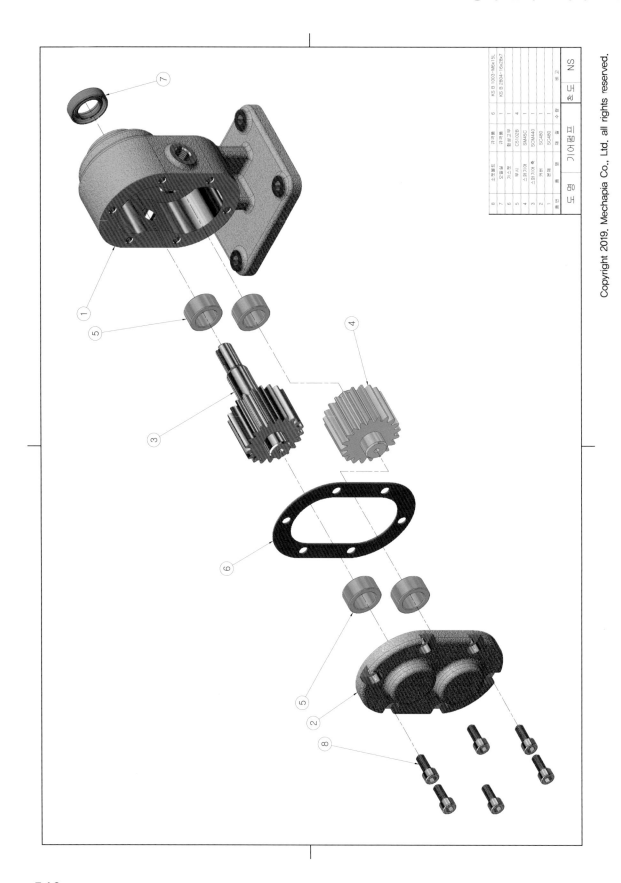

8	7	6	5	4	3	2	1	품 번	도 면	도 명
소켓볼트	오링	오링	가스켓	부시	스퍼기어	스퍼기어 축	커버	보디	품 명	기어펌프
규격품	규격품	규격품	C5102B	SM45C	SCM440	SC480	SC480	재 질		
6	1	1	4	1	1	1	1	수 량	척 도	NS
KS B 1003-M6×15L	KS B 2804-16×28×7							비 고		

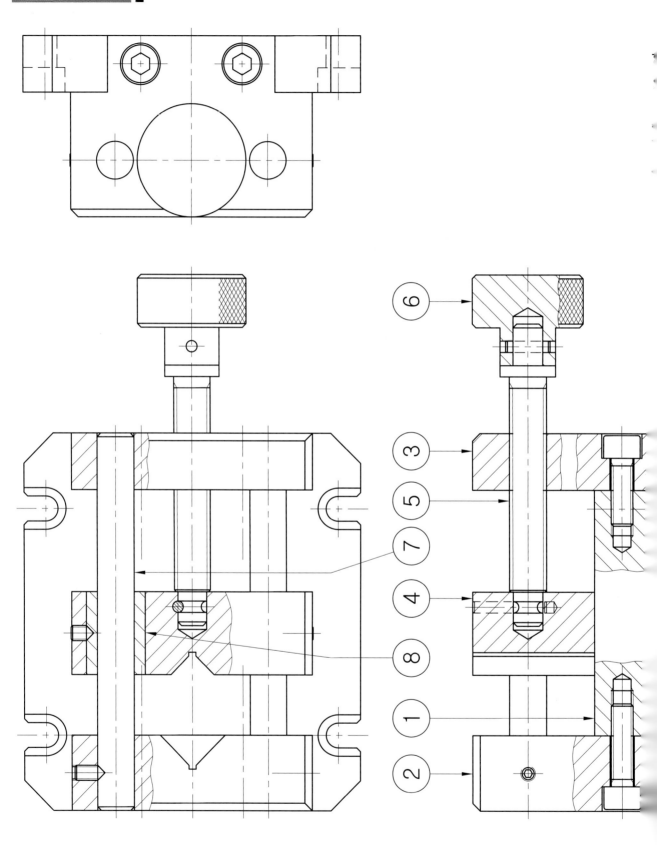

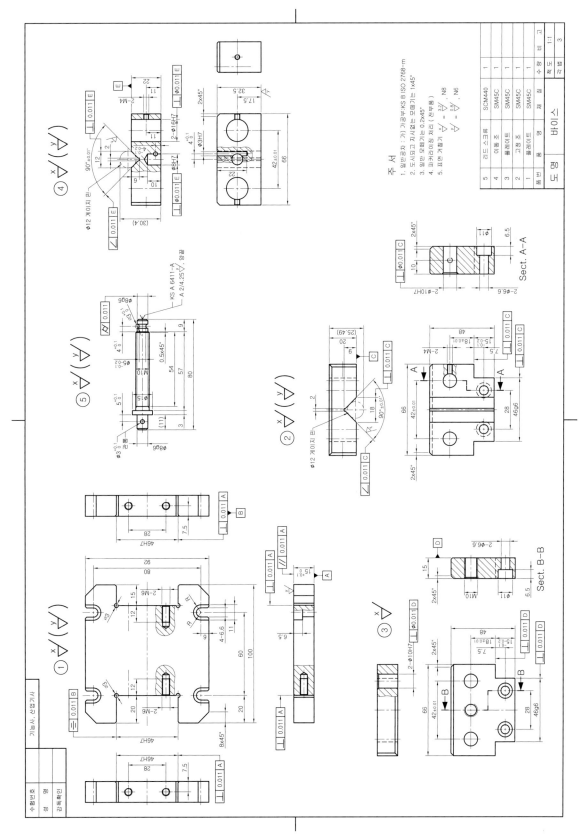

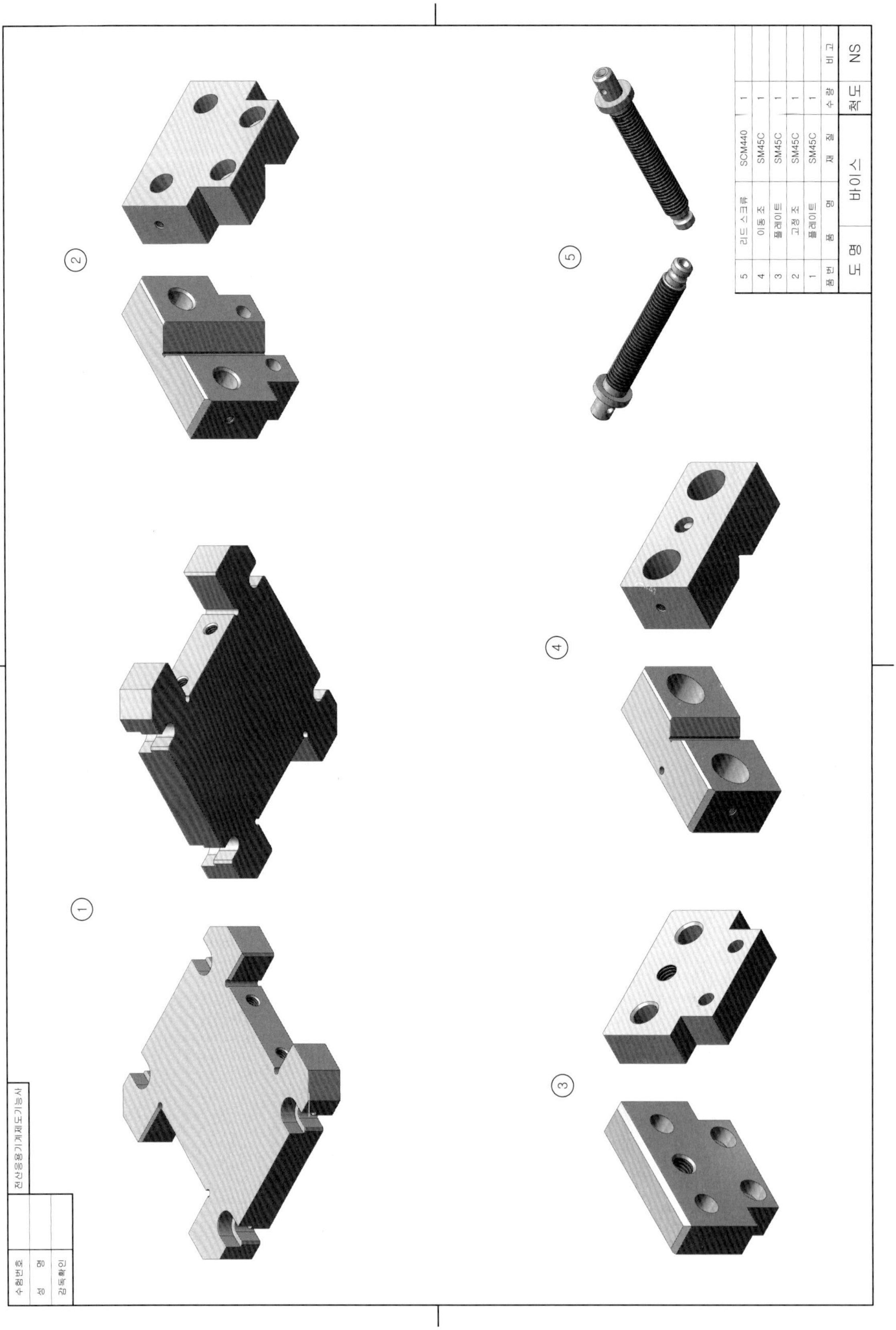

5 리드 스크류 SCM440 1
4 이동 조 SM45C 1
3 플레이트 SM45C 1
2 고정 조 SM45C 1
1 플레이트 SM45C 1
품번 품 명 재 질 수 량 비 고
도 명 바이스 척 도 NS
전산응용기계제도기능사
수험번호
성 명
감독확인
①
②
③
④
⑤

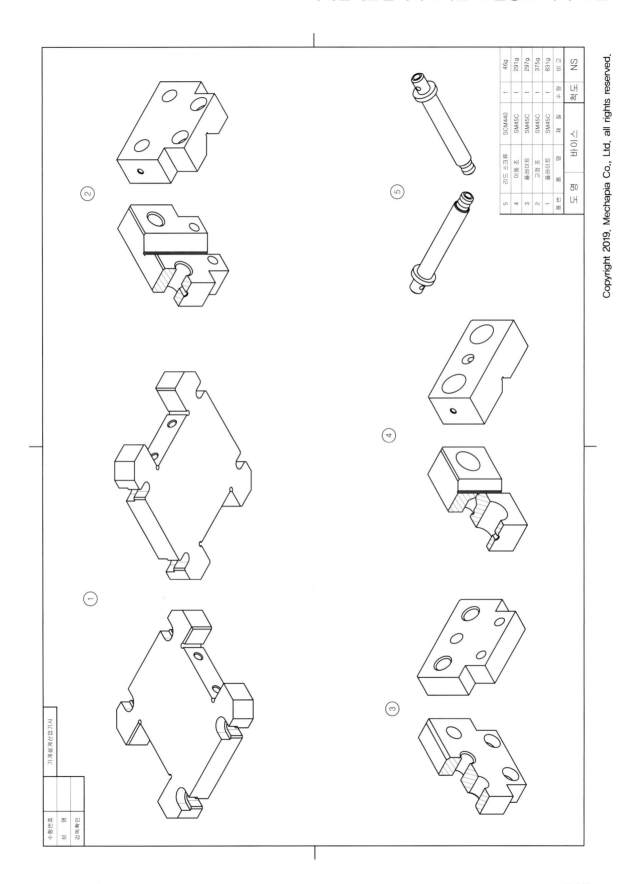

품번	품 명	재 질	수 량	비 고
5	리드 스크류	SCM440	1	46g
4	이동조	SM45C	1	291g
3	플레이트	SM45C	1	297g
2	고정조	SM45C	1	375g
1	플레이트	SM45C	1	831g
품번	품 명	재 질	수 량	비 고

바이스

도 명

척 도   NS

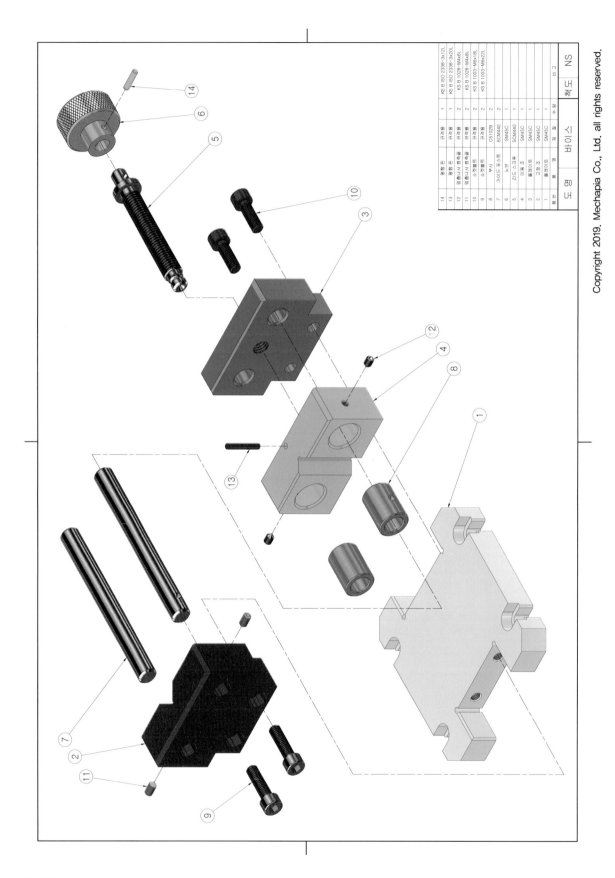

품번	품 명	재 질	수량	비 고
14	평행핀	규격품	1	KS B ISO 2338-3x12L
13	평행핀	규격품	1	KS B ISO 2338-3x20L
12	육각구멍붙이멈춤나사	규격품	2	KS B 1028-M4x6L
11	육각구멍붙이멈춤나사	규격품	2	KS B 1028-M4x8L
10	소켓볼트	규격품	2	KS B 1003-M6x18L
9	소켓볼트	규격품	2	KS B 1003-M6x22L
8	부 시	C5102B	2	
7	가이드 포스트	SCM440	2	
6	널 링	SCM440	1	
5	이송 스크류	SM45C	1	
4	이동 조	SM45C	1	
3	고정 조	SM45C	1	
2	슬라이드	SM45C	1	
1	베이스		1	

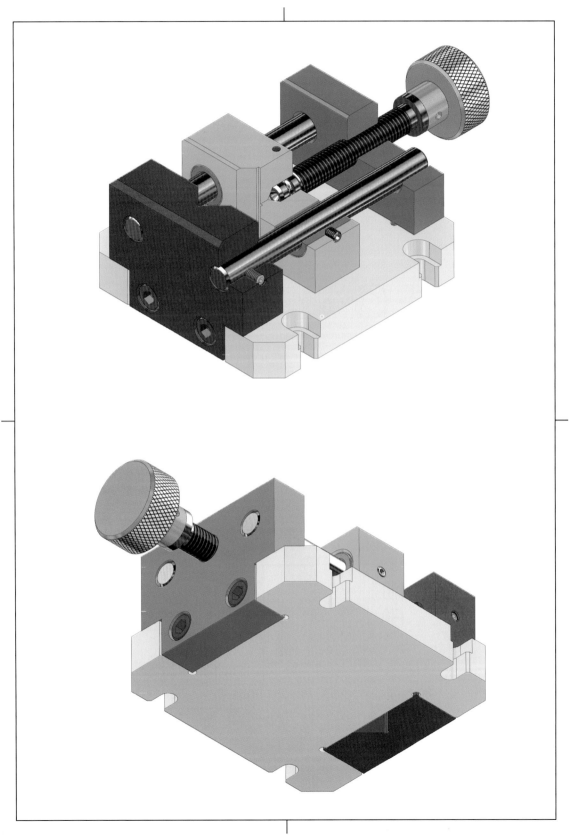

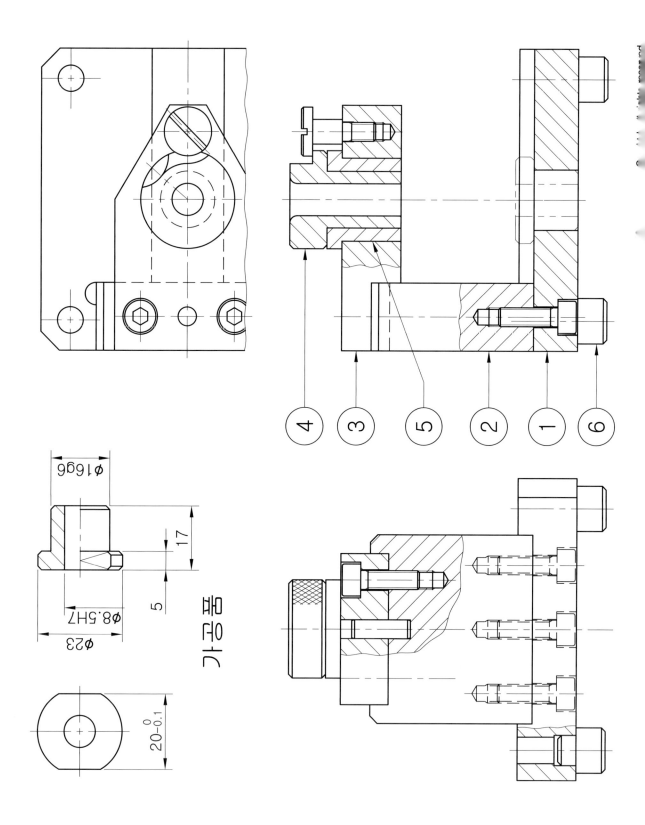

φ16g6

17

φ8.5H7

φ23

5

가공품

$20_{-0.1}^{0}$

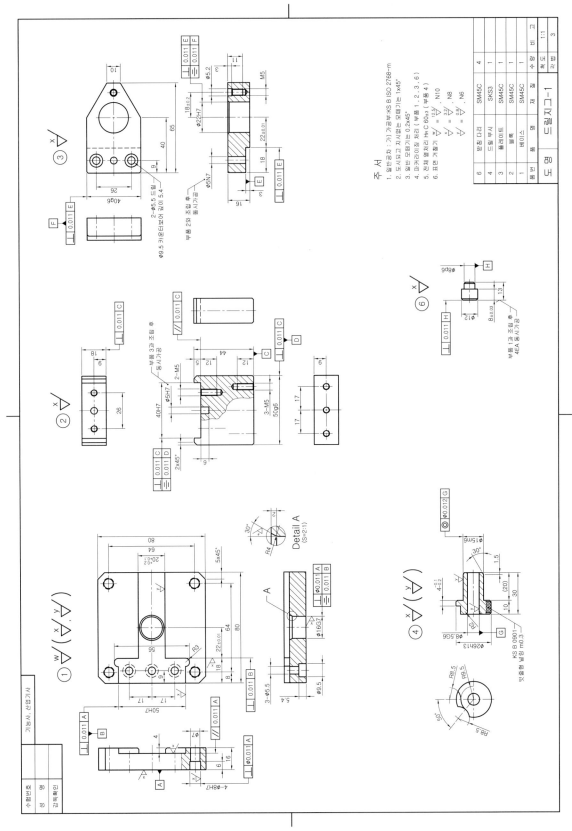

주 서
1. 일반공차 : (가) 가공부 :KS B ISO 2768-m
2. 도시되고 지시없는 모떼기는 1x45°
3. 일반 모떼기는 0.2x45°
4. 파커라이징 처리 (부품 1, 2, 3, 6)
5. 전체 열처리 HₐC 60±3 (부품 4)
6. 표면 거칠기 ⑅ ⑅

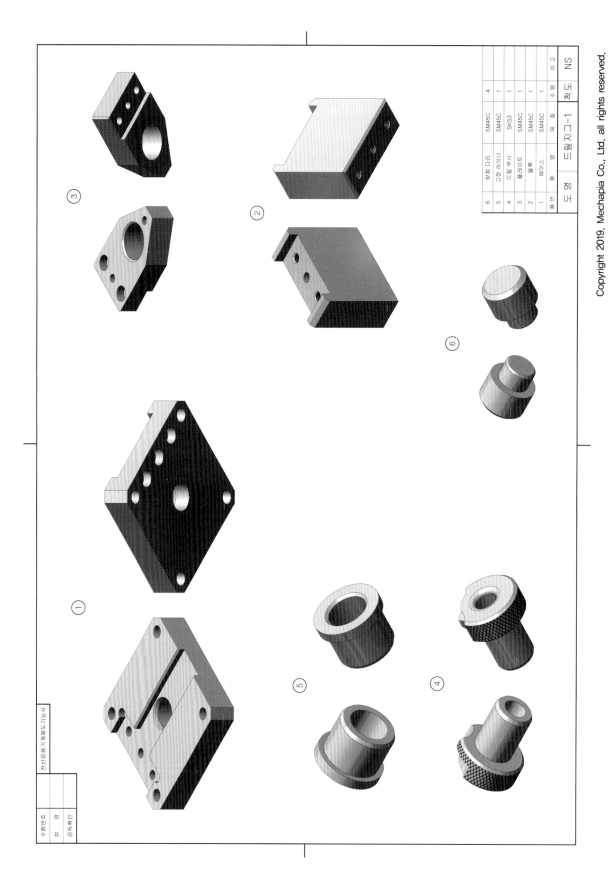

품 번	품 명	재 질	수 량	비 고
6	받침 다리	SM45C	4	
5	고정 라이너	SM45C	1	
4	드릴 부시	SKS3	1	
3	플레이트	SM45C	1	
2	슬라이드	SM45C	1	
1	베이스	SM45C	1	

도 명 드릴지그-1 척 도 NS

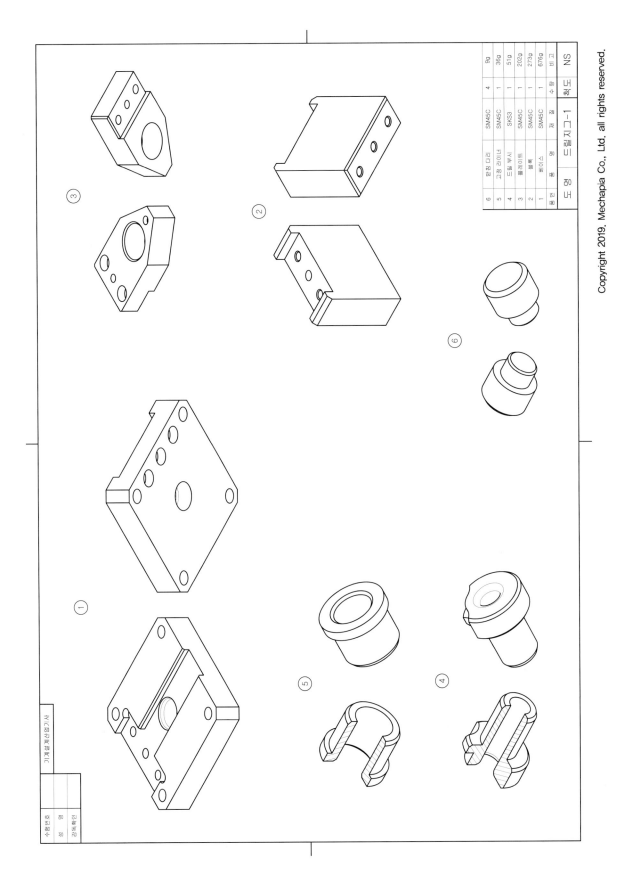

품번	품 명	재 질	수 량	비 고
6	받침 다리	SM45C	4	9g
5	고정 라이너	SM45C	1	36g
4	드릴 부시	SKS3	1	51g
3	플레이트	SM45C	1	202g
2	몸체	SM45C	1	273g
1	베이스	SM45C	1	676g

도 명	드릴지그-1	척 도	NS

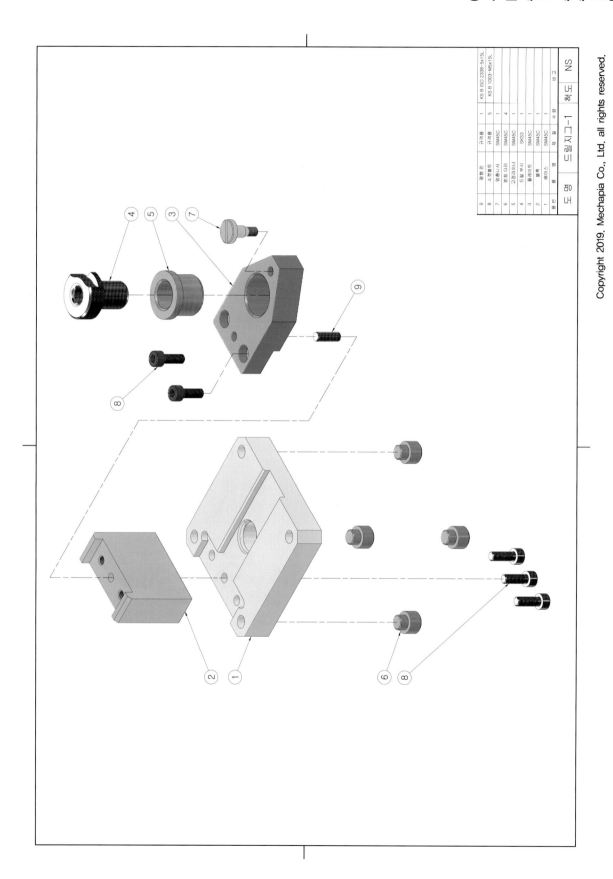

품 번	품 명	재 질	수 량	비 고
9	멈춤 핀	규격품	1	KS B ISO 2338-5x15L
8	소켓볼트	규격품	5	KS B 1003-M5x15L
7	멈춤나사	SM45C	1	
6	멈춤 머리	SM45C	4	
5	드릴라이너	SM45C	1	
4	드릴 부시	SKS3	1	
3	플레이트	SM45C	1	
2	받 침	SM45C	1	
1	베이스	SM45C	1	

도 명	드릴지그-1	척도	NS

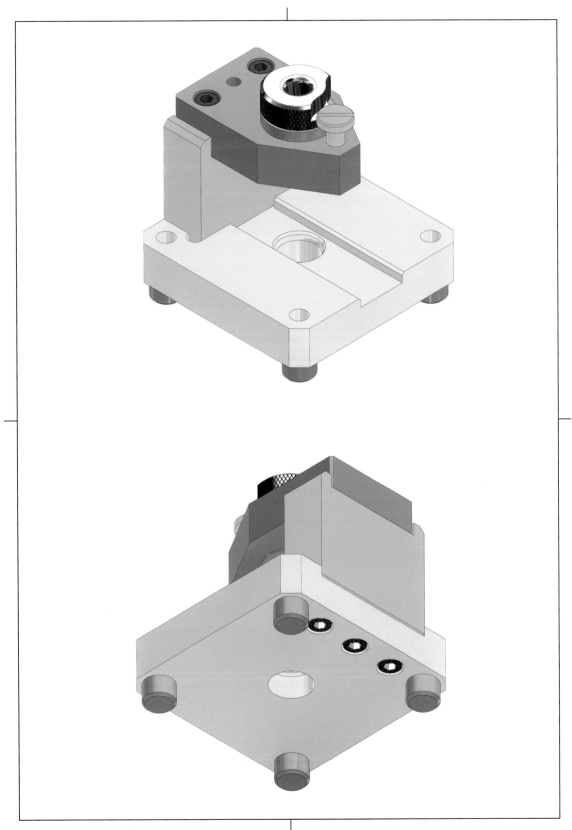

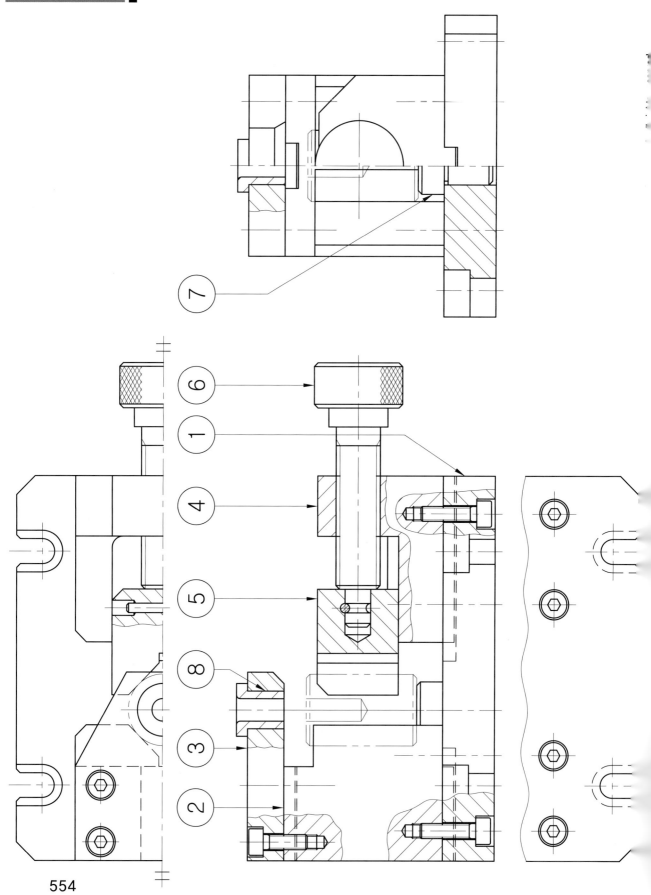

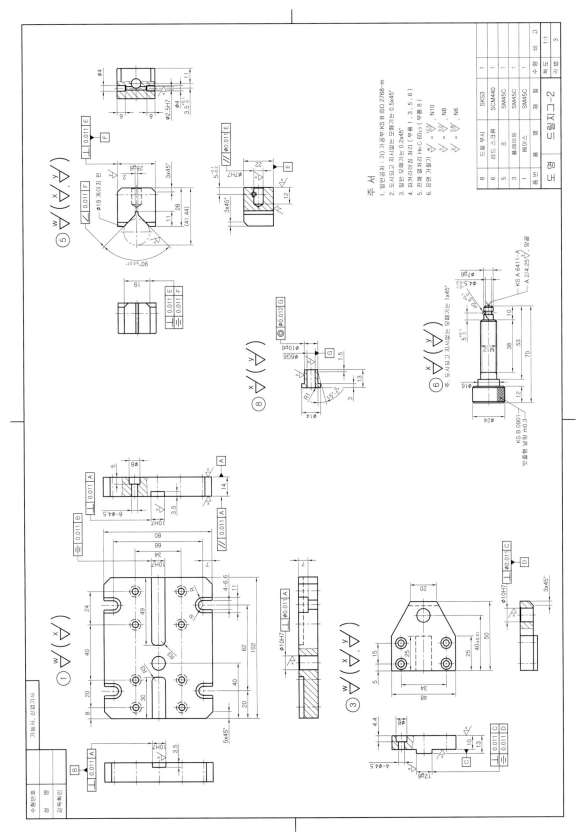

주 서

1. 일반공차 : 가) 가공부·KS B ISO 2768-m
2. 도시되고 지시없는 모떼기는 0.5x45°
3. 일반 모떼기는 0.2x45°
4. 파커라이징 처리 (부품 1 , 3 , 5 , 6)
5. 전체 열처리 H๒C 60±3 (부품 8)
6. 표면 거칠기 ₩ = 12.5√ . N10
   x = 3.2√ . N8
   y = 0.8√ . N6

8	드릴 부시	SKS3	1
6	리드 스크류	SCM440	1
5	조	SM45C	1
3	플레이트	SM45C	1
1	베이스	SM45C	1
품번	품 명	재 질	수량

| 도 명 | 드릴지그-2 | 척 도 | 1:1 |
| | | 각도 | 3 |

품번	품 명	재 질	수 량	비 고
6	너트스크류	SCM440	1	
4	가이드 블록	SM45C	1	
3	슬라이드	SM45C	1	
2	V-블록	SM45C	1	
1	베이스	SM45C	1	

도 명 드릴지그-2 **척도** NS

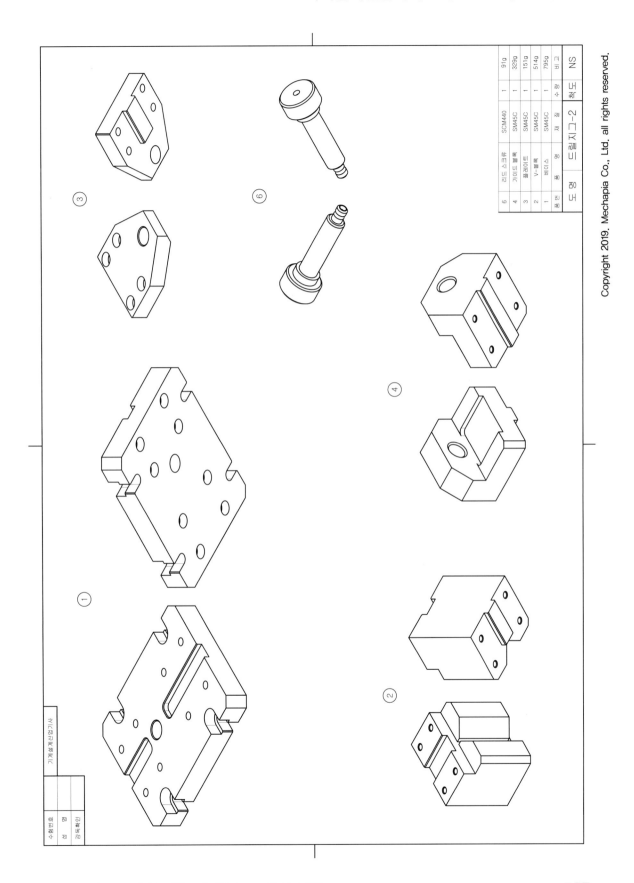

품번	품 명	재 질	수 량	비 고
6	리드 스크류	SCM440	1	91g
4	가이드 블록	SM45C	1	329g
3	플레이트	SM45C	1	151g
2	V-블록	SM45C	2	514g
1	베이스	SM45C	1	795g

도 명	드릴지그-2	척 도	NS

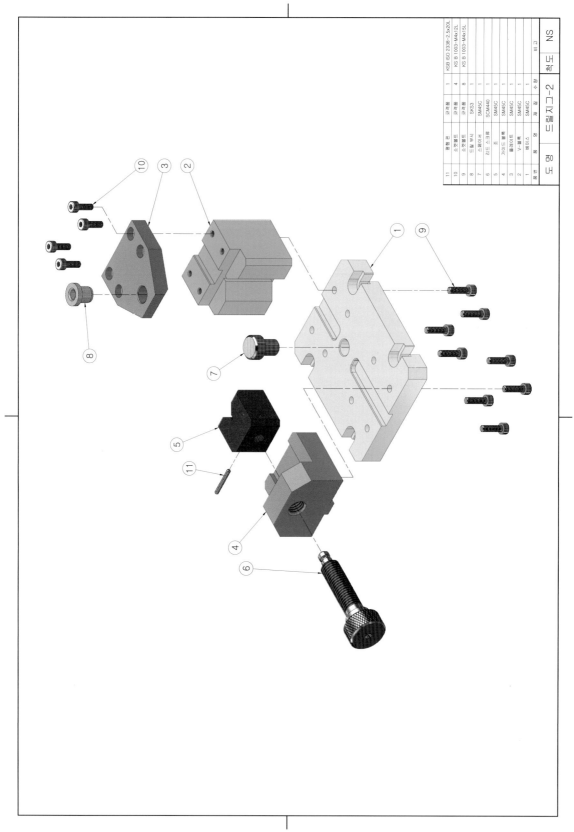

11	평행핀	규격품		1	KSB ISO 2338-2.5x20L
10	소켓볼트	규격품		4	KS B 1003-M4x12L
9	소켓볼트	규격품		8	KS B 1003-M4x15L
8	드릴 부시	SKS3		1	
7	스페이서	SM45C		1	
6	라운드 노브	SCM440		1	
5	조	SM45C		1	
4	가이드 블록	SM45C		1	
3	플레이트	SM45C		1	
2	V-블록	SM45C		1	
1	베이스	SM45C		1	
품번	품명	재질		수량	비고

도 명	드릴지그-2	척도	NS

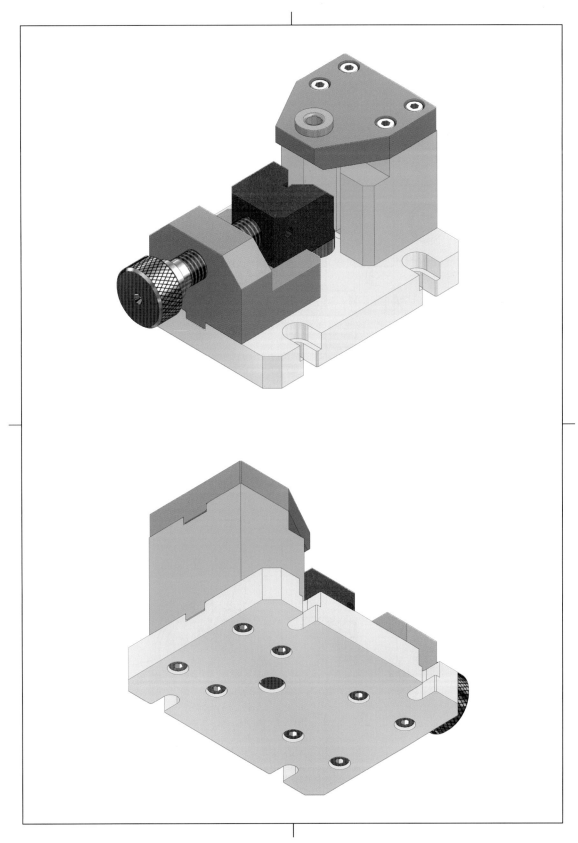

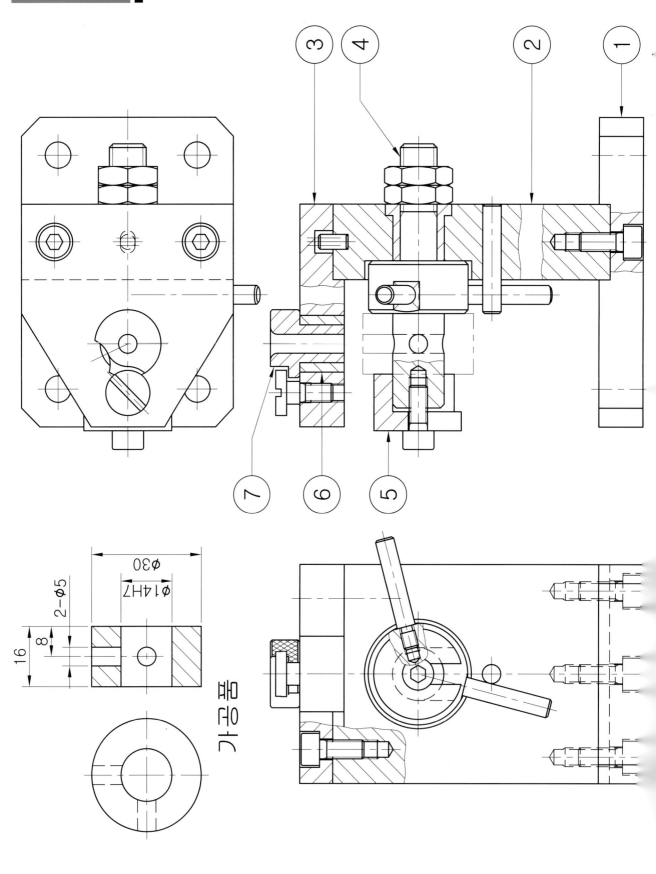

φ30
φ14H7
2-φ5
16
8

가크롬

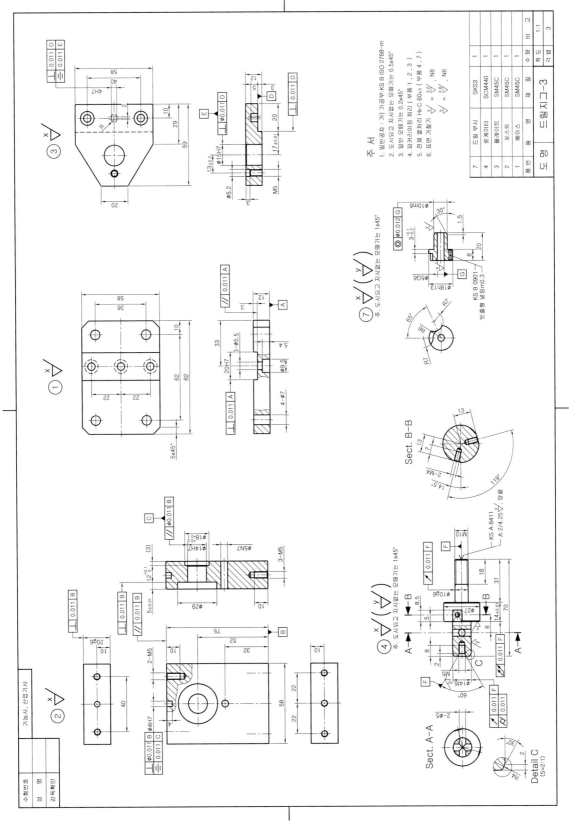

주 서

1. 일반공차 : 가) 가공부 KS B ISO 2768-m
2. 도시되고 지시없는 모떼기는 0.5x45°
3. 일반 모떼기는 0.2x45°
4. 파커라이징 처리 (부품 1, 2, 3)
5. 전체 열처리 H₩C 60±3 (부품 4, 7)
6. 표면 거칠기

품번	품 명	재 질	수 량	비 고
7	드릴 부시	SKS3	1	
4	로케이터	SCM440	1	
3	플레이트	SM45C	1	
2	포스트	SM45C	1	
1	베이스	SM45C	1	
품 번	품 명	재 질	수 량	비 고

도 명 | 드릴지그-3 | 척 도 | 1:1
| | | 각 법 | 3

품번	품명	재질	수량	비고
7	드릴부시	SKS3	1	
5	와셔	SM45C	1	
4	로케이터	SCM440	1	
3	플레이트	SM45C	1	
2	포스트	SM45C	1	
1	베이스	SM45C	1	

도명	드릴지그-3	척도	NS

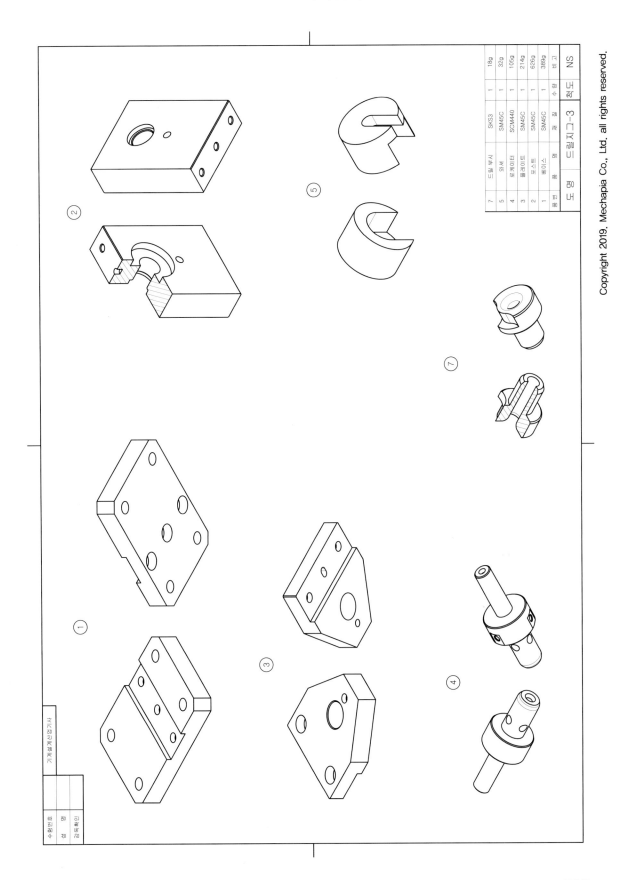

품 번	품 명	재 질	수 량	비 고
7	드릴부시	SKS3	1	18g
5	와셔	SM45C	1	32g
4	로케이터	SCM440	1	105g
3	플레이트	SM45C	1	214g
2	포스트	SM45C	1	626g
1	베이스	SM45C	1	389g
품번	품 명	재 질	수량	비 고

도 명 드릴지그-3 척도 NS

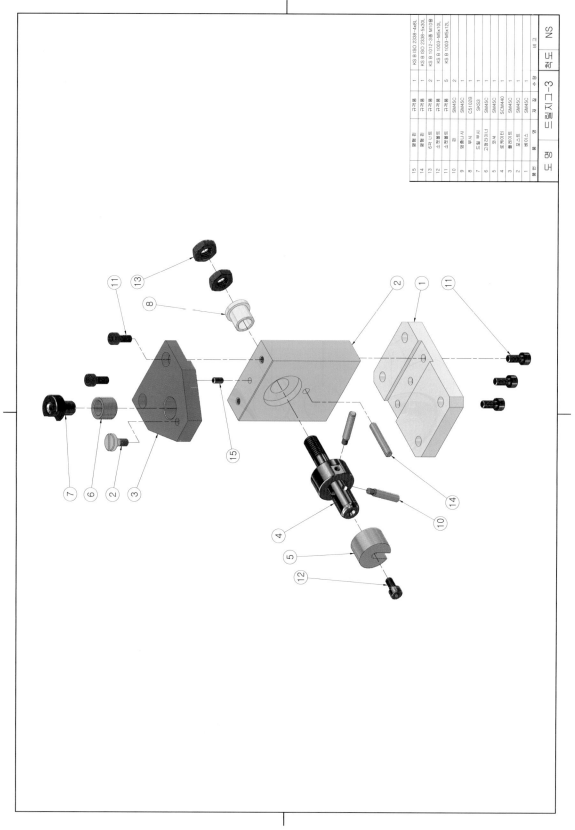

품번	품명	재질	수량	비 고
15	평행핀	규격품	1	KS B ISO 2338-4x8L
14	평행핀	규격품	1	KS B ISO 2338-5x30L
13	6각 너트	규격품	2	KS B 1012-3종 M10볼
12	소켓볼트	규격품	1	KS B 1003-M5x10L
11	소켓볼트	규격품	5	KS B 1003-M5x12L
10	핀	SM45C	2	
9	멈춤나사	SM45C	1	
8	부시	C5102B	1	
7	날개볼트	SKS3	1	
6	고정와이너	SM45C	1	
5	와셔	SCM440	1	
4	로케이터	SM45C	1	
3	플레이트	SM45C	1	
2	보스트	SM45C	1	
1	베이스	SM45C	1	

도명	드릴지그-3	척도	NS

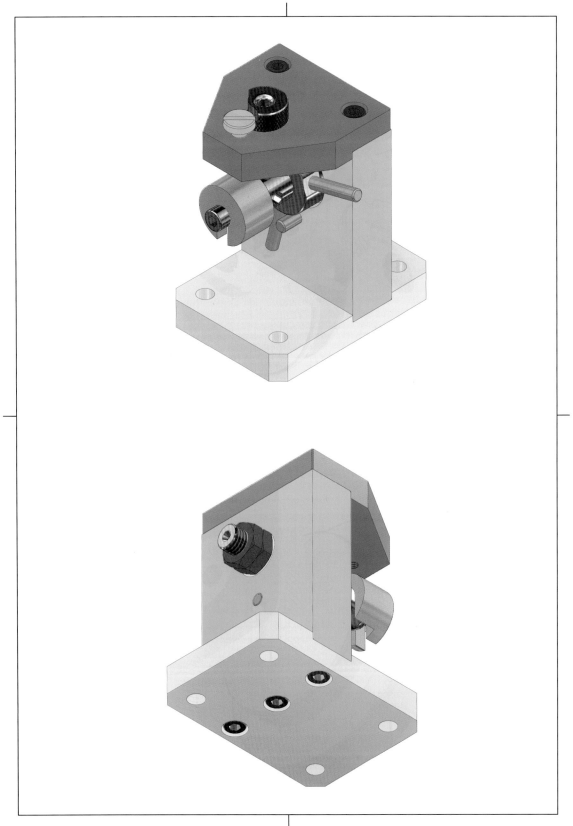

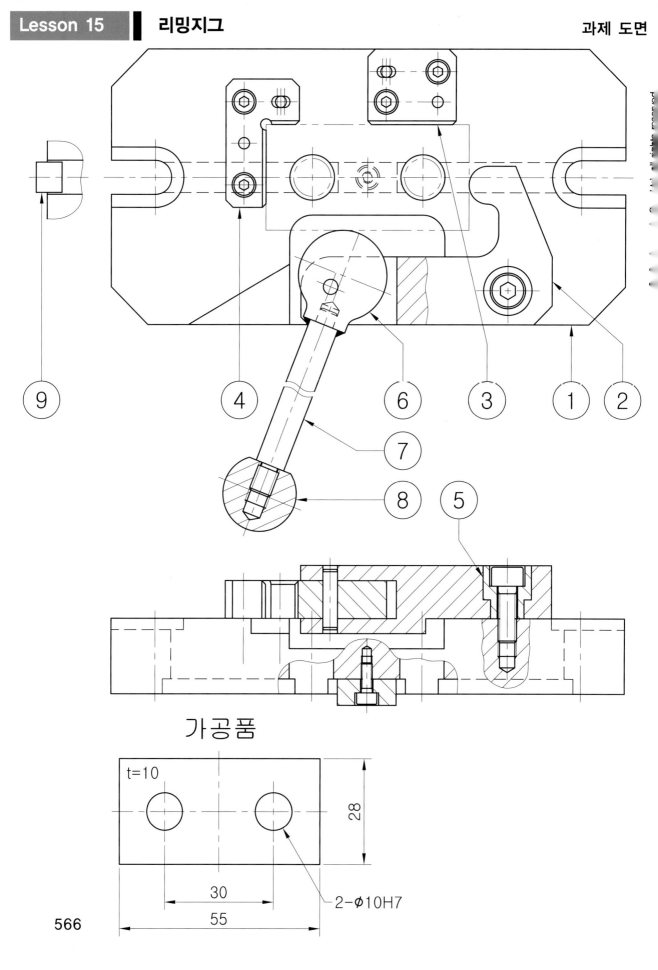

가공품

t=10

28

30

55

2-Φ10H7

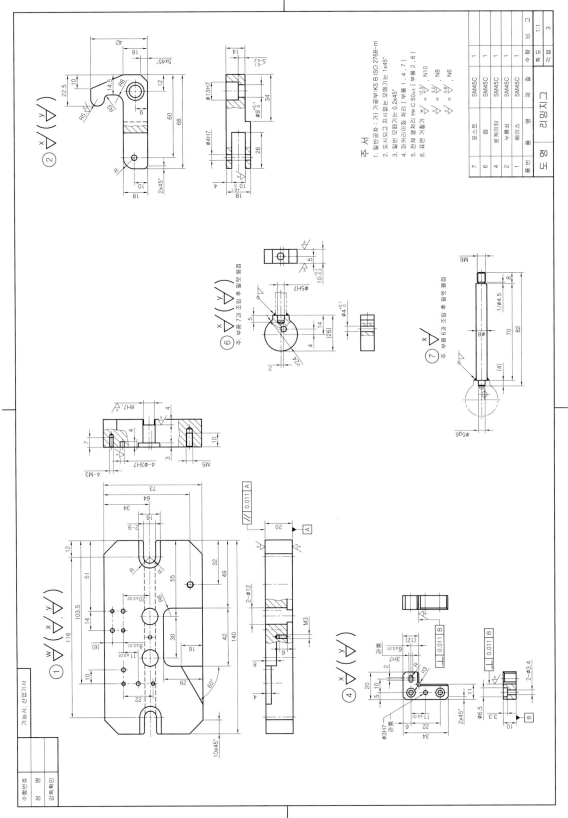

주 서

1. 일반공차 : 가) 가공부 KS B ISO 2768-m
2. 도시되고 지시없는 모떼기는 1×45°
3. 일반 모떼기는 0.2×45°
4. 파커라이징 처리 (부품 1 , 4 , 7)
5. 전체 열처리 HRC 50±3 (부품 2 , 6)
6. 표면 거칠기 $\frac{w}{}$ = $\frac{12.5}{}$, N10
   $\frac{x}{}$ = $\frac{3.2}{}$, N8
   $\frac{y}{}$ = $\frac{0.8}{}$, N6

7	포스트	SM45C	1		
6	핀	SM45C	1		
4	문게이터	SM45C	1		
2	누름쇠	SM45C	1		
1	베이스	SM45C	1		
품번	품 명	재 질	수 량		비 고

도 명	리밍지그		척 도	1:1
			각법	3

주. 부품 7과 조립 후 밀핀 열점

주. 부품 6과 조립 후 밀핀 열점

기능사, 산업기사

수험번호	
성 명	
감독확인	

품번	품명	재질	수량	비고
7	포스트	SM45C	1	
6	핀	SM45C	1	
4	로케이터	SM45C	1	
3	로케이터	SM45C	1	
2	누름쇠	SM45C	1	
1	베이스	SM45C	1	

도명 리밍지그 척도 NS

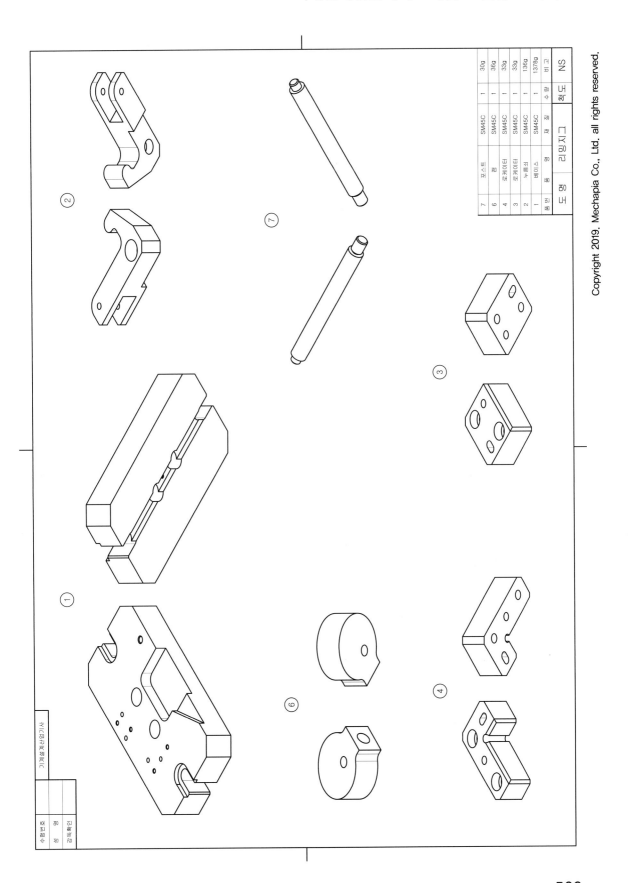

품 번	품 명	재 질	수 량	비 고
7	포스트	SM45C	1	30g
6	캡	SM45C	1	36g
4	로케이터	SM45C	1	33g
3	로케이터	SM45C	1	33g
2	누름쇠	SM45C	1	136g
1	베이스	SM45C	1	1378g
품 번	품 명	재 질	수 량	비 고
도 명	리밍지그		척 도	NS

기계설계산업기사

수험번호	
성 명	
감독위원	

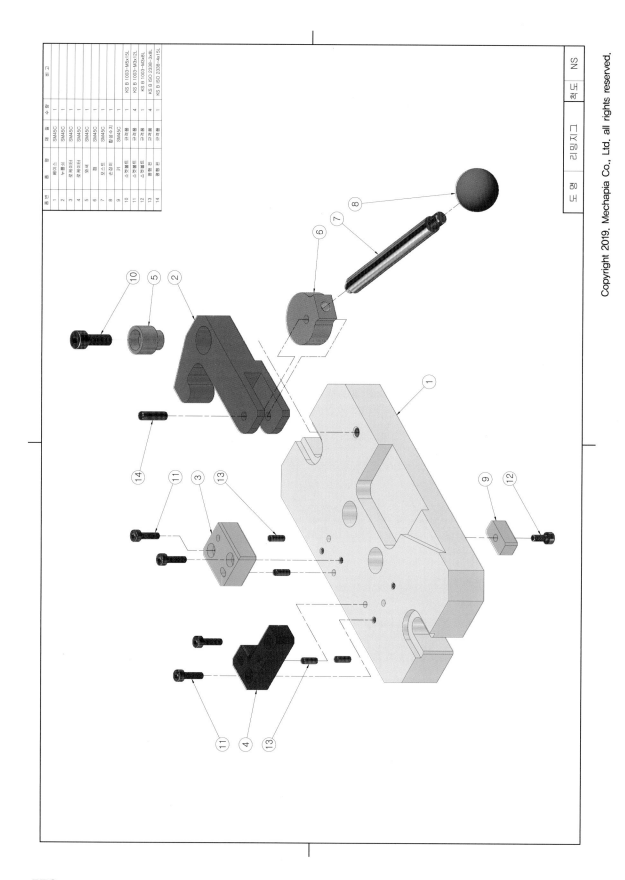

품번	품명	재질	수량	비고
1	베이스	SM45C	1	
2	누름쇠	SM45C	1	
3	안내이타	SM45C	1	
4	안내이타	SM45C	1	
5	앞서	SM45C	1	
6	캡	SM45C	1	
7	포스트	SM45C	1	
8	손잡이	합성수지	1	
9	키	SM45C	1	
10	소켓볼트	규격품	1	KS B 1003-M5x15L
11	소켓볼트	규격품	4	KS B 1003-M3x12L
12	소켓볼트	규격품	1	KS B 1003-M3x8L
13	평행핀	규격품	4	KS B ISO 2338-3x8L
14	평행핀	규격품	1	KS B ISO 2338-4x15L

도 명 | 리밍지그 | 척도 | NS

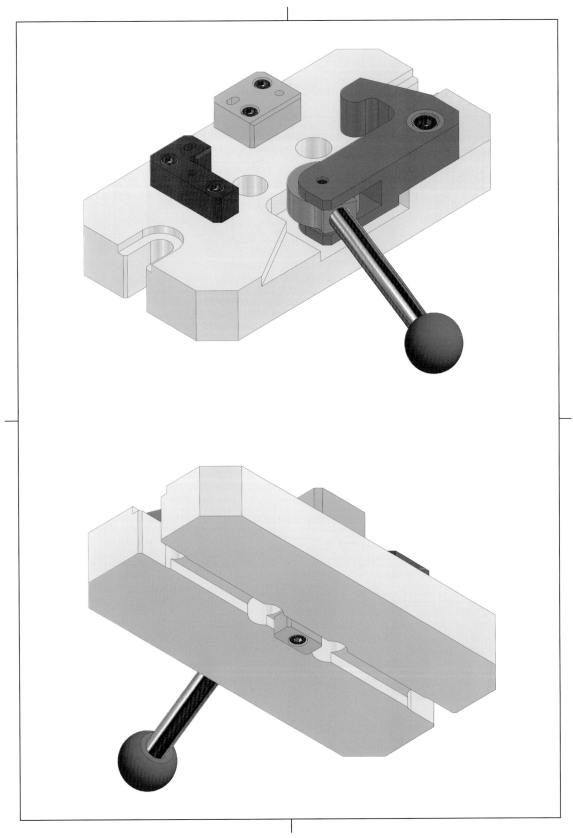

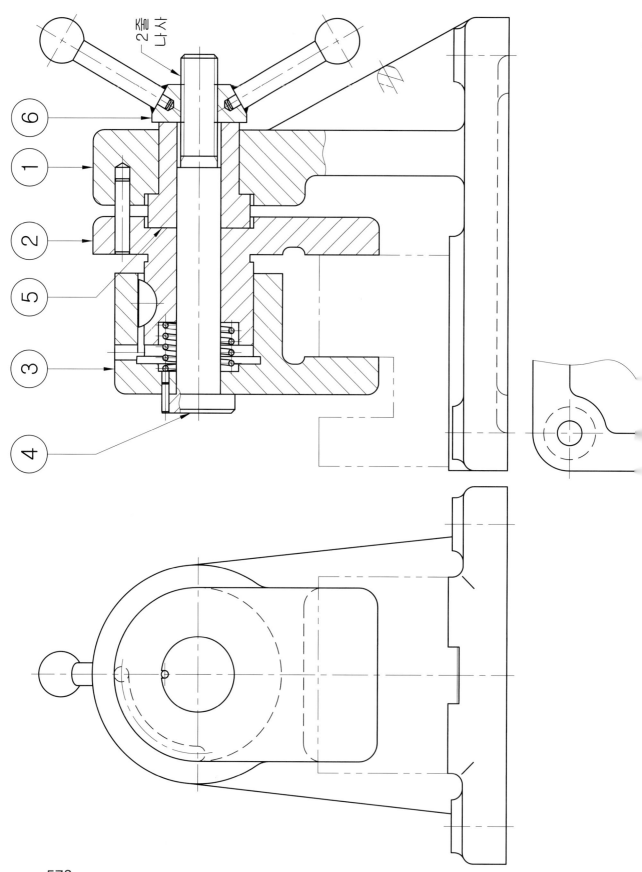

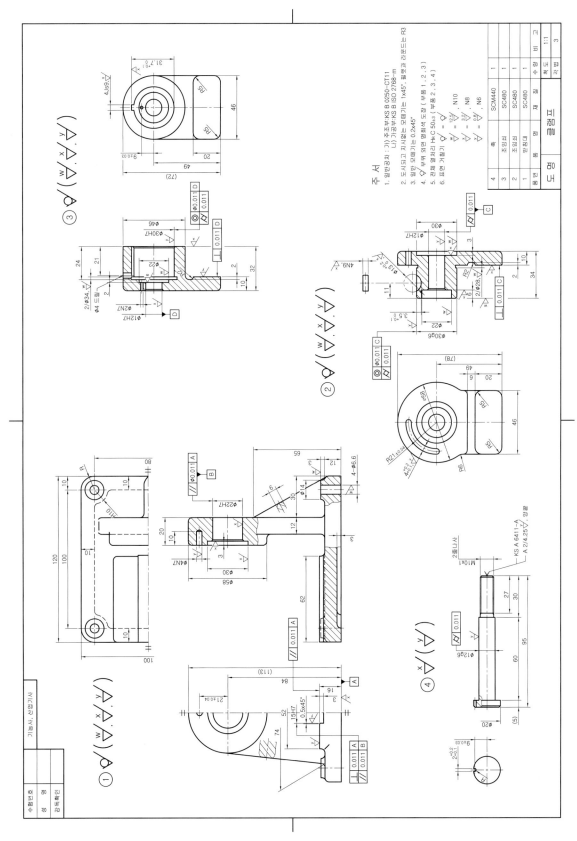

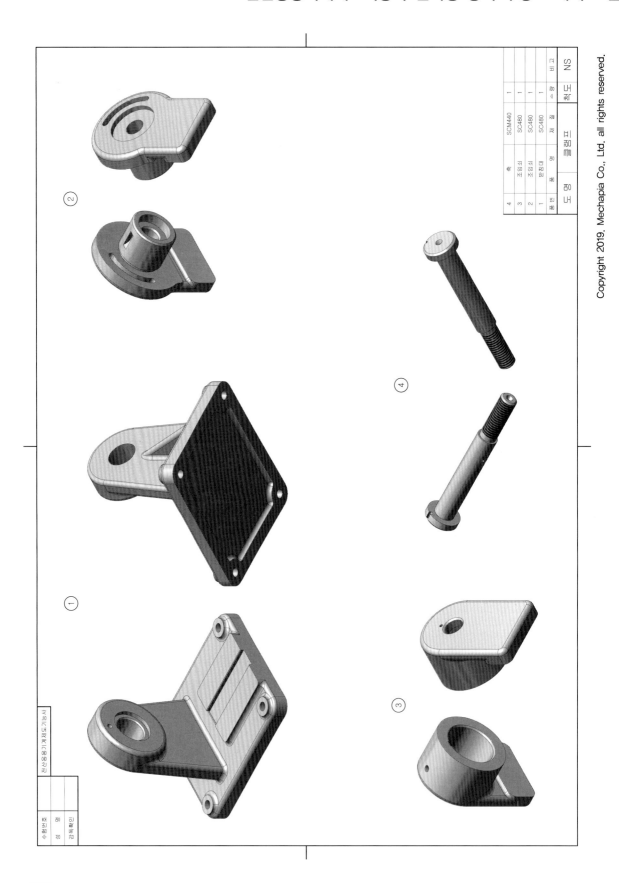

품 번	품 명	재 질	수 량	비 고
4	축	SCM440	1	
3	조임쇠	SC480	1	
2	조임쇠	SC480	2	
1	본체대	SC480	1	
품 번	품 명	재 질	수 량	비 고

전산응용기계제도기능사

수험번호	
성 명	
감독확인	

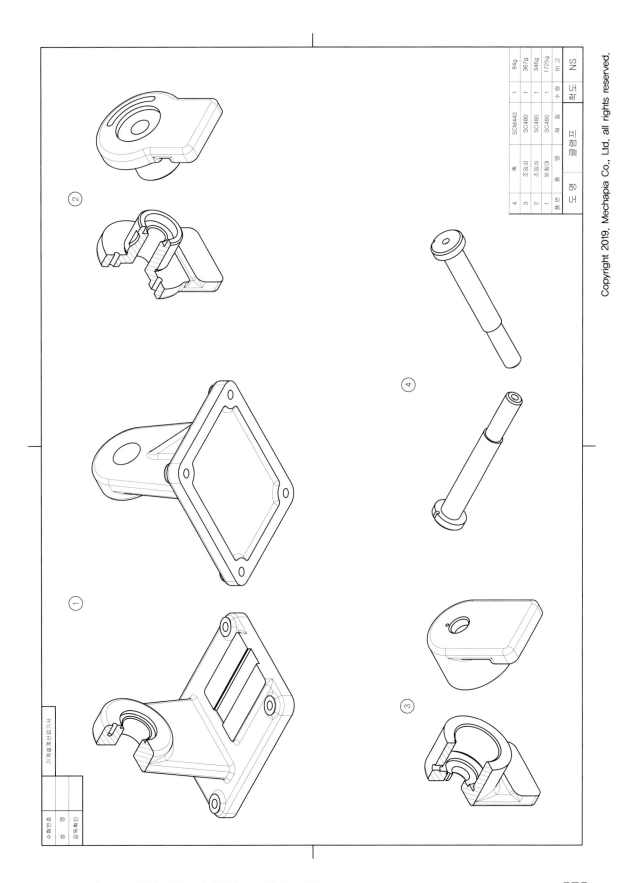

품번	품 명	재 질	수 량	비 고
4	축	SCM440	1	84g
3	조임쇠	SC480	1	367g
2	조임쇠	SC480	1	346g
1	받침대	SC480	1	1725g
품번	품 명	재 질	수 량	비 고

NS

기계설계산업기사

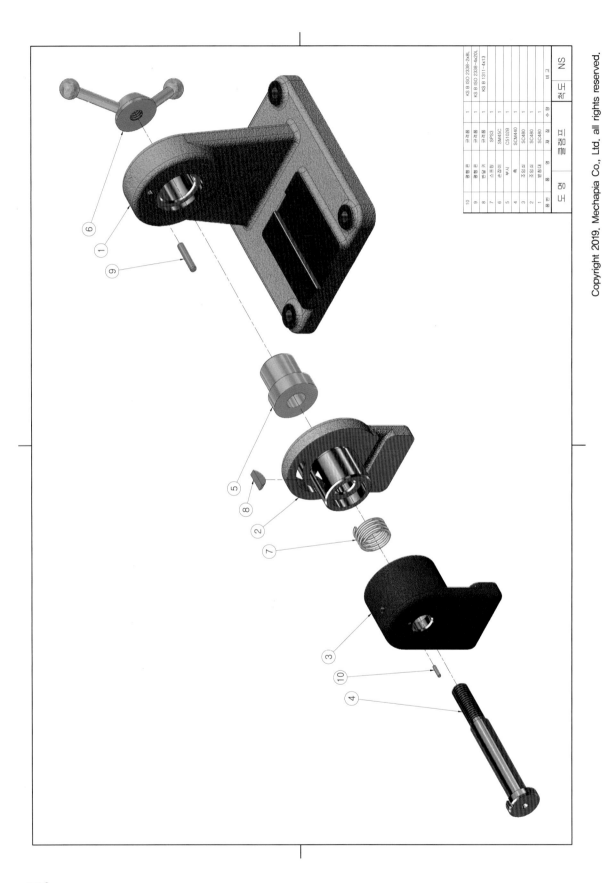

품번	품 명	재 질	수 량	비 고
10	평행핀	규격품	1	KS B ISO 2338-2x8L
9	평행핀	규격품	1	KS B ISO 2338-4x20L
8	반달키	규격품	1	KS B 1311-4x13
7	스프링	SPS3	1	
6	손잡이	SM45C	1	
5	핀	C5102B	1	
4	조정축	SCM440	1	
3	조정자	SC480	1	
2	받침대	SC480	1	
1	몸체	SC480	1	

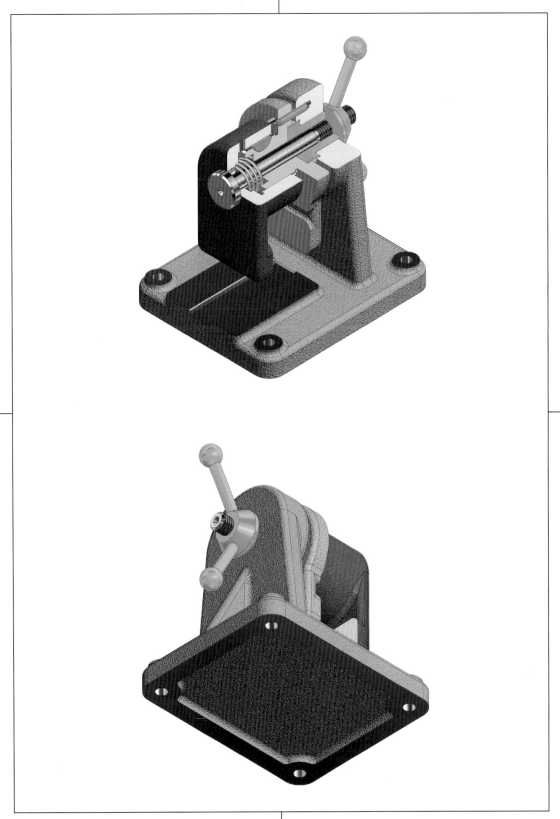

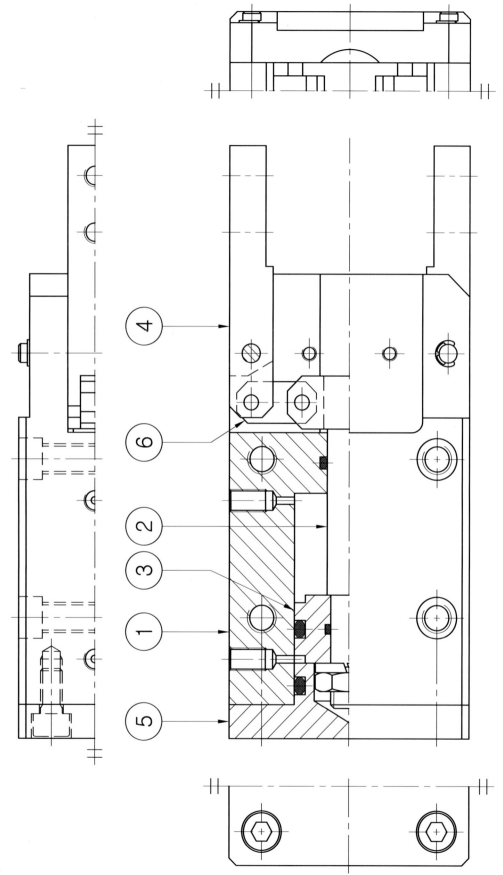

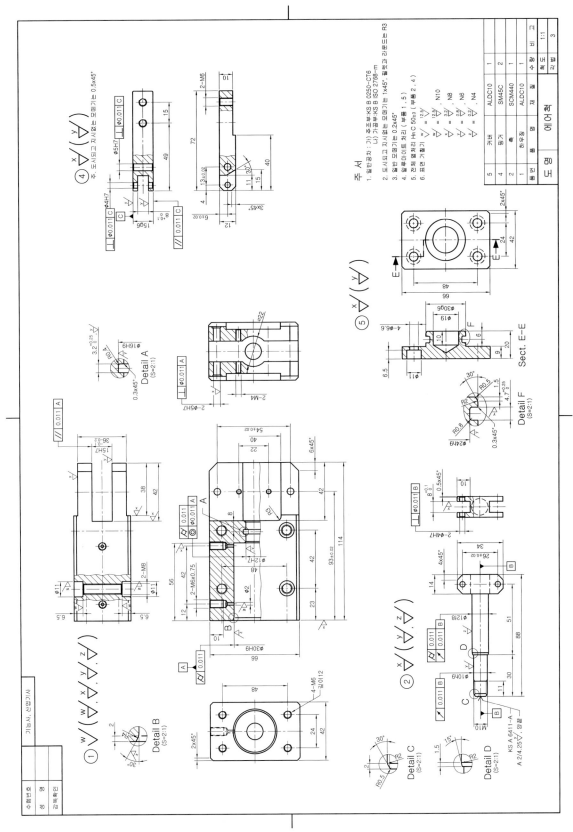

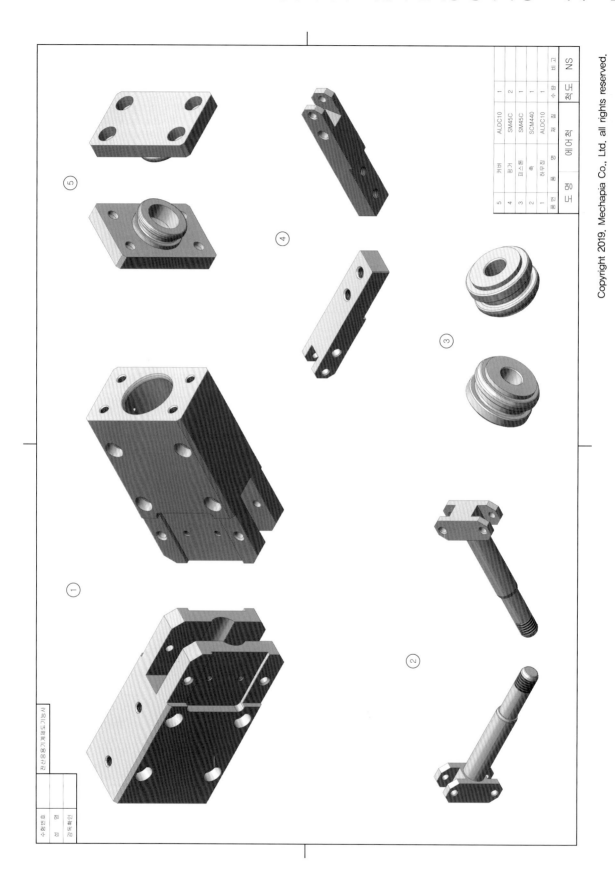

품 번	품 명	재 질	수 량	비 고
5	커버	ALDC10	1	
4	피 거	SM45C	2	
3	피스톤	SM45C	1	
2	축	SCM440	1	
1	하우징	ALDC10	1	
품 번	품 명	재 질	수 량	비 고

척 도 NS

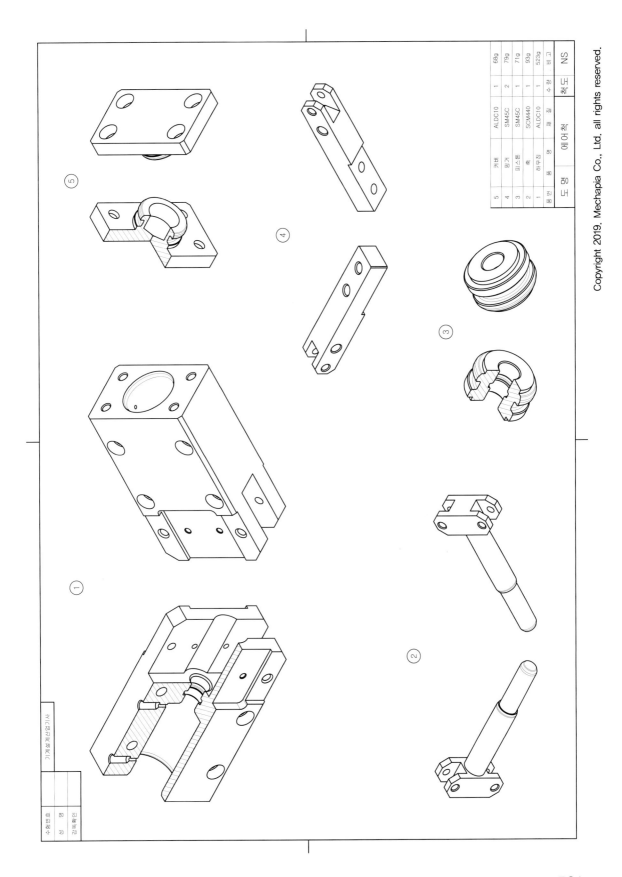

품번	품 명	재 질	수 량	비 고
5	커버	ALDC10	1	68g
4	핑거	SM45C	2	79g
3	피스톤	SM45C	1	71g
2	축	SCM440	1	93g
1	하우징	ALDC10	1	523g

도 면 에어척 척도 NS

품 번	품 명	재 질	수 량	비 고
15	멈춤링(E형)	규격품	4	KS B 1337-5
14	소켓유볼트	규격품	1	KS B 1324-M10볼
13	6각너트	규격품	1	KS B 1012-3종 M10볼
12	평행핀	규격품	4	KS B ISO 2338-4x15L
11	소켓볼트	규격품	4	KS B 1003-M6x12L
10	오링	규격품	1	KS B 2805-P10
9	오링	규격품	2	KS B 2805-P12
8	오링	규격품	2	KS B 2805-P24
7	핀	SM45C	2	
6	플레이트	SM45C	2	
5	커버	ALDC10	1	
4	링거	SM45C	2	
3	피스톤	SCM440	1	
2	축		1	
1	하우징	ALDC10	1	

척도 NS

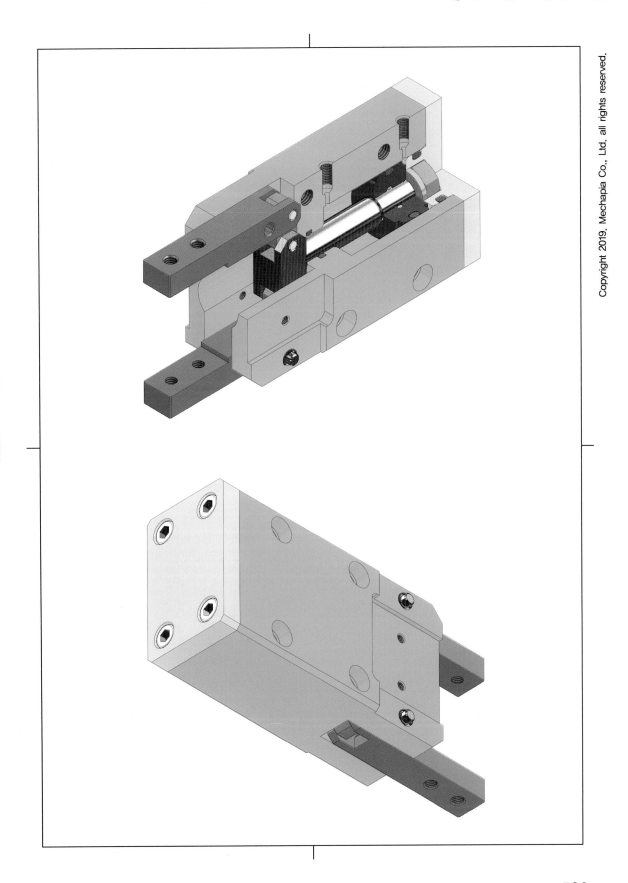

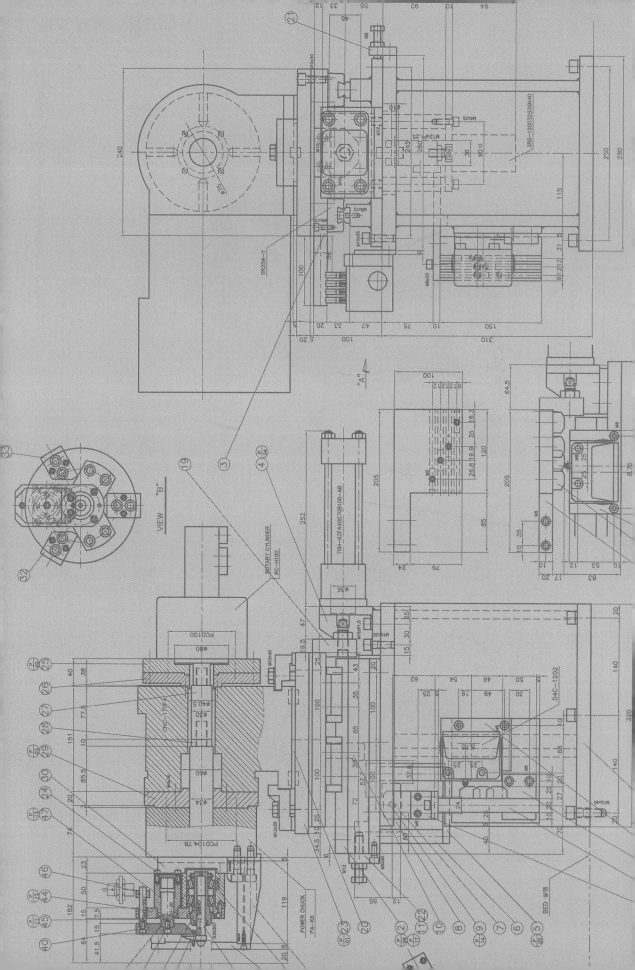